高职高专国家“双高计划”建设课改教材

SolidWorks 2023 实用教程

主　编　杨　正

副主编　梁风云　彭秋霖　石林榕

实例

西安电子科技大学出版社

内 容 简 介

本书以 SolidWorks 在企业实际中的应用为基础，以相关三维制图国标为依据，建立符合企业标准的零部件设计，将企业的标准流程贯穿于软件的 2D 草图设计、3D 草图设计、零件设计、焊件设计、钣金件设计、装配体设计和工程图设计中。本书重点介绍了 2D 草图、3D 草图、拉伸特征、旋转特征、扫描特征、放样特征等常用的功能，并辅以操作实例进行教学。

本书既可作为高校学生学习 SolidWorks 软件的教材，也可作为企业培训员工的培训教材以及在职人员学习和应用软件的指导资料。

图书在版编目(CIP)数据

SolidWorks 2023 实用教程 / 杨正主编. --西安：西安电子科技大学出版社，2023.7
ISBN 978–7–5606–6899–4

Ⅰ.①S… Ⅱ.①杨… Ⅲ.①机械设计—计算机辅助设计—应用软件 Ⅳ.①TH122

中国国家版本馆 CIP 数据核字(2023)第 099727 号

策　　划　秦志峰
责任编辑　秦志峰
出版发行　西安电子科技大学出版社(西安市太白南路 2 号)
电　　话　(029)88202421　88201467　　邮　　编　710071
网　　址　www.xduph.com　　电子邮箱　xdupfxb001@163.com
经　　销　新华书店
印刷单位　陕西博文印务有限责任公司
版　　次　2023 年 7 月第 1 版　2023 年 7 月第 1 次印刷
开　　本　787 毫米×1092 毫米　1/16　印张 19.5
字　　数　459 千字
印　　数　1～2000 册
定　　价　49.00 元
ISBN 978 – 7 – 5606 – 6899 – 4 / TH
XDUP 7201001-1

前言

现代制造业和计算机技术的快速发展推动了计算机辅助设计(CAD)软件的开发和应用。由达索公司开发的 SolidWorks 软件因其功能全面、操作使用便捷而得到业内的广泛认可与推广，各类 SolidWorks 教材也相继出现。其中面向企业应用的 SolidWorks 标准规范教材较少，多数教材主要讲解如何操作 SolidWorks 软件，因此学生虽然在校学习了该软件，走出校门进入工作岗位后却不能应用 SolidWorks 软件完成实际工作任务。针对这种现状，本书在侧重指导学习操作的同时，也着眼于其在企业中的应用，将学与用相结合，使本书既可作为高校学生学习 SolidWorks 软件的教材，为其以后在工作岗位上的应用打下基础，也可作为企业在职人员学习和应用 SolidWorks 软件的指导资料以及各类培训软件机构的指导教材。

本书在详细介绍了软件安装、界面操作和系统配置等相关知识的基础上，通过对典型实例的操作进行详细讲解，使用户在“真实的”应用环境下，遵照企业用户自定义的标准规范，熟悉并掌握草图绘制、零件设计、装配体设计以及工程图设计的全部流程，切实将学与用融为一体。为进一步方便广大读者，本书各部分操作还配备了详细全面的视频资源，读者扫描书中相应的二维码即可观看。本书注重实用的特点还体现在某些细节上，编者结合实际应用经验，总结了许多小窍门以提示或以技巧的形式给出。此外，编者在选择实例时尽可能做到前后衔接紧密、全面细致。

本书由甘肃畜牧工程职业技术学院杨正担任主编，石家庄财经职业学院梁凤云、重庆科创职业学院彭秋霖、甘肃农业大学石林榕担任副主编。其中，杨正编写了第 1、2、3、4 章，梁凤云编写了第 5 章，石林榕编写了第 6、7、8、10 章，彭秋霖编写了第 9 章。甘肃农业大学机电工程学院赵武云教授、甘肃省机械科学研究院有限公司寇明杰正高级工程师和甘肃洮河拖拉机制造有限公司马明义副总经理对本书进行了审核，在此一并表示感谢。

由于编者水平有限，书中难免还有纰漏，敬请广大读者提出宝贵意见。联系邮箱：yzh621@qq.com。

编　者

2023 年 3 月

本书使用说明

本书是关于 SolidWorks 2023 三维机械设计软件的使用与操作教程。

SolidWorks 2023 是一款功能非常强大的机械设计软件，而本书章节有限，不可能具体涵盖软件的各个方面和每一个细节，所以本书重点讲解 SolidWorks 2023 软件在实践中的应用。

具备条件

读者在学习本书之前，应具备以下条件：

- 机械设计相关经验；
- Windows 操作相关经验。

本书关键要点

本书强调的是完成一整套工作或任务所遵循的方法过程与步骤。通过对每一个应用实例的学习，将企业流程贯穿到整个操作过程和步骤。读者将从中学习完成这一整套任务或方法所采用的命令、菜单和选项等。

工程图执行标准

本书中的工程图实例全部采用中国国家标准(GB)。

配套电子资源

本书提供的配套电子资源中收录了教程中的全部模板、数据库、实例和视频教程。

- 配套电子资源中的“模板”文件夹中包括了本书用到的零件模板、焊件模板、装配体模板、工程图模板、材料明细表模板和焊件切割清单模板，可在出版社网站“本书详情”处下载使用。
- 配套电子资源中的“数据库”文件夹中包括了本书用到的字体数据库、材质数据库和焊件轮廓数据库，可在出版社网站“本书详情”处下载使用。
- 配套电子资源中的“实例”文件夹中包括了本书实例中用到的各种零件、装配体和工程图文件。每章的实例文件都放在相关章节的文件夹下。如第 5 章第 5.6 节的文件位于“实例\第 5 章\5.6”文件夹中，可在出版社网站“本书详情”处下载使用。
- 配套的视频教程文件以二维码形式呈现在书中的相关位置，读者可以扫二维码直接观看。

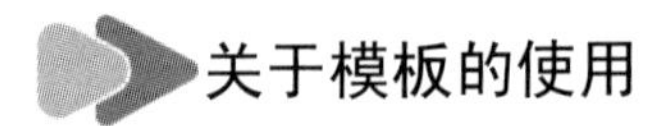

关于模板的使用

对“模板”文件夹中的文件可进行以下操作：

(1) 将本书提供的模板复制到 Windows 11 系统目录“C：\ProgramData\SolidWorks\SolidWorks 2023\templates”中可以删除系统默认模板。

(2) Windows 11 系统缺少长仿宋体字体库，将“字体”文件夹里的所有字体复制到 Windows 系统的“Fonts”文件夹下。

运行平台/操作系统

本书所用的截图是 SolidWorks 2023 运行于 64 位 Windows 11 系统下制作的。如果读者在不同版本或不同系统的 Windows 上运行，菜单和窗口的外观可能不同，但这并不影响 SolidWorks 软件的使用。

本书约定的相关符号

本书使用以下约定符号：

符号	含　　义
【】	加黑色括号表示 SolidWorks 软件命令和选项
	本章要点
	要点提示
	软件使用技巧
	软件使用时应注意的问题
•	表示单一命令/选项的操作方法，如直线命令，可以单击命令管理器，也可以单击菜单栏等
◆	表示完成某一功能不同的方法，如多个元素选择有框选、点选、反选等方法

目录

第 1 章　SolidWorks 基础知识与用户界面

本章要点

- ☑ SolidWorks 发展历史
- ☑ SolidWorks 界面
- ☑ 设计意图和参数化
- ☑ 三维建模的流程
- ☑ 模板的建立和使用

1.1　SolidWorks 简介

SolidWorks 公司成立于 1993 年，1997 年被法国达索(Dassault Systemes S.A.)公司收购，作为达索中端主流市场的主打品牌。

1995 年，SolidWorks 发布了第一个版本 SolidWorks 95，并从 SolidWorks 2001 plus 版本开始支持中国国标(GB)标注。

SolidWorks 软件是世界上第一个基于 Windows 开发的三维 CAD 系统，是基于特征和参数化技术的变量化实体建模软件。该软件版本更新功能的 90%来源于客户需求，真正实现了以客户为中心设计产品。

SolidWorks 所遵循的易用、稳定和创新三大原则得到了全面的落实和证明，从而使 SolidWorks 成为全球装机量最大、最好用的三维机械设计软件。

2022 年 11 月，达索 SolidWorks 推出了 SolidWorks 2023，这也是 SolidWorks 的第 31 个版本。在 SolidWorks 2023 中，新增和完善了很多实用的功能，包括使用单线字体等，可以更好地帮助用户提高企业创新能力和设计团队的工作效率。

值得注意的是，SolidWorks 2012 是最后一个支持 Windows XP 的版本，这会在初次安装 SolidWorks 时弹出提示框，如图 1.1.1 所示。在 Windows XP 系统中运行 SolidWorks 2012 时同样会弹出提示框，如图 1.1.2 所示。SolidWorks 2015 是最后一个支持 32 位系统的版本。

SolidWorks 2023 的主要增强功能如下：

(1) 装配体设计增强功能让用户能够进一步提高效率。利用自动化程度更高的装配体增强功能，可提高大型装配体的处理速度。装配体增强功能包括：

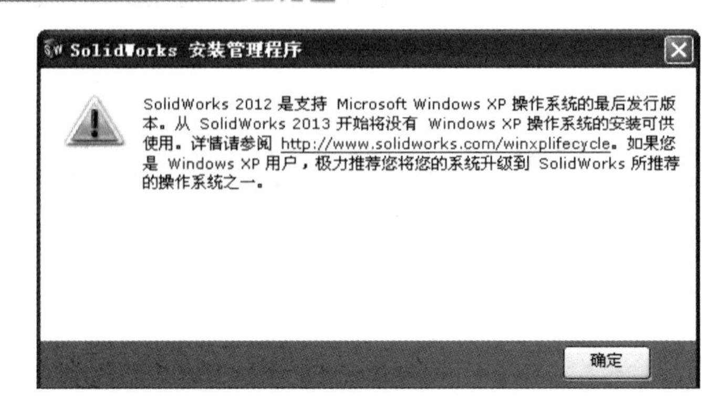

图 1.1.1 SolidWorks 安装提示

图 1.1.2 SolidWorks 运行提示

- 在已解析模式下加载零部件时，通过有选择地使用轻量化的技术可自动优化已解析模式。
- 利用更快地保存大型装配体的功能，可提高工作效率。
- 通过将装配体零部件导出为单独的 STEP 文件，可加快下游流程。

(2) 利用多体建模改进和广泛地使用坐标系，可更快地创建零件几何图形。其增强功能包括：

- 通过利用方程式控制平移和旋转值，可加快几何体的复制。
- 参考 3D 草图、2D 草图尺寸和镜像中的坐标系，可提高零件建模速度。
- 利用使用单线字体(也称为 Stick 字体)的草图，可创建包覆特征。

(3) 钣金件设计比以往更智能、更灵活，能够提前提供有价值的意见，从而改善与制造部门的交流沟通并加快流程。其增强功能包括：

- 选择相关选项，即可利用基体法兰或放样折弯特征应用对称厚度，以更轻松地均衡折弯半径值。
- 能够在注解和切割清单中包括钣金件的规格值。
- 超过钣金件边界框大小限制时，自动传感器会发出警报。

(4) 利用更多的控制和结构设计功能(包括新的阵列特征)，可轻松构建和修改更为复杂的结构。其增强功能包括：

- 将类似的边角分组并应用修剪，然后使用新的阵列特征自动应用连接板。
- 选择一组大小和类型相同的焊件构件，并针对特定配置更改其大小。
- 从 FeatureManager 设计树或边角管理 PropertyManager 缩放到所选边角。

(5) 创建可更准确地展示设计的工程图，并通过将形位公差限制为特定标准来确保标准化。其增强功能包括：

• 利用参数值在被覆盖时将变为蓝色的功能，在 BOM(Bill of Material，物料清单)表中更轻松地识别覆盖值。

• 利用消除隐藏线(HLR)和隐藏线可见(HLV)模式，在工程图中显示透明模型。

关于 SolidWorks 2023 版本的增强功能详情，可单击软件界面下的【帮助】→【新增功能】→【HTML】/【PDF】查看。

有关 SolidWorks 软件产品和版本以及 SolidWorks 2023 软件的安装、卸载和文件的基本操作等内容，可扫描二维码进行学习。

SolidWorks 软件
产品和软件版本简介

SolidWorks 2023
软件的安装

SolidWorks 2023
软件的卸载

SolidWorks 2023
文件的基本操作

1.2　SolidWorks 2023 软件的用户界面及操作

SolidWorks 软件的用户界面(简称界面)友好且美观。SolidWorks 软件的界面分为零件界面、装配体界面和工程图界面，三种界面既独立又关联。本节只介绍零件界面，后续章节中将介绍装配体和工程图界面及其操作。

1.2.1　SolidWorks 2023 零件界面

SolidWorks 2023 零件界面主要包括菜单栏、标准工具栏、标题栏、搜索栏、Command Manager(命令管理器)、FeatureManager(特征管理)树区域、任务窗格、绘图区、状态栏、视图(前导)、参考三重轴及提示栏等，如图 1.2.1 所示。

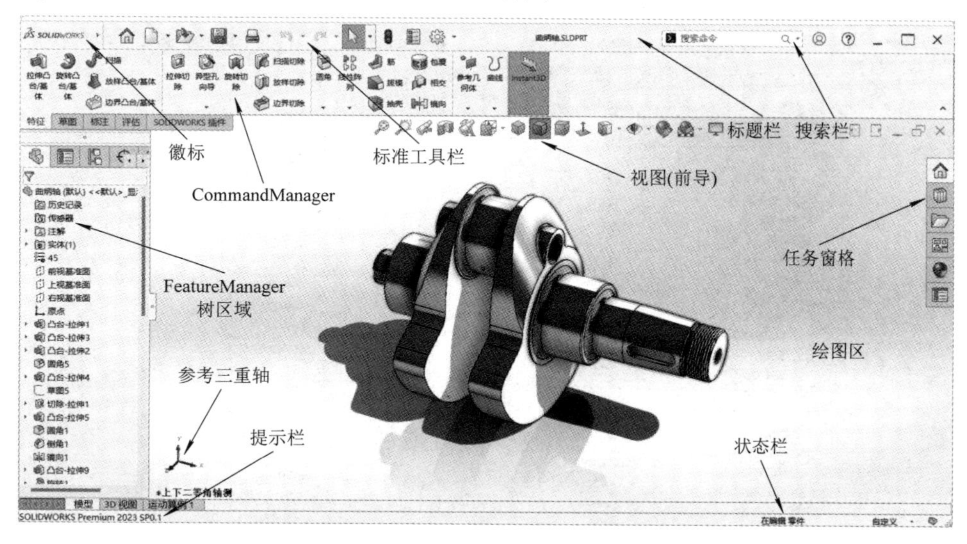

图 1.2.1　SolidWorks 2023 零件界面

1. 菜单栏与标准工具栏

菜单栏默认为“隐藏”状态，此时显示标准工具栏，如图 1.2.2 所示。

图 1.2.2　只显示标准工具栏

当鼠标停留在【SolidWorks 徽标】上时菜单栏将会显示，如图 1.2.3 所示。若单击“图钉”按钮为固定(再次单击“图钉”按钮可以取消固定)，即展开菜单栏，如图 1.2.4 所示，此时菜单栏与标准工具栏均显示。

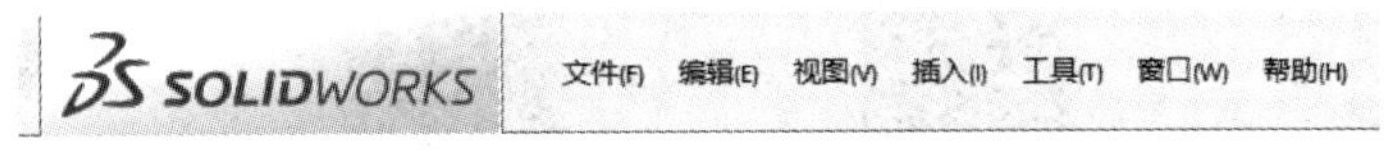

图 1.2.3　只显示菜单栏

图 1.2.4　菜单栏与标准工具栏均显示

2. CommandManager(命令管理器)

CommandManager(命令管理器)是 SolidWorks 最重要的界面元素。使用 CommandManager 命令管理器时无须显示工具条，单一紧凑的界面使各种命令组织得简洁有序，同时使绘图工作区最大化显示。

在 CommandManager 的文字标签上单击鼠标右键，在弹出的快捷菜单中可以添加或取消(勾选为添加的标签项目，未勾选为取消的标签项目)相应的功能标签，如图 1.2.5 所示。

> 鼠标滚轮(中键)在命令管理器的位置上滚动可以切换各属性选项卡标签。

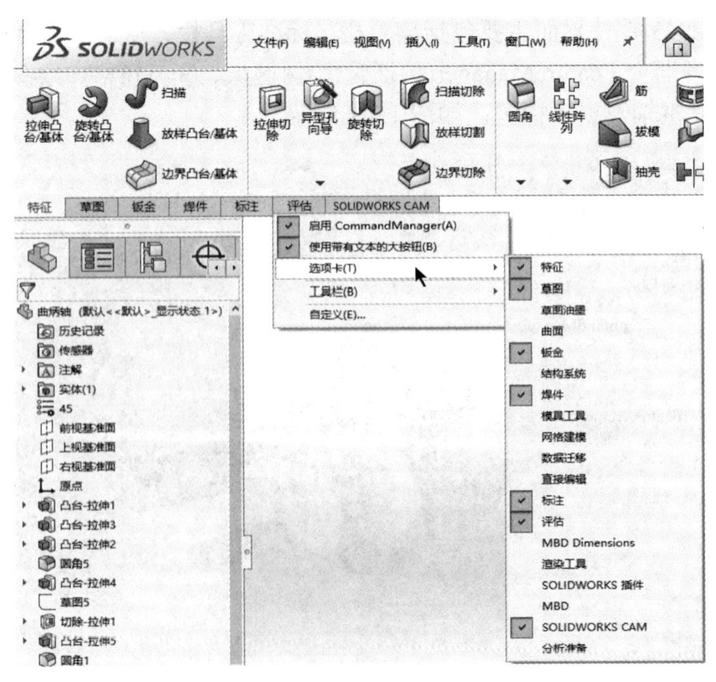

图 1.2.5　添加或取消命令管理器选项卡项目

- 在 CommandManager 底部的文字标签上单击快捷菜单中的【自定义 Command Manager】。
- 单击菜单栏中的【工具】→【自定义...】。
- 在标准工具栏【选项】下拉三角下箭头中选择【自定义...】，如图 1.2.6 所示。

还可以对 CommandManager 是否使用【大图标】、是否【使用带有文本的大按钮】以及是否【激活 CommandManager】进行更改，如图 1.2.7 所示。

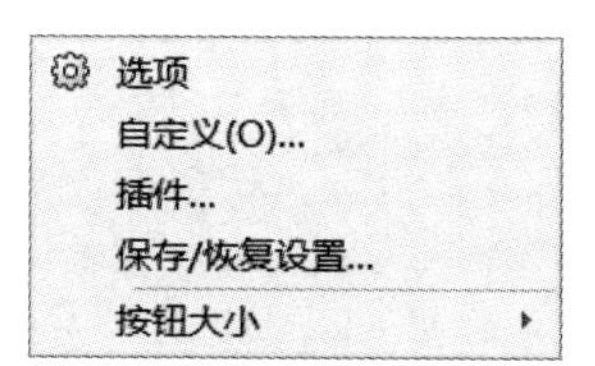

图 1.2.6　自定义 CommandManager 标签

图 1.2.7　自定义 CommandManager

在【自定义】CommandManager 窗口没有关闭之前，在【标签文字】上右击可以添加新的选项卡标签和重命名选项卡标签，以及将标签复制到装配体和工程图面板下，或右击添加新的选项卡标签，如图 1.2.8 所示。

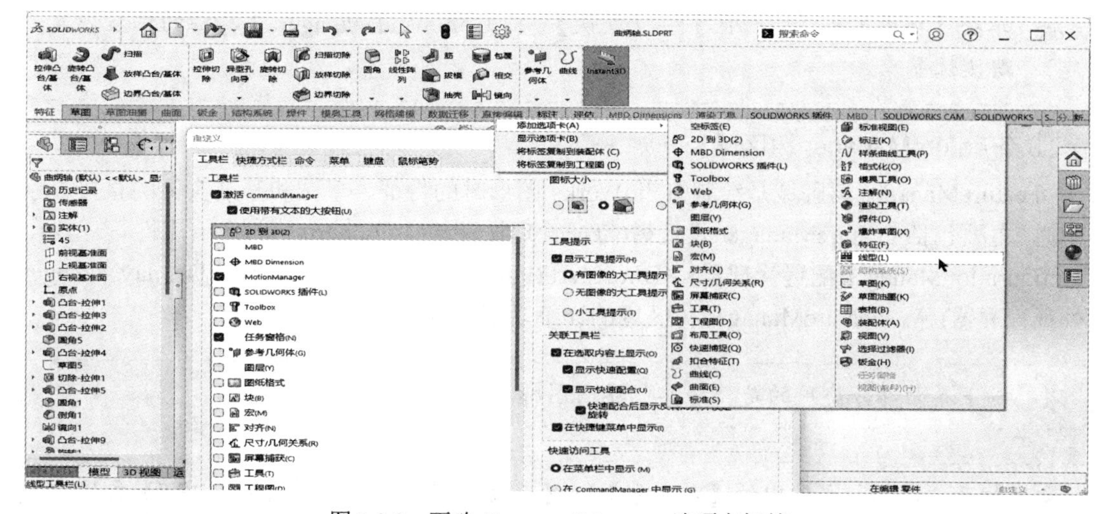

图 1.2.8　更改 CommandManager 选项卡标签

若用户已熟悉各个图标按钮的功能，为了使绘图区域最大化，可关闭CommandManager的【使用带有文本的大按钮】，效果如图1.2.9所示。

图1.2.9 自定义CommandManager按钮方式

如果想使用SolidWorks 2015版本的“蓝黄色”图标，可以单击【选项】→【颜色】，将图形颜色选为“经典”，如图1.2.10所示。

图1.2.10 切换经典图标

单击【视图】→【工作区】→【默认】，将CommandManager工具栏的位置恢复默认位置。

3. FeatureManager树区域

FeatureManager树区域是绘制SolidWorks图形时的特征、草图和基准实体的直接显示区域，主要包括FeatureManager设计树(特征管理设计树)、PropertyManager(属性管理器)、ConfigurationManager(配置管理器)、DimXpertManager(尺寸公差管理器)和DisplayManager(外观管理器)等。FeatureManager树区域的详细功能如图1.2.11所示。

以下界面部分使用的是“经典”界面图标。

打开“实例”文件中的【第1章】→【1.7】→【支架(树区域).SLDPRT】文件。

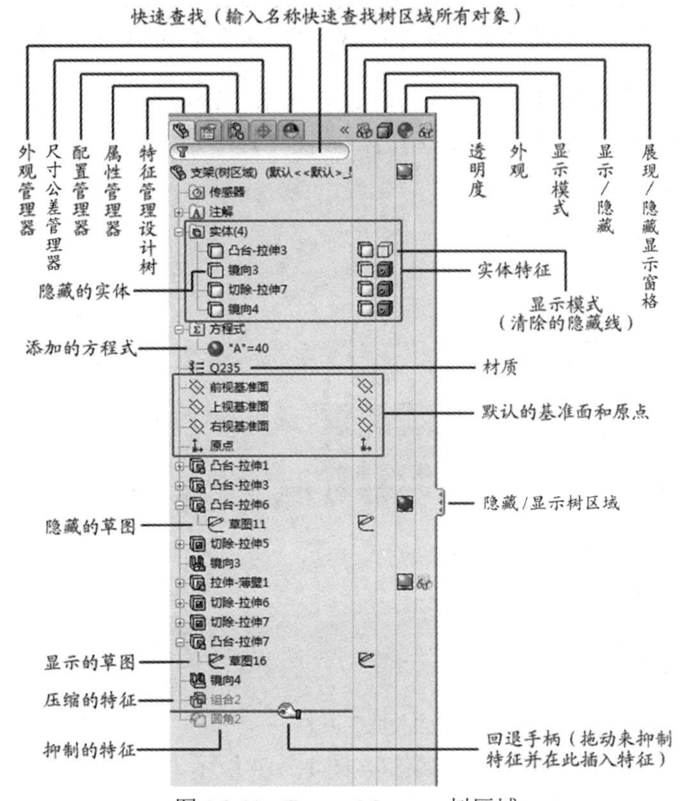

图 1.2.11　FeatureManager 树区域

> 单击【实体】、【特征】、【方程式】等前面的【+】或【-】，可以展开或折叠所包含的项目内容。

特征管理设计树提供了零件、装配体和工程图的视图，从而可以方便查看模型和装配体的构造情况，以及工程图中各视图、图样和明细表等。

特征管理设计树和绘图区是完全动态链接的，设计时可以随时选择特征、草图、工程图或构造几何体。特征管理设计树是组织和记录模型中各个要素之间的参数信息和相关联系以及模型、特征、零件和草图之间的约束关系的，几乎涵盖了所有的设计信息。

属性管理器、配置管理器、尺寸公差管理器和外观管理器是特征管理设计树的扩展和补充。

(1) 特征管理设计树。特征管理器 FeatureManager 树区域最重要的部分是特征、实体、草图和基准特征等显示的区域，如图 1.2.12 所示。图中分别是单击【基准面】、【特征】、【草图】以及【压缩特征】时弹出的关联工具栏，单击相应的命令即可进入编辑模式。SolidWorks 能够根据特征实体项目的不同快速并准确地显示此时快捷菜单上的关联工具命令，以帮助用户快速选择所需命令，提高绘图效率。

当在图形区域中或在特征管理设计树中选取项目时，关联工具栏中将出现与该项目前后关系相关联时运行的命令。关联工具栏中的工具位于右击菜单时快捷键菜单的顶部。

在【选项】→【自定义】中，可以设置【关联工具栏】的开启与关闭，是否【在选取内容上显示】和【在快捷键菜单中显示】。

打开“实例”文件中的【第1章】→【1.7】→【支架.SLDPRT】文件。

SolidWorks 更改特征和草图等特征的名称遵循 Windows 的操作习惯，按功能键<F2>更改名称，将【凸台-拉伸 2】更改为【圆管】，如图 1.2.13 所示。

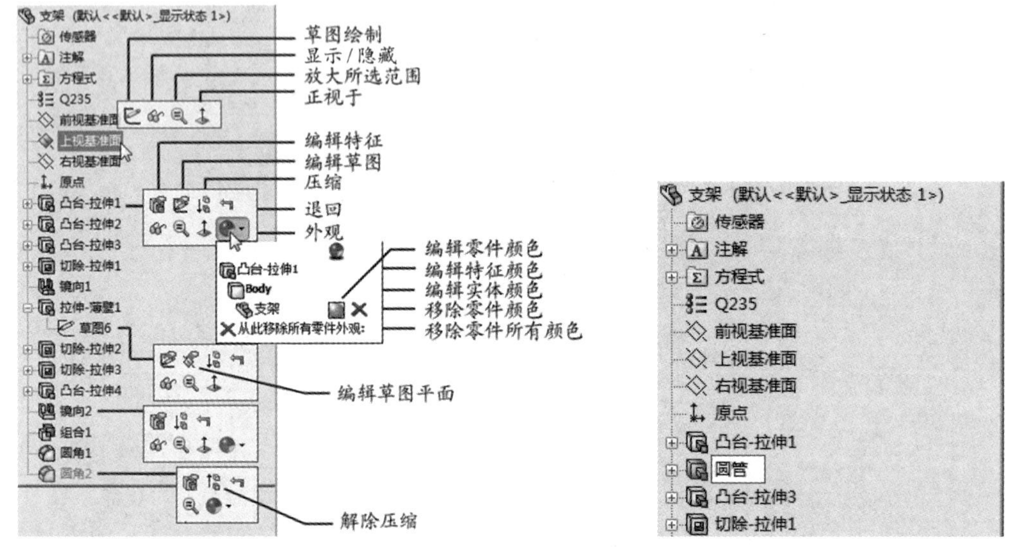

图 1.2.12　【单击】特征管理器项目时的关联工具栏　　　　图 1.2.13　更改特征名称

右击相应的特征会弹出相应特征的菜单，图 1.2.14 所示为右击【凸台-拉伸 1】弹出的菜单。单击菜单最下端的【更多命令】按钮，则会展开更多的命令，如图 1.2.15 所示。单击【自定义菜单】按钮可以自定义添加菜单命令，勾选相关命令前面的□，即可添加相应的项目命令，如图 1.2.16 所示。在菜单外任意处单击，确认或退出【自定义菜单】命令。

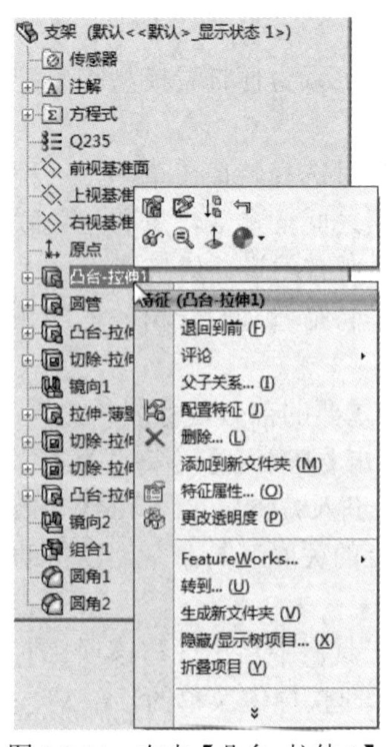

图 1.2.14　右击【凸台-拉伸 1】时的菜单

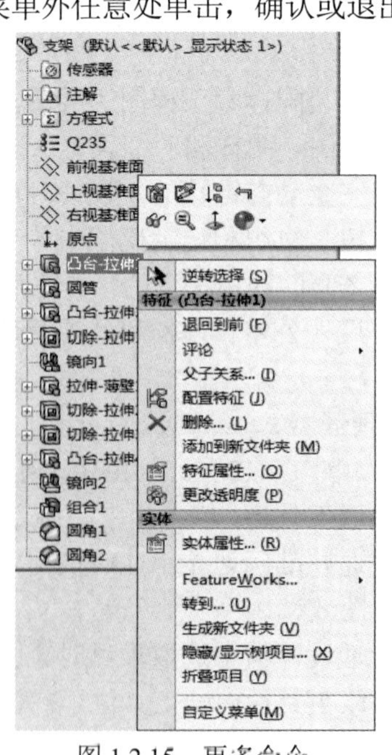

图 1.2.15　更多命令

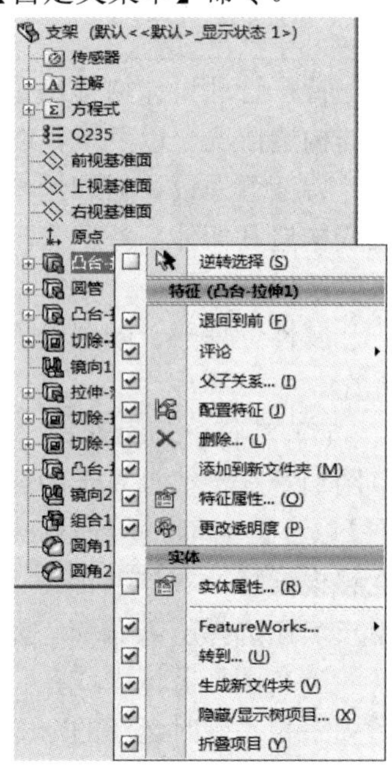

图 1.2.16　自定义菜单

> 【自定义菜单】按钮选项在 SolidWorks 的各个菜单中均有。关联工具栏位于右键菜单的顶部。

自定义菜单中的【隐藏/显示树项目】如图 1.2.17 所示，可以更改树区域显示或隐藏的项目。

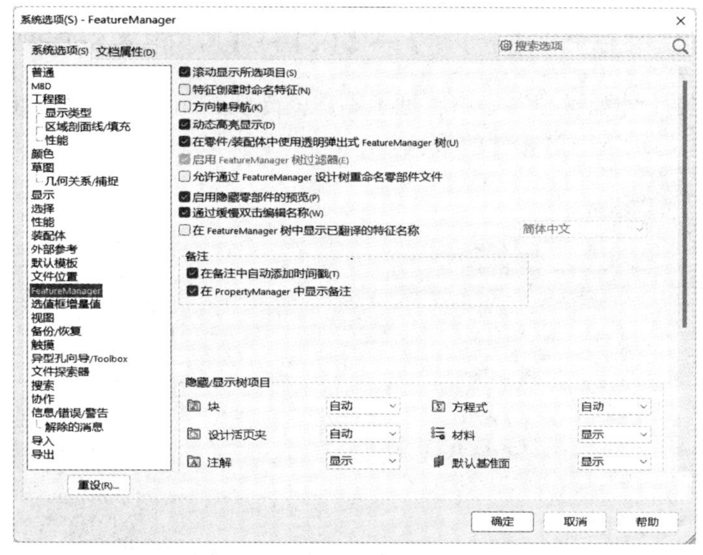

图 1.2.17　树项目的显示与隐藏

(2) 属性管理器。在绘制或编辑特征实体时，其各个属性将显示在属性管理器面板下，图 1.2.18 所示为【拉伸凸台锥体】的属性管理器。

> 打开“实例”文件中的【第 1 章】→【1.2】→【椎体.SLDPRT】文件。

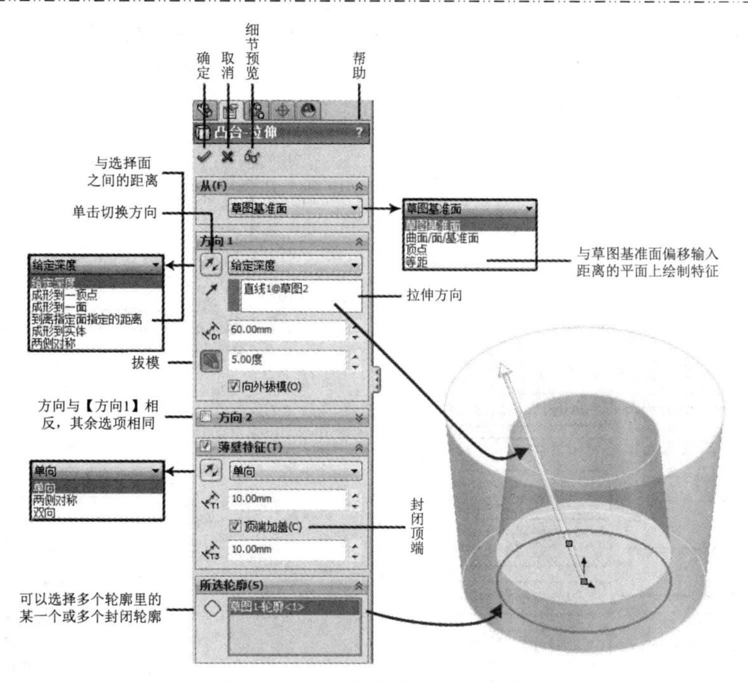

图 1.2.18　拉伸锥体属性管理器

(3) 配置管理器。配置管理器集中管理了零件的系列配置，图 1.2.19 所示为圆环的配置。右击【显示配置】或双击均可显示当前的配置。其中的【添加派生的配置…】为在当前的配置上添加新的配置。

右击【系列零件设计表】的【编辑表格】，可编辑配置的详细内容。

打开“实例”文件中的【第 1 章】→【1.2】→【圆环配置.SLDPRT】文件。

(4) 外观管理器。外观管理器集中管理了零件的外观、贴图、光源和相机等，如图 1.2.20 所示。外观选项里显示了当前零件的颜色。

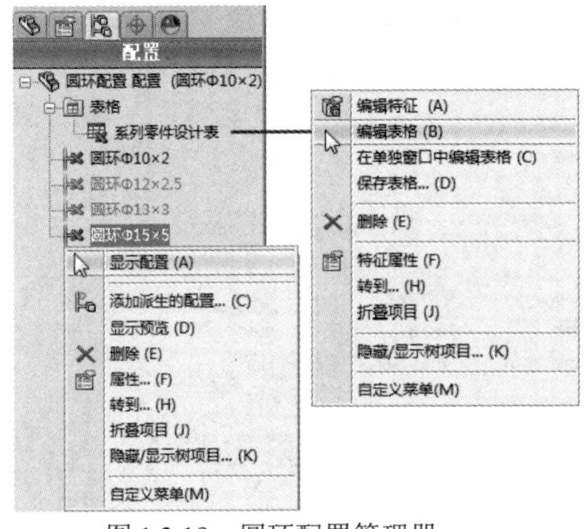

图 1.2.19　圆环配置管理器

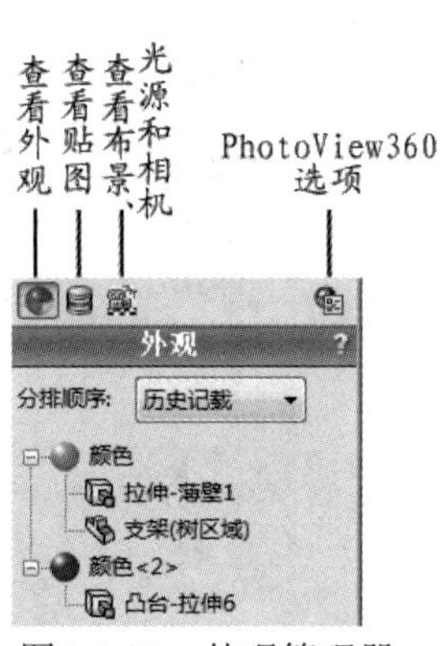

图 1.2.20　外观管理器

4. 任务窗格

任务窗格位于界面的右侧，如图 1.2.21 所示。任务窗格是快速提供设计任务的，如在工程图中查看调色板即可为快速生成三视图投影提供依据。

任务窗格中，设计库主要包括标准件库 Toolbox(有多个国家标准)和 GB 标准件，如图 1.2.22 所示。其中【添加到库】可以将自定义的零部件添加到库中，以备后续使用。

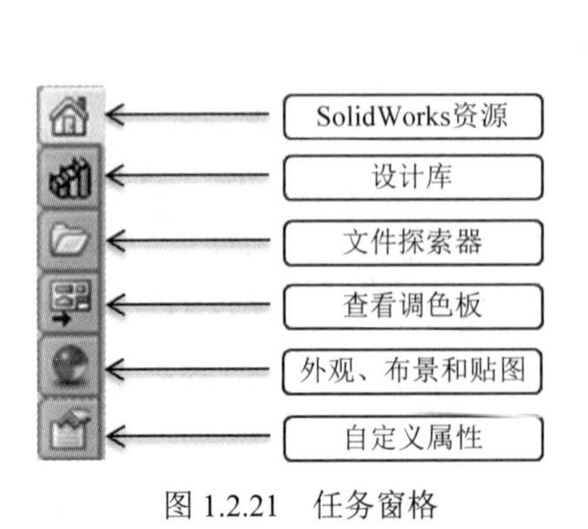

图 1.2.21　任务窗格

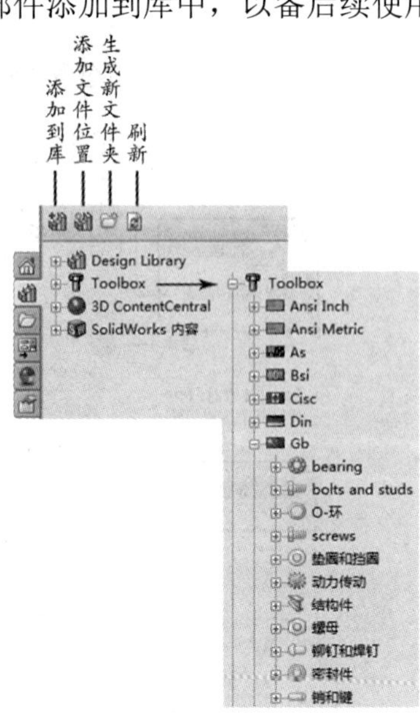

图 1.2.22　设计库

5. 视图(前导)

视图(前导)控制模型的视图状态和视图定向。如图 1.2.23 所示，从左到右依次为【显示全屏】、【局部放大】、【上一视图】、【剖面视图】、【视图定向】、【显示样式】、【隐藏/显示项目】、【编辑外观】、【应用布景】和【视图设定】。

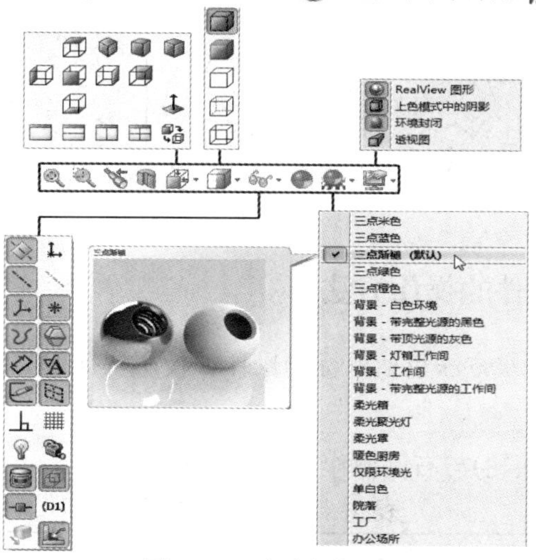

图 1.2.23　视图(前导)

【RealView 图形】需要专业显卡的支持，使用软件 RealHack 使得普通显卡也可以有 RealView 效果，但是仅限支持的显卡(独立显卡)。

视图定向如图 1.2.24 所示。

打开“实例”文件中的【第 1 章】→【1.2】→【支架.SLDPRT】文件。

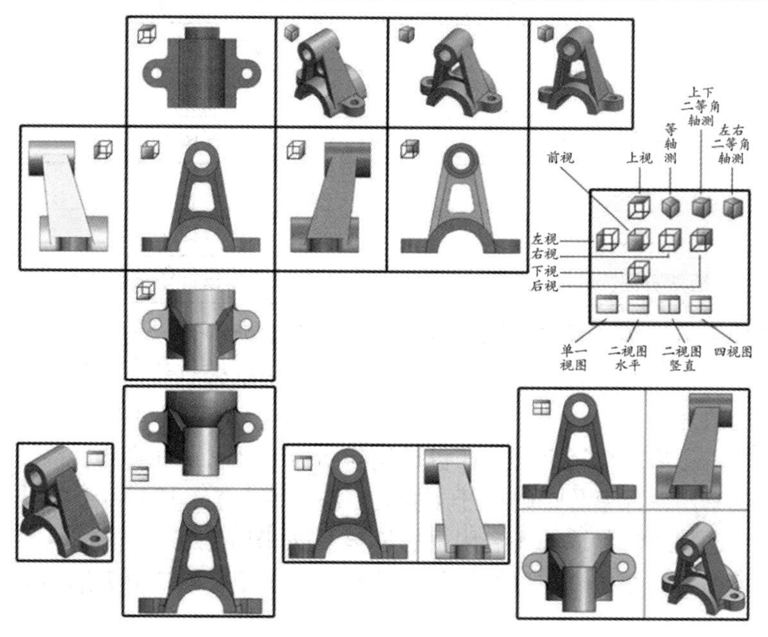

图 1.2.24　视图定向

显示样式如图 1.2.25 所示，从左到右依次为【带边线】、【上色】、【消除隐藏线】、【隐藏线可见】和【线架图】。

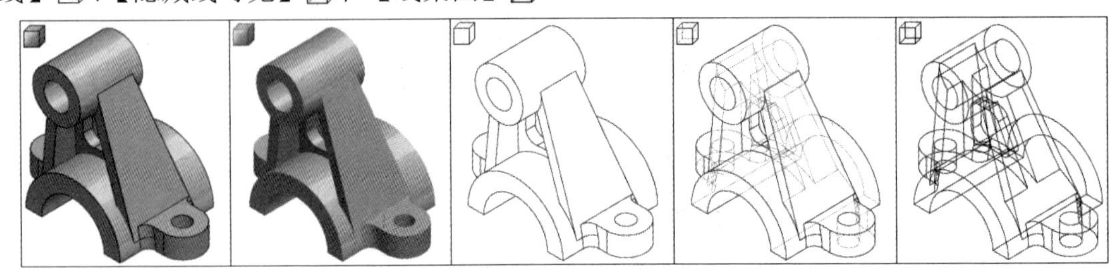

图 1.2.25 显示样式

1.2.2 SolidWorks 文件的操作方法

SolidWorks 文件的操作方法包括鼠标的操作、使用快捷键与快捷菜单命令等。

1. 鼠标的操作

鼠标的左键、中键(滚轮)与右键操作如表 1-1 所示。

表 1-1 鼠标的操作

鼠标键位	操作方法	功能作用
左键	单击左键	选择或取消实体对象
	【Ctrl】键 + 单击左键	拾取多个对象
	双击左键	激活属性配置或修改尺寸
	拖动左键	选择窗口范围或选择全部对象
	【Ctrl】键 + 拖动左键	复制所选对象
	【Shift】键 + 拖动左键	移动所选对象
中键	拖动中键	旋转视图
	【Ctrl】键 + 拖动中键	平移视图
	【Shift】键 + 拖动中键	缩放视图
	双击中键	显示全部
右键	单击右键	弹出快捷菜单
	拖动右键	弹出鼠标笔势选项

在使用鼠标笔势操作时可以在图形区域中通过右键拖动，以便从零件、装配体和工程图或草图调用预先指派的工具或宏。也可以启用或禁用鼠标笔势，并设定鼠标笔势指导中显示的鼠标笔势数量。

默认情况下，已启用鼠标笔势并在鼠标笔势指导中显示 4 种笔势。

若要启用或禁用鼠标笔势，则打开文档后，依次单击【工具】→【自定义】，在【鼠标笔势】选项卡中选择或消除选择【启用鼠标笔势】，如图 1.2.26 所示。

若要在鼠标笔势指导中设定鼠标笔势的数量，则在【鼠标笔势】选项卡中选择 4 笔势或 8 笔势。

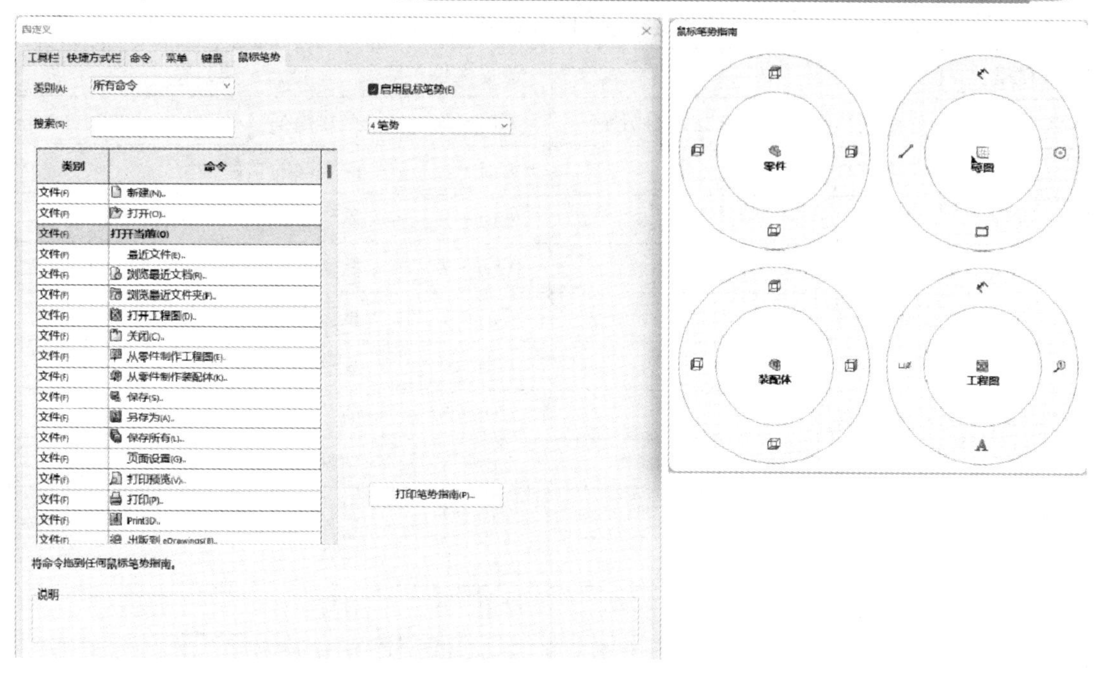

图 1.2.26　鼠标笔势

图 1.2.27 所示为 8 笔势分别在草图环境、零件/装配体环境和工程图环境下的鼠标笔势。

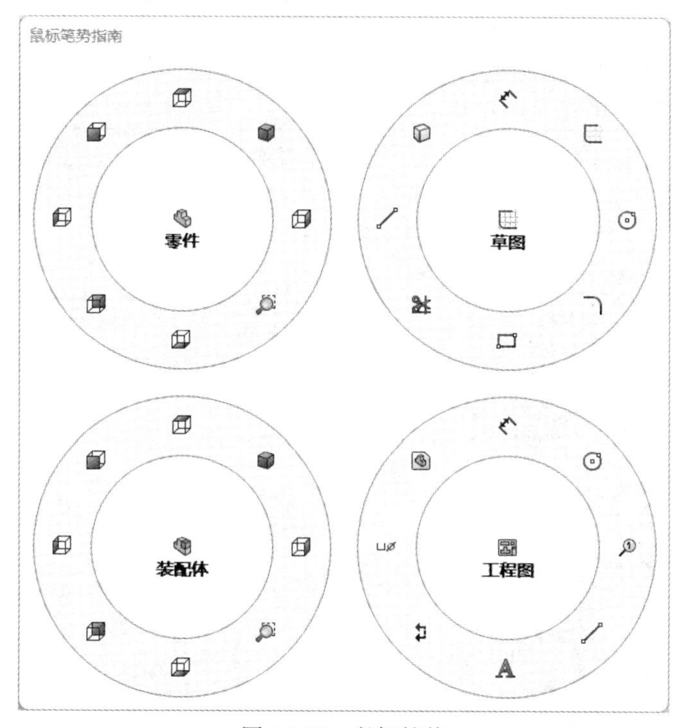

图 1.2.27　鼠标笔势

2. 使用快捷键

SolidWorks 的常用快捷键及其功能如表 1-2 所示。

表 1-2 常用快捷键及其功能

键盘键位	功　能	键盘键位	功　能
A	绘制草图时直线与圆弧的切换	Ctrl + B	重建模型
F	全屏显示	Ctrl + Q	深层次的重建模型
G	放大镜	Ctrl + R	重绘屏幕
L	绘制直线	Ctrl + Z	撤销
R	最近打开的文件	Ctrl + Y	重做
S	快捷菜单对话框	Ctrl + C	复制
Z	缩小视图	Ctrl + X	剪切
Shift + Z	放大视图	Ctrl + V	粘贴
空格键	视图方向定位菜单	Ctrl + S	保存
F3	调用快速捕捉工具栏	Ctrl + N	新建
F5	调用过滤器工具栏	Ctrl + O	打开
F7	拼写检查	Ctrl + W	关闭
F8	显示或隐藏树区域窗格	Ctrl + P	打印
F9	显示或隐藏树区域	Delete	删除所选
F10	显示或隐藏命令管理器	Enter	重复命令
F11	最大化视图区显示		

除了以上列出的常用的快捷键外，用户还可以查看或添加自定义的快捷键，如图 1.2.28 所示。在【工具】→【自定义】中的键盘选项中，用户可以根据需要修改或添加自定义的快捷键。

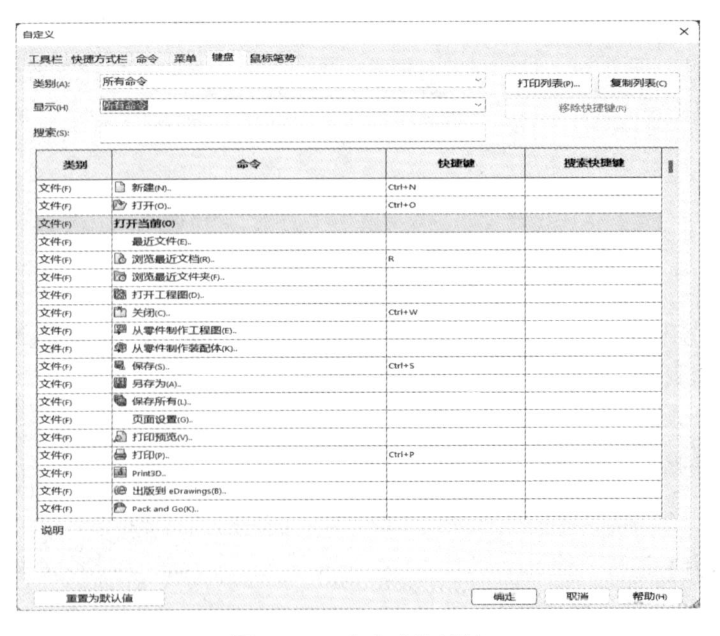

图 1.2.28 自定义快捷键

3. 使用快捷菜单命令

SolidWorks 的常用快捷菜单如图 1.2.29 所示。

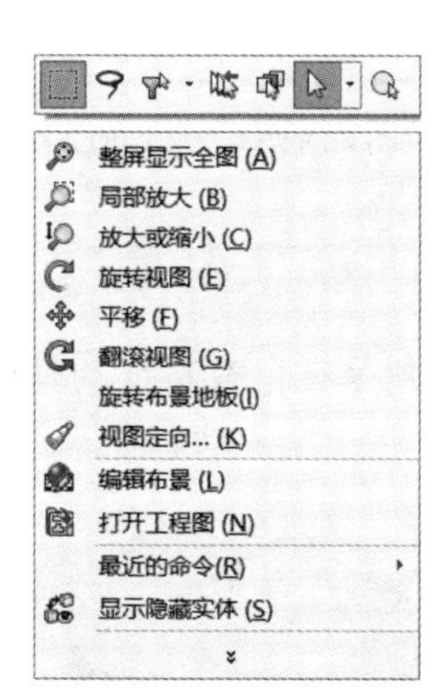

(a) 在界面空白处右击的快捷菜单

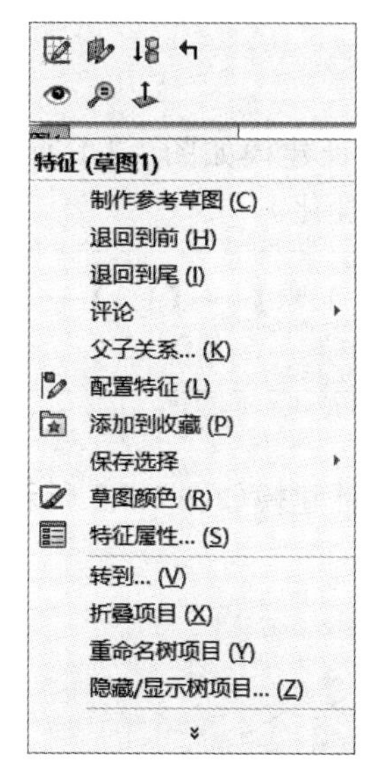

(b) 在草图上右击的快捷菜单

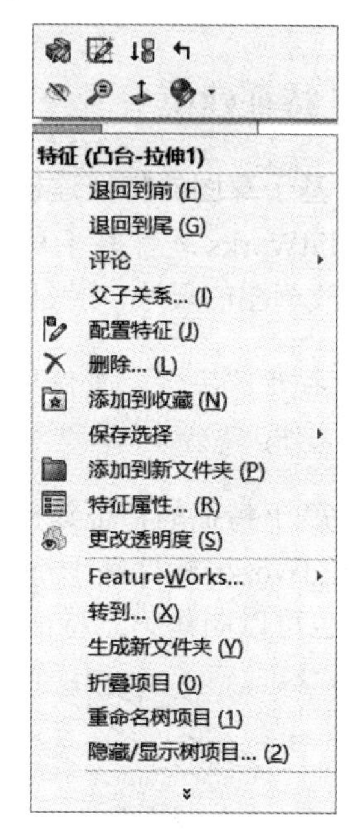

(c) 在特征上右击的快捷菜单

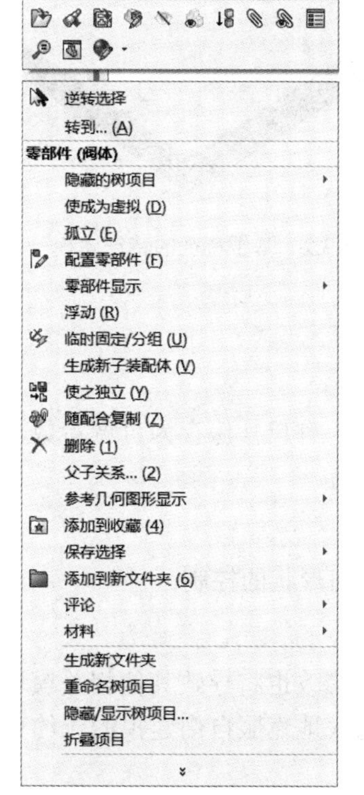

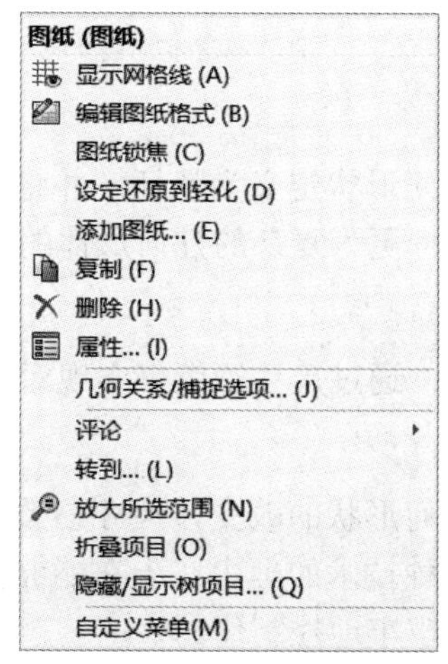

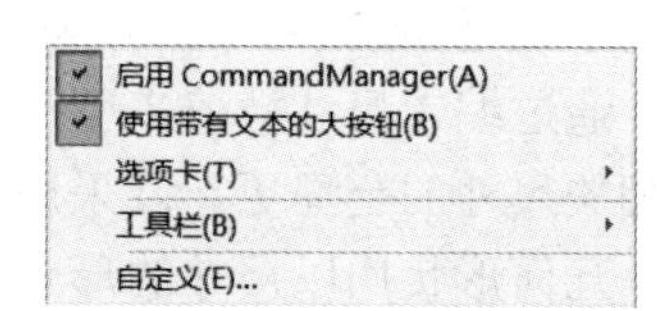

(d) 在零件上右击的快捷菜单　(e) 在图纸上右击的快捷菜单　(f) 在工具栏空白处右击的快捷菜单

图 1.2.29　快捷菜单

1.3 SolidWorks 软件的特点

1.3.1 特征建模

1. 基于草图的特征建模

SolidWorks 软件基于草图的特征建模如图 1.3.1 所示。拉伸的实体特征是由草图控制的，修改草图的尺寸，特征也随之变化。

> 打开“实例”文件中的【第 1 章】→【1.3】→【基于草图的特征建模.SLDPRT】文件。

2. 基于特征的特征建模

SolidWorks 软件基于特征的特征建模如图 1.3.2 所示。倒圆角是在已有特征的基础上进行的，也可以叫作第二特征。

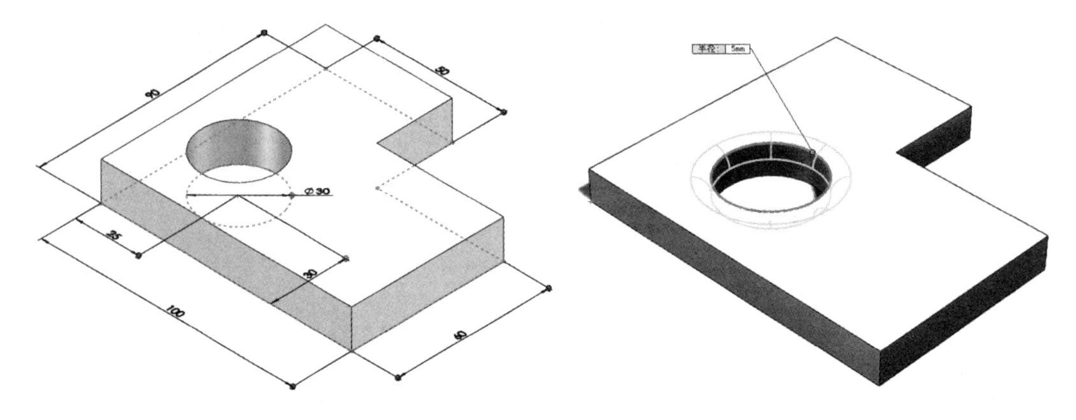

图 1.3.1 基于草图的特征建模

图 1.3.2 基于特征的特征建模

1.3.2 参数化

1. 基于特征的参数化

将某些具有代表性的平面几何形状定义为特征，并将其所有尺寸保存为可调参数，进而形成实体，并以此为基础来进行更为复杂的几何形体的构造。

2. 全尺寸约束的参数化

将形状和尺寸联系起来考虑，通过尺寸约束来实现对几何形状的控制。

3. 尺寸驱动设计的参数化

通过编辑尺寸数值来驱动几何形状的改变，尺寸参数的修改也将导致其他相关模块中的相关尺寸的全局更新。采用这种技术的理由在于它能够彻底地克服自由建模的无约束状态，几何形状均以尺寸的形式被牢牢地控制住。

目前参数化建模技术大致可分为以下 3 种方法：

(1) 基于尺寸驱动的参数化建模。基于尺寸驱动的参数化建模通过对模型的几何尺寸进行修改实现对图形的修改。它是应用最为广泛的建模方法，也是最基本的方法，通常用于零件建模。无论其余的方法利用什么来改变图形，根本上都是通过几何尺寸的改变来实现的。例如，在 SolidWorks 中建立一个实体，在实体上标明尺寸，尺寸线可以看成是一个有向线段，上面的尺寸数字就是参数名，其方向反映了几何数据实体和参数间的关系，由用户输入的参数名找到对应的实体，进而根据参数值对实体进行编辑修改，如图 1.3.3 所示。

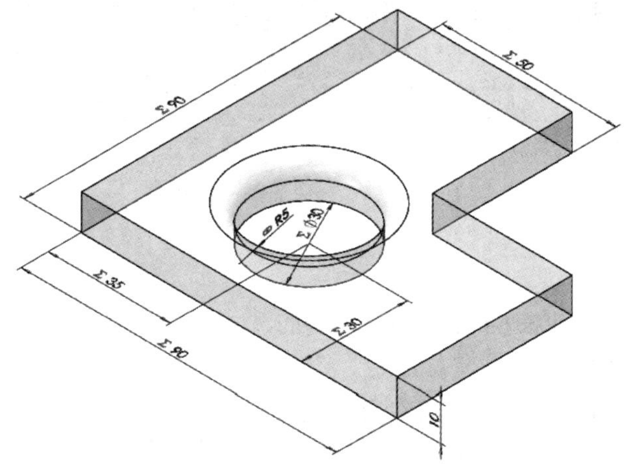

图 1.3.3　基于尺寸驱动的参数化建模

尺寸前面带有∑符号的均为【方程式】驱动。尺寸前面带有∞符号的均为【链接数值】驱动。

(2) 基于约束驱动的参数化建模。基于约束驱动的参数化建模是在维持几何约束关系不变的前提条件下，通过约束值的修改实现系统的变化，通常用于装配体建模。几何约束驱动本质上是一个几何实体约束满足的过程，通过一定的约束规划和推理方法实现几何实体的空间定位。基于几何约束的参数化建模用几何约束来表达产品模型的形状特征，定义一组参数以控制设计结果，从而能够通过调整参数来修改设计模型。产品模型的修改通过尺寸驱动来实现，即通过给定的几组参数值，可以实现系列零件或标准件的自动生成。通过约束也可以使设计目标存在依赖关系，如图 1.3.4 所示。

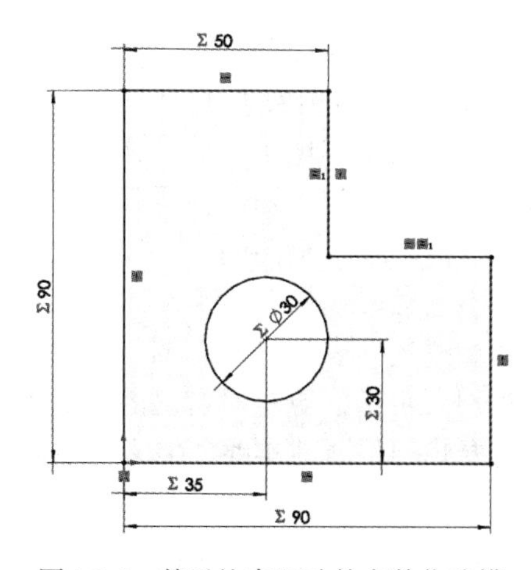

图 1.3.4　基于约束驱动的参数化建模

(3) 基于特征的参数化建模。基于特征的参数化建模综合运用了参数化特征造型的变量几何法和基于生成历程法实现特征的构造和编辑。基于特征的参数化建模是新兴的CAD建模方法，通常也用于装配体建模，如图1.3.5所示。

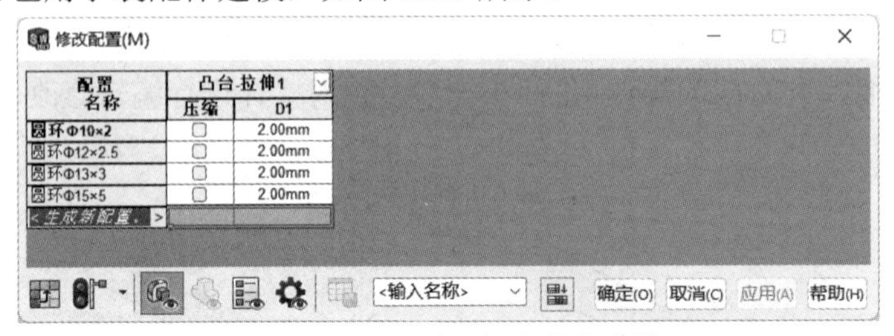

图 1.3.5 基于特征的参数化建模

1.3.3 设计意图

我们知道，设计都是用来达到一个特定目的的，大多数的设计方案是由装配体组成的，设计方案中的每一个零件都由大量特征组成，设计意图要管理每个装配体中各个零件之间的关系、每个零件中特征之间的关系、特征与草图之间的关系以及草图与尺寸之间的关系等。

设计意图是装配体、零件、特征、草图和尺寸标注的智能组合。设计意图体现在设计过程中的多个方面。

1. 尺寸标注的方案

尺寸标注界线的选择、尺寸标注基准、参照等的不同都会使设计意图不同。

2. 特征的约束

各特征之间的约束关系，比如拉伸到顶点、面、下一面等的不同都会使设计意图不同。

3. 装配的约束

各零件、子装配体的装配关系的不同会使设计意图不同。

4. 尺寸的关系

尺寸方程式、链接尺寸等的不同会使设计意图不同。

5. 参考的引用

参考的引用包括零件内部的参考引用(如将边线转换为实体引用、偏距等)和零件外部的参考引用[如在装配体中用top-down(自顶向下)设计零件]。

一个好的设计产品必然能够清晰地体现用户的设计意图，这些清晰的设计意图也能轻易地被其他工程师或团队所领悟、接受与认知，使得其他工程师或团队在修改、改进用户的设计时得心应手。而一些没有清晰设计意图的产品修改起来就很麻烦，错误不断，好多时候我们宁可重新设计一遍也不愿意修改带有不明设计意图和错误不断的零件产品。所以，用户在设计产品的过程中要尽量清楚地表达设计意图，使设计意图清晰明了，不要让后续的修改人员无从下手，这是对别人负责，更是对自己的设计负责。当然，设计意图的良好养成不是一朝一夕的事情，需要我们不断地实践、努力与积累。

6. 设计意图的应用

当标注的位置和参考的位置不同时，会导致不同的设计意图，如图1.3.6(a)、(b)所示。

图 1.3.7(a)～(d)分别采用了制陶瓷“旋转”法、“旋转”层叠切除法、“拉伸”层叠切除法和层叠堆放法 4 种方法，方法过程均不同，也就是设计意图不同，但结果相同。可见，不同的设计意图表达了不同的建模方法，或者不同的建模方法表达了不同的设计意图。

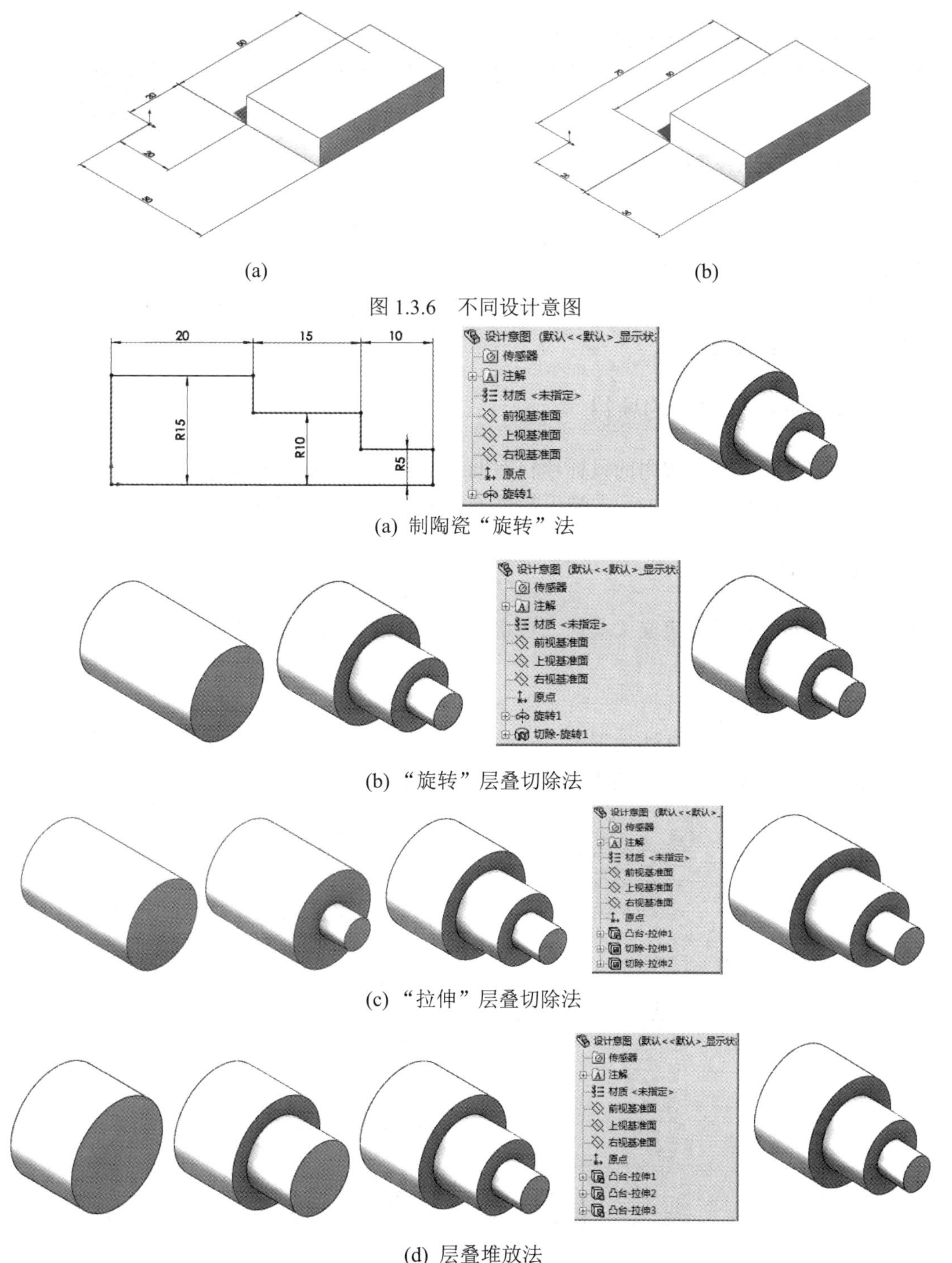

(a)　(b)

图 1.3.6　不同设计意图

(a) 制陶瓷“旋转”法

(b) “旋转”层叠切除法

(c) “拉伸”层叠切除法

(d) 层叠堆放法

图 1.3.7　不同设计意图

1.4 用户自定义定制

用户的自定义定制包括调整命令管理器的位置、添加命令管理器的项目、定制用户界面、定制系统选项属性和定制绘图背景等几个方面。

SolidWorks 用户自定义

1.4.1 调整命令管理器的位置

将鼠标移至命令管理器上，按住鼠标左键不放，拖拽鼠标直到新的位置后放开鼠标。放置的位置除了在上、左、右三个位置外，还可以悬空放置在绘图区中。例如，将命令管理器移至该图标 [◂] 时，释放鼠标，则命令管理器就会放置在绘图界面的左边区域，双击命令管理器后又恢复默认位置。

1.4.2 添加命令管理器的项目

在命令管理器上添加常用的设计项目有助于提高工作效率。例如，在命令管理器的文字图标“办公室产品”上右击，在弹出的菜单中可以选择需要添加的项目。

1.4.3 定制用户界面

定制用户界面包括自定义工具栏、自定义命令、自定义菜单、自定义键盘和自定义鼠标笔势。

1. 自定义工具栏

自定义工具栏的设置方法如下：

- 单击【视图】→【工具栏】，如图 1.4.1(a)所示。

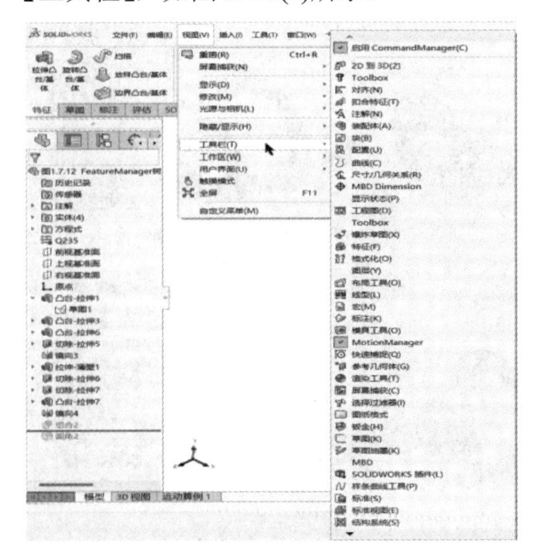

(a)

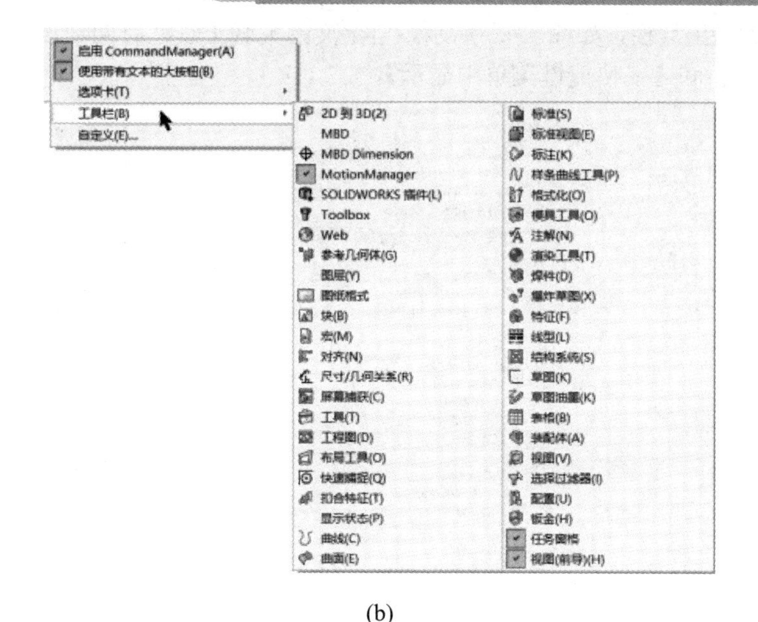

(b)

(c)

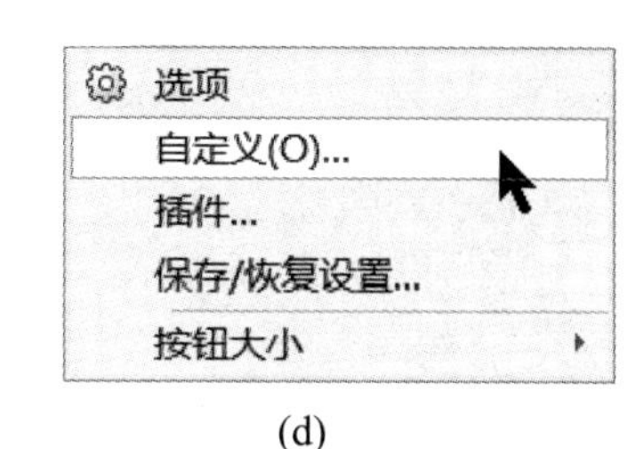

(d)

图 1.4.1 自定义工具栏

- 在【菜单栏】、【工具栏】或【标题栏】上右击，调出【工具栏】快捷菜单，如图 1.4.1(b)所示。
- 单击【工具】→【自定义】，选择【工具栏】，选择需要的项目，如图 1.4.1(c)所示。
- 单击标准工具栏上【选项】扩展菜单下的【自定义】，如图 1.4.1(d)所示。还可以根据实际工作要求添加或消除常用工具项目。
- 在绘图区单击键盘上的 S 键，弹出快捷菜单，在其上右击并单击【自定义】，如图 1.4.2 所示。然后单击【命令】选项卡。

• 自定义关联工具栏，如图 1.4.3 所示。自定义的关联工具栏有两项设定，分别为【在选取内容上显示】和【在快捷键菜单中显示】。

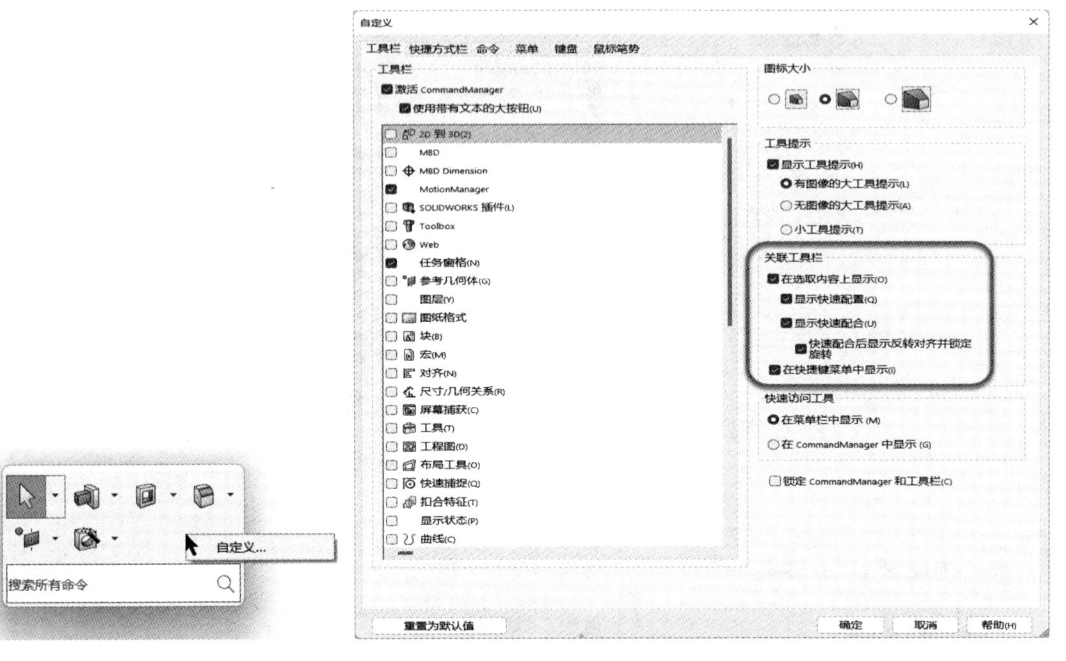

图 1.4.2 快捷菜单　　　　图 1.4.3 关联工具栏设定

单击选择【一条直线】后，不要快速移动鼠标，而是将鼠标向右上角慢慢移动，此时会弹出关联工具栏，即在选取内容上显示关联工具栏，如图 1.4.4 所示。再右击【前视基准面】，在快捷菜单的顶部显示关联工具栏，如图 1.4.5 所示。选择相应的项目，SolidWorks 会根据当前的环境，智能弹出相应的关联工具栏。

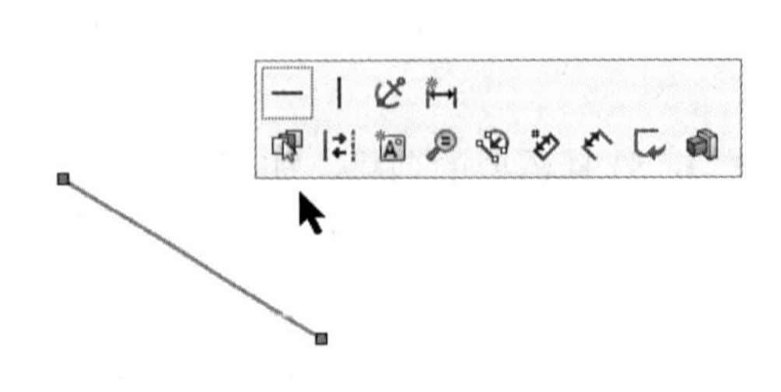

图 1.4.4 在选取内容上显示

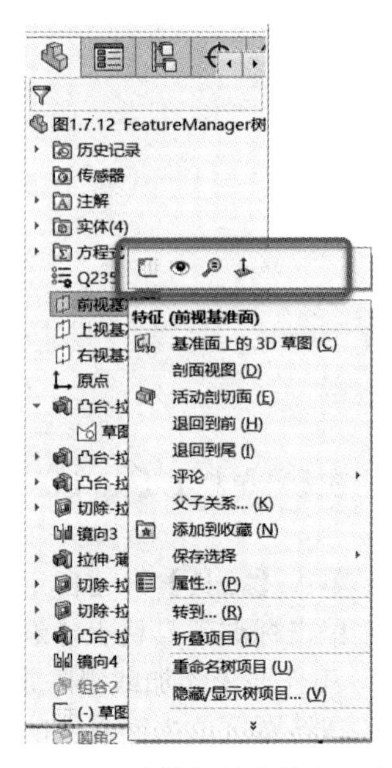

图 1.4.5 在快捷键菜单中显示

添加工具栏时通过以上方法调出并单击选择，或再次单击取消。

> ⚠ 自定义的用户界面设置均是在零件环境下进行的，装配体与工程图类似。

2. 自定义命令

自定义命令的设置方法如下：

- 单击【工具】→【自定义】，再单击命令选项卡。
- 在绘图区单击键盘上的 S 键，弹出快捷菜单，在其上右击并选择【自定义】，再单击【命令】选项卡。
- 单击标准工具栏上【选项】扩展菜单下的【自定义】，再单击【命令】选项卡。

> ⚠ 在 SolidWorks 中，所有快捷键按键都是在英文输入状态下进行的。

添加某个命令按钮可以直接将所需要的命令按钮用鼠标左键拖拽至相应的工具栏或弹出的快捷菜单栏上，当光标后出现“+”号时释放鼠标并放置在当前位置上。相反，如果删除某个命令按钮，可用鼠标左键按住该命令按钮将其从相应的工具栏或弹出的快捷菜单栏上拖拽至空白处，当光标后出现“×”号时，释放鼠标左键。

图 1.4.6 所示为将命令选项卡上的【标准视图】里的【等轴测】按钮添加到视图(前导)工具栏上。

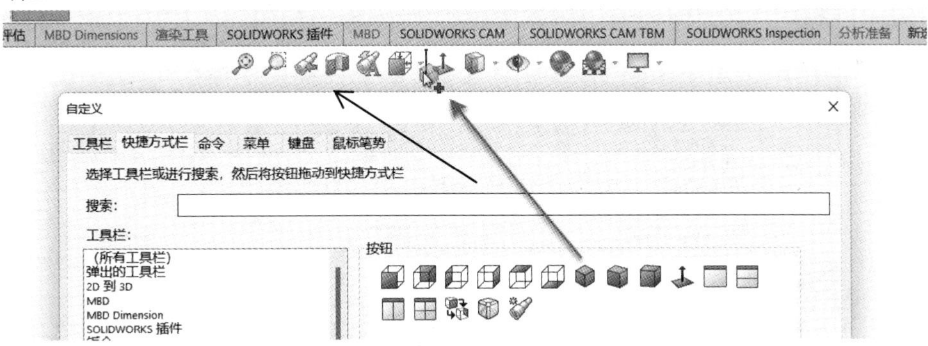

图 1.4.6　添加自定义命令

图 1.4.7 所示为将命令管理器选项卡上的【等轴测】按钮从命令管理器选项卡上删除。

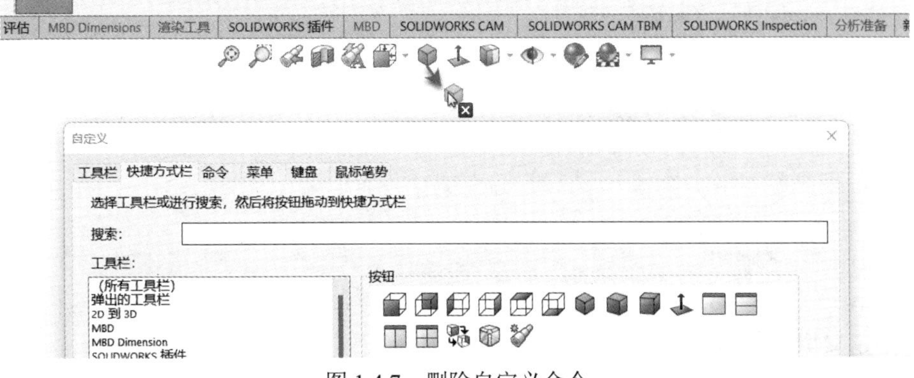

图 1.4.7　删除自定义命令

3. 自定义菜单

自定义菜单的设置方法如下：

- 单击【工具】→【自定义】，再单击【菜单】选项卡。
- 在绘图区单击键盘上的 S 键，弹出快捷菜单，在其上右击并选择【自定义】，再单击【菜单】选项卡。
- 单击标准工具栏上【选项】扩展菜单下的【自定义】，再单击【菜单】选项卡。

若不是非常需要，建议不使用添加或删除自定义菜单。

4. 自定义键盘

自定义键盘的设置方法如下：

- 单击【工具】→【自定义】，再单击【键盘】选项卡。
- 在绘图区单击键盘上的 S 键，弹出快捷菜单，在其上右击并选择【自定义】，再单击【键盘】选项卡。
- 单击标准工具栏上【选项】扩展菜单下的【自定义】，再单击【键盘】选项卡。

自定义键盘主要是自定义快捷键。单击【带搜索或键盘快捷键的命令】，即显示已经定义的快捷键相关命令，可单击【打印列表】/【复制列表】进行查看。用户也可以根据自己的爱好自定义键盘，如图 1.4.8 所示。

图 1.4.8　自定义键盘

5. 自定义鼠标笔势

自定义鼠标笔势的设置方法如下：

• 单击【工具】→【自定义】，再单击【鼠标笔势】选项卡。

• 在绘图区单击键盘上的 S 键，弹出快捷菜单，在其上右击并选择【自定义】，再单击【鼠标笔势】选项卡。

• 单击标准工具栏上【选项】扩展菜单下的【自定义】，再单击【鼠标笔势】选项卡。

单击【只显示指派了鼠标笔势的命令】，即显示已经定义了鼠标笔势相关命令，用户可以根据自身或工作需要定制鼠标笔势。鼠标笔势有 4 笔势和 8 笔势之分。

1.4.4　定制系统选项属性

定制系统选项属性包括系统选项和文档属性，设置方法如下：

• 单击【工具】→【选项】⚙。

• 单击标准工具栏上的【选项】⚙。

1. 系统选项

系统选项一旦被定义将影响所有的 SolidWorks 文档。系统选项允许用户设置用户控制和自定义工作环境，如设置默认模板位置、草图颜色和绘图背景等。由于用户对系统选项的设置偏好不同，相同的文档在不同的计算机里其窗口和背景是不同的。因此，系统选项在没有新建文档时，依然能够设置，如图 1.4.9 所示。

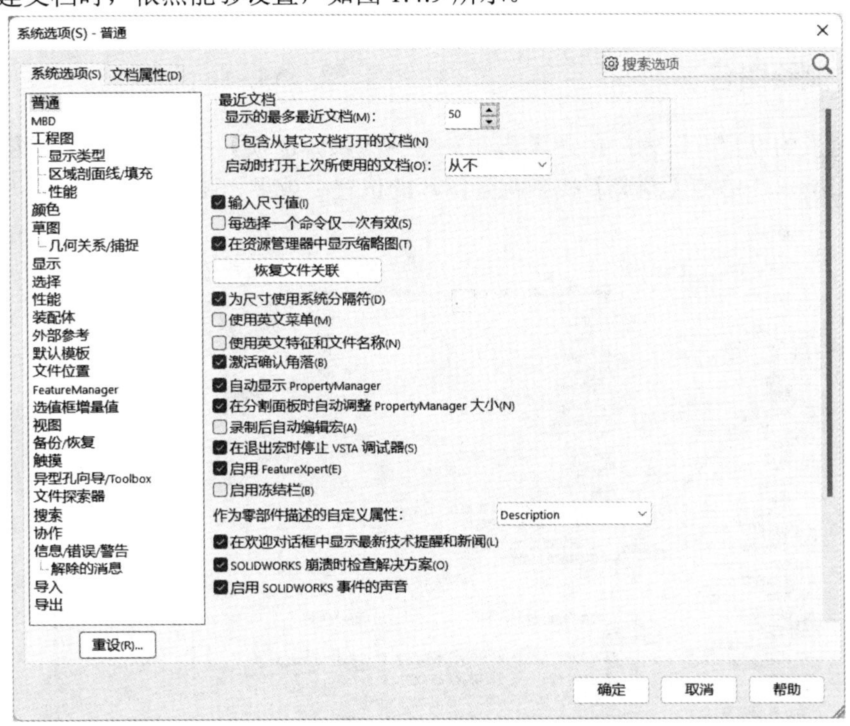

图 1.4.9　系统选项

2. 文档属性

文档属性是设置单个或一批零部件或工程图特有的属性信息。这些信息随着零部件或工程图一起保存，不会由于不同的计算机系统而改变，如绘图标准、材质、质量、单位等信息。文档属性只能在新建或打开的文档中才会出现，如图 1.4.10 所示。

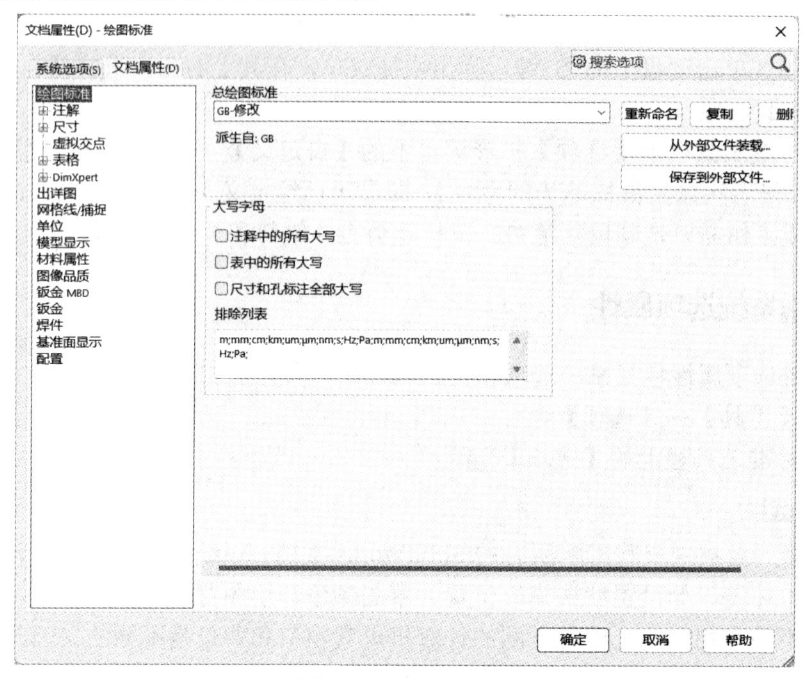

图 1.4.10　文档属性

1.4.5　定制绘图背景

绘图背景的设置方法为：单击【选项】⚙→【系统选项】→【颜色】→【图像文件】，如图 1.4.11 所示。单击【浏览】找到背景图片的位置，效果如图 1.4.12 所示。

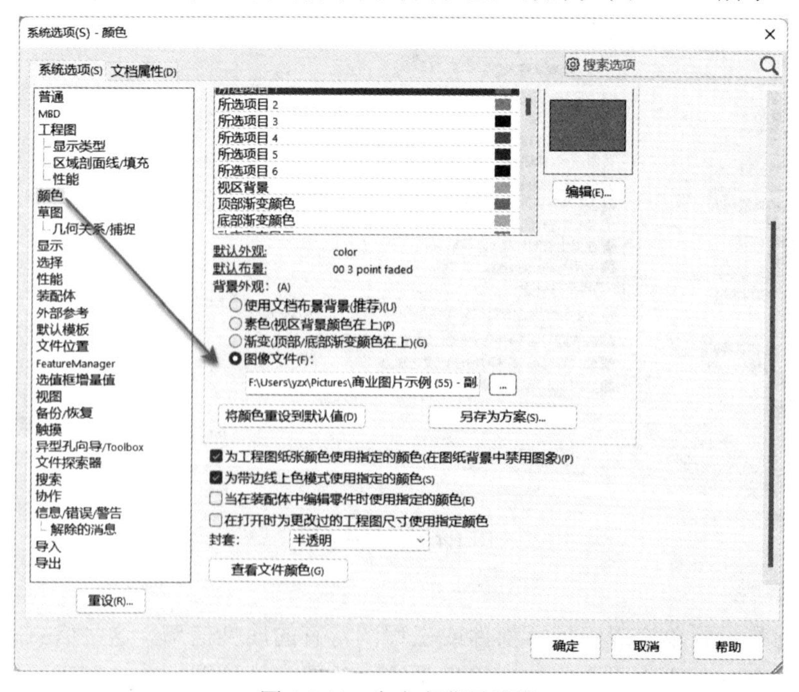

图 1.4.11　自定义背景设置

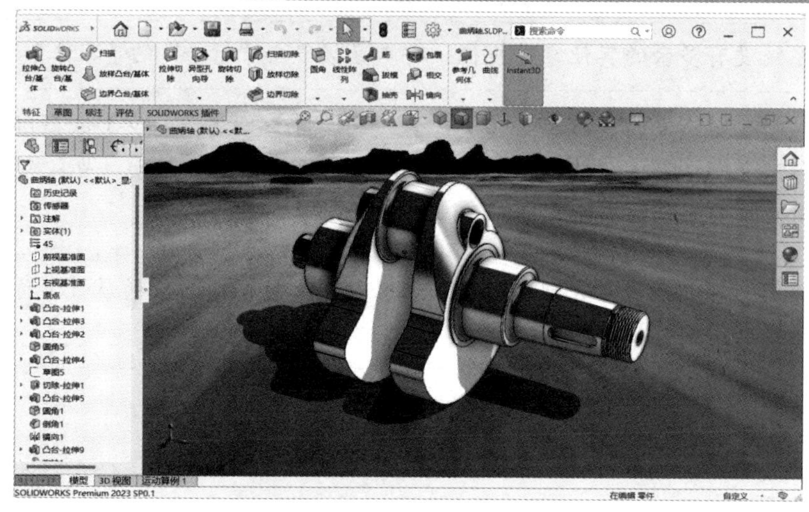

图 1.4.12　加载了自定义背景

1.5　建立用户模板

SolidWorks 模板是用户自定义的并附加了相关自定义属性信息的相关类型文件。在模板中预先定义材料、更改单位、公差精度、箭头类型、使用标准、网格类型等信息，并根据用户的需求确立个性化的工作模板。

用户模板属于文档属性，分为零件、装配体和工程图。本节只介绍零件模板的建立，后续章节将介绍装配体和工程图模板的建立。

1.5.1　零件模板的建立

零件模板的建立操作步骤如下：

步骤 1　新建零件。单击【文件】→【新建】，弹出【新建 SOLIDWORKS 文件】对话框，如图 1.5.1 所示。单击左下角的【高级】按钮，进入【模板】对话框，如图 1.5.2 所示。再单击【gb_part】→【确定】按钮。

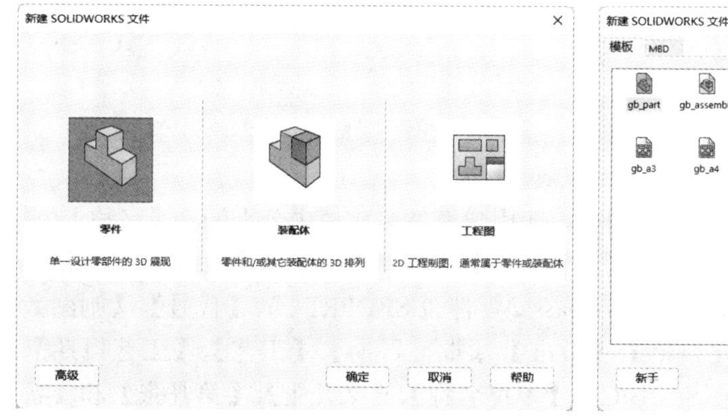

图 1.5.1　【新建 SOLIDWORKS 文件】对话框

图 1.5.2　【模板】对话框

> 由于系统没有多余的其他零件模板，所以直接单击“新手”的【零件】进入即可。

步骤 2 修改自定义属性。单击【文件】→【属性】→【自定义】或直接单击标准工具栏上的【自定义属性】按钮，显示 SolidWorks 2020 预定义的项目及名称，如图 1.5.3 所示。用户可根据要求修改自定义属性。

> 属性名称可根据用户要求自行设置，但必须与工程图中链接的属性名称相一致。属性值根据用户要求填写。

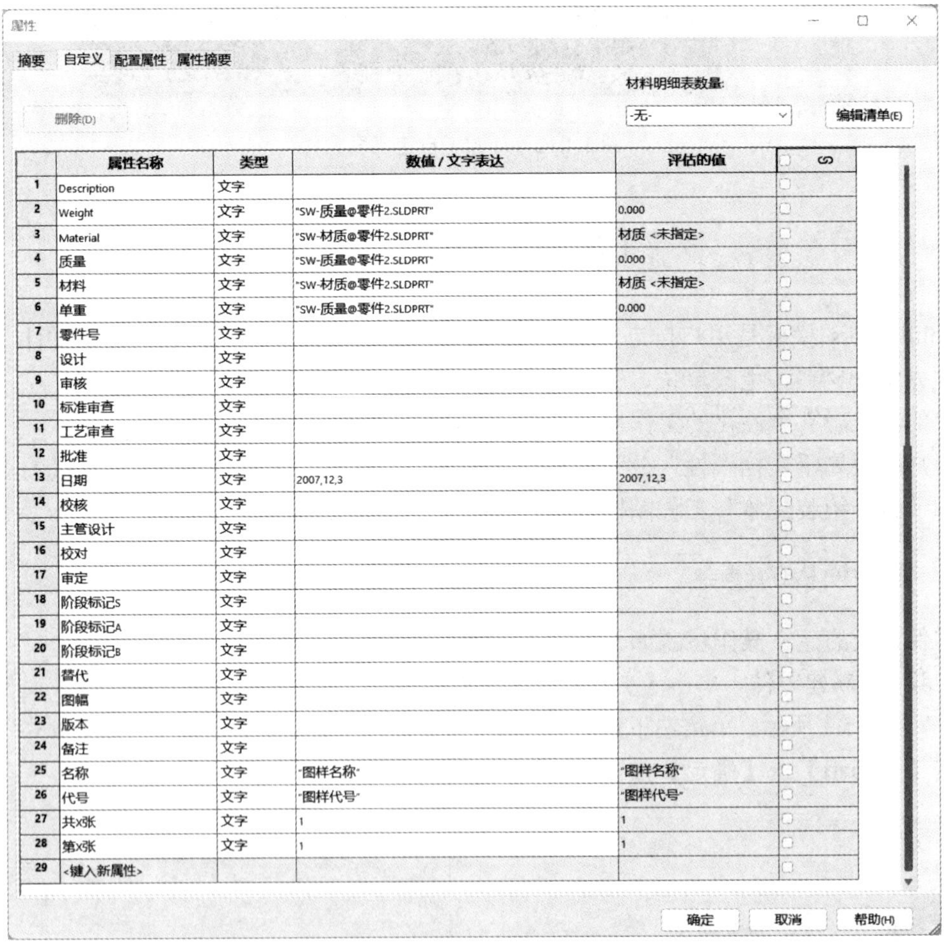

属性

摘要 自定义 配置属性 属性摘要

材料明细表数量: -无-

删除(D) 编辑清单(E)

	属性名称	类型	数值 / 文字表达	评估的值		
1	Description	文字				
2	Weight	文字	"SW-质量@零件2.SLDPRT"	0.000		
3	Material	文字	"SW-材质@零件2.SLDPRT"	材质 <未指定>		
4	质量	文字	"SW-质量@零件2.SLDPRT"	0.000		
5	材料	文字	"SW-材质@零件2.SLDPRT"	材质 <未指定>		
6	单重	文字	"SW-质量@零件2.SLDPRT"	0.000		
7	零件号	文字				
8	设计	文字				
9	审核	文字				
10	标准审查	文字				
11	工艺审查	文字				
12	批准	文字				
13	日期	文字	2007,12,3	2007,12,3		
14	校核	文字				
15	主管设计	文字				
16	校对	文字				
17	审定	文字				
18	阶段标记S	文字				
19	阶段标记A	文字				
20	阶段标记B	文字				
21	替代	文字				
22	图幅	文字				
23	版本	文字				
24	备注	文字				
25	名称	文字	"图样名称"	"图样名称"		
26	代号	文字	"图样代号"	"图样代号"		
27	共x张	文字	1	1		
28	第x张	文字	1	1		
29	<键入新属性>					

确定 取消 帮助(H)

图 1.5.3 预定义属性对话框

不同的工程图对应不同的属性名称。例如，在用户属性名称栏中分别输入【名称】(属性值：$PRP：“SW-文件名称”)、【设计】、【设计日期】、【材料】(下拉选择：SW-Material@零件 1.SLDPRT)、【重量】(下拉选择：“SW-Mass@零件 1.SLDPRT”)、【代号】、【制图】、【制图日期】、【标准化】、【标准化日期】、【批准】、【批准日期】、【工艺】、【工艺日期】、【审核】、【审核日期】、【阶段标记 S/A/B/C】、【单位名称】、【共几张】、【第几张】和【备注】等。

> ⚠ 名称属性值是外部链接，为了使保存名称与属性名称一致，在输入【$PRP: “SW-文件名称”】时，注意除了【文件名称】四个字在中文输入法下输入外，其余必须在英文输入法状态下输入，否则属性值不能被识别。

对于不需要的项目，选中后单击左上角的【删除】按钮即可。图 1.5.4 所示为用户修改相关信息后的对话框。

属性

摘要　自定义　配置属性　属性摘要

删除(D)　　材料明细表数量: -无-　编辑清单(E)

	属性名称	类型	数值 / 文字表达	评估的值	
1	名称	文字	$PRP:"SW-文件名称"	零件1	
2	单位名称	文字			
3	设计	文字			
4	设计日期	文字	2022.11	2022.11	
5	材料	文字	"SW-材质@零件1.SLDPRT"	Q235	
6	重量	文字	"SW-质量@零件1.SLDPRT"	0.00	
7	代号	文字	XYZ-001	XYZ-001	
8	制图	文字			
9	制图日期	文字	2022.11	2022.11	
10	标准化	文字			
11	标准化日期	文字			
12	审核	文字			
13	审核日期	文字			
14	工艺	文字			
15	工艺日期	文字			
16	批准	文字			
17	批准日期	文字			
18	阶段标记S	文字			
19	阶段标记A	文字			
20	阶段标记B	文字			
21	阶段标记C	文字			
22	第几张	文字			
23	共几张	文字			
24	备注	文字			
25	<键入新属性>				

确定　取消　帮助(H)

图 1.5.4　用户修改后的属性对话框

【材料】和【重量】是零件固有的属性，所以属性值只要在【数值/文字表达】栏的下拉三角中分别选择【材质】和【质量】即可。

【名称】的属性值是一种外部链接，即三维文件保存的名称在此属性栏中将自动链接到文档文件的名称，如图 1.5.5 所示。

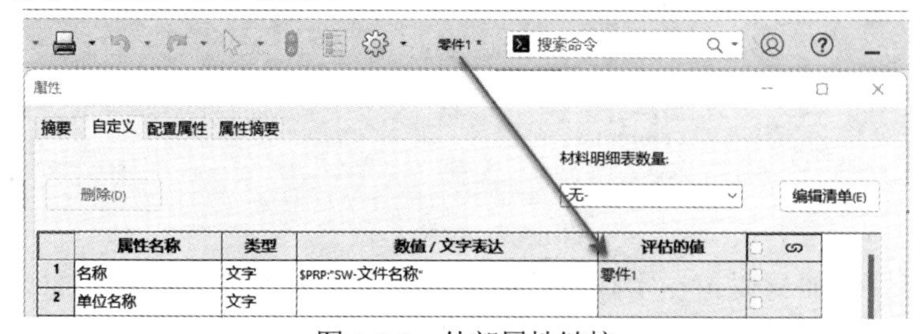

图 1.5.5　外部属性链接

> ⚠ 【自定义】属性和【配置特定】属性两种自定义属性在工程图中引用时，如果有重名，则优先采用【配置特定】属性。【配置特定】多用于多配置的零件中。

步骤 3　修改文档属性。单击【工具】→【选项】→【文档属性】→【绘图标准】，总绘图标准确保选择【GB】。用户可以将【注解】、【尺寸】和【表格】三项文本的字体设为用户喜爱的字体，如“Century Gothic”，若系统中没有用户需要的字体，则需自行安装，如图 1.5.6 所示。

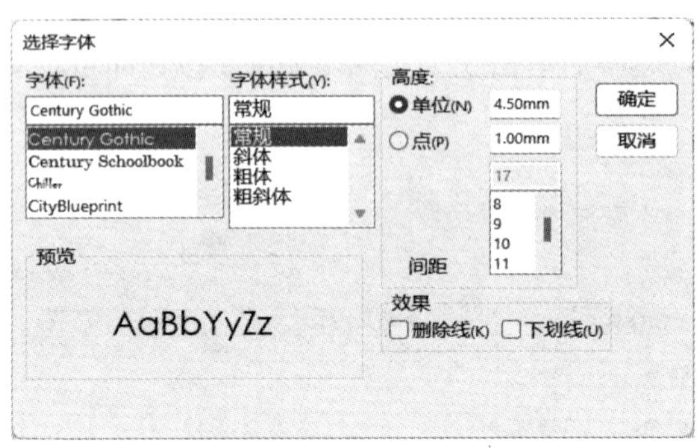

图 1.5.6　修改文本字体

这里的字体是用户在【零件】环境下标注和注解时使用的字体，因此可以不是 GB 规定的在工程图中使用的【长仿宋字体】。

步骤 4　设置单位系统。单击【工具】→【选项】→【文档属性】→【单位】，在【单位系统】中选择【自定义】，确保质量单位为【公斤】，如图 1.5.7 所示。

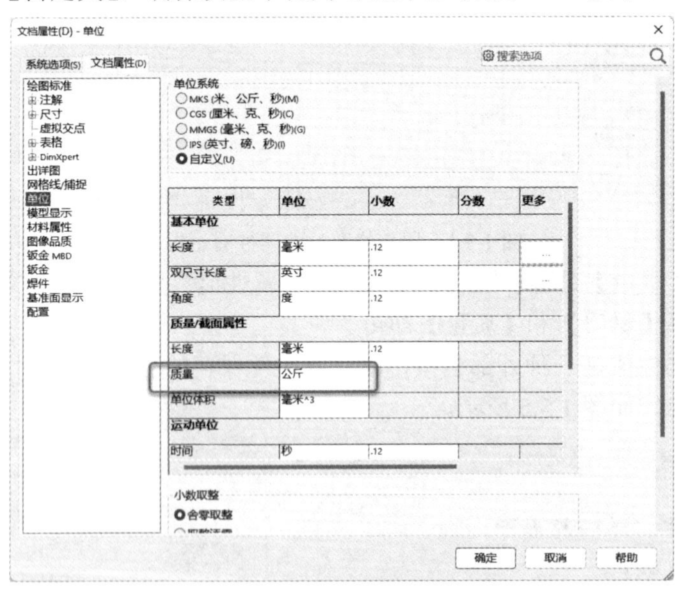

图 1.5.7　文档单位

步骤 5　预先添加材质。在实际设计中，材料往往被大多数用户所忽略，所以在这里将材质设为默认【Q235】，其密度为 7.8e－006 kg/mm^3。这样即使没有设置材质，也接近常用钢件材料密度，方便以后计算重量。

这里只是将材质预先定义，在实际的设计中，若材料不是钢件，用户一定要记得修改材质。

在树区域的【材质<未指定>】材质 <未指定>上右击【编辑材料】，如图 1.5.8 所示。单击【碳钢】→【碳素结构钢】→【Q235】→【应用】→【关闭】，如图 1.5.9 所示。

> 外部【材质库】文件位于【数据库】文件夹中，最好将【材质库】文件夹复制至本地磁盘中进行添加。添加图库详见位于数据库文件夹下的【添加材质数据库.jpg】。

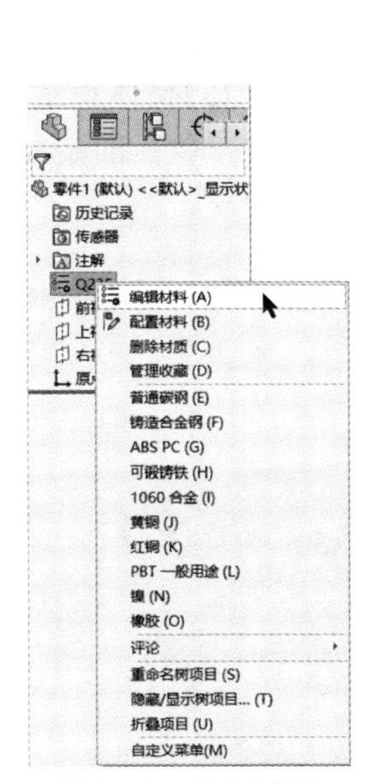

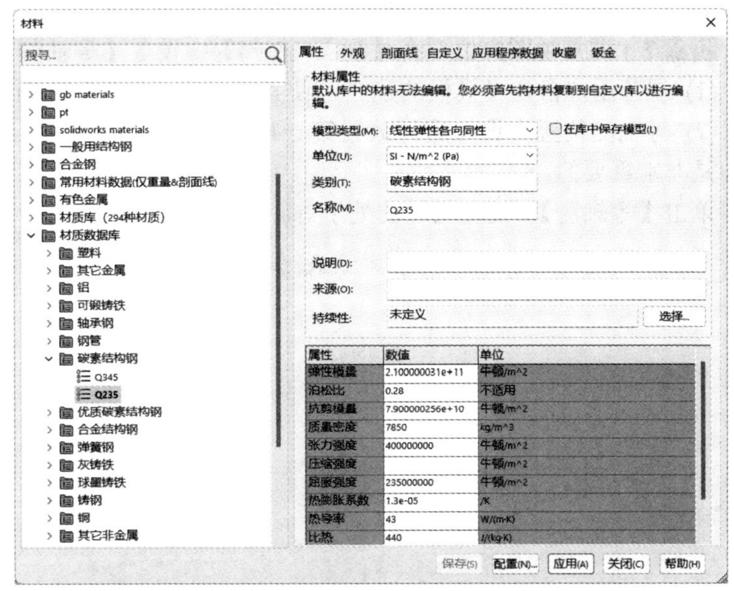

图 1.5.8 编辑材料 图 1.5.9 选择材质

如图 1.5.10 所示，设计树显示添加了材质【Q235】。单击【工具】→【选项】→【文档属性】→【材料属性】，即可查看密度、剖面线等信息，如图 1.5.11 所示。

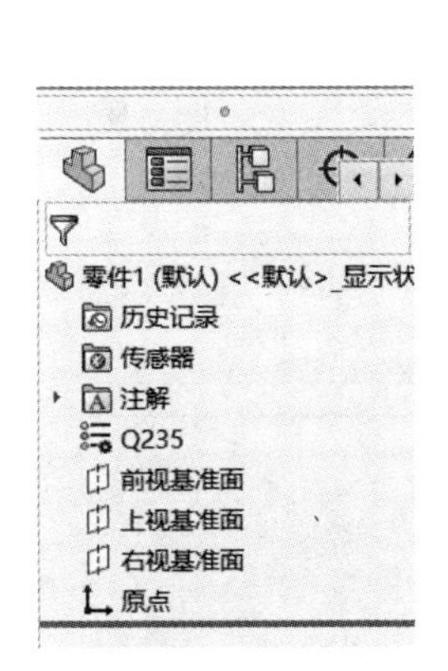

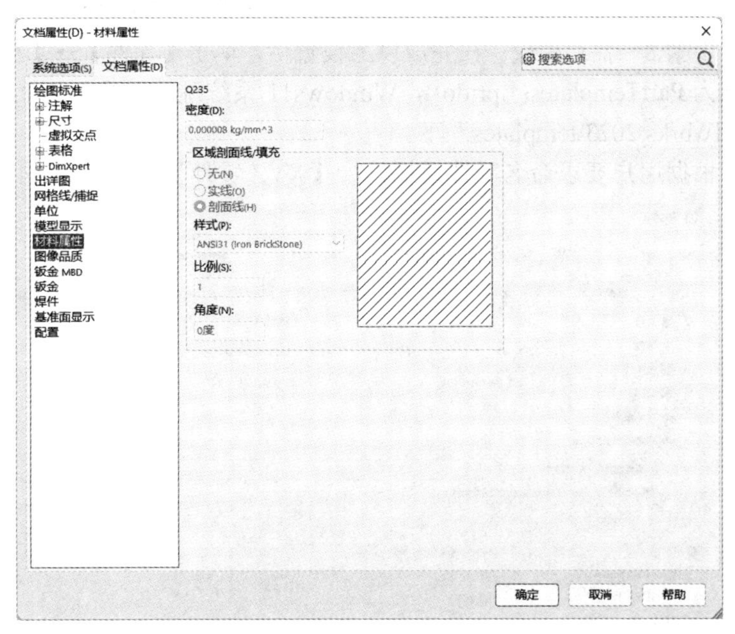

图 1.5.10 材料设置 图 1.5.11 材料属性

步骤 6　添加快捷项目。单击【命令】→【工具】→【自定义】菜单，选择【命令】选项卡，将“标准视图”中的【等轴测】和【正视于】按钮拖拽至【视图向导】工具栏中并确定关闭对话框，最终结果如图 1.5.12 所示。用户还可以添加其他需要的项目。

图 1.5.12　添加项目至视图(前导)

步骤 7　调整视图方位。在【视图(前导)】中设置【等轴测】方位的作用如下：

(1) 规范用户自定义模板的建立，使其统一处于等轴测位置，便于模型的整体观察。

(2) 等轴测位置为设计零件放置第一特征的工作位置提供了依据。这在以后的装配过程中是非常重要的。

单击【等轴测】，使全局绘图处于等轴测位置，如图 1.5.13 所示。

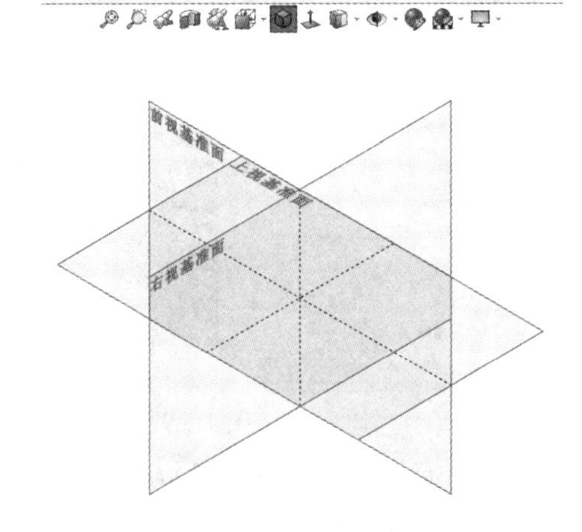

图 1.5.13　选择【等轴测】位置

步骤 8　保存模板。在完成以上设置后，单击【文件】→【另存为】按钮，选择文件类型为 PartTemplates(*.prtdot)，Windows11 系统跳转目录至“C：\ProgramData\SolidWorks\SolidWorks 2023\templates”下。

根据用户要求命名零件模板，如【XYZ 零件】，如图 1.5.14 所示。

图 1.5.14　保存零件模板

Windows11 系统的【ProgramData 目录】和 XP 系统的【ApplicationData 目录】是隐藏的。

1.5.2　零件模板的备份

零件模板的备份方法如下：

- 用户在保存模板时，也可以将模板保存在其他非系统目录下，以备将来使用。
- 打开 Windows11 系统目录“C:\ProgramData\SolidWorks\SolidWorks 2023\templates”，将【XYZ 零件.PRTDOT】零件模板文件复制至非系统目录下，以备将来使用。

建立好用户模板后，系统自带的模板可以删除。

1.5.3　添加模板位置和设置默认模板

1. 添加模板位置

添加模板位置的方法为：单击【系统选项】→【文件位置】，再单击【文件夹】框栏后面的【添加】，选择保存建好的零件模板的目录，并单击【确定】按钮，如图 1.5.15 所示。

图 1.5.15　添加模板位置

2. 设置默认模板

设置默认模板的方法为：单击【系统选项】→【默认模板】，再单击【零件】框栏后面的【浏览】，选择建好的零件模板，并单击【确定】按钮。装配体和工程图模板也照此方法单击【浏览】后选择确定，如图 1.5.16 所示。

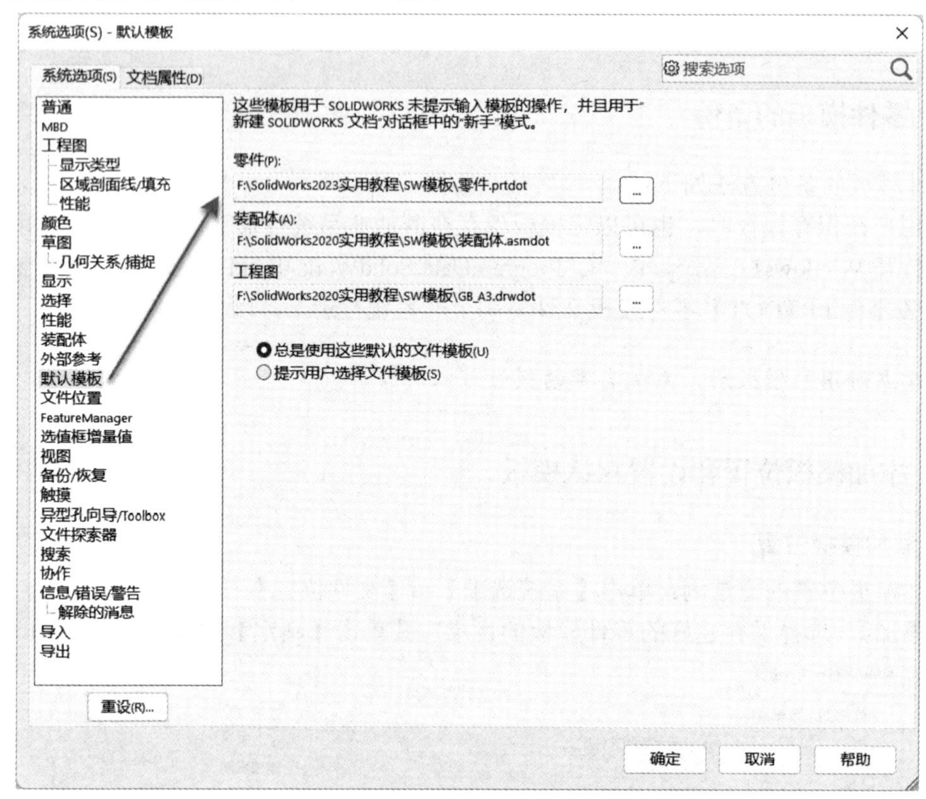

图 1.5.16 保存零件模板

装配体模板和工程图模板建好后，设置【默认模板】时与零件模板的操作相同。

有关 SolidWorks 的帮助系统，可扫描二维码进行学习。

SolidWorks 的帮助系统

1.6 简单实体的建模实例

建模是三维软件的基础。SolidWorks 建立模型的一般步骤是：新建零件并选择模板→选择基准面→绘制与编辑草图→创建特征→添加与切除特征→完善文档属性(添加/更改材质，更改零件颜色等信息并填写自定义属性)→保存。

【实例 1-1】 实体建模练习

建立如图 1.6.1 所示的拉伸实体模型，具体建模操作步骤如下：

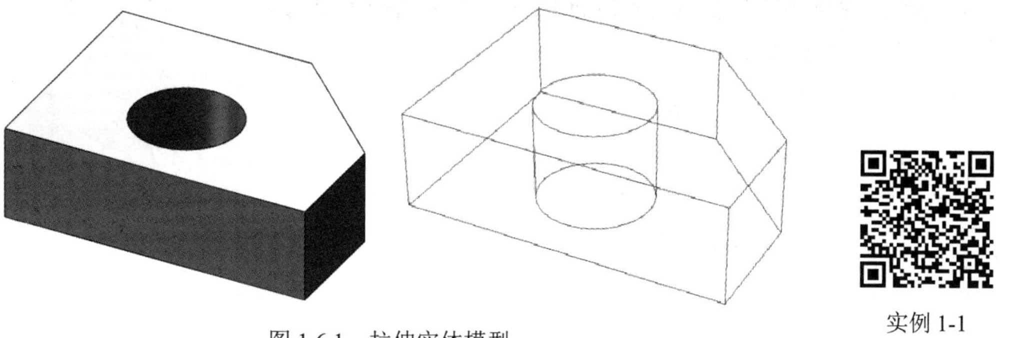

实例 1-1

图 1.6.1　拉伸实体模型

步骤 1　新建零件。单击标准工具栏上的【新建】按钮，在【新建 SOLIDWORKS 文件】对话框中选择建立好的模板【XYZ 零件】，如图 1.6.2 所示。

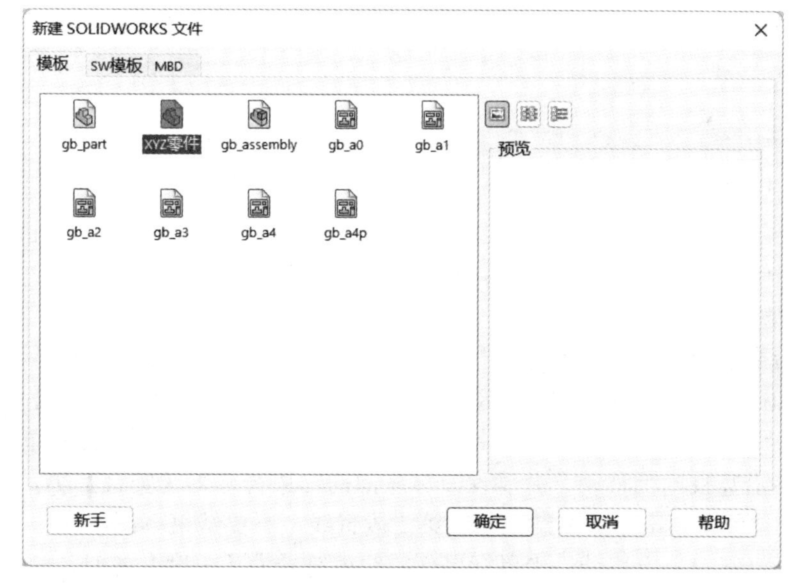

图 1.6.2　选择零件模板

步骤 2　选择基准面/草图绘制。

- 若单击需要选择的基准面，则在关联的工具栏中选择【草图绘制】，如选择【上视基准面】，则在关联的工具栏中可单击【草图绘制】的图标，如图 1.6.3 所示。

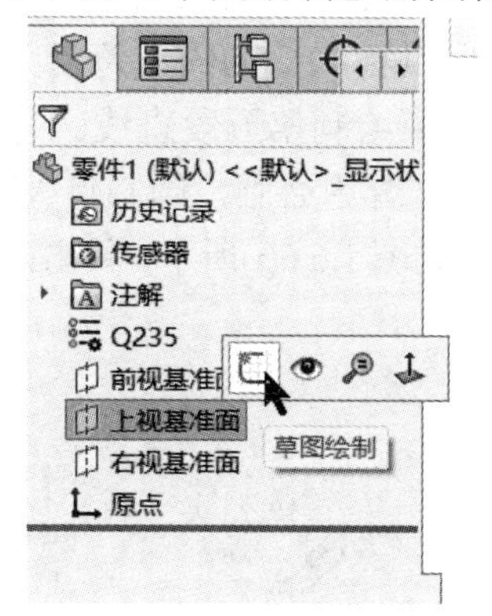

图 1.6.3　选择基准面并进入草图

• 若单击【草图绘制】，如图 1.6.4 所示，则可选择需要的基准面，比如选择【上视基准面】，如图 1.6.5 所示。

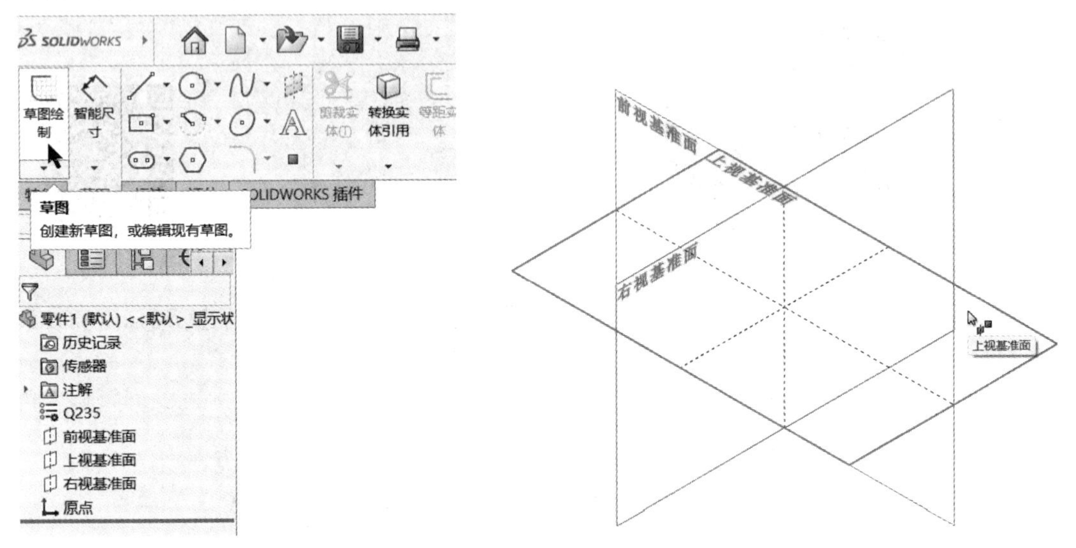

图 1.6.4 选择草图绘制　　　　图 1.6.5 选择基准面

步骤 3　绘制与编辑草图。大致绘制图 1.6.6(g)所示的草图，然后进行几何关系约束和尺寸约束。几何关系约束在绘制过程中可以应用于水平约束、竖直约束等，尺寸约束是对项目进行尺寸标注。

• 单击命令管理器【直线】，鼠标指针显示为，捕捉【原点】并单击作为绘制起点，如图 1.6.6(a)所示。水平向右移动鼠标，确保鼠标尾部的约束符号为【水平】，如图 1.6.6(b)所示。在适当位置上单击左键，结束绘制第一段直线，不要结束草图。

• 将鼠标沿竖直向上移动，并确保鼠标尾部的约束符号为【竖直】，如图 1.6.6(c)所示。在适当位置上单击左键，结束绘制第二段直线，不要结束草图。

• 将鼠标沿斜左上方移动，当鼠标尾部的约束符号为【角度】时，角度是 45° 的倍数，也就是 135°，如图 1.6.6(d)所示。在适当位置上单击左键，结束绘制第三段斜线，不要结束草图。

• 将鼠标沿水平向左移动，并确保鼠标尾部的约束符号为【水平】和【竖直对齐】，如图 1.6.6(e)所示。在适当位置上单击左键，结束绘制第四段直线。

• 将鼠标移动至原点，并确保鼠标尾部的约束符号为【重合】和【竖直】，如图 1.6.6(f)所示。单击左键确定，结束绘制第五段直线。

• 单击命令管理器【圆】，选择中心圆，圆心点大致放于框内，如图 1.6.6(h)所示。单击确认中心点，拖动预览圆半径，如图 1.6.6(i)所示。单击确定圆半径，结果如图 1.6.6(j)所示。

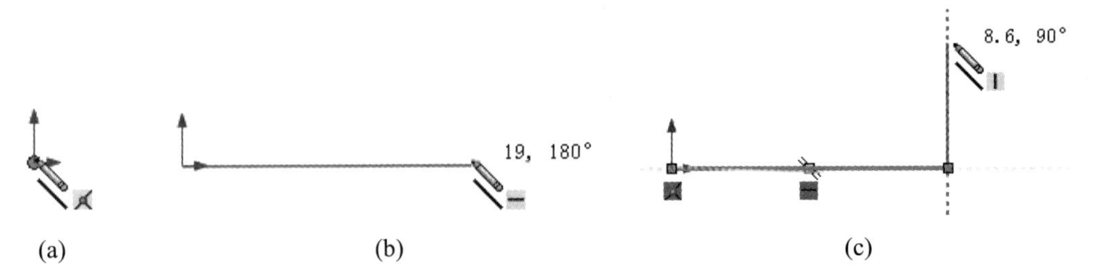

(a)　　(b)　　(c)

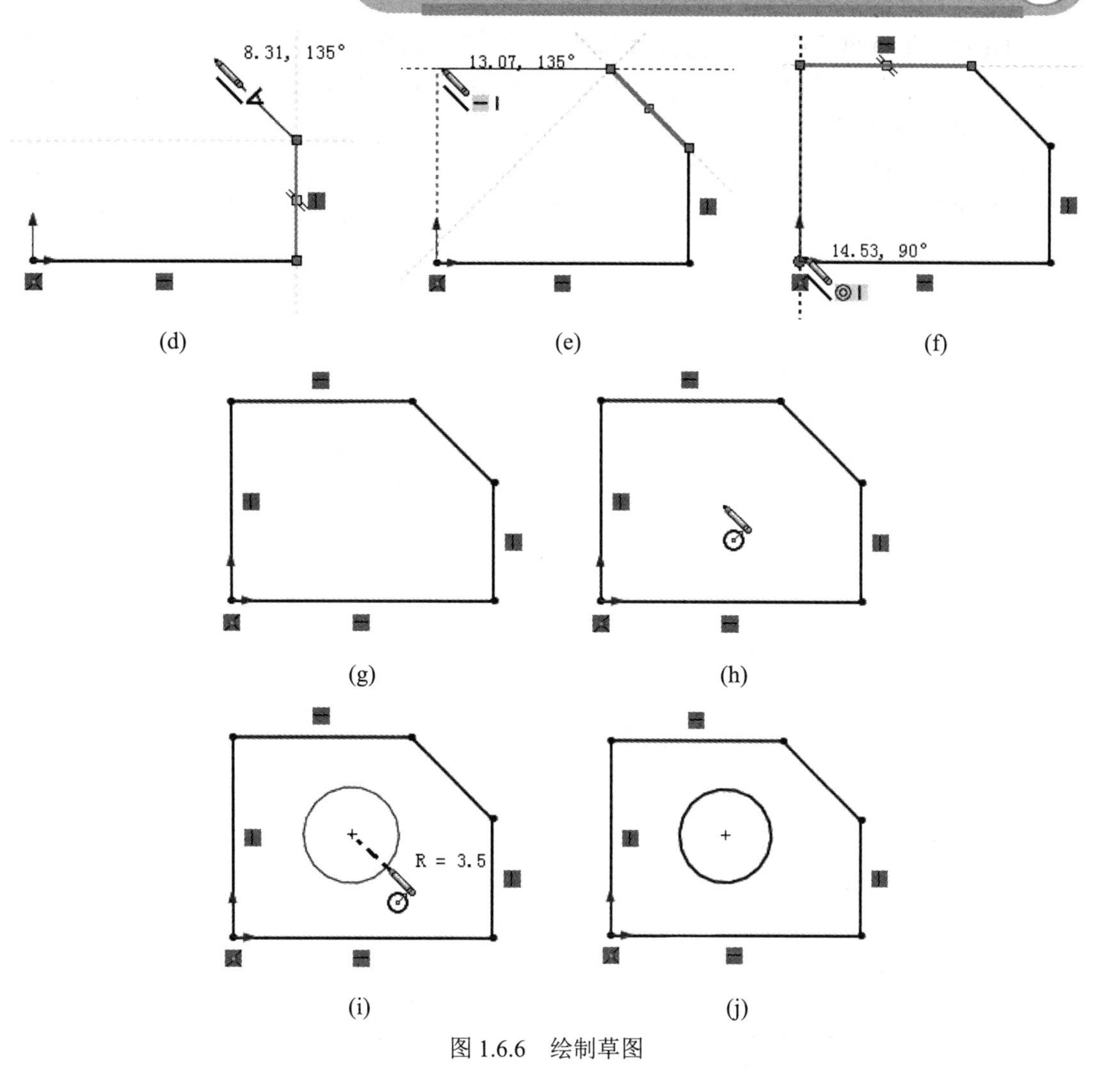

图 1.6.6　绘制草图

不开启“上色草图轮廓”和开启“上色草图轮廓”的区别如下：

显示/删除几何关系　修复草图　快速捕捉　快速草图　Instant2D　上色草图轮廓

在上述绘制草图的过程中确保了几何约束，接下来单击【智能尺寸】，进行尺寸约束。

单击命令管理器【草图】选项卡【智能尺寸】，选择第一段水平直线，如图 1.6.7(a)所示。鼠标后有标注符号，单击后弹出图 1.6.7(b)所示的尺寸修改对话框，输入尺寸值“20”，单击【确定】按钮或直接按回车键确认。

用同样的方法标注其余三个线性尺寸，如图 1.6.7(c)所示。在标注角度 135°时，需要选择第三条斜线和第四条直线，如图 1.6.7(d)所示。完成全部标注后，如图 1.6.7(e)所示。最后选择圆标注，圆直径为$\phi 7$，定位尺寸分别为 9 和 6，如图 1.6.7(f)所示。

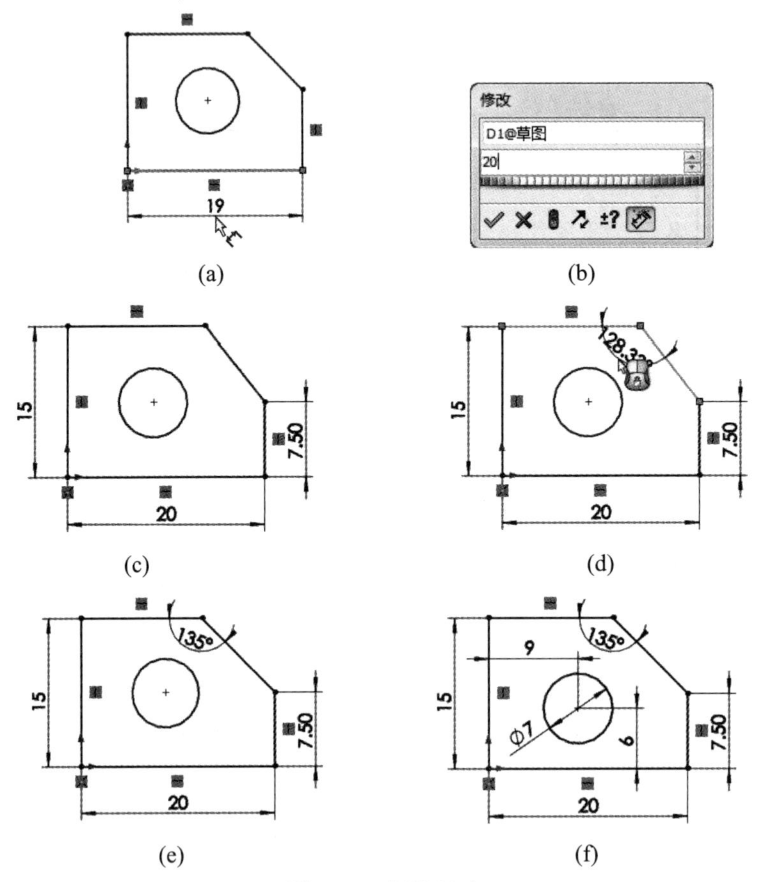

(a) (b) (c) (d) (e) (f)

图 1.6.7 标注尺寸

这时的线条颜色由原来的蓝色全部显示为黑色，表示已全部完全约束了。状态栏也由原来的【欠定义】显示为【完全定义】，通常草图是需要完全定义的，如图 1.6.8 所示。

完全定义 在编辑 草图

图 1.6.8 状态栏状态

> 初学者最好保证尺寸的完全约束，即线条颜色为【黑色】。

步骤 4 拉伸实体。点选【草图 1】草图1，单击命令管理器【拉伸凸台/基体】，在【方向 1】的【距离】中输入“6”，如图 1.6.9 所示。单击【确定】按钮，最终效果如图 1.6.10 所示。

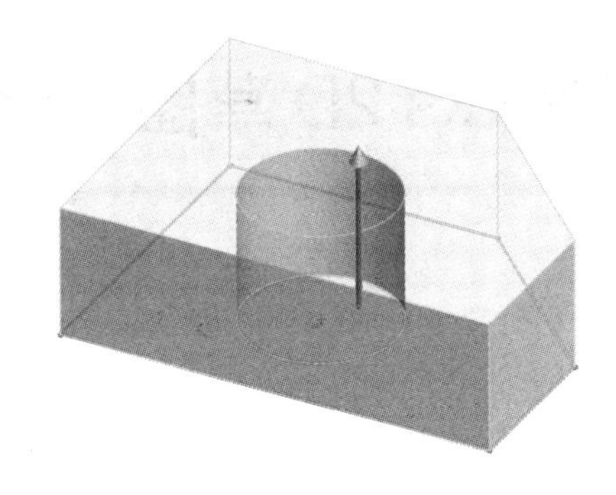

图 1.6.9　拉伸凸台/基体预览

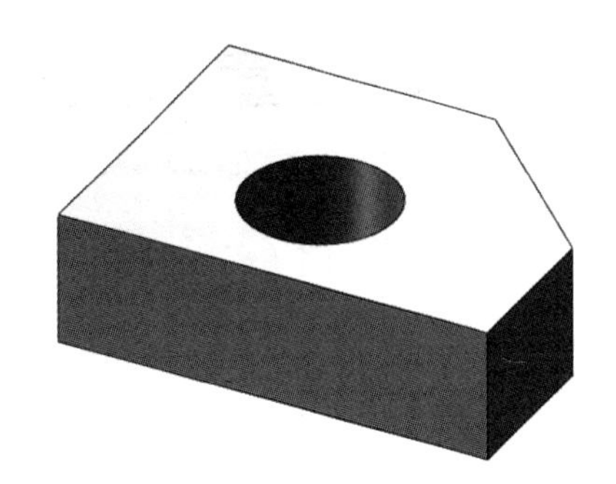

图 1.6.10　完成拉伸

步骤 5　保存文档。单击【保存】按钮，选择目录并输入保存名称。单击保存文件，如图 1.6.11 所示。

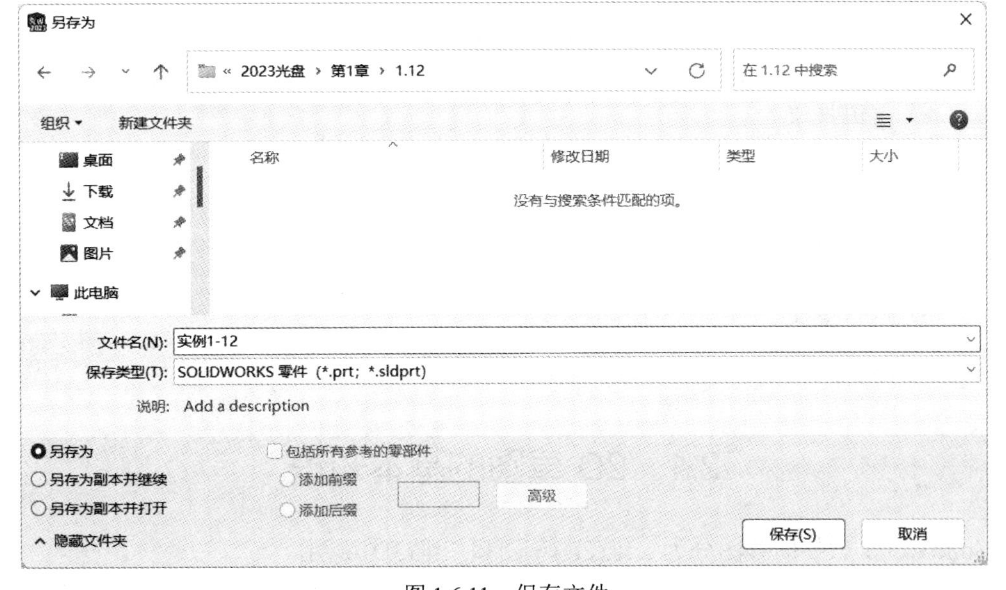

图 1.6.11　保存文件

第2章 SolidWorks 2D 草图的绘制与编辑

本章要点

- ☑ 2D 草图简介
- ☑ 2D 草图的基本知识
- ☑ 草图选项卡/工具栏
- ☑ 2D 草图的进入、退出、编辑与更改平面
- ☑ 草图的绘制方法
- ☑ 草图推理
- ☑ 草图实体的选择
- ☑ 草图实体的捕捉
- ☑ 草图的几何约束
- ☑ 块的操作
- ☑ 制作路径

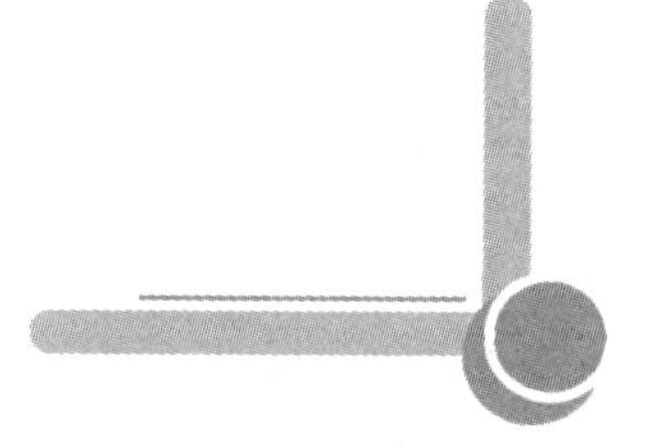

2.1 2D 草图的基本知识

SolidWorks 软件的草图分为二维(2D)草图和三维(3D)草图。

二维(2D)草图是二维平面下绘制的草图，系统默认的二维平面有 X_Y(前视基准面)平面、Y_Z(右视基准面)平面和 X_Z(上视基准面)平面，在选择的平面上可绘制基本实体特征，如直线、矩形、圆、圆弧、多边形、样条、椭圆、倒圆角、文字和点等。

三维(3D)草图是三维空间坐标系下绘制的带有三个坐标方向的草图，多用于管道、电线电缆的扫描路径等。

一般情况下，没有特殊说明，草图均为二维(2D)草图。

2.2 草图选项卡/工具栏

草图选项卡命令管理器/草图工具栏中列举了绘制、尺寸标注、几何约束和编辑修改草图时用到的所有工具。点选命令管理器上的【草图】选项卡标签，如图 2.2.1 所示。

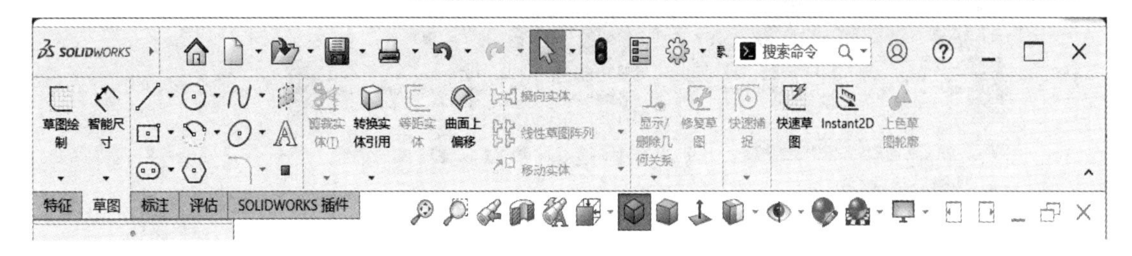

图 2.2.1 【草图】选项卡命令管理器

选项卡模式充分利用了空间，用户一般都是在选项卡中实现快速选择的。若用户偏好工具栏，可单击【视图】→【工具栏】→【草图】或在界面空白处右击选择【草图】调出草图工具栏，如图 2.2.2 所示。

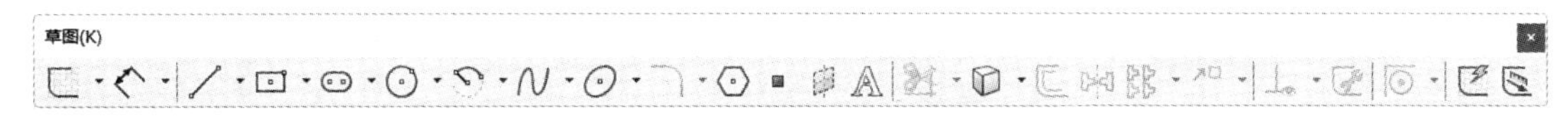

图 2.2.2 【草图】工具栏

2.3　2D 草图的进入与退出、编辑与更改平面

2.3.1　进入草图

新建一个【零件】，进入软件。进入草图绘制时必须先选择基准面，选择基准面有两种方法：

◆ 单击命令管理器上的【草图绘制】按钮。这时鼠标处于基准面选择状态，如图 2.3.1 所示，系统默认提供三个平面供选择。鼠标放置在任意一个基准面上时，该基准面处于高亮显示状态。任意选择一个基准面，比如选择【上视基准面】，如图 2.3.2 所示。参考三重轴自动跳转，进入草图绘制环境，出现草图原点及坐标。

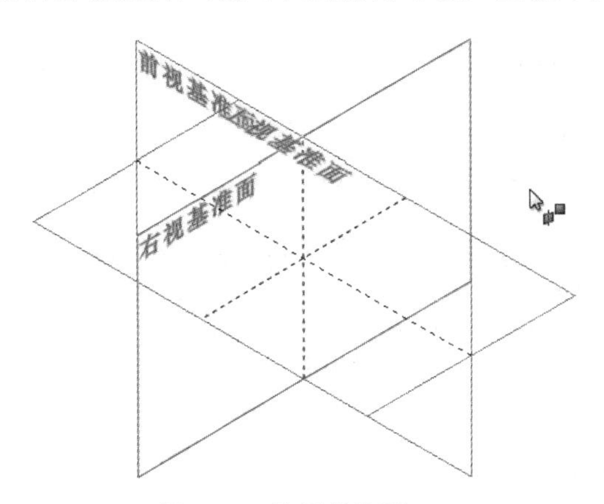

图 2.3.1　选择基准面

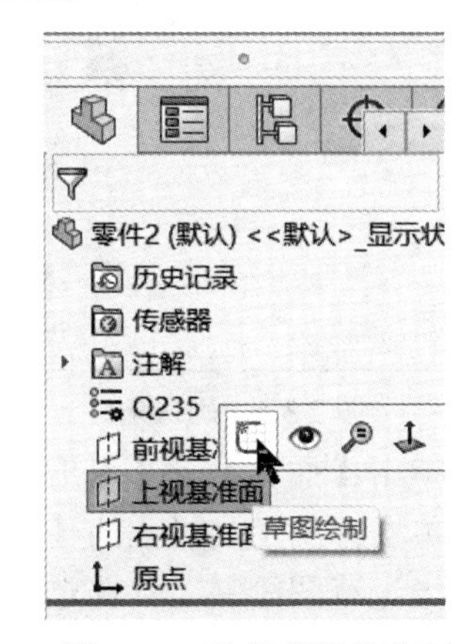

图 2.3.2　选择草图基准面

◆ 点选树区域的基准面，如点选【上视基准面】。然后在弹出的关联工具栏中单击【草图绘制】，进入草图绘制环境，如图 2.3.3 所示。

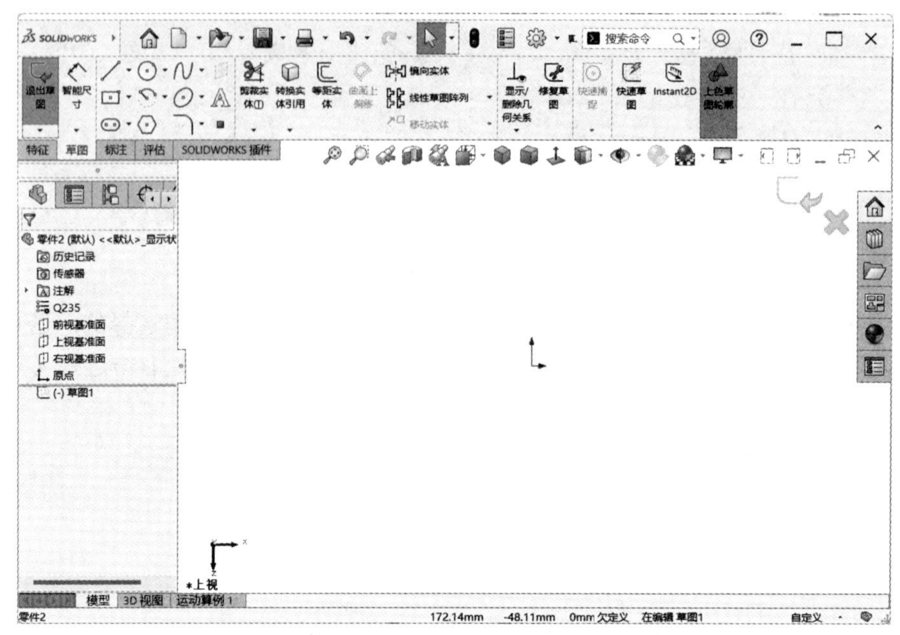

图 2.3.3　进入草图环境

2.3.2　退出草图

退出草图有以下方法：

- 单击命令管理器上的【草图绘制】按钮。
- 单击确认角上的【返回草图】按钮，如图 2.3.4 所示。退出草图并保存更改。
- 单击确认角上的【草图取消】按钮，丢弃草图并不保存更改，弹出确定对话框，如图 2.3.5 所示。

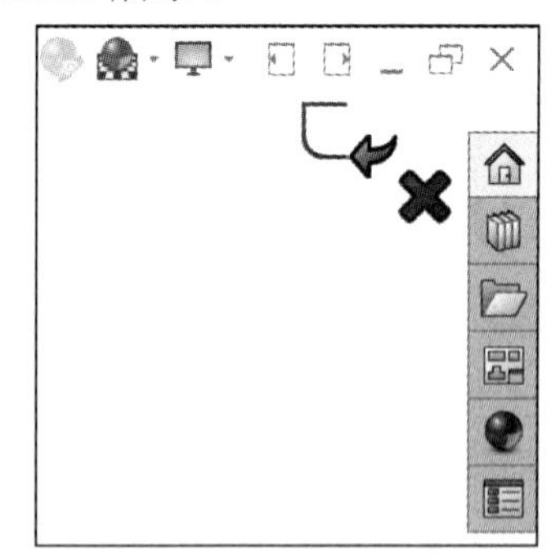

图 2.3.4　确认角

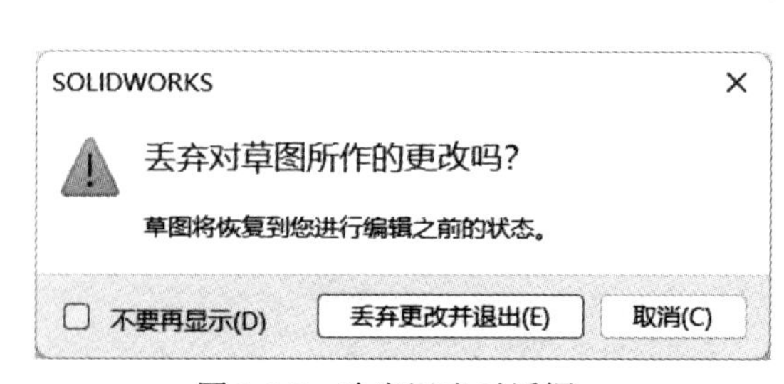

图 2.3.5　确定退出对话框

- 单击【插入】→【退出草图】按钮。
- 单击标准工具栏上的【重建模型】按钮。
- 当无草图绘制工具选定时，双击图形区域。

单击【工具】→【选项】→【系统选项】，可以勾选或不勾选【激活确认角落】复选框来添加或取消确认角。

2.3.3　编辑草图

对于已退出的草图，若需要再次编辑，则点选该草图，在关联工具栏上单击【编辑草图】按钮，再次进入编辑，如图 2.3.6 所示。

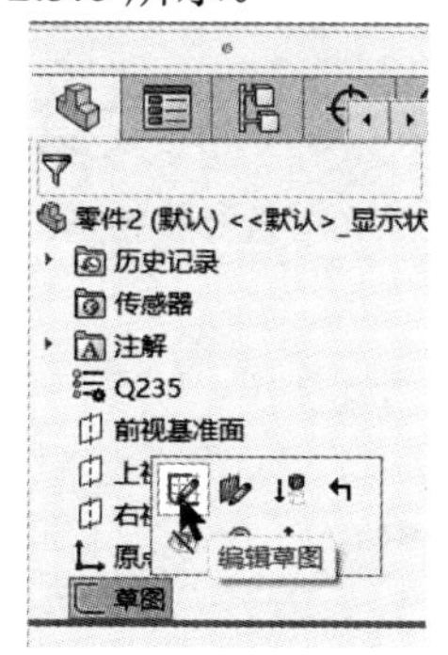

图 2.3.6　编辑草图

2.3.4　更改草图平面

对于已退出的草图，若绘制的草图平面需要更改，则点选该草图，在关联工具栏上单击【编辑草图】按钮，如图 2.3.7 所示。进入编辑草图平面，右击【消除选择】或【删除】草图平面，即可消除【上视基准面】，如图 2.3.8 所示。若需要选择更改平面处于隐藏时，可以单击零件前面的【+号】⊞或单击【零件】图标，如图 2.3.9 所示，在展开的模型树中选择平面即可，如选择【前视基准面】，如图 2.3.10 所示。

图 2.3.11 所示为将【上视基准面】更改为【前视基准面】。

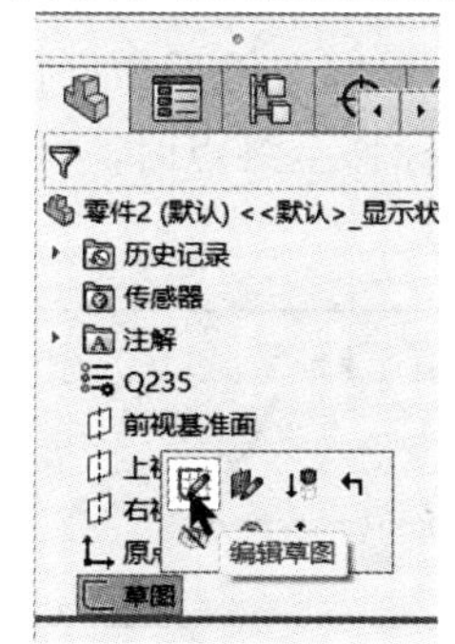

图 2.3.7　编辑草图平面

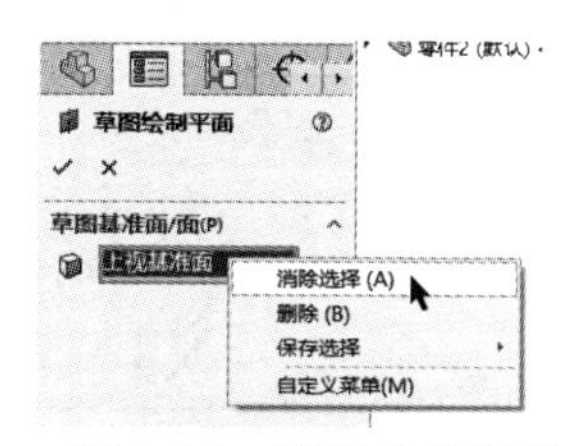

图 2.3.8　删除选择平面

(a) 单击 + 号展开

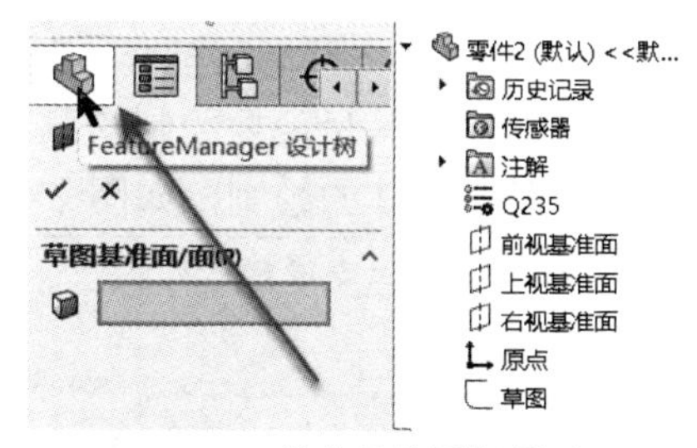

(b) 单击零件图标展开

图 2.3.9　展开设计树

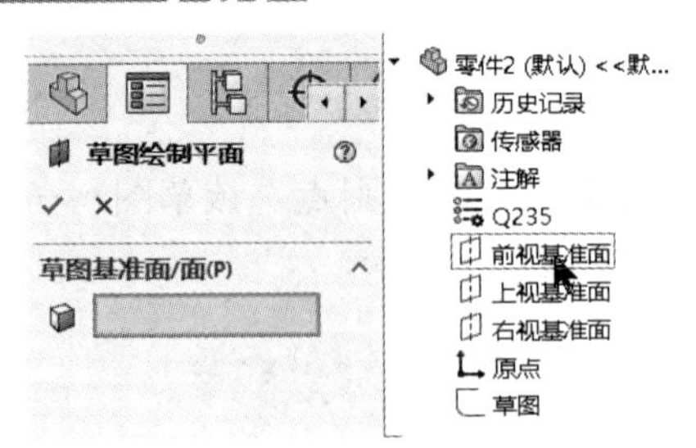

图 2.3.10　选择替换基准面

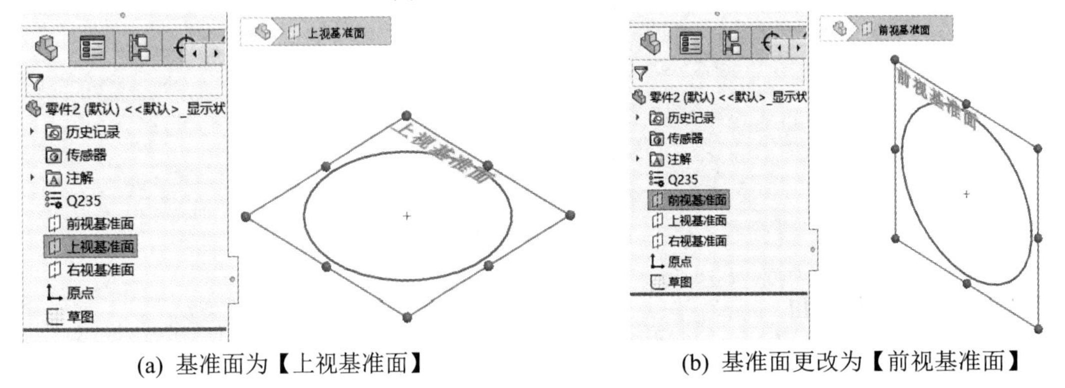

(a) 基准面为【上视基准面】　(b) 基准面更改为【前视基准面】

图 2.3.11　编辑草图平面

2.4　草图的绘制方法

绘制草图的方法分为以下两种：

◆ 单击→单击：将鼠标移至要绘制的起点上，单击鼠标左键后松开鼠标左键，移动鼠标，这时绘图区呈现要绘制的草图实体轮廓预览，将鼠标移至终点时，再次单击鼠标左键，则完成了草图实体的绘制，如图 2.4.1 所示。

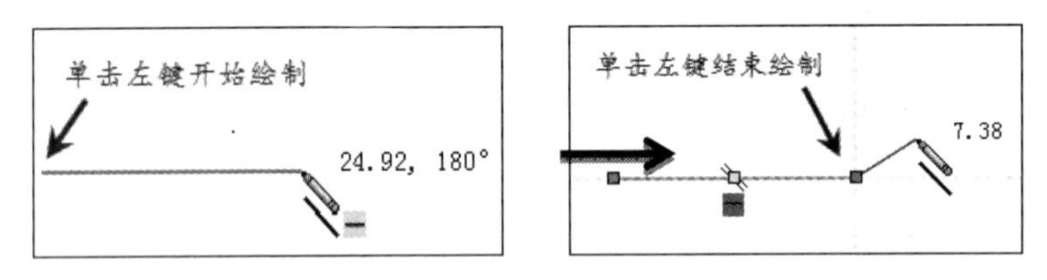

图 2.4.1　单击→单击绘制草图

◆ 单击→拖动：将鼠标移至要绘制的起点上，单击鼠标左键，并按住鼠标左键不放，移动鼠标，这时绘图区呈现要绘制的草图实体轮廓预览，将鼠标拖至终点时，松开鼠标左键，则完成了草图实体的绘制，如图 2.4.2 所示。

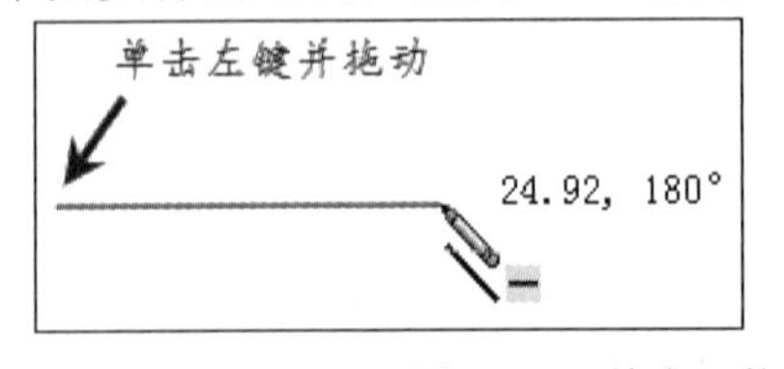

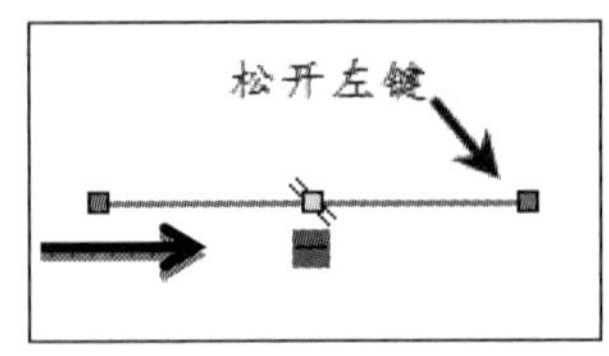

图 2.4.2　单击→拖动绘制草图

2.5　草 图 推 理

草图推理有【虚线推理线】、【指针提示】和【高亮显示的提示】。

◆ 【虚线推理线】是在用户绘图时出现，显示指针和现有草图实体(或模型几何体)之间的几何关系。

虚线推理线有蓝色和黄色之分。蓝色的虚线推理线只是一种对齐捕捉的提示而没有几何约束，如图 2.5.1 所示。黄色的虚线推理线能自动添加几何约束，如图 2.5.2 所示。

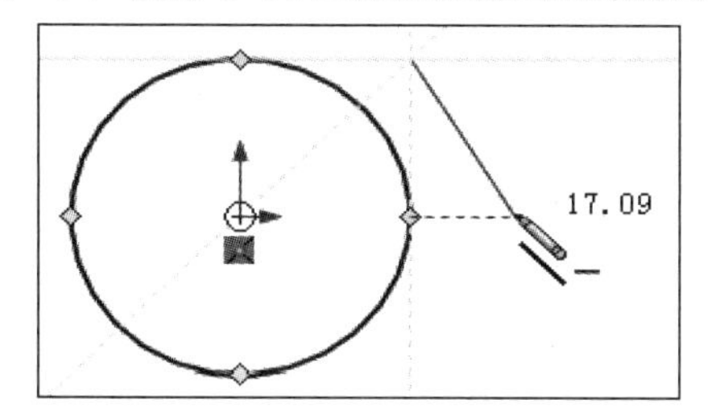

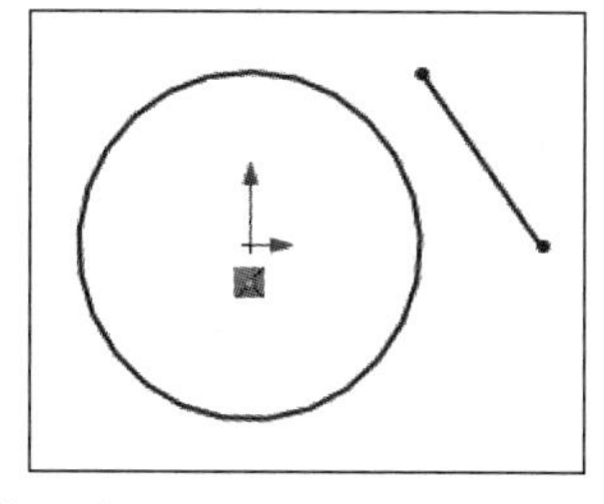

图 2.5.1　蓝色虚线推理线

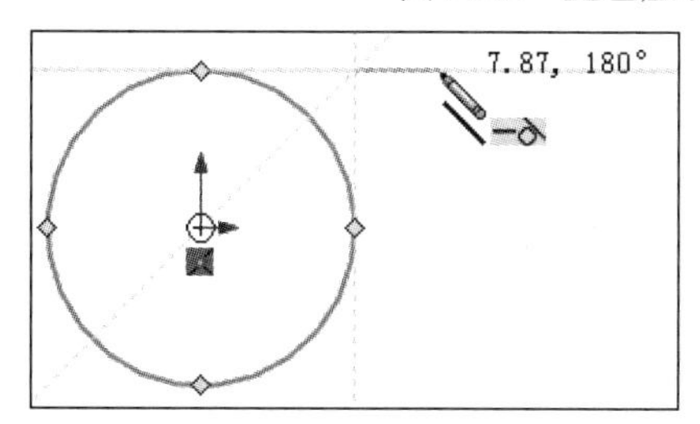

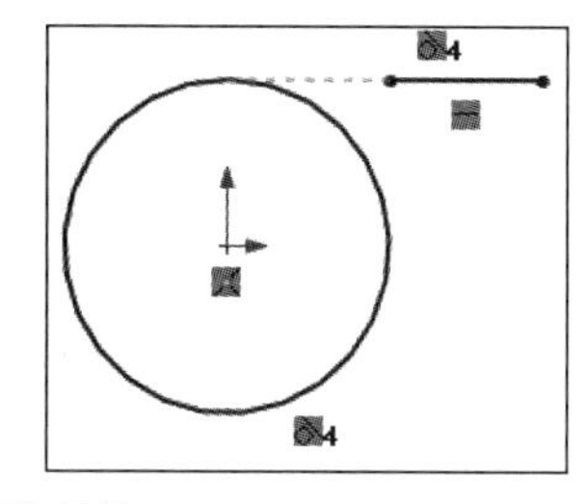

图 2.5.2　黄色虚线推理线

> ⚠ 为确保黄色虚线推理线自动添加几何关系，必须保证【工具】→【草图设定】→【自动添加几何关系】勾选。

◆ 【指针提示】表示指针何时位于几何关系上，工具何时为激活(直线或圆)状态，以及尺寸(圆弧的角度和半径)显示状态。如果指针显示一几何关系(如表示“水平”几何关系)且用户在几何关系被显示时单击来接受草图实体，则几何关系就会自动添加到实体上，如图 2.5.2 所示的【相切】和【水平】几何关系。

◆ 【高亮显示的提示】是端点、中点及顶点之类的几何关系在指针接近时高亮显示，然后在指针指向将之选择时而更改颜色。

在图 2.5.3(a)所示中，一段直线的中点高亮显示，表示指针显示的当前位置可能有一个重合的几何关系。在图 2.5.3(b)所示中，中点的颜色改变了，表示指针已识别出中点。

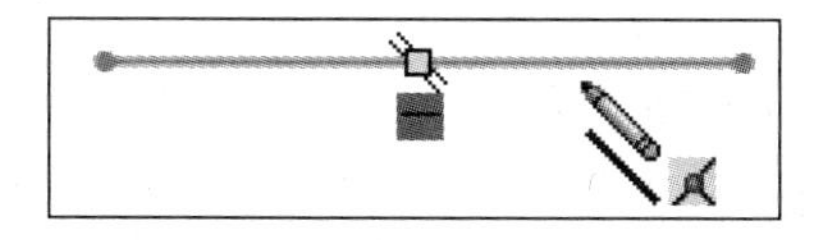
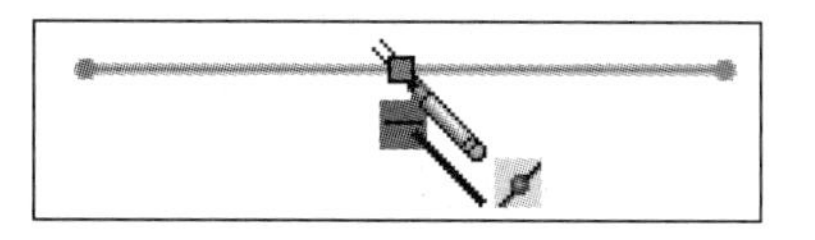

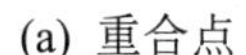

(a) 重合点　　(b) 中点

图 2.5.3　高亮显示

2.6　草图实体的选择

选取草图实体的方法有以下几种：

◆ 单一选取：单击拾取实体对象，每次只能选取一个对象，如图 2.6.1(a)所示，拾取一竖直直线。图 2.6.1(b)所示为拾取一水平直线。

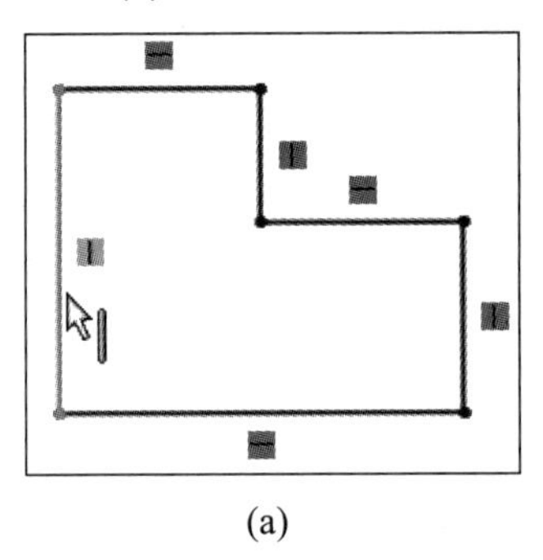

(a)

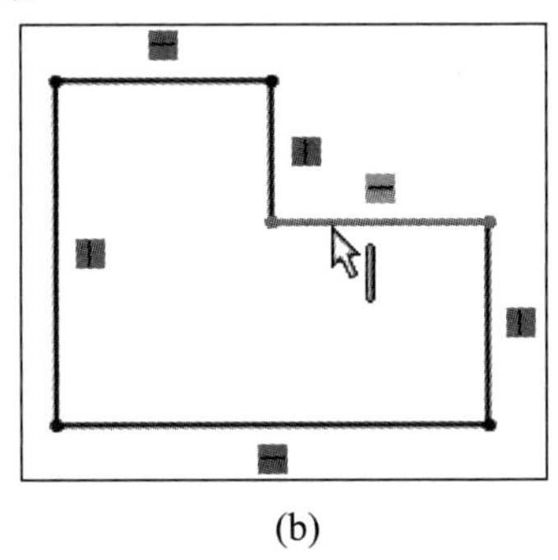

(b)

图 2.6.1　单一选取对象

◆ 多重选取：按住 Ctrl 键，依次选取多个对象，如图 2.6.2 所示，依次拾取 3 条直线。

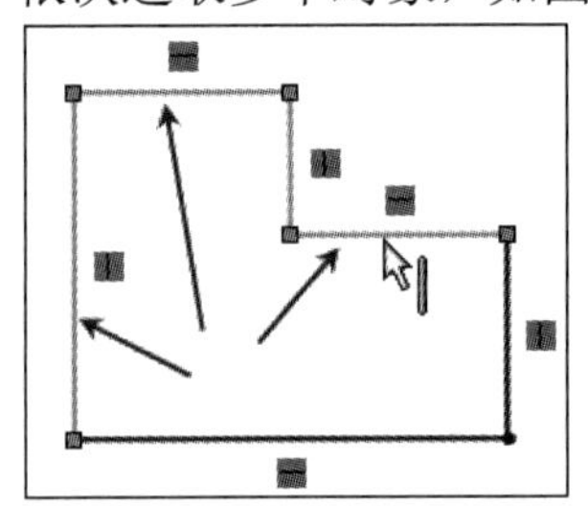

图 2.6.2　多重选取对象

◆ 框选(正选)：按住鼠标左键不放，从左端(第一点)向右端(第二点)拉出一矩形框，如图 2.6.3(a)所示，框选(正选)选取时，只有被框栏完全包络时才被选取。如图 2.6.3(b)所示，被框栏完全包络的线段只有 3 条。

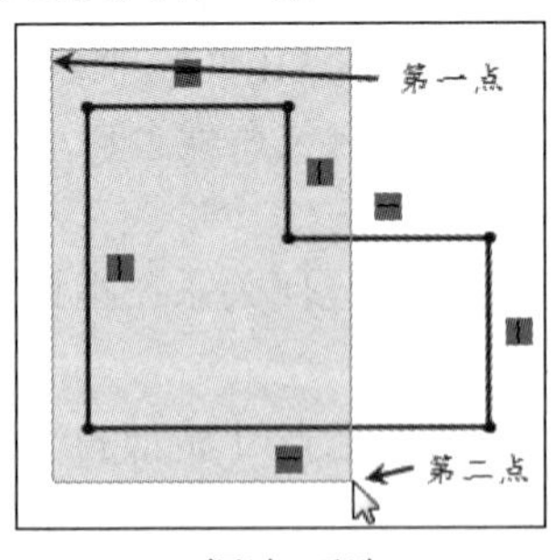

(a) 框选(正选)

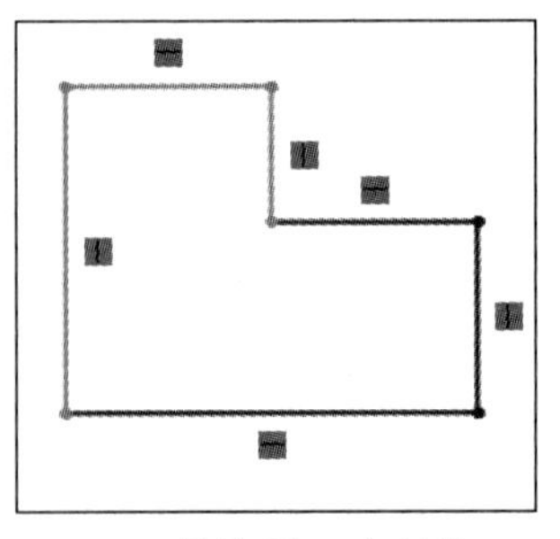

(b) 选取了 3 个对象

图 2.6.3　框选(正选)选取对象

◆ 框选(反选)：按住鼠标左键不放，从右端(第一点)向左端(第二点)拉出一矩形框，如图 2.6.4(a)所示，框选(反选)选取时，只要与框栏相交，都被选择。如图 2.6.4(b)所示，与框栏相交的线段有 3 条。

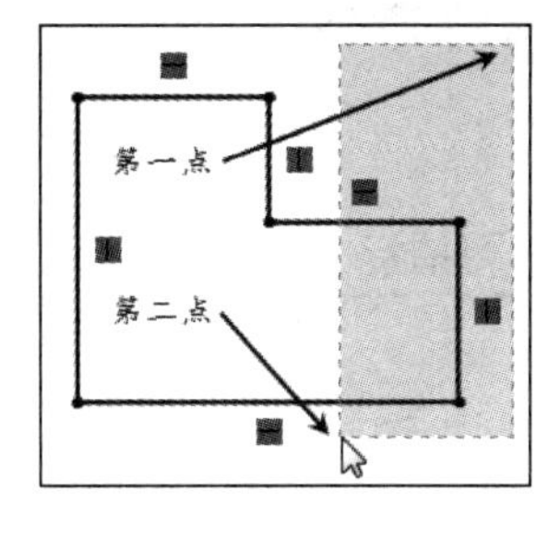

(a) 框选(反选)

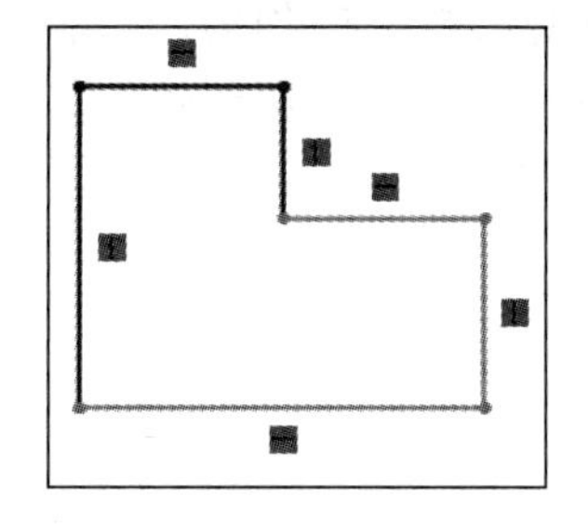

(b) 选取了 3 个对象

图 2.6.4　框选(反选)选取对象

有关 2D 草图实体绘制工具，可扫描二维码进行学习。有关草图的编辑修改，可扫描二维码进行学习。

2D 草图实体绘制工具

草图的编辑修改

2.7　草图实体的捕捉

草图实体的捕捉需要进入【草图绘制】环境。

- 单击【工具】→【快速捕捉】，选取草图实体捕捉，如图 2.7.1 所示。
- 单击命令管理器【草图选项卡】标签上的【快速捕捉】，选取草图实体捕捉，如图 2.7.2 所示。

图 2.7.1　工具栏快速捕捉

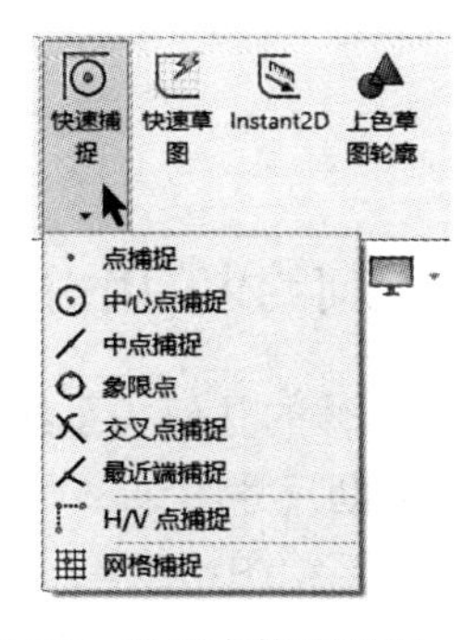

图 2.7.2　选项卡快速捕捉

绘制草图实体时选择特定的捕捉对象，有利于过滤不必要的捕捉对象。通常，SolidWorks会根据当前选择的实体命令智能自动捕捉。

常见的草图捕捉见表2-1。

表2-1 常见的草图捕捉

草图捕捉	工具按钮	说明
端点和草图点		捕捉到以下草图实体的端点：直线、多边形、矩形、平行四边形、圆角、圆弧、抛物线、部分椭圆、样条曲线、点、倒角和中心线
中心点		捕捉到以下草图实体的中心：圆、圆弧、圆角、抛物线及部分椭圆
中点		捕捉到直线、多边形、矩形、平行四边形、圆角、圆弧、抛物线、部分椭圆、样条曲线、点、倒角和中心线的中点
象限点		捕捉到圆、圆弧、圆角、抛物线、椭圆和部分椭圆的象限
交叉点		捕捉到相交或交叉实体的交叉点
最近点		支持所有实体。单击最近点，激活所有捕捉。指针不需要紧邻其他草图实体，即可显示推理点或捕捉到该点。选择最近点，仅当指针位于捕捉点附近时才会激活捕捉
相切		捕捉到圆、圆弧、圆角、抛物线、椭圆、部分椭圆和样条曲线的切线
垂直		将直线捕捉到另一直线
平行		给直线生成平行实体
水平/竖直线		竖直捕捉直线到现有水平草图直线，以及水平捕捉直线到现有竖直草图直线
与点水平/竖直		竖直或水平捕捉直线到现有草图点
Length		捕捉直线到网格线设定的增量，无须显示网格线。若想启用长度捕捉，在绘制草图时按住Shift键
网格		捕捉草图实体到网格的水平和竖直分隔线。默认情况下，这是唯一未激活的草图捕捉。 如果已消除网格线捕捉，将永不会捕捉到网格线。 如果选取了网格线捕捉： 如果选取了只在网格线显示时捕捉，则只捕捉到网格线。 如果消除了只在网格线显示时捕捉，则始终捕捉到网格线(即使网格线不显示)
角度		捕捉到角度。欲设定角度，单击【工具】→【选项】→【系统选项】→【草图】，选择几何关系/捕捉，然后设定捕捉角度的数值

2.8 草图的几何约束

2.8.1 几何约束的作用

草图实体的几何关系约束的作用是：

(1) 辅助尺寸约束。

(2) 提高绘图精度。

(3) 限制草图实体的自由度。

2.8.2　几何关系的添加与删除

1. 添加几何关系

草图的几何约束除了在绘制过程中利用属性管理器添加相关约束，如图 2.8.1 所示的【插入线条】属性管理器中的【方向】选项用于指定绘制直线的几何关系。还可以利用虚线推理线自动添加以及选择实体对象后进行手动添加几何关系。

添加几何约束的方法有两种：选择实体对象后单击【添加几何关系】按钮和单击【添加几何关系】按钮后选择实体对象再添加几何约束。

(1) 如图 2.8.2 所示，选择【线条属性】对话框中的【添加几何关系】的相关图标按钮，便可添加需要的几何关系。

如图 2.8.3 所示，按住 Ctrl 键选择两条直线时的【属性】对话框中会显示更多的【添加几何关系】。

同时弹出快捷菜单对话框，通过快捷菜单对话框中的项目快速选择即可。当选择不同的实体对象时，SolidWorks 会智能地弹出关联工具栏的不同内容，以快速地满足当前环境或命令的需要。

如图 2.8.4 所示，(a)为选择一条直线和一个圆，(b)为选择一个点和一条直线，(c)为选择两条直线时弹出的快捷菜单。

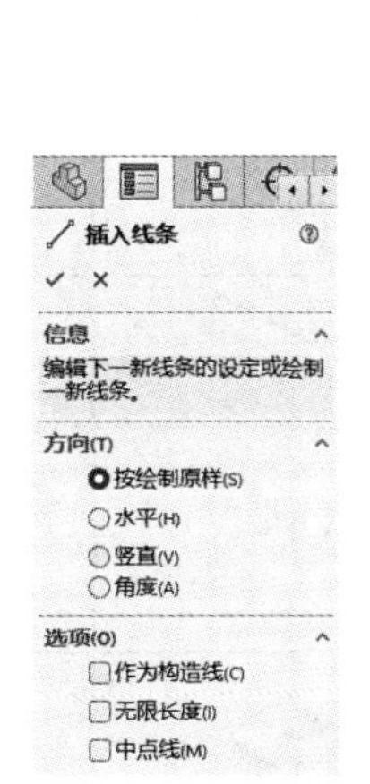

图 2.8.1　预先添加约束

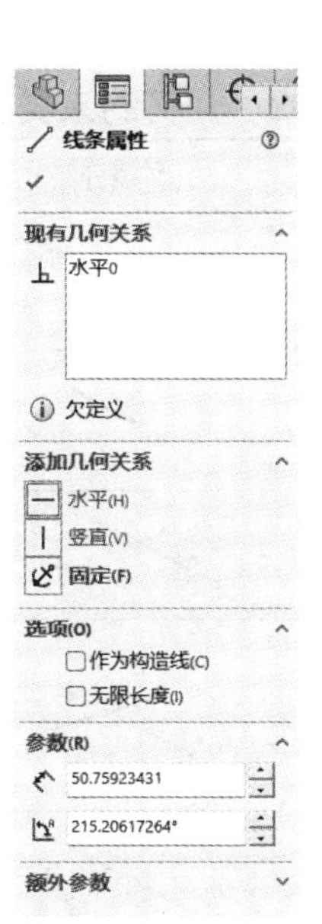

图 2.8.2　选择单一实体添加约束

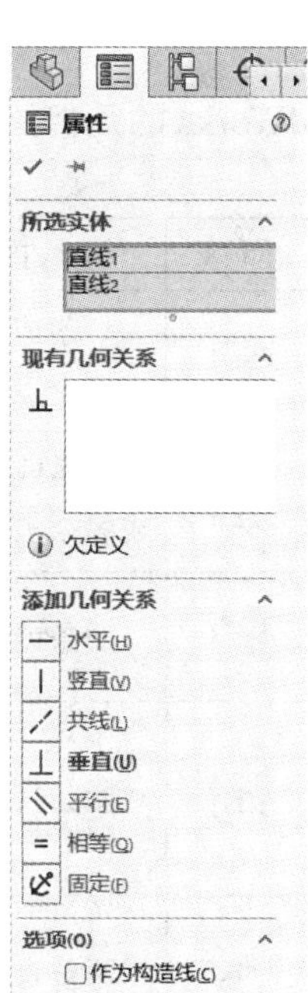

图 2.8.3　选择多个实体添加约束

(a)　(b)　(c)

图 2.8.4　选择不同实体弹出的关联工具栏

(2) 单击命令管理器上的【添加几何关系】⊥，如图 2.8.5 所示。实体对象可以选择单个或多个，若选择多个实体对象，则还需要再选择【添加几何关系】，如图 2.8.6 所示。

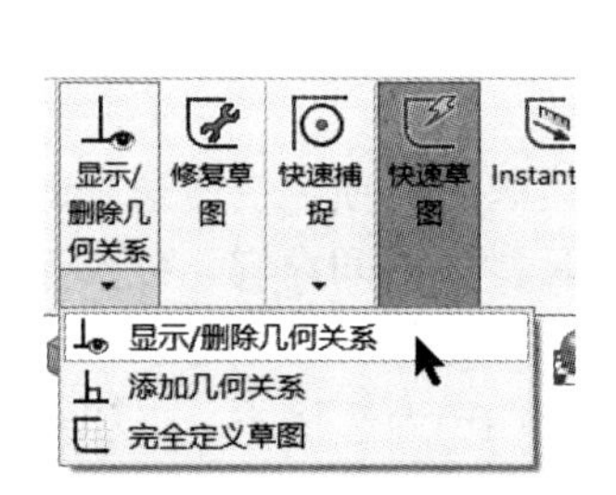

图 2.8.5 添加几何关系

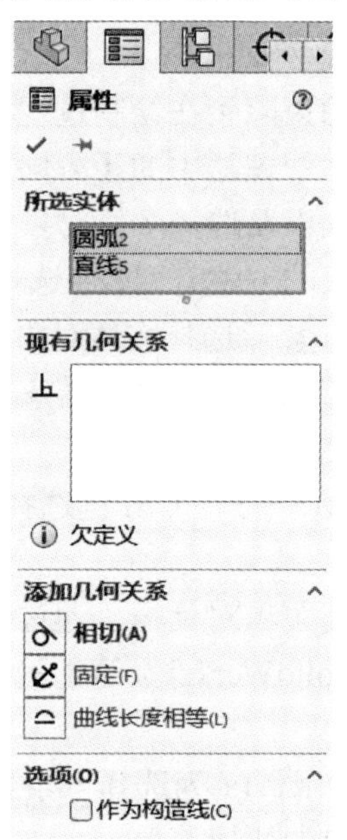

图 2.8.6 选择对象添加约束

SolidWorks 的几何约束类型如表 2-2 所示。

表 2-2 几何约束类型

名称	图标	拾取对象	约束前	约束后	约束标志
水平		一条或多条直线，两个或多个点			
竖直		一条或多条直线，两个或多个点			
共线		两条或多条直线			
垂直		两条直线			
平行		两条直线或多条直线			
相等		两条直线/圆或多条直线/圆			
全等		两个或多个圆/圆弧			

续表

名称	图标	拾取对象	约束前	约束后	约束标志
相切		一圆弧、椭圆或样条曲线和一直线或圆弧	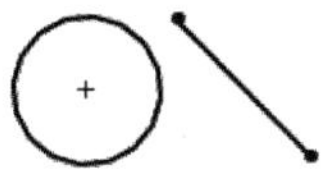	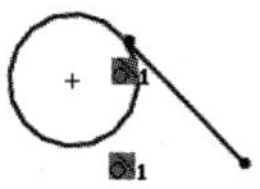	
同心		两个圆	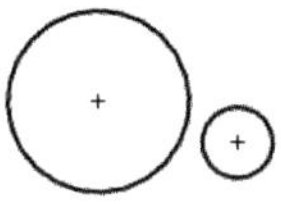	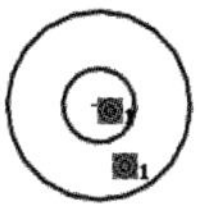	
重合		一个点和一直线、圆弧或椭圆			
中点		一个点和一直线、圆弧或椭圆		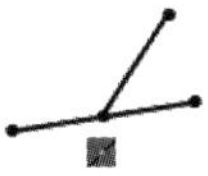	
合并		两个草图点或端点			
相交		两条直线和一个点或一条直线、一条曲线和一个点		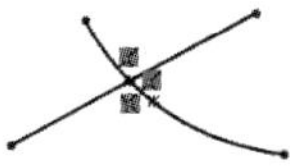	
固定槽口		槽口草图实体	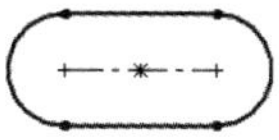	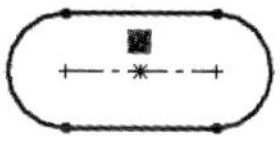	
固定		任何实体			
对称		一条中心线和两个点、直线、圆弧或椭圆	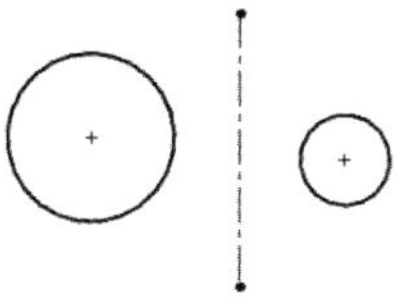	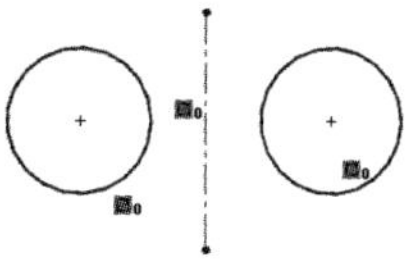	
穿透		一个草图点和一个基准轴、边线、直线或样条曲线	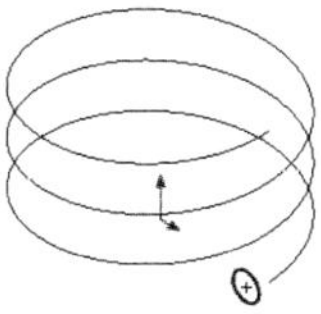	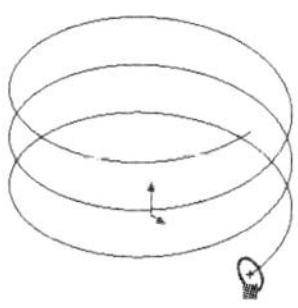	
牵引		两个块	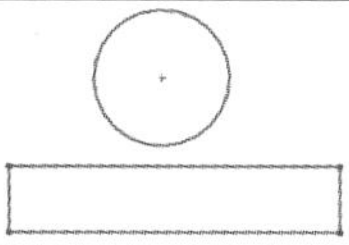	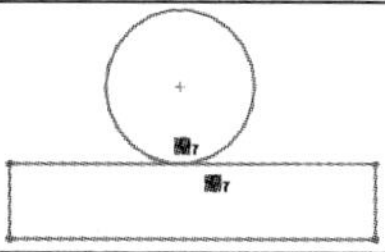	

2. 删除几何关系

删除几何关系的方法如下：

- 单击命令管理器上的【显示/删除几何关系】→【显示/删除几何关系】，删除选择的几何关系，如图 2.8.7 所示。
- 直接选择实体对象，在【属性】管理器中的【现有几何关系】上右击选择删除。
- 单击(选择)几何关系，右击【删除】或按键盘上的 Delete 键，删除选择的几何关系。
- 单击【工具】→【几何关系】→【显示/删除几何关系】，删除选择的几何关系。

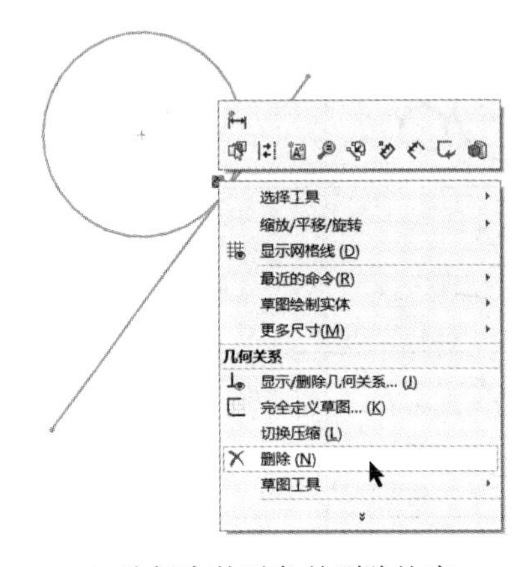

(a) 选择实体对象并删除约束

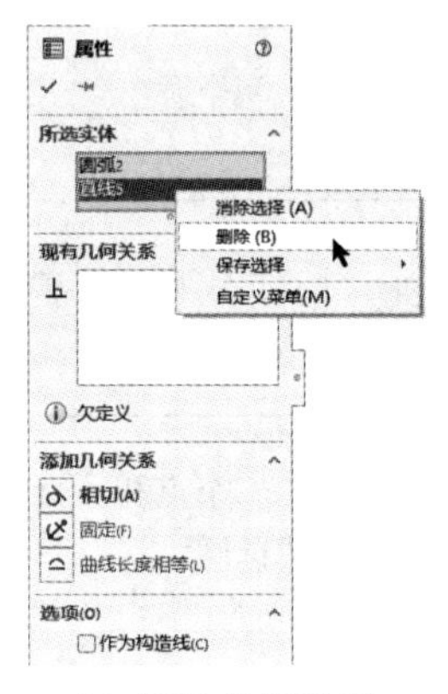

(b) 删除几何关系

图 2.8.7 显示/删除几何关系

2.8.3 草图几何关系的显示与隐藏

为了清晰地观察草图的情况，通常需要隐藏草图的几何关系。如果需要删除草图的几何关系时，则需要将草图的几何关系显示，以便选择。

单击【视图(前导)】的【显示/隐藏项目】→【观阅草图几何关系】，则显示/隐藏草图的几何关系，如图 2.8.8 所示。

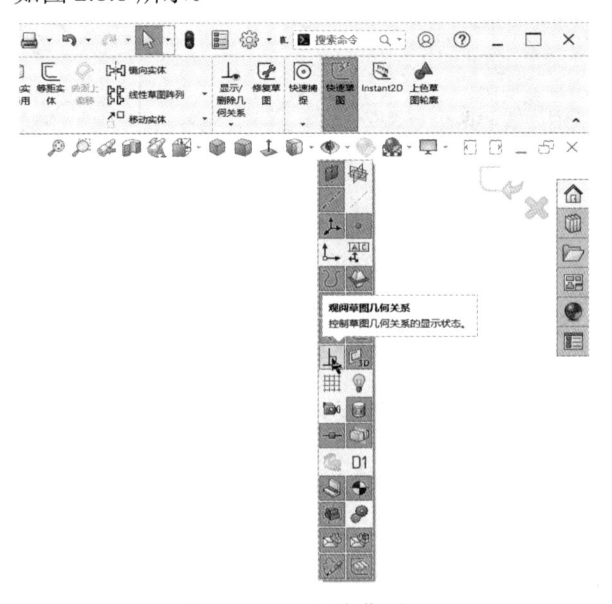

图 2.8.8 显示/隐藏项目

在图 2.8.9(a)所示中显示的几何关系使草图很混乱。为了清晰地观察草图的情况，需要隐藏草图的几何关系，如图 2.8.9(b)所示。

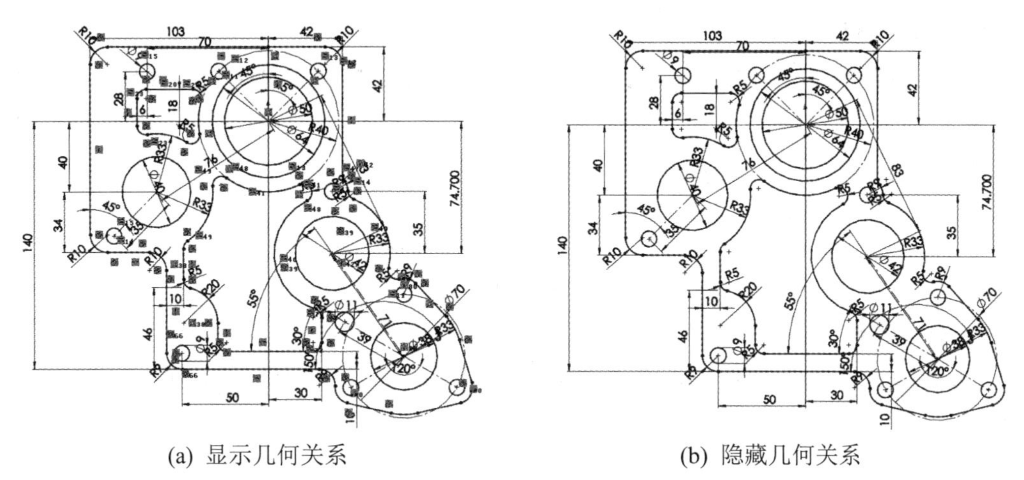

(a) 显示几何关系　　(b) 隐藏几何关系

图 2.8.9　几何关系的显示/隐藏

更多的情况是，显示太多的几何关系会降低 SolidWorks 的使用性能。SolidWorks 会根据草图几何关系的复杂程度和电脑系统的配置提示是否需要显示或隐藏几何关系。打开较复杂的 SolidWorks 草图文件时，会弹出关闭草图几何关系显示对话框，如图 2.8.10 所示。单击【是】则关闭草图几何关系显示，单击【否】则继续显示草图几何关系。

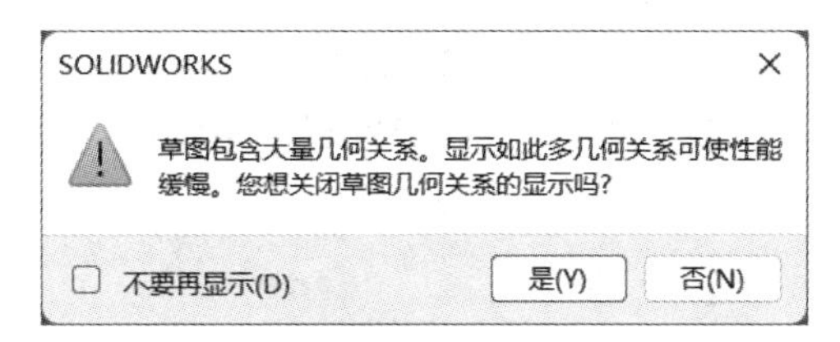

图 2.8.10　关闭草图几何关系显示提示框

有关 2D 草图实体的尺寸约束，可扫描二维码进行学习。

2D 草图实体的尺寸约束

2.9　块 的 操 作

1. 块的作用

从单个或多个草图实体可以生成块。块的作用是：

(1) 使用最少量的尺寸和几何关系生成布局草图。

(2) 集合草图中的实体子集来作为单一实体能够操作。

(3) 管理复杂草图。

(4) 同时编辑块来制作实例。

(5) 概念设计时模拟设计意图。

2. 块的工具栏

在空白处右击，或单击【视图】→【工具栏】→【块】，调出块工具栏，如图 2.9.1 所示。

图 2.9.1　块工具栏

3. 块的制作

在任意平面上绘制一条水平长度为 40 的直线，单击【制作块】，如图 2.9.2 所示。

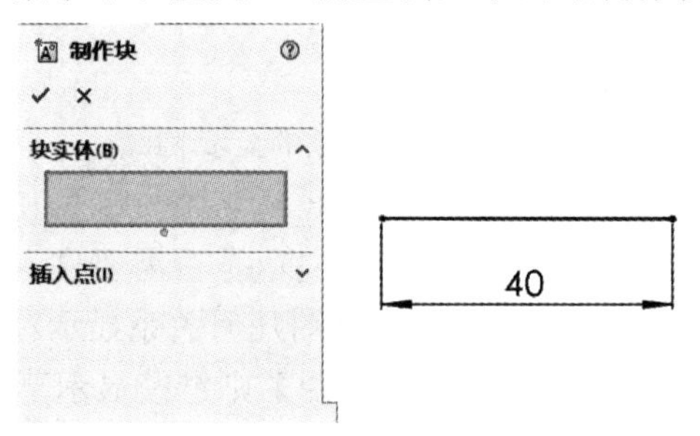

图 2.9.2　制作块

单击属性管理器【插入点】，控制插入点的位置，通过拖动点来放置插入点的位置，如图 2.9.3 所示。

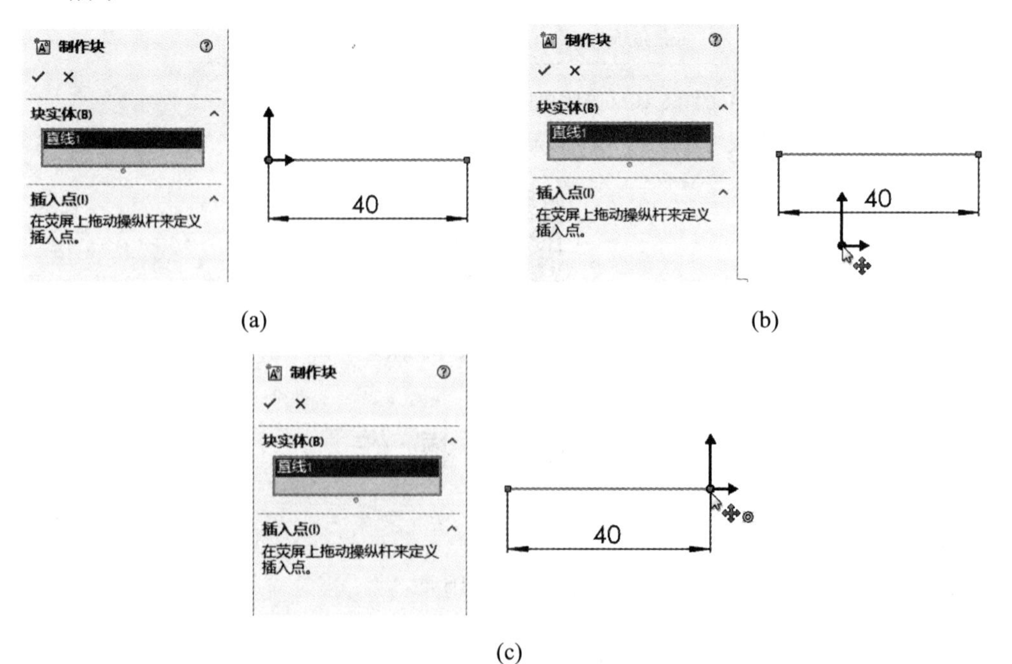

图 2.9.3　调整【插入点】位置

单击【确定】按钮，完成块的制作。此时树区域特征管理器草图下显示【块 1-1】，如图 2.9.4 所示。

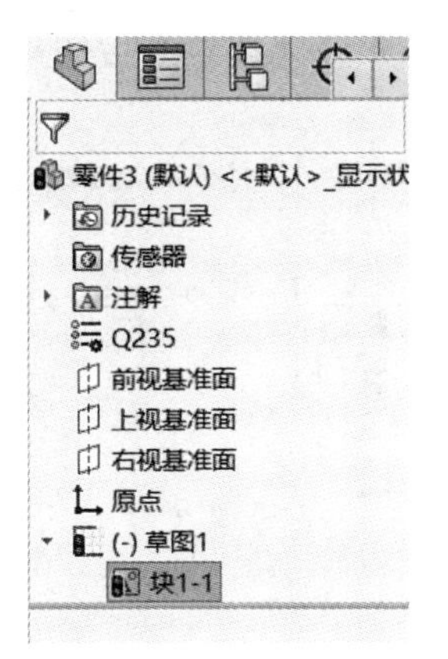

图 2.9.4　制作的块

4. 块的编辑

如图 2.9.5 所示，选择一个由矩形(长 × 宽为 8 × 5，插入点在矩形中心上)组成的块，单击【编辑块】，再通过绘制两条直线并标注尺寸 2 以及剪裁后如图 2.9.6 所示，就完成了为块添加项目。

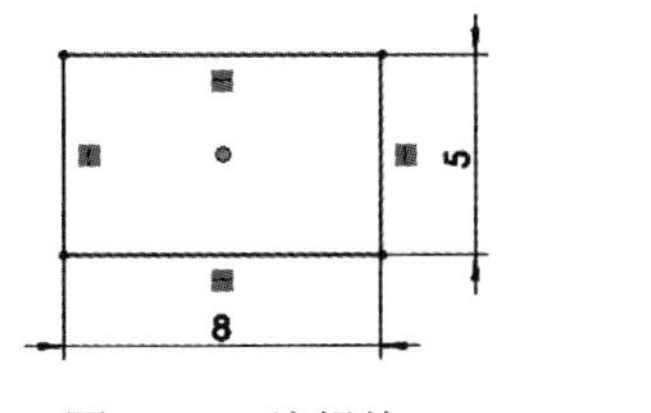

图 2.9.5　编辑块

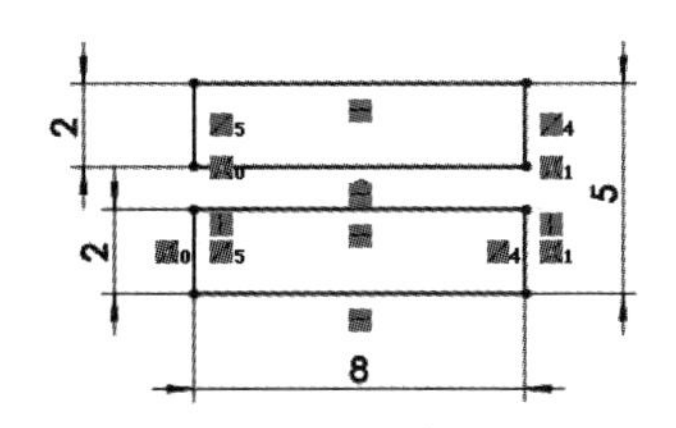

图 2.9.6　为块添加项目

绘制完成后，再次单击【编辑块】，或单击确认角的【返回块】按钮，退出块编辑。

5. 块的插入

单击【插入块】，在【插入块】属性管理器的【要插入的块】有当前草图【打开块】，选择一个打开的块，在【参数】中修改【块比例】和【块旋转】，如图 2.9.7 所示。

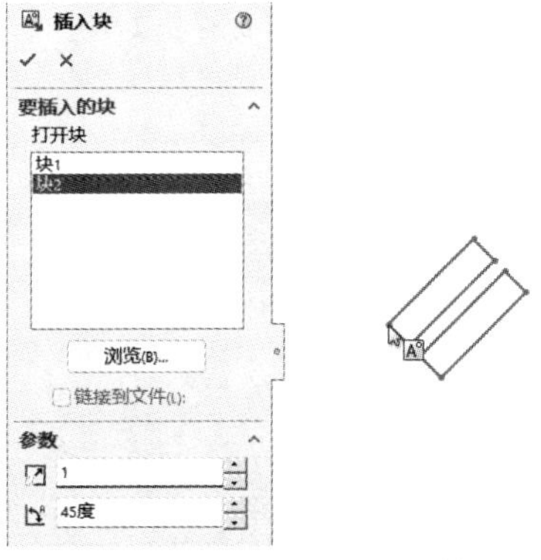

图 2.9.7　修改插入块参数

如果【块】保存过了，可以单击【浏览】按钮来添加块。

6. 为块添加/移除项目

进入【块编辑】状态，单击【添加/移除实体】，如图 2.9.8 所示。单击选择需要添加/移除的块实体，如图 2.9.9 所示。单击【确定】按钮，再单击【块编辑】，就退出块添加/移除项目。

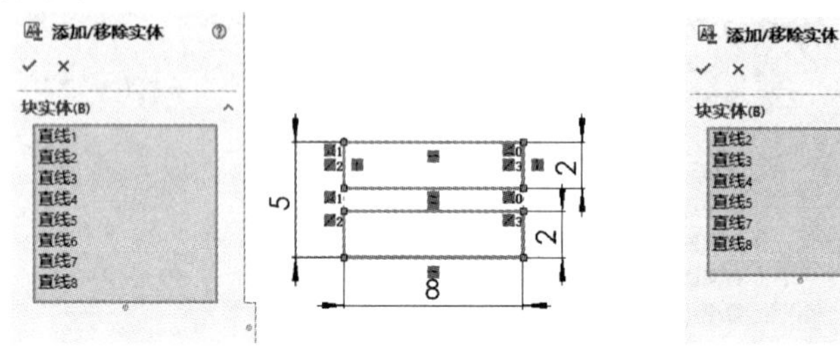

图 2.9.8　添加/移除块项目

图 2.9.9　点选移除块项目

7. 块的重建

在进行块的重建时，单击【重建块】，重新确定重合的几何关系。刷新实体并仍然处于草图块的编辑模式下。

8. 块的保存

在进行块的保存时，单击【保存块】，将当前文档中的所有块的后缀名以【SLDBLK】的格式保存，如图 2.9.10 所示。已保存的块，通过【插入块】属性管理器中的【浏览】按钮来添加，如图 2.9.11 所示。

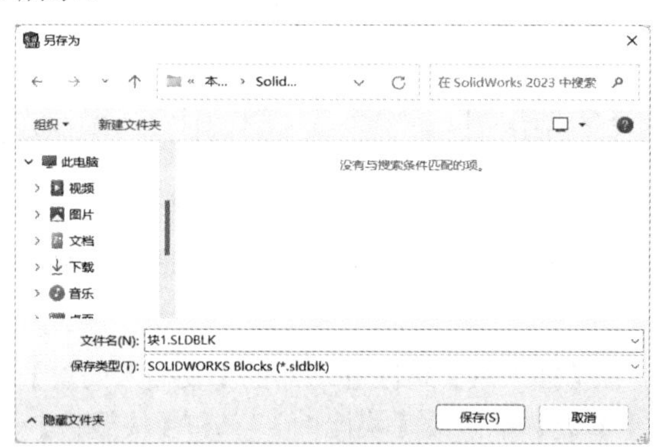

图 2.9.10　【保存块】

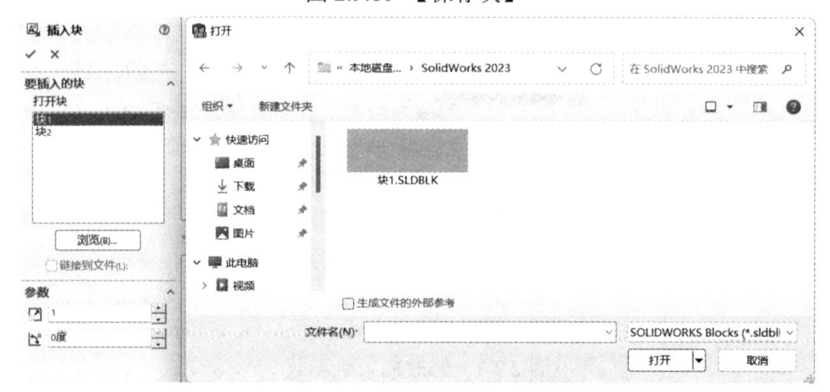

图 2.9.11　浏览并插入块

9. 块的分解

在进行块的分解时，先选择块，然后单击【爆炸块】，就可以将块转换为单个草图实体元素。

10. 块的约束

块的约束与草图实体的约束完全一致，如图 2.9.12 所示的 4 个图形块。

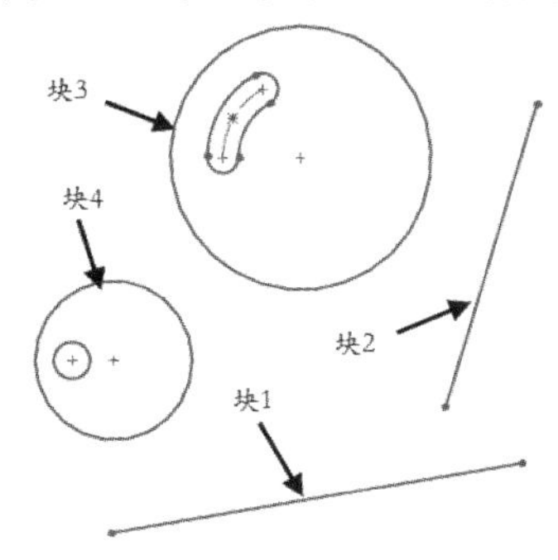

图 2.9.12 4 个块

(1) 约束【块 2】与【块 1】重合。使用鼠标左键拖动【块 2】的端点至【块 1】的端点处，直至提示重合时释放鼠标，如图 2.9.13 所示。

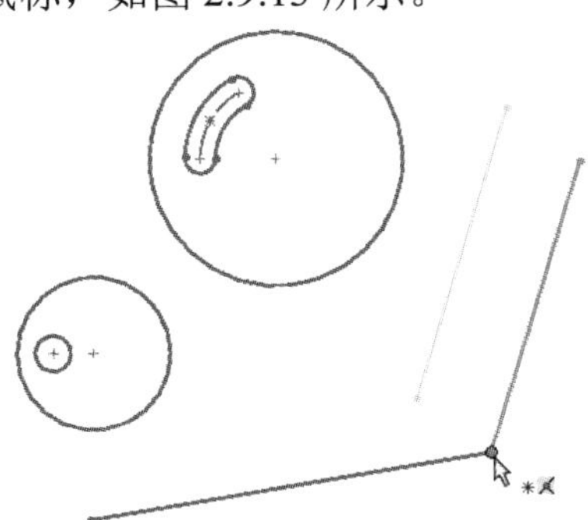

图 2.9.13 约束【重合】

(2) 约束【块 1】水平和【块 2】竖直。单击拾取【块 1】，并在属性管理器的【添加几何约束】或弹出的快捷菜单中选择【水平】，同样将【块 2】约束【竖直】，如图 2.9.14 所示。

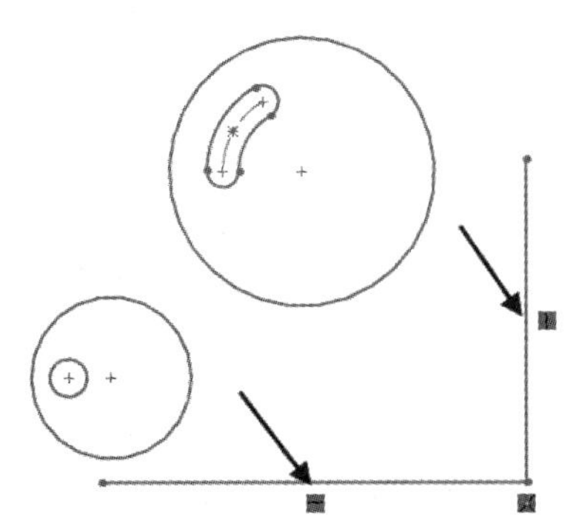

图 2.9.14 约束【水平】和【竖直】

(3) 约束【块 3】与【块 2】重合，【块 4】与【块 1】重合。单击【块 3】圆心点并拖动至【块 2】的上端点处，捕捉重合，并释放鼠标，如图 2.9.15 所示；单击【块 4】圆心点并拖动至【块 1】的左端点处，捕捉重合，并释放鼠标，如图 2.9.16 所示。

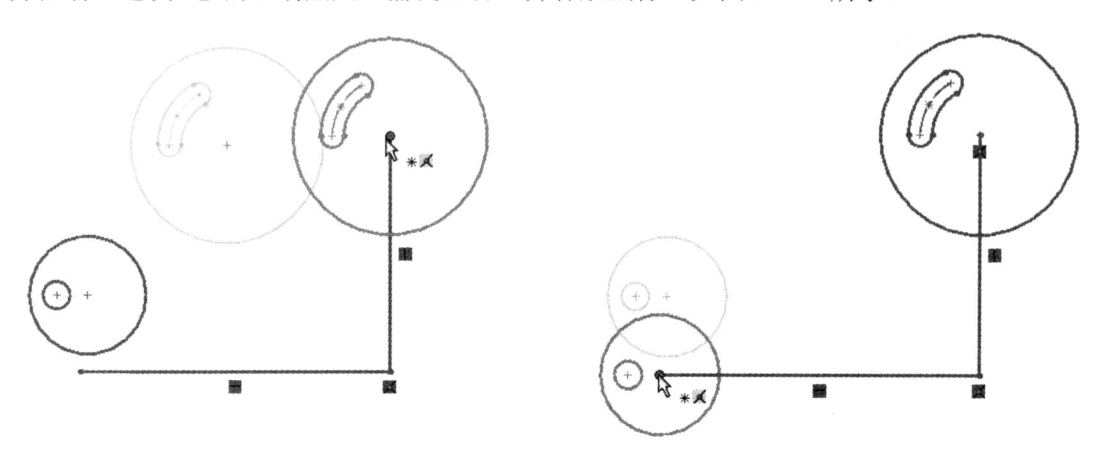

图 2.9.15 【块 3】与【块 2】重合　　　　图 2.9.16 【块 4】与【块 1】重合

(4) 约束【块 1】与【块 2】固定。选择【块 1】与【块 2】，在【属性】管理器中选择【固定】约束，如图 2.9.17 所示。

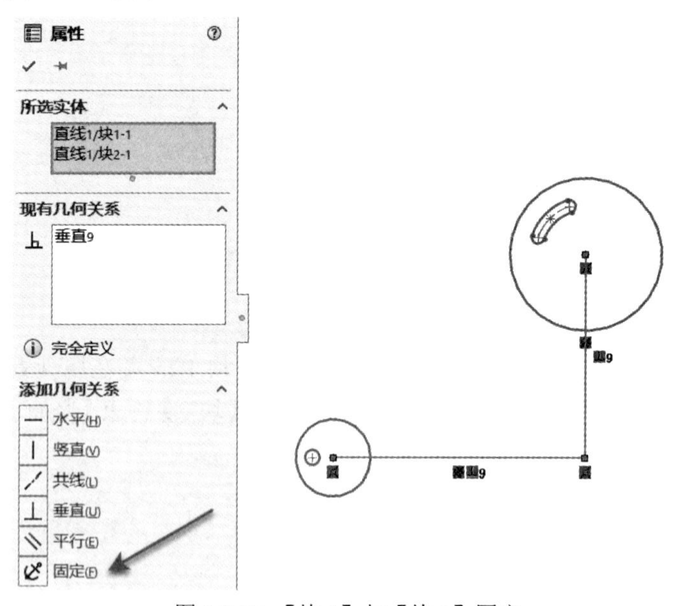

图 2.9.17 【块 1】与【块 2】固定

(5) 关闭约束符号显示。单击【视图(前导)】的显示或隐藏项目，关闭【草图几何关系】的显示。

11. 皮带/链

单击【皮带/链】，选择两个圆的块，如图 2.9.18(a)所示。可以设置【反转皮带面】，如图 2.9.18(b)所示，也可以设置皮带的厚度，如图 2.9.18(c)所示。

添加的皮带用鼠标拖动能模拟真实皮带/链的旋转运动，如图 2.9.18(d)所示。

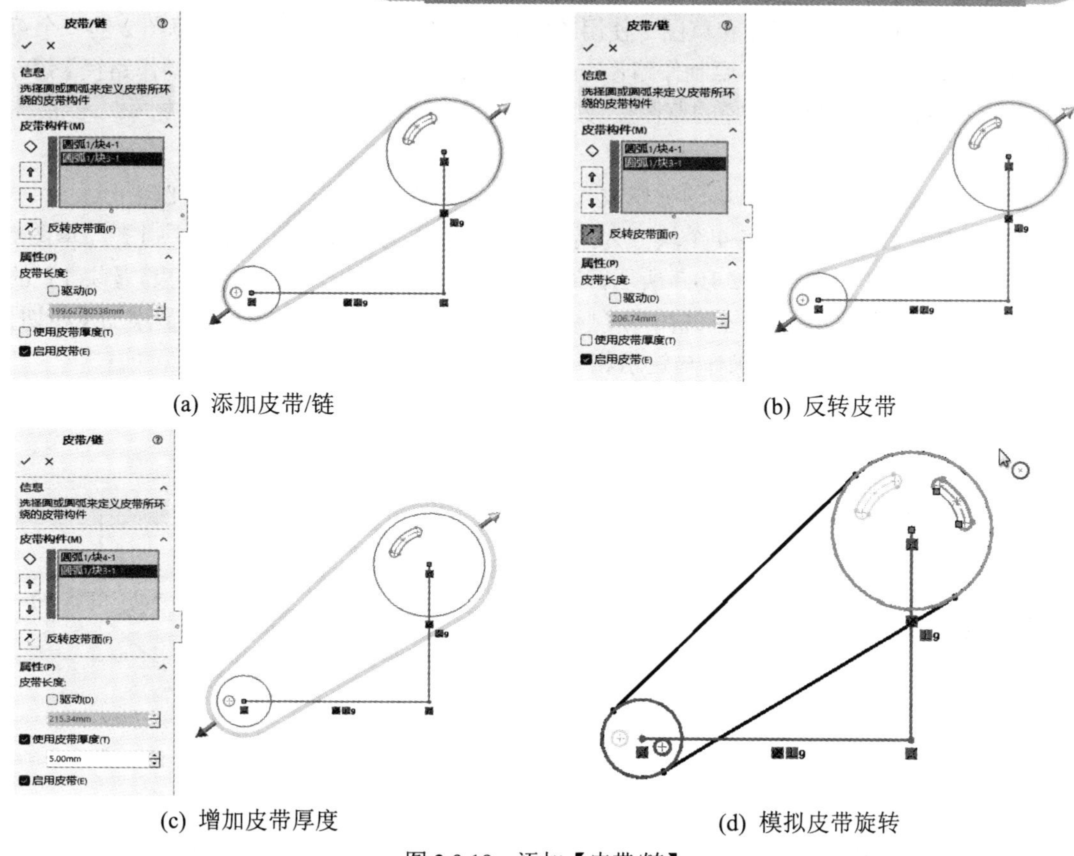

(a) 添加皮带/链　　(b) 反转皮带

(c) 增加皮带厚度　　(d) 模拟皮带旋转

图 2.9.18　添加【皮带/链】

2.10 制 作 路 径

使用制作路径工具可以生成机械设计布局(概念设计)草图。例如，对凸轮轮廓建模，其中凸轮和推杆之间的相切几何关系在凸轮转动时自动过渡(没有制作路径的则不能满足要求)。通过路径，可以在草图实体链与其他草图实体之间生成相切的几何关系。

制作路径的操作步骤如下：

(1) 绘制草图实体。绘制如图 2.10.1 所示的两个草图实体。

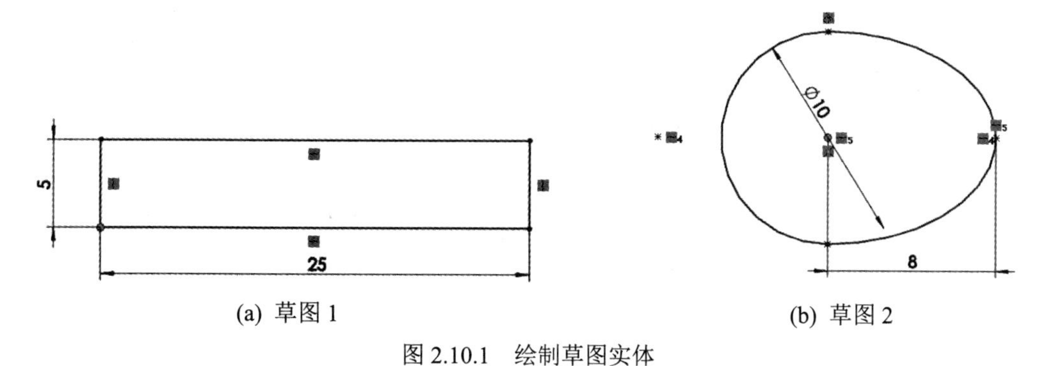

(a) 草图 1　　(b) 草图 2

图 2.10.1　绘制草图实体

(2) 制作路径。将草图1和草图2使用【复制实体】复制一份，其中草图2的一个草图要制作路径，另一个草图不要制作路径。单击【工具】→【草图工具】→【制作路径】，选择圆弧和椭圆(需要制作路径的草图)，如图2.10.2所示。单击【确定】按钮，完成路径制作。

(3) 制作块。分别将四个草图制作成4个块。草图2的插入点在圆弧中心点上。

(4) 添加块约束。分别将4个块分为两组。其中一组为草图1制作的【块1】与草图2制作了路径的【块2】。如图2.10.3所示，对【块2】添加中心点【固定】约束，【块1】的水平线添加【水平】约束，竖直线添加【竖直】约束，并对【块1】与【块2】添加【相切】约束。另一组添加块约束的操作与这组相同。

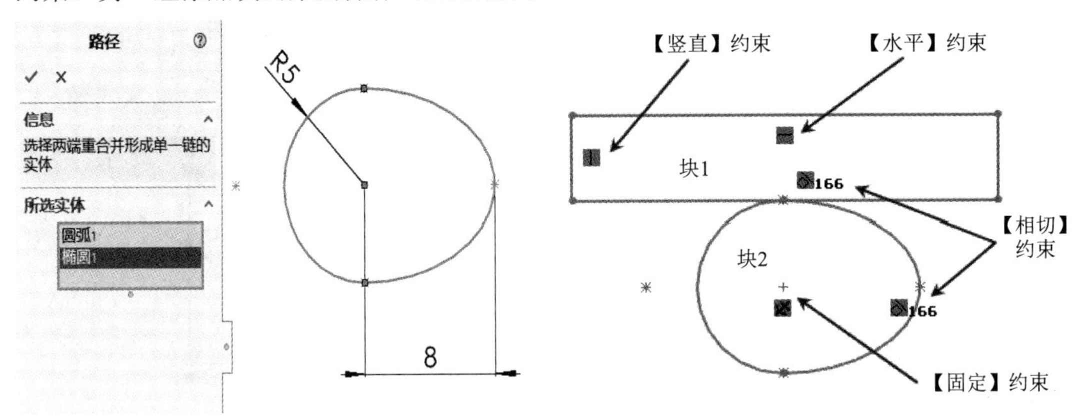

图2.10.2 制作路径　　　　图2.10.3 添加约束

(5) 仿真草图块运动。选择【块2】并拖动旋转，制作了路径的块运动时始终与【块1】保持相切，如图2.10.4所示。

而没有制作路径的块运动时只有选择约束了相切的圆弧与块保持相切，越过约束的圆弧后，则脱离了相切，如图2.10.5所示。也就是没有按路径运动，只是按照添加约束时选择相切的椭圆弧运动。

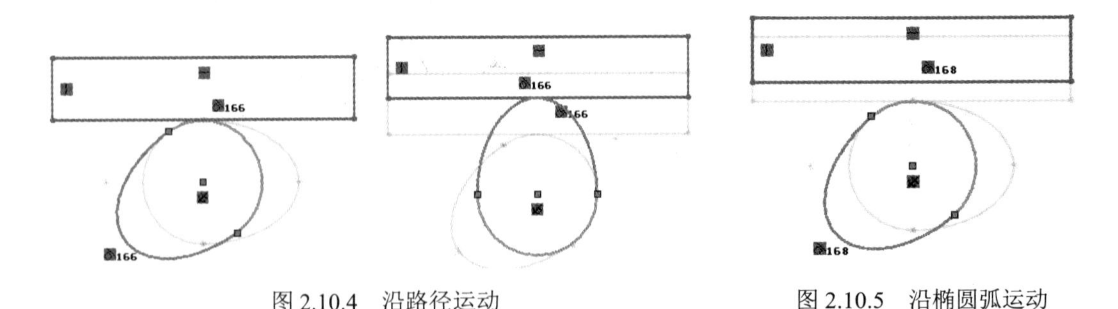

图2.10.4 沿路径运动　　　　图2.10.5 沿椭圆弧运动

2.11 2D草图绘制实例

【实例2-1】 手柄草图实例

绘制如图2.11.1所示的手柄草图实体轮廓，并标注尺寸。

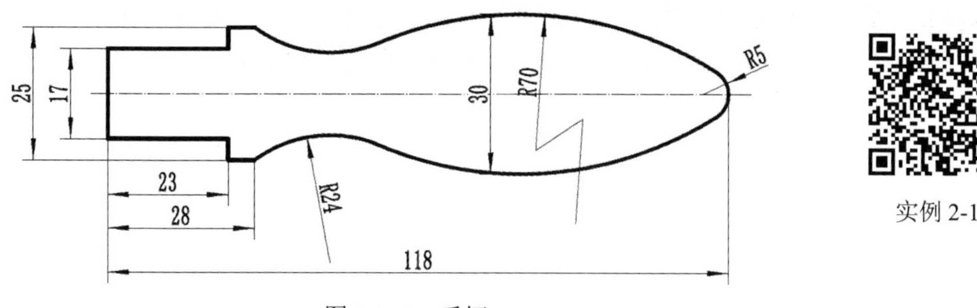

图 2.11.1　手柄

具体操作步骤如下：

步骤 1　新建零件。单击标准工具栏上的【新建】按钮，在【新建 SOLIDWORKS 文件】对话框中选择建立好的模板【XYZ 零件】作为绘制模板。

步骤 2　进入草图绘制。单击【草图绘制】，选择【前视基准面】作为草图绘制平面。

步骤 3　绘制草图轮廓。

(1) 单击【草图】选项卡上的【中心线】，从原点开始绘制水平中心线，并进行尺寸标注，如图 2.11.2 所示。

图 2.11.2　绘制中心线

关闭草图几何关系显示，观察草图颜色为黑色来判断【完全定义】。

(2) 单击【草图】选项卡上的【直线】，从原点开始绘制折线(4 段直线)，如图 2.11.3 所示。

图 2.11.3　绘制折线

(3) 单击【草图】选项卡上的【三点圆弧】，捕捉折线端点，绘制三点圆弧，如图 2.11.4 所示。

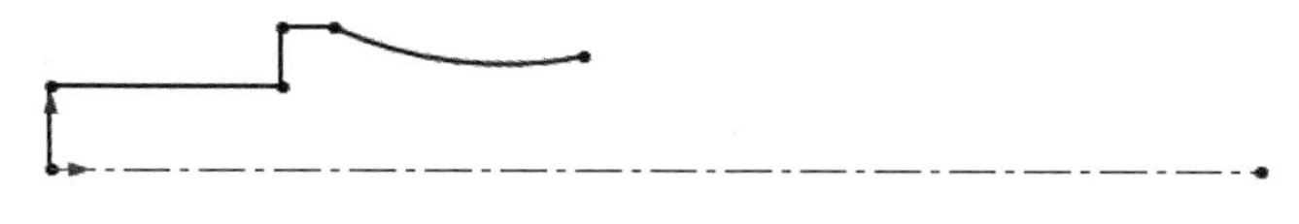

图 2.11.4　绘制三点圆弧

(4) 单击【草图】选项卡上的【切线弧】，捕捉三点圆弧的端点，绘制 2 段切线弧，如图 2.11.5 所示。

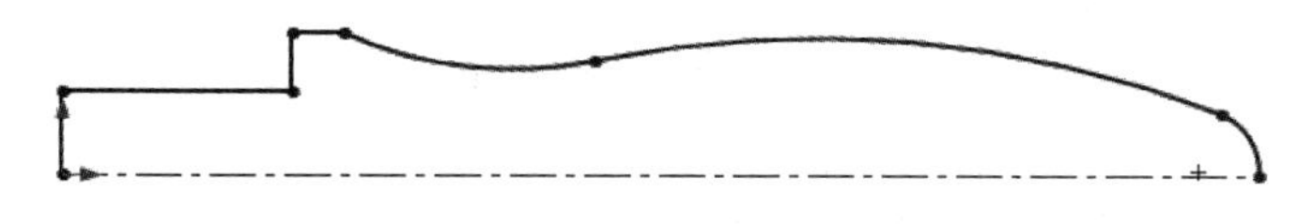

图 2.11.5　绘制切线弧

步骤 4 添加约束关系。按住 Ctrl 键选择圆弧中心点和水平中心线，在关联工具栏上选择【使重合】约束或在属性管理器上选择【使重合】约束，如图 2.11.6 所示。

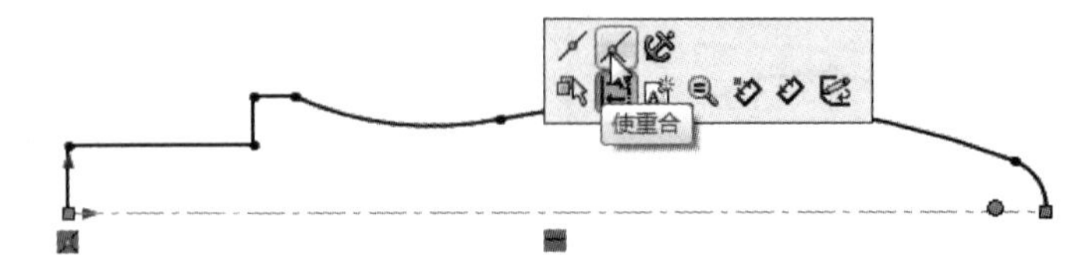

图 2.11.6 【使重合】约束

步骤 5 镜像草图实体。单击【草图】选项卡上的【镜像实体】，将水平中心线作为镜向轴，选择绘制的所有实体对象作为镜向对象，并勾选【复制】复选框，结果如图 2.11.7 所示。

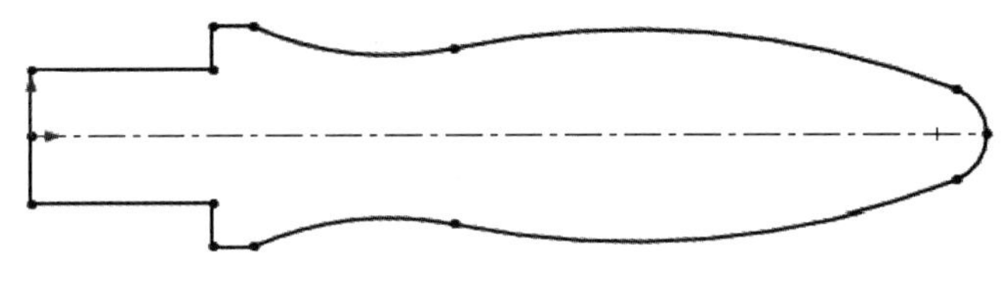

图 2.11.7 镜像实体

步骤 6 添加约束关系。按住 Ctrl 键选择圆弧和水平中心线端点，在关联工具栏上选择【使重合】约束，如图 2.11.8 所示。

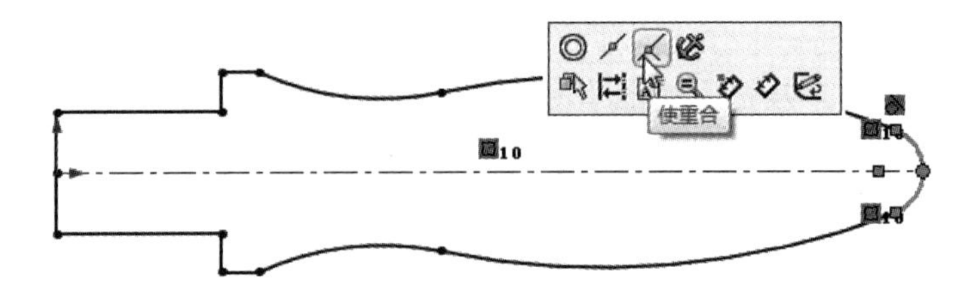

图 2.11.8 【使重合】约束

步骤 7 标注尺寸。单击【草图】选项卡上的【智能尺寸】，依次标注尺寸如图 2.11.9 所示，标注尺寸 30 时，需要按住 Shift 键标注。选择标注尺寸 70 时，在尺寸属性管理器的【引线】项中选择【尺寸线打折】，将尺寸线进行打折操作。

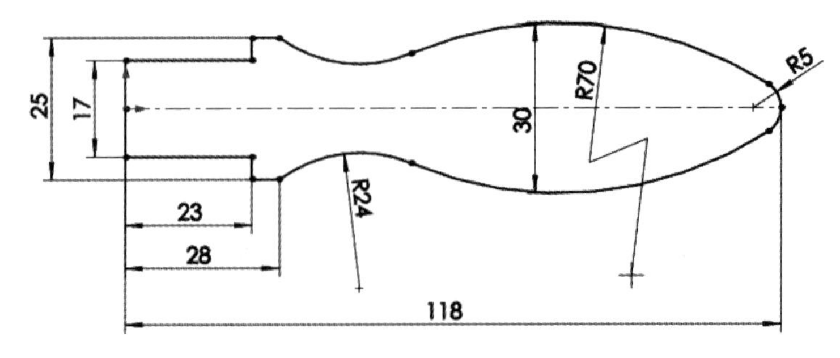

图 2.11.9 标注尺寸

步骤 8 保存文档。单击标准工具栏上的【保存】按钮，选择保存目录并输入名称“手柄”，再单击【保存】按钮，保存文件。

【实例 2-2】 吊钩草图实例

绘制如图 2.11.10 所示的吊钩草图实体轮廓，并标注尺寸。

实例 2-2

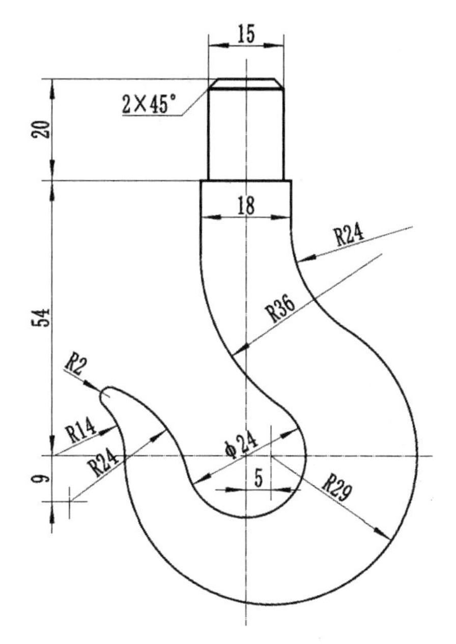

图 2.11.10　吊钩草图

具体操作步骤如下：

步骤 1　新建零件。单击标准工具栏上的【新建】按钮，在【新建 SOLIDWORKS 文件】对话框中选择建立好的模板【XYZ 零件】作为绘制模板。

步骤 2　进入草图绘制。单击【草图绘制】，选择【右视基准面】作为草图绘制平面。

步骤 3　绘制吊钩下部分轮廓。

(1) 单击【草图】选项卡上的【中心圆】，捕捉与原点重合，绘制圆，并标注直径 ϕ24，如图 2.11.11 所示。

(2) 单击【中心圆】，在原点右侧绘制圆，标注直径 ϕ58，按住 Ctrl 键选择 ϕ58 圆的圆心点和原点约束为【水平】，并标注水平尺寸 5，如图 2.11.12 所示。

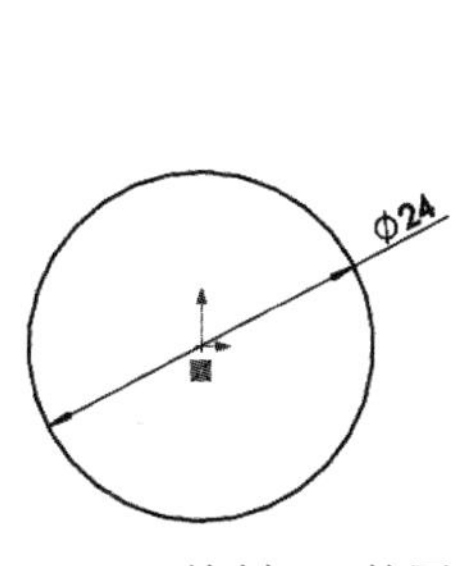

图 2.11.11　绘制 ϕ24 的圆

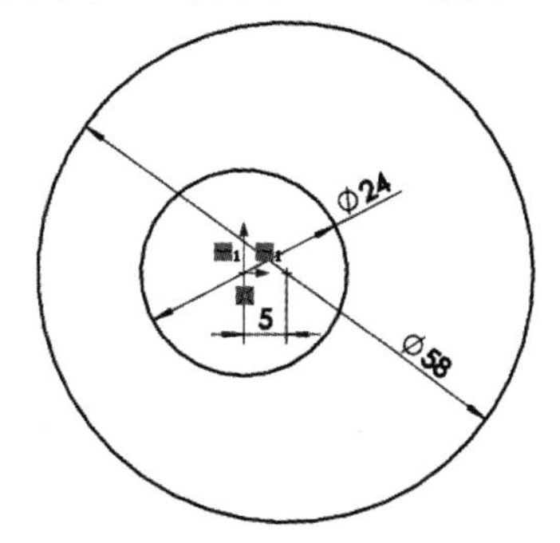

图 2.11.12　绘制 ϕ58 的圆

(3) 单击【中心圆】，在原点左侧绘制圆与 ϕ58 的圆保持【相切】，并约束与原点【水平】，标注直径尺寸 ϕ28，如图 2.11.13 所示。

(4) 单击【中心圆】，在原点左下方绘制圆与 ϕ24 的圆保持【相切】，并标注直径尺寸ϕ48，而且圆心与原点的高度尺寸为 9，如图 2.11.14 所示。

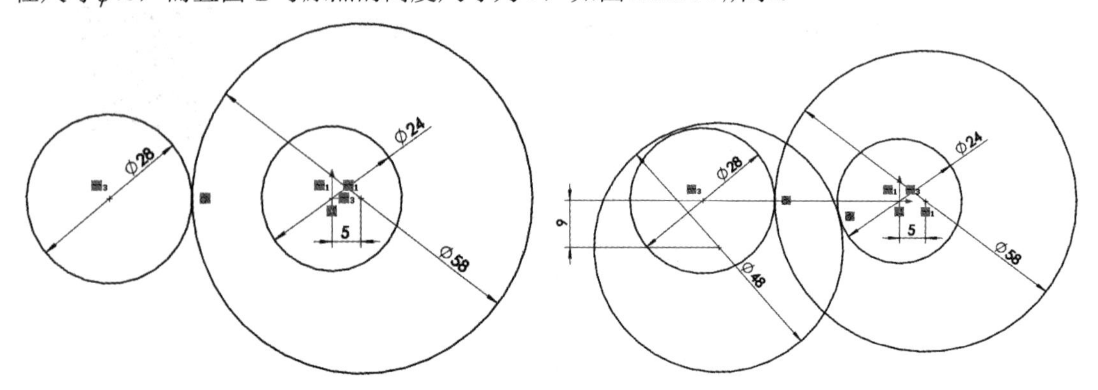

图 2.11.13　绘制ϕ28 的圆　　　　图 2.11.14　绘制ϕ48 的圆

(5) 单击【中心圆】，在ϕ48 的圆和ϕ28 的圆交叉处绘制圆，并标注直径尺寸ϕ4，按住 Ctrl 键分别选择ϕ4 的圆与ϕ48 的圆、ϕ4 的圆与ϕ28 的圆约束【相切】，如图 2.11.15 所示。

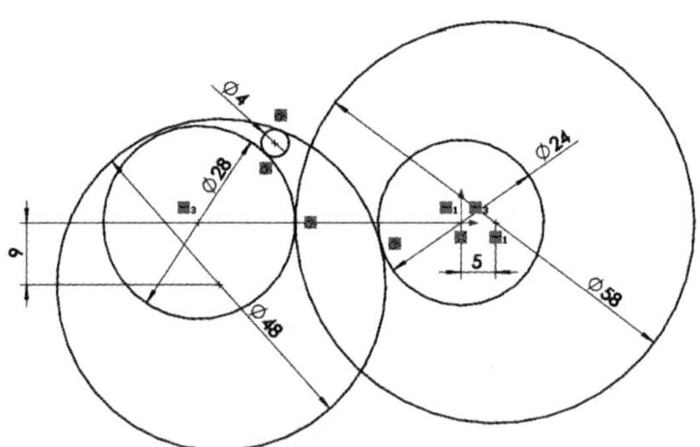

图 2.11.15　绘制ϕ4 的圆

(6) 绘制一条竖直【中心线】，并标注尺寸 54，再绘制一条水平【直线】，并约束水平直线与辅助中心线为【中点】，标注长度尺寸为 18，如图 2.11.16 所示。

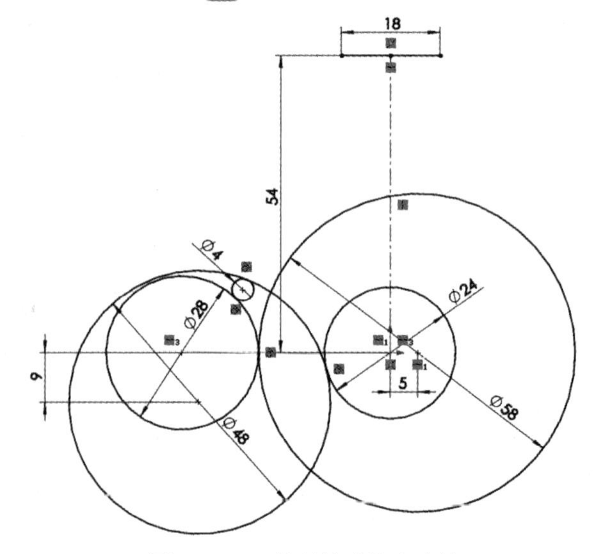

图 2.11.16　绘制辅助线和直线

(7) 捕捉长度为 18 的水平直线两端点，分别保持竖直向下绘制任意长度的【直线】，如图 2.11.17 所示。

(8) 单击【3 点圆弧】，第一点捕捉右侧竖直向下直线的端点，第二点捕捉与ϕ58 的圆重合，按住 Ctrl 键分别选择绘制的圆弧与竖直直线约束为【相切】、绘制的圆弧与ϕ58 的圆约束为【相切】，并标注圆弧半径为 R24，如图 2.11.18 所示。

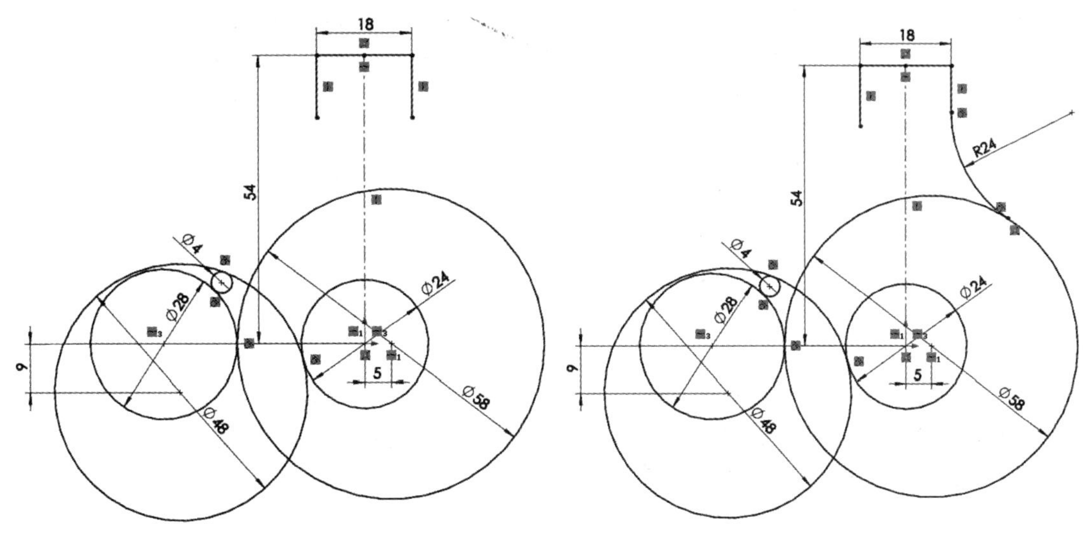

图 2.11.17　绘制竖直直线　　图 2.11.18　绘制圆弧 R24

(9) 单击【3 点圆弧】，第一点捕捉左侧竖直向下直线的端点，第二点捕捉与ϕ24 的圆重合，按住 Ctrl 键分别选择绘制的圆弧与竖直直线约束为【相切】、绘制的圆弧与ϕ24 的圆约束为【相切】，并标注圆弧半径为 R36，如图 2.11.19 所示。

步骤 4　裁剪绘制的轮廓。单击【裁剪】，选择【裁剪到最近端】，从外向内依次选择裁剪，结果如图 2.11.20 所示。

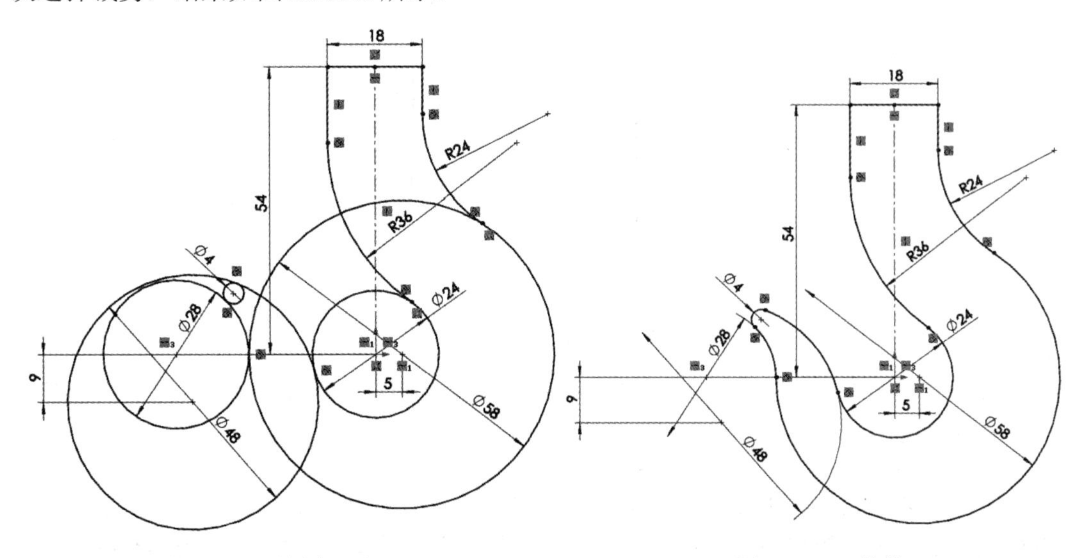

图 2.11.19　绘制圆弧 R36　　图 2.11.20　裁剪

步骤 5　绘制吊钩上半部分轮廓。

(1) 单击【直线】，捕捉与长度 18 的水平直线重合开始绘制折线(3 段直线)，并按住 Ctrl 键依次选择两竖直线与辅助中心线约束为【使对称】，如图 2.11.21 所示。标注高度尺寸 20 与宽度尺寸 15，如图 2.11.22 所示。

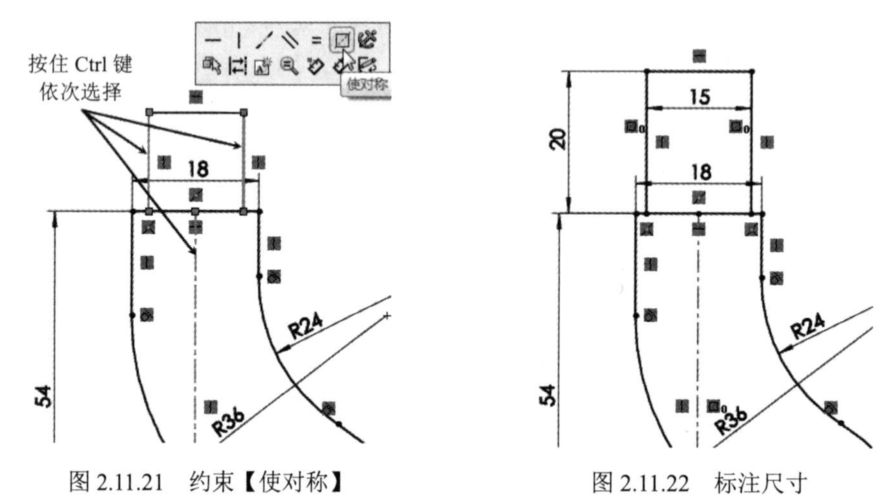

图 2.11.21　约束【使对称】　　　　图 2.11.22　标注尺寸

(2) 单击【倒角】，选择倒角参数【角度距离】，距离输入“2”，角度输入“45°”，分别按图 2.11.23 所示的 1 与 2 的顺序选择，结果如图 2.11.23 所示。

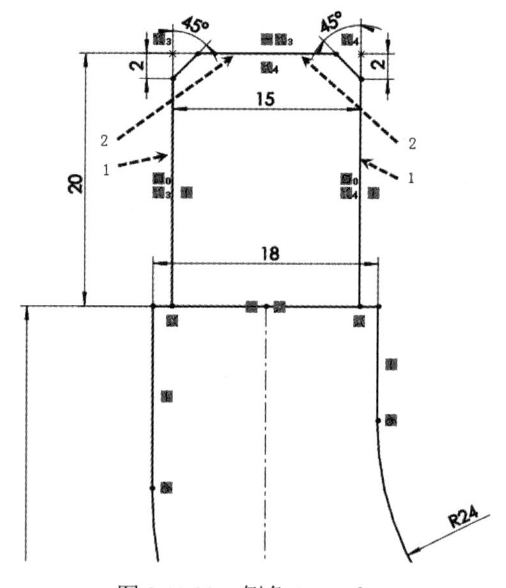

图 2.11.23　倒角 2 × 45°

> 由于倒角角度是 45°，所以选择的顺序并不影响结果，若角度不是 45°，则要注意选择的顺序。

步骤 6　切换尺寸和调整尺寸位置。关闭【草图几何关系】显示。在需要转换为半径的直径尺寸上右击选择快捷菜单中的【显示选项】→【显示成半径】，并适当调整标注尺寸的位置，最终如图 2.11.24 所示。

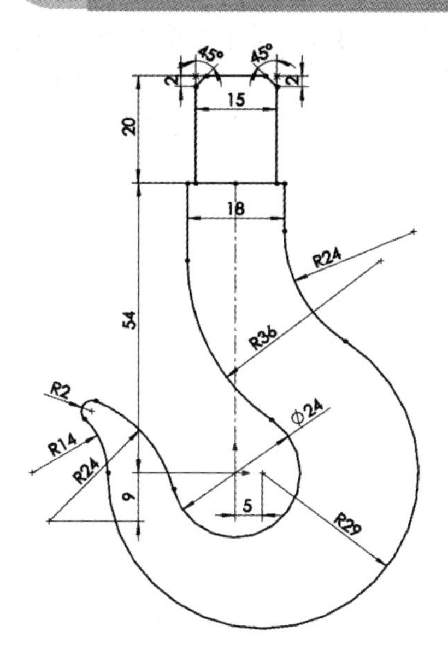

图 2.11.24 切换与调整尺寸

步骤 7 保存文档。单击确认角的【退出草图】，退出草图编辑。并单击标准工具栏上的【保存】按钮，选择保存目录并输入名称“吊钩”，再单击【保存】按钮，保存文件。

【实例 2-3】 装载机原理模拟

装载机原理：通过大油缸来控制铲斗的高度升降，小油缸控制铲斗的反转来装载或卸载货物。绘制如图 2.11.25 所示的块运动草图。

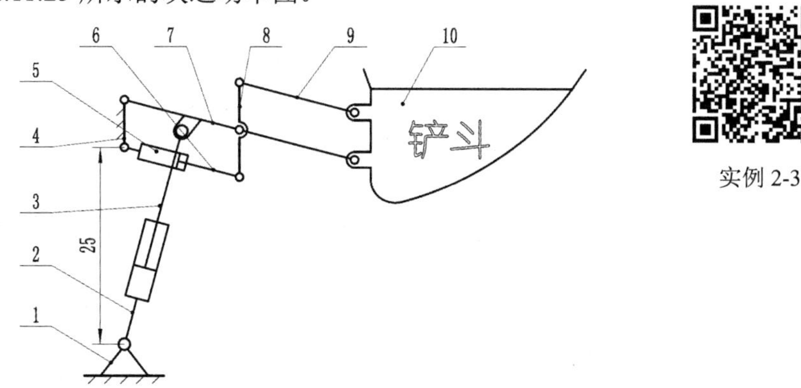

1—下机架；2，3—大油缸体；4—上机架；5，6—小油缸体；

7—液压臂 1；8—液压臂 2；9—液压臂 3；10—铲斗

图 2.11.25 装载机原理模拟

具体操作步骤如下：

步骤 1 新建零件。单击标准工具栏上的【新建】按钮，在【新建 SOLIDWORKS 文件】对话框中选择建立好的模板【XYZ 零件】作为绘制模板。

步骤 2 进入草图绘制。单击【草图绘制】，选择【前视基准面】作为草图绘制平面。

步骤 3 绘制组成的块草图轮廓。

(1) 下机架的绘制：利用【直线】、【中心圆】以及【线性草图阵列】命令绘制草图，添加相关草图几何约束关系，并标注尺寸，如图 2.11.26 所示。

完成下机架草图绘制后，单击【制作块】，【插入点】，选择ϕ1.5 的圆中心点，则完成块 1 的制作，如图 2.11.27 所示。

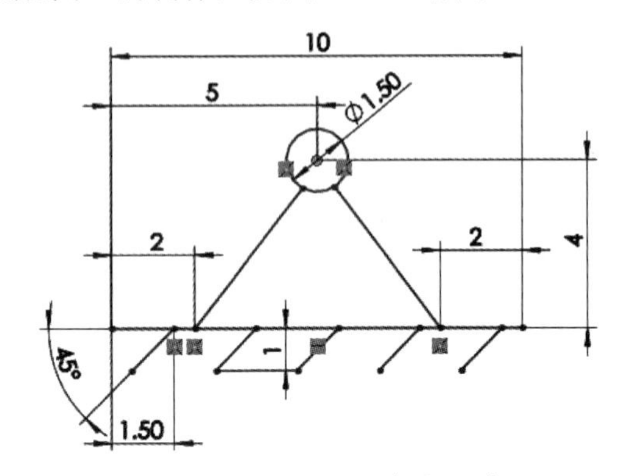

图 2.11.26　下机架尺寸

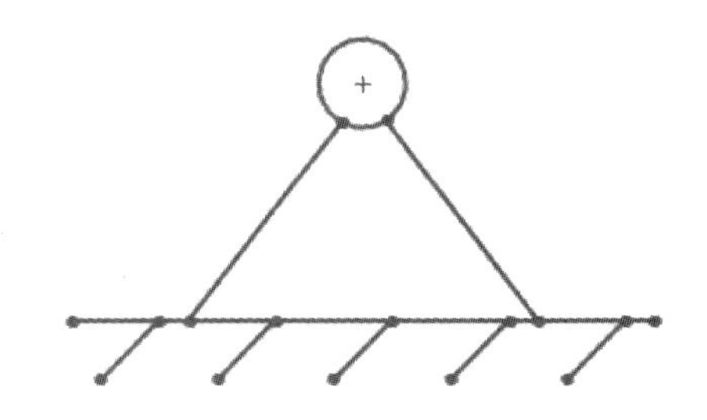

图 2.11.27　块 1

(2) 大油缸体的绘制：利用【直线】和【中心圆】绘制草图，添加相关草图几何约束关系，并标注尺寸，如图 2.11.28 所示。

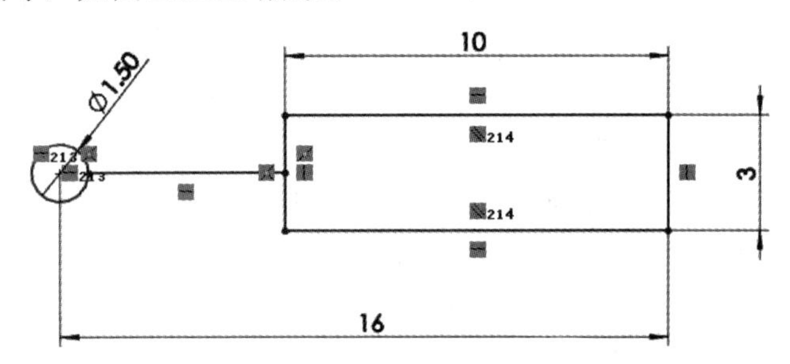

图 2.11.28　大油缸体尺寸

完成大油缸体草图绘制后，单击【制作块】，【插入点】，选择ϕ1.5 的圆中心点，则完成块 2 的制作。

(3) 大油缸的绘制：利用【直线】和【中心圆】绘制草图，添加相关草图几何约束关系，并标注尺寸，如图 2.11.29 所示。

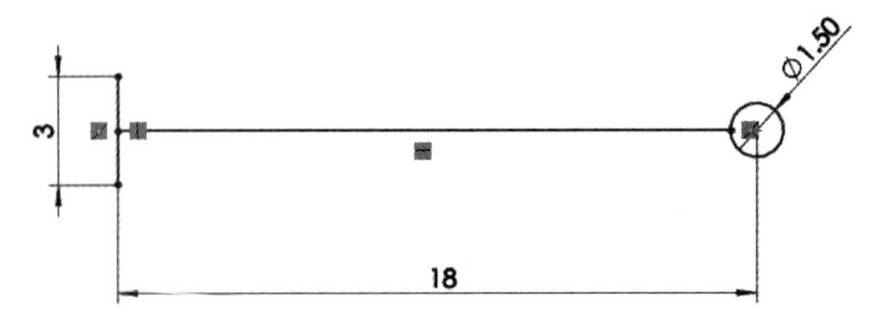

图 2.11.29　大油缸尺寸

完成大油缸草图绘制后，单击【制作块】，【插入点】，选择ϕ1.5 的圆中心点，则完成块 3 的制作。

(4) 上机架的绘制：利用【直线】、【中心圆】以及【线性草图阵列】命令绘制草图，添加相关草图几何约束关系，并标注尺寸，如图 2.11.30 所示。

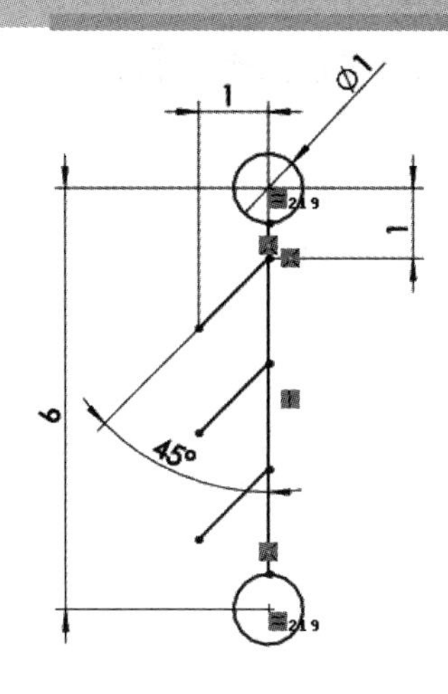

图 2.11.30　上机架尺寸

完成上机架草图绘制后，单击【制作块】，【插入点】，选择任一$\phi 1$ 的圆中心点，则完成块 4 的制作。

(5) 小油缸体的绘制：利用【直线】和【中心圆】绘制草图，添加相关草图几何约束关系，并标注尺寸，如图 2.11.31 所示。

完成小油缸体草图绘制后，单击【制作块】，【插入点】，选择$\phi 1$ 的圆中心点，则完成块 5 的制作。

(6) 小油缸的绘制：利用【直线】和【中心圆】绘制草图，添加相关草图几何约束关系，并标注尺寸，如图 2.11.32 所示。

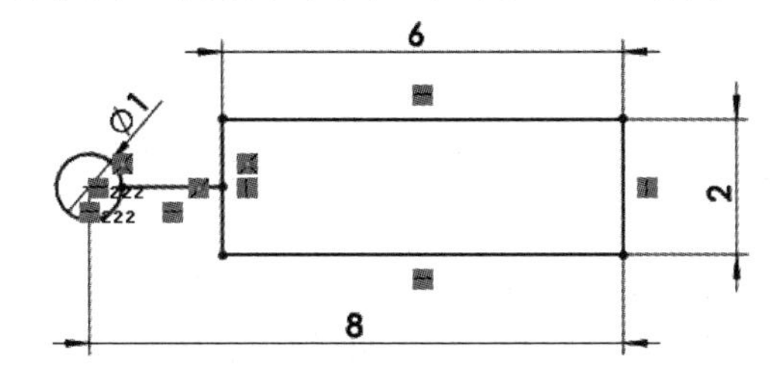

图 2.11.31　小油缸体尺寸

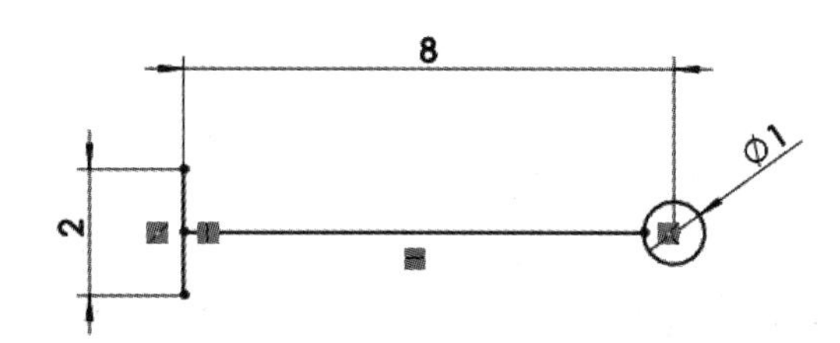

图 2.11.32　小油缸尺寸

完成小油缸草图绘制后，单击【制作块】，【插入点】，选择$\phi 1$ 的圆中心点，则完成块 6 的制作。

(7) 液压臂 1 的绘制：利用【直线】和【中心圆】绘制草图，添加相关草图几何约束关系，并标注尺寸，如图 2.11.33 所示。

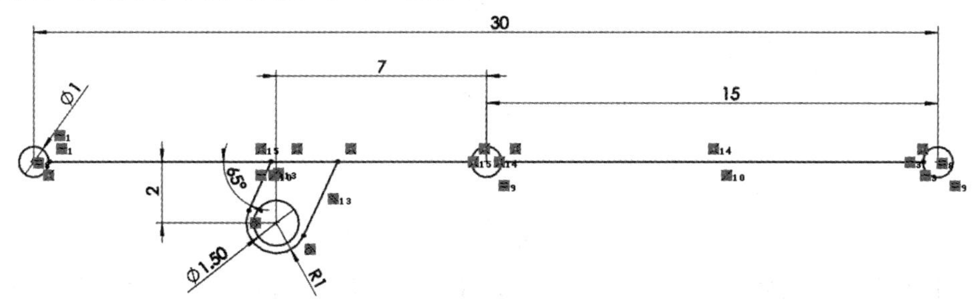

图 2.11.33　液压臂 1 尺寸

完成液压臂 1 草图绘制后，单击【制作块】，【插入点】，选择ϕ1.5 的圆中心点，则完成块 7 的制作。

(8) 液压臂 2 的绘制：利用【直线】和【中心圆】绘制草图，添加相关草图几何约束关系，并标注尺寸，如图 2.11.34 所示。

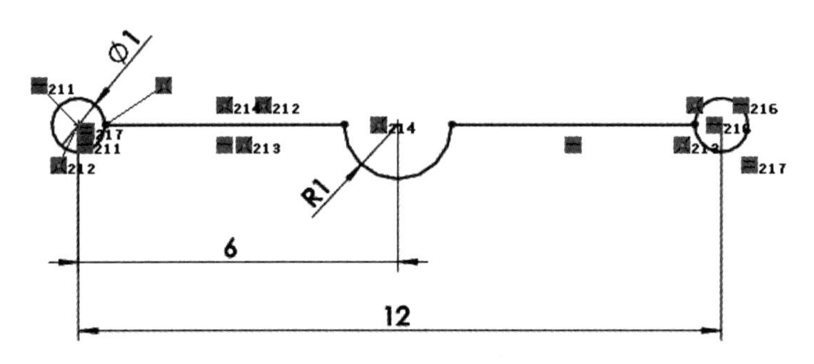

图 2.11.34　液压臂 2 尺寸

完成液压臂 2 草图绘制后，单击【制作块】，【插入点】，选择 R1 的圆中心点，则完成块 8 的制作。

(9) 液压臂 3 的绘制：利用【直线】和【中心圆】绘制草图，添加相关草图几何约束关系，并标注尺寸，如图 2.11.35 所示。

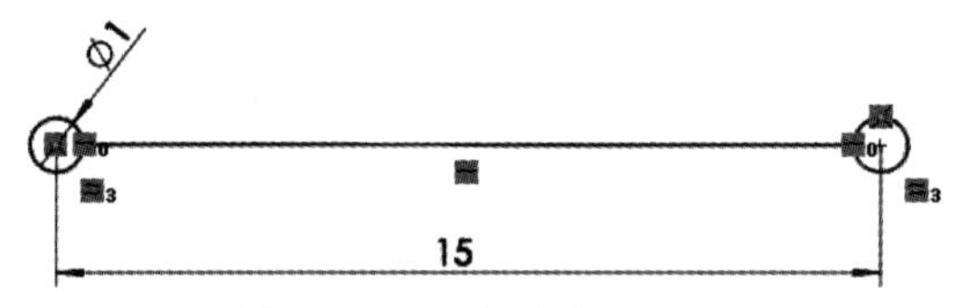

图 2.11.35　液压臂 3 尺寸

完成液压臂 3 草图绘制后，单击【制作块】，【插入点】，选择任一ϕ1 的圆中心点，则完成块 9 的制作。

(10) 铲斗的绘制：利用【直线】、【中心圆】、【3 点圆弧】和【文字】(文字字体为幼圆)，绘制草图，添加相关草图几何约束关系，并标注尺寸，如图 2.11.36 所示。

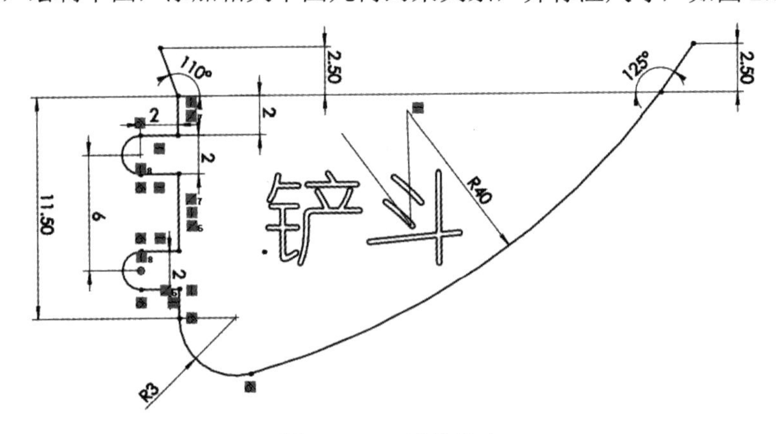

图 2.11.36　铲斗尺寸

完成铲斗草图绘制后，单击【制作块】，【插入点】，选择任一R1 的圆中心点，则完成块 10 的制作。

步骤 4 添加块约束关系。

(1) 将【块 1】的水平线添加【固定】约束，将【块 4】约束【竖直】，并与【块 1】的圆心【使重合】约束，标注尺寸 25，如图 2.11.37 所示。

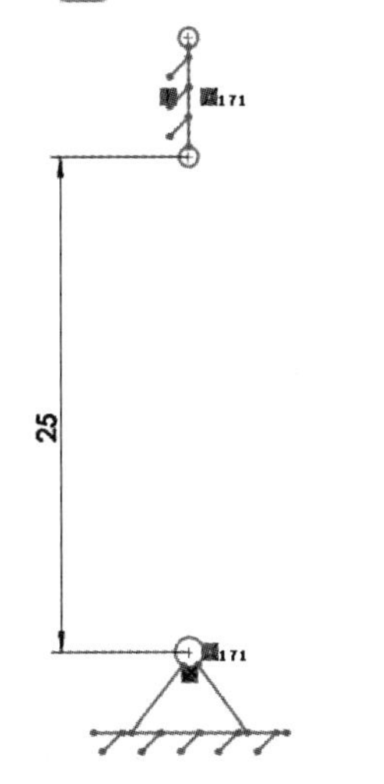

图 2.11.37 约束【块 1】与【块 4】

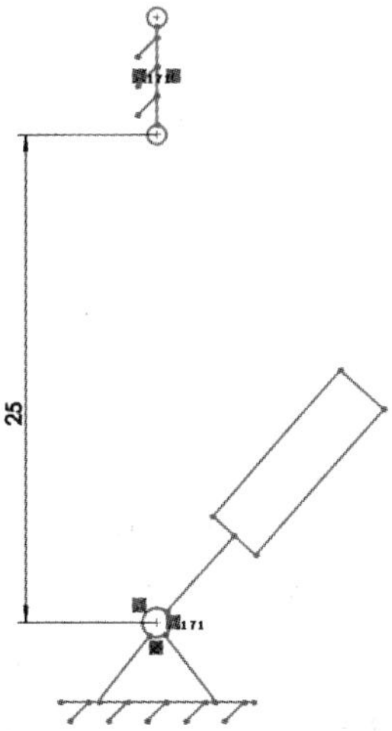

图 2.11.38 约束【块 2】

(2) 将【块 2】与【块 1】的ϕ1.5 的圆的圆心点约束【使重合】，并转动【块 2】至图示大致位置，如图 2.11.38 所示。

(3) 将【块 3】与【块 2】的直线【共线】约束，并移动【块 3】至图示大致位置，如图 2.11.39 所示。

(4) 将【块 5】与【块 4】的ϕ1 的圆的圆心点约束【使重合】，如图 2.11.40 所示。

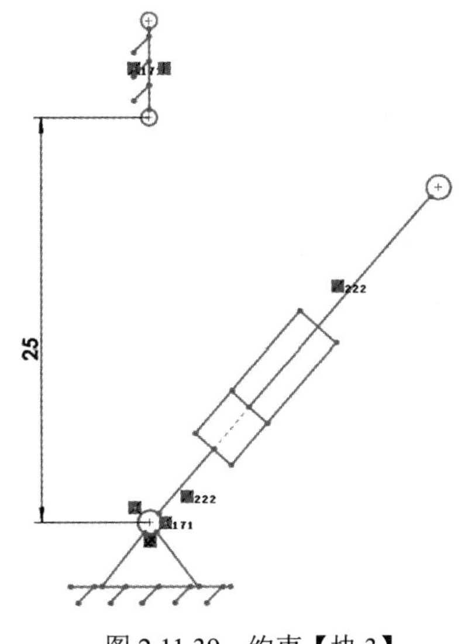

图 2.11.39 约束【块 3】

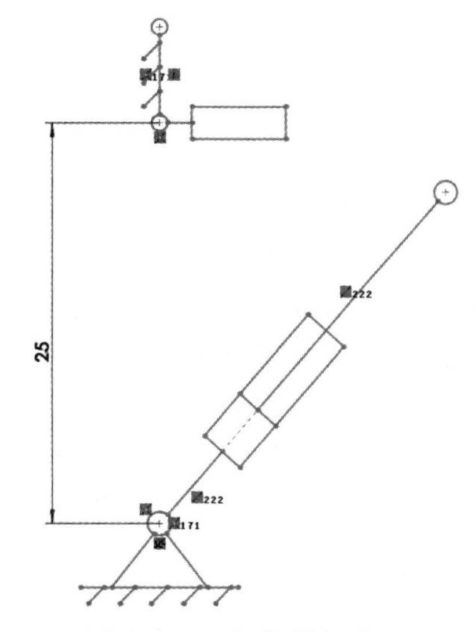

图 2.11.40 约束【块 5】

(5) 将【块 6】与【块 5】的直线【共线】约束，如图 2.11.41 所示。

(6) 将【块 7】与【块 4】的ϕ1 的圆的圆心点【使重合】约束，【块 7】与【块 3】的ϕ1.5 的圆的圆心点【使重合】约束，如图 2.11.42 所示。

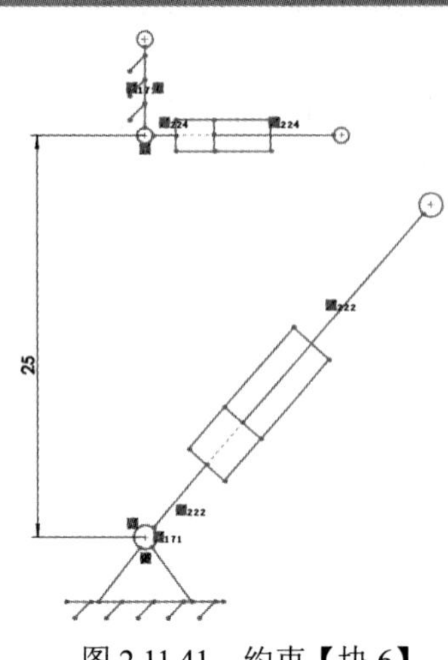

图 2.11.41 约束【块 6】

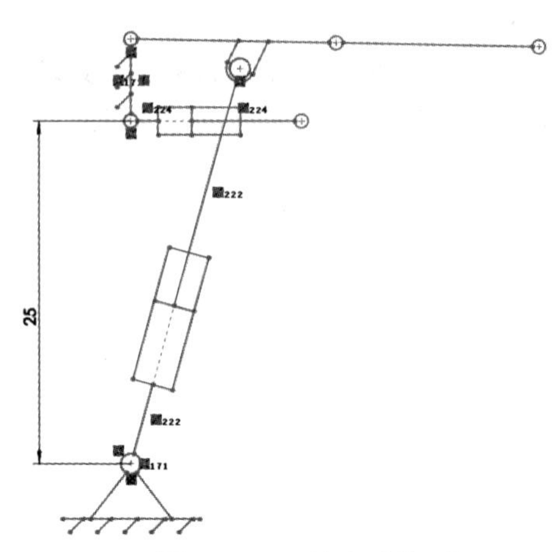

图 2.11.42 约束【块 7】

(7) 将【块 8】与【块 7】的ϕ1 的圆的圆心点【使重合】约束，【块 8】与【块 6】的ϕ1 的圆的圆心点【使重合】约束，如图 2.11.43 所示。

(8) 将【块 9】与【块 8】的ϕ1 的圆的圆心点【使重合】约束，如图 2.11.44 所示。

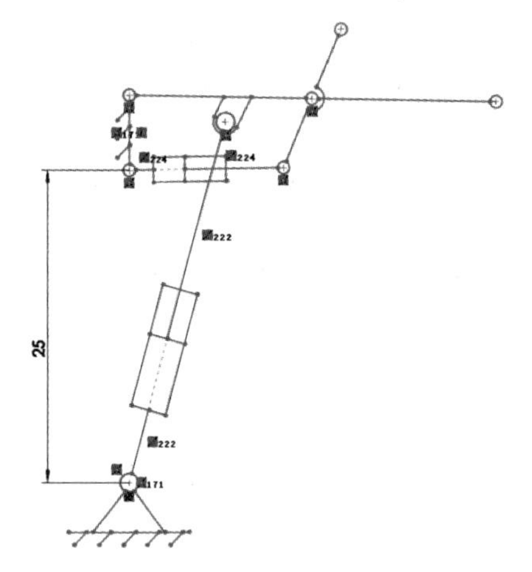

图 2.11.43 约束【块 8】

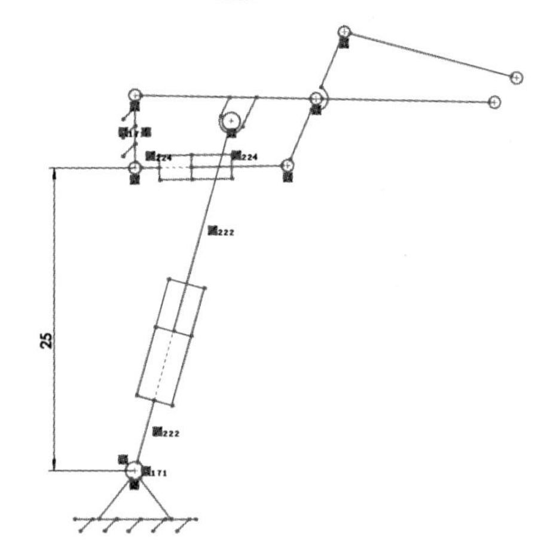

图 2.11.44 约束【块 9】

(9) 将【块 10】与【块 9】的ϕ1 的圆的圆心点【使重合】约束，将【块 10】与【块 7】的ϕ1 的圆的圆心点【使重合】约束，如图 2.11.45 所示。

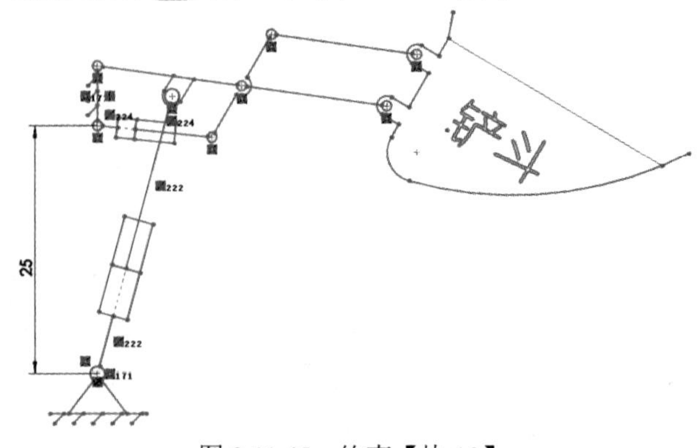

图 2.11.45 约束【块 10】

步骤 5　添加块尺寸，模拟卸料与装料。约束好的块，按住左键拖动即可观察运动原理。如图 2.11.46 所示，关闭【草图几何关系约束】图标，对两对液压缸添加尺寸，分别标注尺寸 5 和 3。如图 2.11.47 和图 2.11.48 所示，修改相应的尺寸值即可观察铲斗的装料和提升。

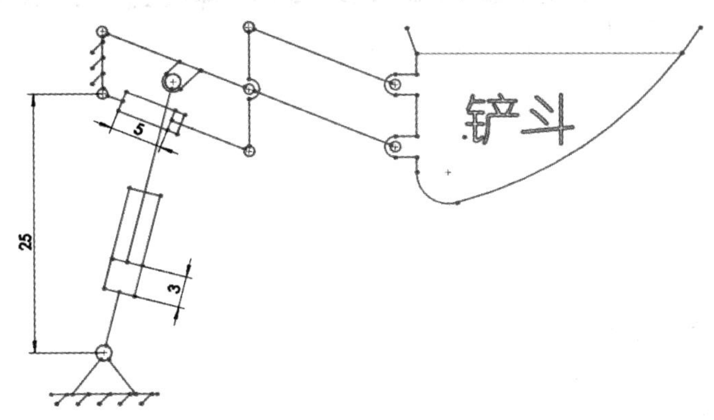

图 2.11.46　添加块尺寸

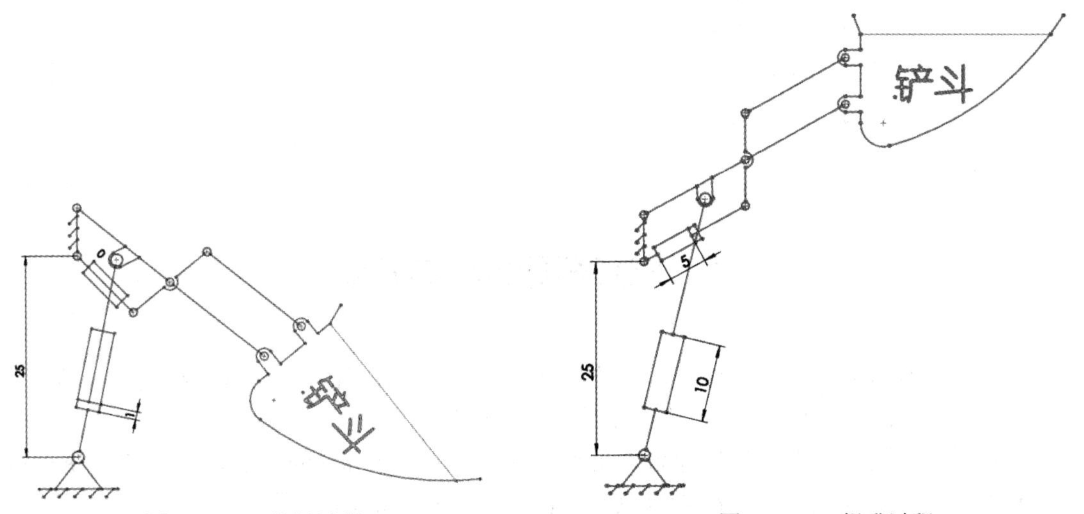

图 2.11.47　装料过程　　图 2.11.48　提升过程

步骤 6　保存文档。单击标准工具栏上的【保存】按钮，选择保存目录并输入名称“装载机原理模拟”，再单击【保存】按钮，保存文件。

第 3 章　SolidWorks 3D 草图的绘制与编辑

本章要点

☑ 3D 草图的基本知识
☑ 3D 草图的进入、退出与编辑
☑ 3D 草图的绘制
☑ 3D 草图的尺寸标注
☑ 3D 草图的几何约束
☑ 3D 草图基准面
☑ 3D 草图绘制实例

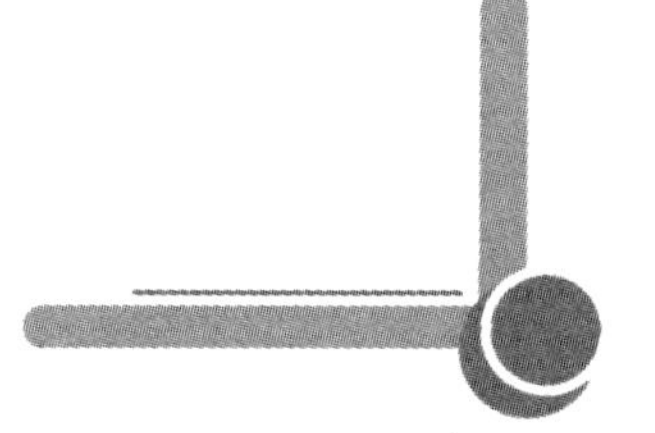

3.1　3D 草图的基本知识

使用 SolidWorks 绘制的 3D(三维)草图，可以用作扫描路径、放样或扫描的引导线等。3D 草图也多用于焊接件、管道、电气电缆系统等的设计中。

3D(三维)草图是三维空间坐标系下绘制的带有三个坐标方向的草图，使用 Tab 键可以切换绘制平面，其绘制方法、编辑以及尺寸标注与 2D 草图基本一致。

3D 草图绘制的工具包括所有圆工具、所有弧工具、所有矩形工具、直线、样条曲线和点。但是 3D 草图不能偏移和阵列。

3.2　3D 草图的进入、退出与编辑

3.2.1　3D 草图的进入

3D 草图的进入方法如下：

- 单击命令管理器上的【草图绘制】→【3D 草图】按钮，如图 3.2.1 所示。
- 单击【插入】→【3D 草图】按钮。

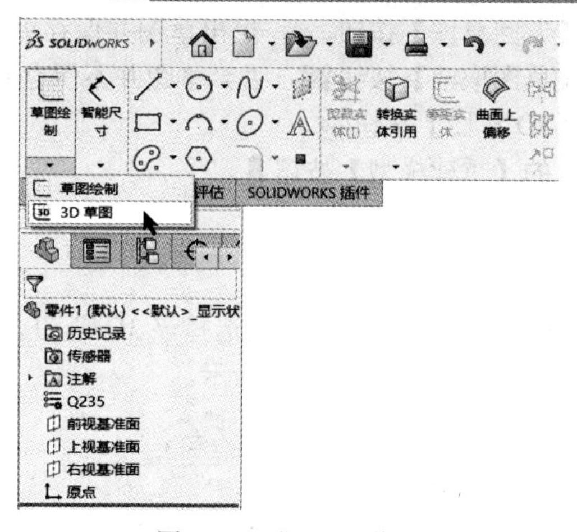

图 3.2.1　进入 3D 草图

进入 3D 草图环境时，不需要选择基准面，如图 3.2.2 所示。

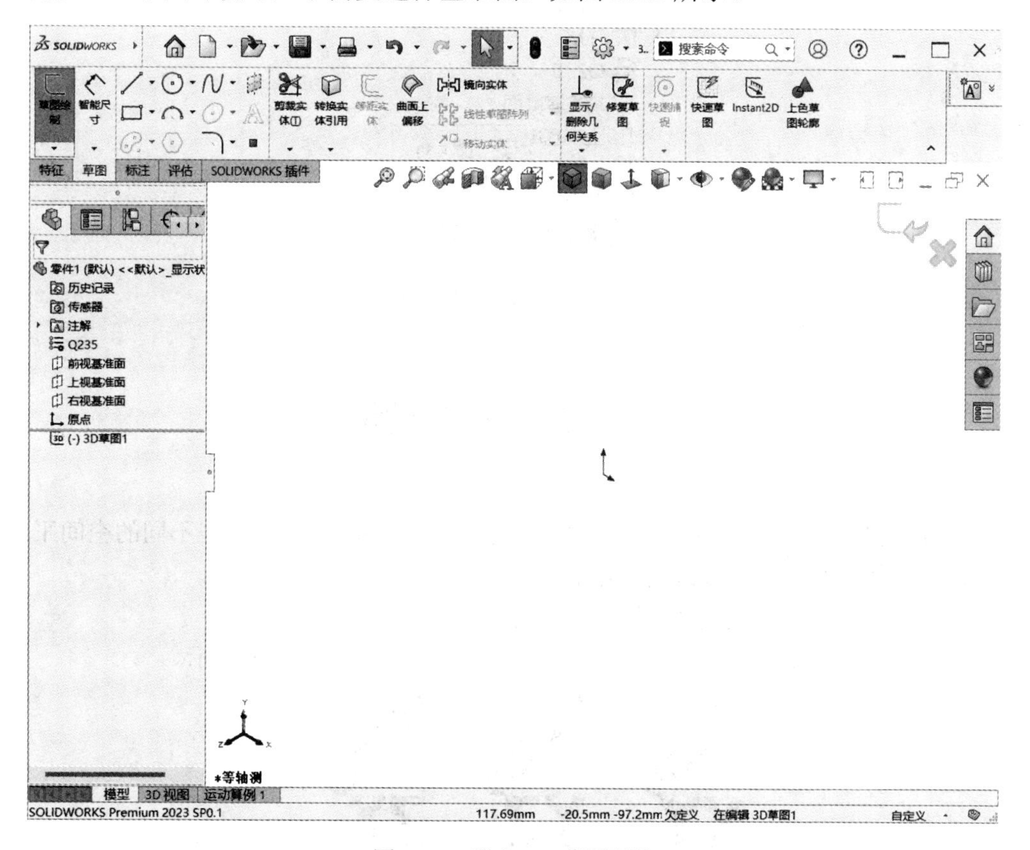

图 3.2.2　进入 3D 草图环境

3.2.2　3D 草图的退出

3D 草图的退出方法如下：

- 单击命令管理器上的【3D 草图】按钮 3D。

- 单击确认角上的【返回草图】按钮，退出草图并保存更改。
- 单击确认角上的【草图取消】按钮，丢弃草图并不保存更改。
- 单击【插入】→【3D 草图】按钮。
- 单击标准工具栏上的【重建模型】按钮。

3.2.3 编辑草图

对于已退出的 3D 草图，若需要再次编辑，则选择该 3D 草图，在关联工具栏上单击【编辑草图】按钮，即可再次进入编辑，如图 3.2.3 所示。

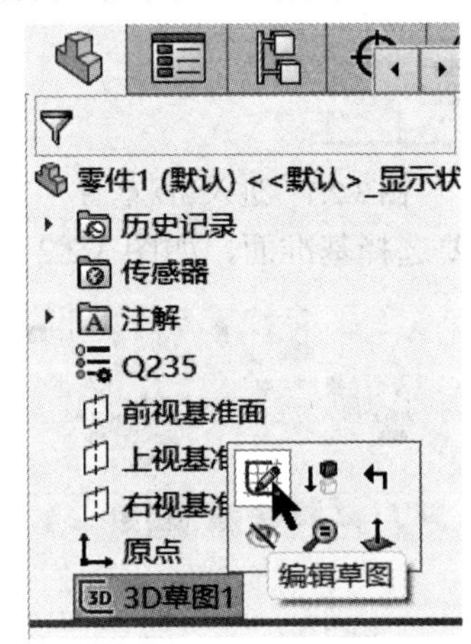

图 3.2.3 编辑 3D 草图

3.3 3D 草图的绘制

3D 草图绘制的方法与 2D 草图绘制方法一致，由于 3D 草图可以在不同的空间平面绘制，所以需要按 Tab 键来选择或切换绘制平面。

下面以绘制直线为例说明 3D 草图的绘制方法。

进入界面，通过单击 Tab 键切换绘制平面，鼠标显示如图 3.3.1 所示。

图 3.3.1 切换绘制平面鼠标的 3 种状态

单击【直线】，将鼠标移至要绘制的起点(原点)上，单击鼠标左键，开始绘制直线，移动鼠标，这时绘图区呈现要绘制的草图实体轮廓预览，按下键盘 Tab 键以切换坐标平面，如图 3.3.2 所示。将鼠标移动至终点时，再次单击鼠标左键，则完成草图实体的绘制。

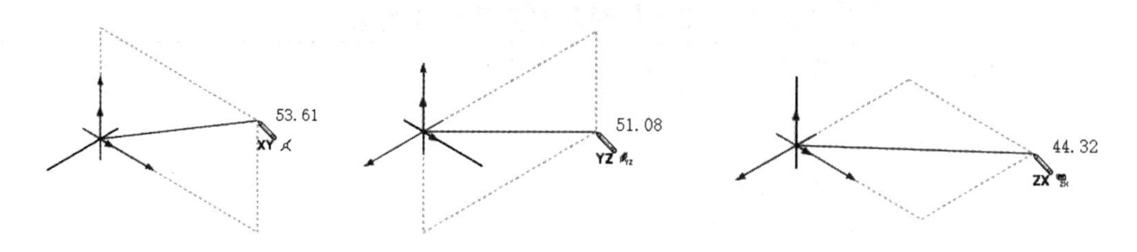

图 3.3.2　3D 草图基准面的 3 种状态

3.4　3D 草图的尺寸标注

3D 草图的尺寸标注与 2D 草图尺寸标注不同的是，3D 草图标注时，大多数情况下是借助已有的基准面来进行的。由于是三维空间，如果选择两个点标注，只能标注两点间的距离，不一定与当前基准面平行；如果选择两异面直线标注，则不能标注，这时就需要借助基准面。

单击【智能尺寸】，对空间一点的标注，需要分别对三个基准面进行标注才能完全定义，如图 3.4.1 所示。两条线的标注和倒角的标注与 2D 相同。

标注尺寸也可以通过按 Tab 键来切换标注的方向。单击【智能尺寸】，选择直线两端点(或直接选择直线)后，按 Tab 键来切换至 X 方向进行标注，如图 3.4.2 所示。除了直接标注直线长度外，还可以切换与 X、Y、Z 轴平行的四个方向，若是不能标注的尺寸方向，则不显示尺寸，如图 3.4.2 中不能标注 Z 方向尺寸。

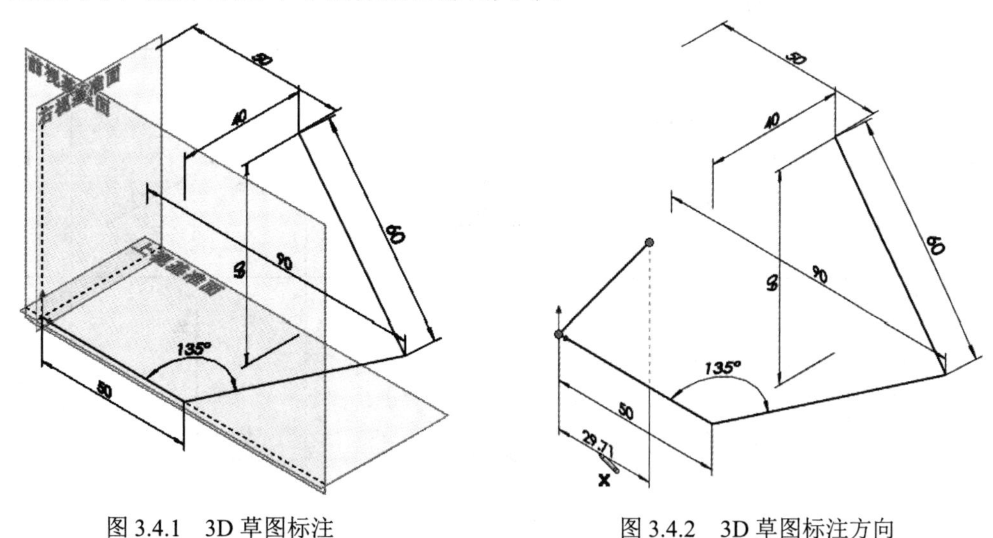

图 3.4.1　3D 草图标注　　　图 3.4.2　3D 草图标注方向

3.5　3D 草图的几何约束

3D 草图除了和 2D 草图具有相同的几何关系外，其他几何关系功能见表 3-1。

表 3-1　3D 草图几何关系尺寸约束

名称	图标	操作方法	约束前	约束后	约束标志
正交		按住 Ctrl 键选择平面和直线，在弹出的关联工具栏或属性管理器中选择【正交】	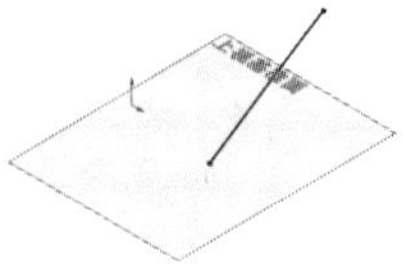	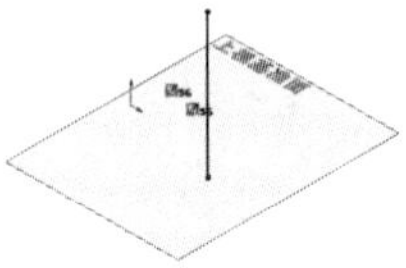	
在平面上		按住 Ctrl 键选择平面和直线，在弹出的关联工具栏或属性管理器中选择【在平面上】	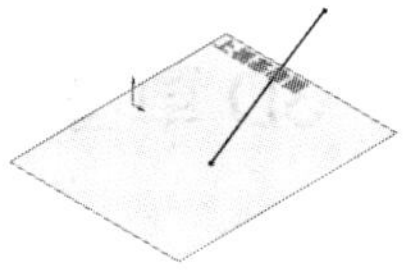	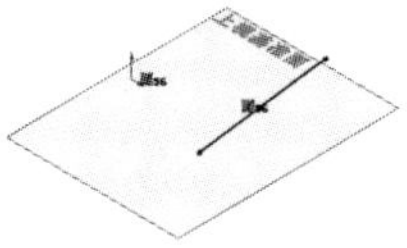	
平行 YZ 平面		按住 Ctrl 键选择平面和直线，在弹出的关联工具栏或属性管理器中选择【平行 YZ 平面】	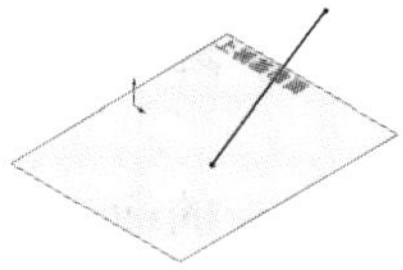	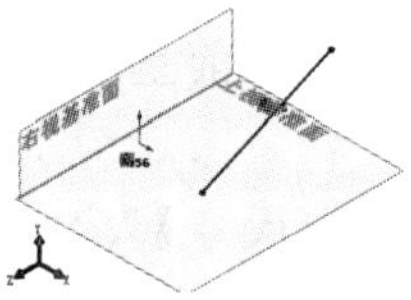	
平行 ZX 平面		按住 Ctrl 键选择平面和直线，在弹出的关联工具栏或属性管理器中选择【平行 ZX 平面】	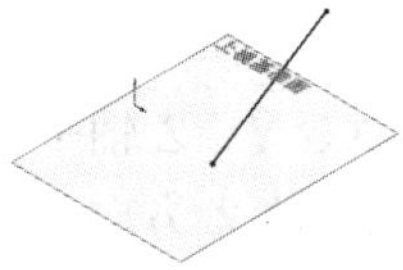	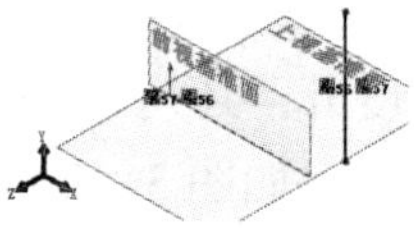	
沿 X 轴		点选直线，在弹出的关联工具栏或属性管理器中选择【沿 X 轴】		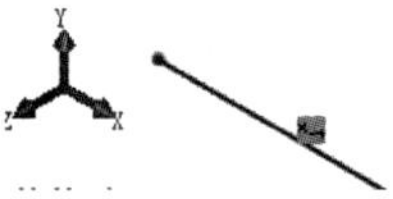	
沿 Y 轴		点选直线，在弹出的关联工具栏或属性管理器中选择【沿 Y 轴】	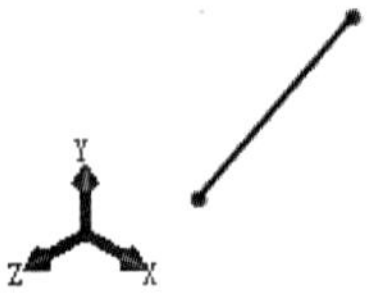		
沿 Z 轴		点选直线，在弹出的关联工具栏或属性管理器中选择【沿 Z 轴】	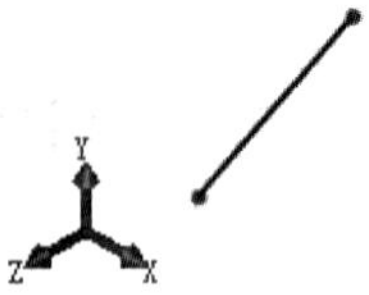	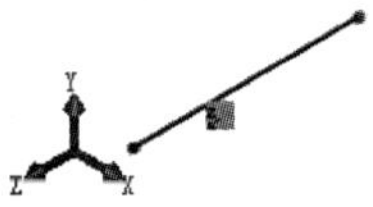	

3.6　3D 草图基准面

在 3D 草图绘制中，应为 3D 草图添加基准面，以便在草图实体之间绘制草图和添加几何关系。添加基准面后，激活该基准面查看其属性和生成的草图。若没有基准面，则空间上的草图实体无法定位和完全约束。

如图 3.6.1 所示，从原点开始绘制三条三个方向的直线，并标注尺寸为 30 × 40 × 50 的长方体。若需要在 40 × 50 的外侧面平面上绘制实体圆，此时就需要建立 3D 草图上的基准面。

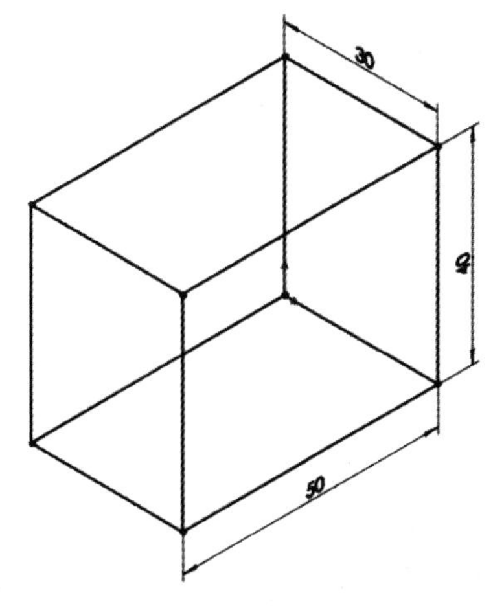

图 3.6.1　绘制 3D 草图

单击【基准面】，在属性管理器中显示了基准面选择需要的参考，如图 3.6.2 所示。默认基准面是与【前视基准面】重合的，若单击【确认】按钮，则将在【前视基准面】上建立基准面，如图 3.6.3 所示。此时的基准面相当于 2D 基准面，只能绘制两个方向的草图。

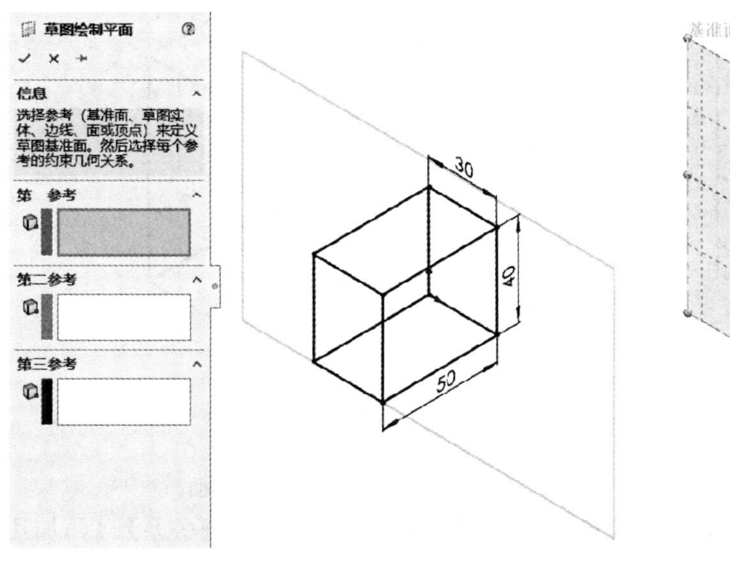

图 3.6.2　添加 3D 草图基准面

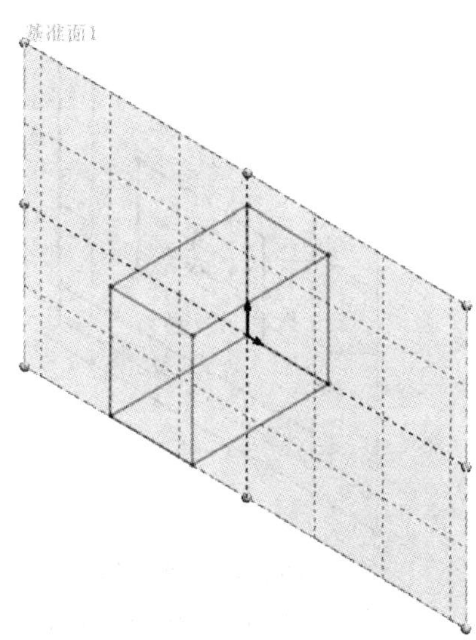

图 3.6.3　添加的基准面

在第一、第二和第三参考中分别选择与长方体外侧的 3 个线条重合，如图 3.6.4 所示。单击【确认】按钮✔，建立基准面，如图 3.6.5 所示。

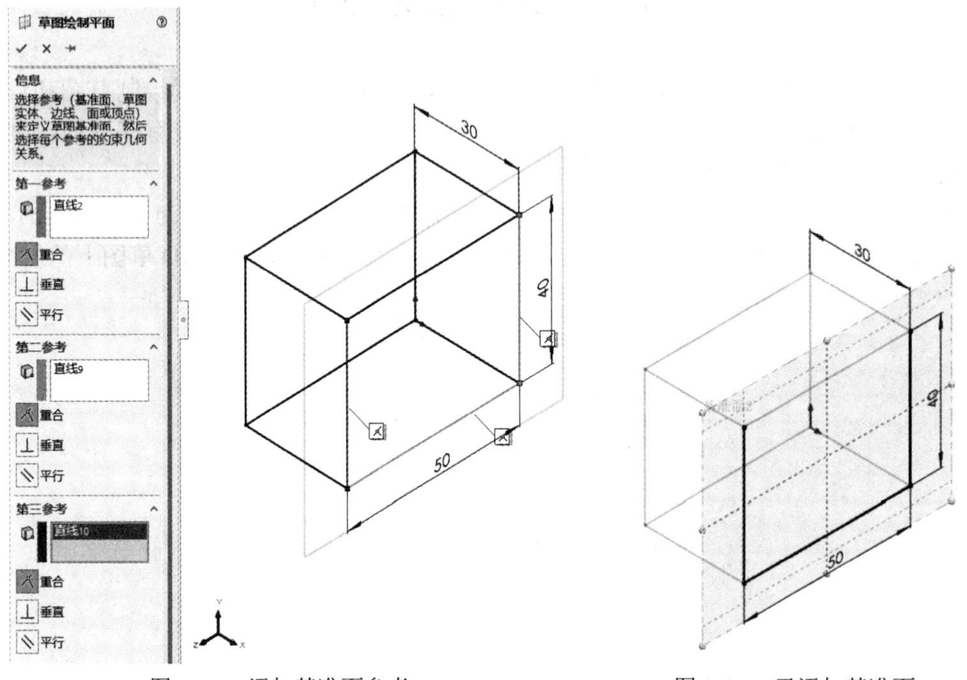

图 3.6.4 添加基准面参考　　　　图 3.6.5 已添加基准面

此时绘制一个【边角矩形】和一个【中心圆】，并标注尺寸，如图 3.6.6 所示。

在没有选择命令的情况下，双击绘图空白处，则退出基准面的绘制，如图 3.6.7 所示。再次双击基准面，即可进入编辑状态。

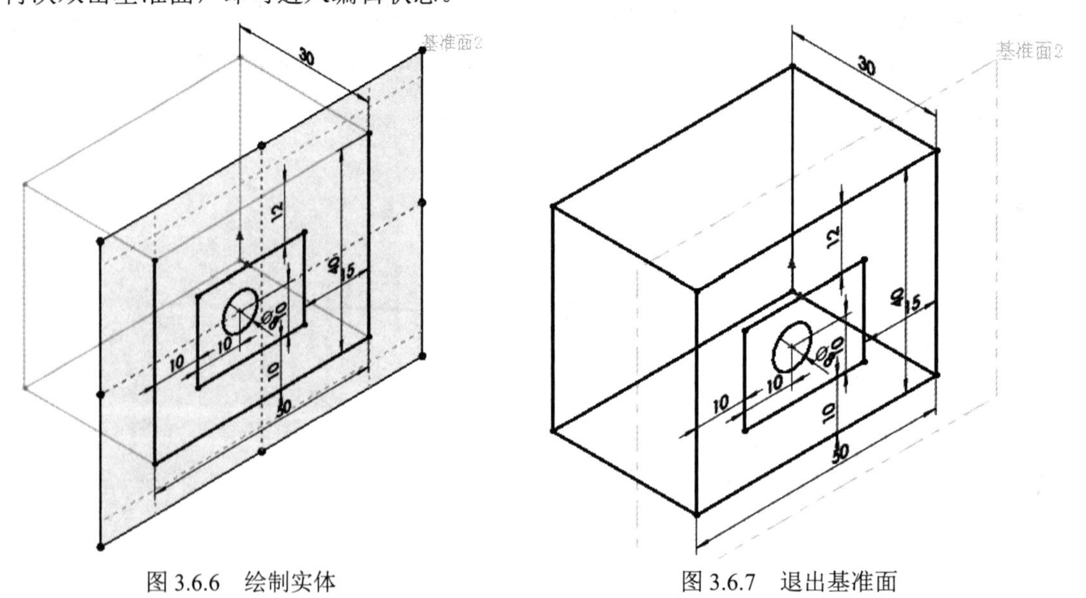

图 3.6.6 绘制实体　　　　图 3.6.7 退出基准面

选择【基准面】，在属性管理器的【基准面属性】中列出了【现有几何关系】、【添加几何关系】和【参数】，如图 3.6.8 所示。

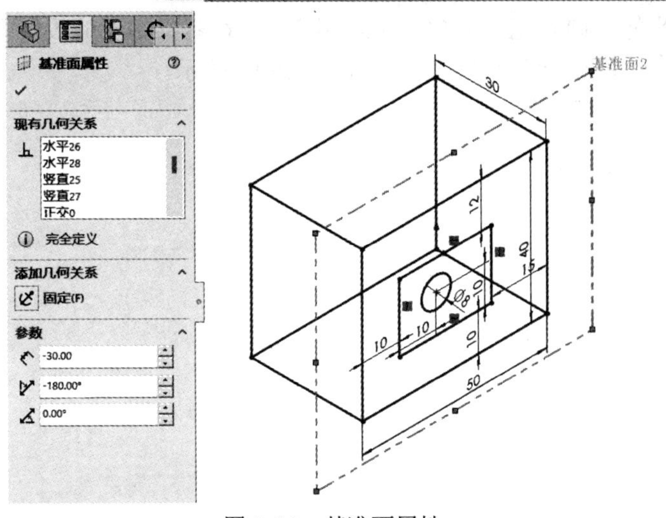

图 3.6.8　基准面属性

各参数说明如下：

◆ 【距离】：显示基准面沿 X、Y 或 Z 方向与草图原点之间的距离。

◆ 【相切径向方向】：控制法线在 X-Y 基准面上的投影与 X 方向之间的角度，角度范围为 -180°～180°，相当于绕 Z 轴旋转，如图 3.6.9 所示。

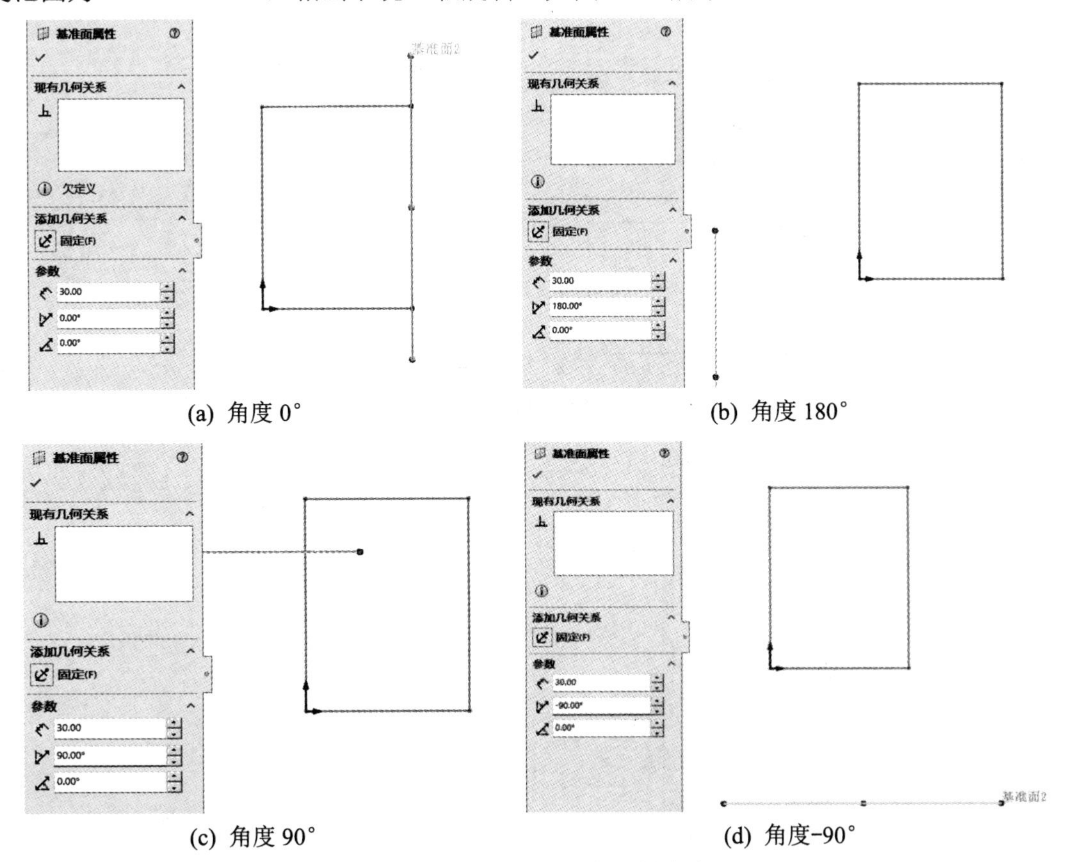

(a) 角度 0°　(b) 角度 180°

(c) 角度 90°　(d) 角度-90°

图 3.6.9　径向方向(绕 Z 轴旋转角度)

◆ 【相切极坐标方向】：控制法线与其在 X-Y 基准面上的投影之间的角度，角度范围为 -90°～90°，相当于绕 Y 轴旋转，如图 3.6.10 所示。

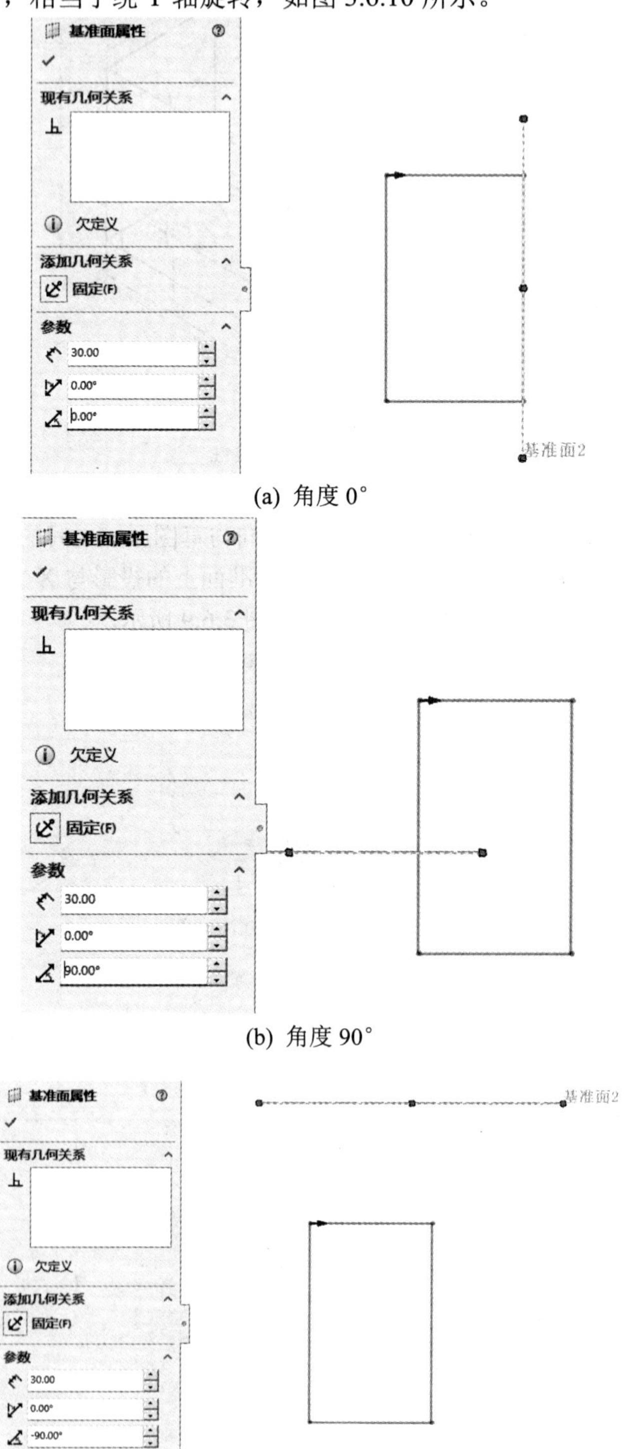

(a) 角度 0°

(b) 角度 90°

(c) 角度-90°

图 3.6.10　极坐标方向(绕 Y 轴旋转角度)

3.7　3D 草图绘制实例

实例 3-1

【实例 3-1】 高低床架实例

绘制如图 3.7.1 所示的高低床架草图实体轮廓，并标注尺寸。

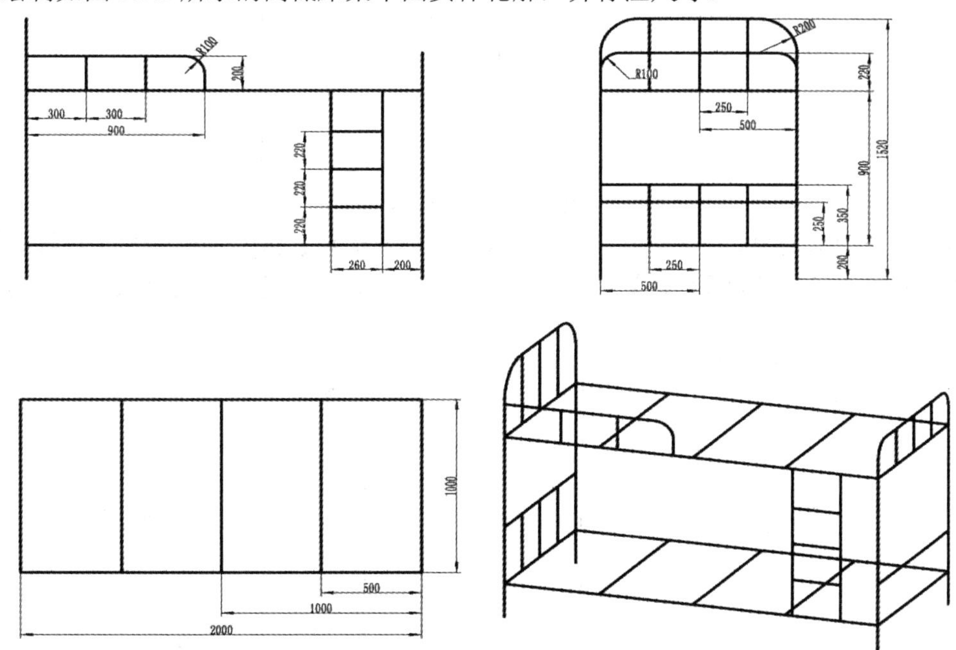

图 3.7.1　高低床架

具体操作步骤如下：

步骤 1　新建零件。单击标准工具栏上的【新建】按钮，在【新建 SOLIDWORKS 文件】对话框中选择建立好的模板【XYZ 零件】作为绘制模板。

步骤 2　进入 3D 草图绘制。单击【3D 草图】按钮，进入 3D 草图绘制环境。

步骤 3　绘制 3D 草图轮廓。

(1) 单击【直线】，按 Tab 键切换绘制平面为 Y-Z 平面。利用【视图定向】或按键盘上的 Ctrl + 4 键，将视图定向为【右视】，如图 3.7.2 所示。从原点开始绘制草图，保持直线捕捉沿 Y 轴方向，如图 3.7.3 所示。

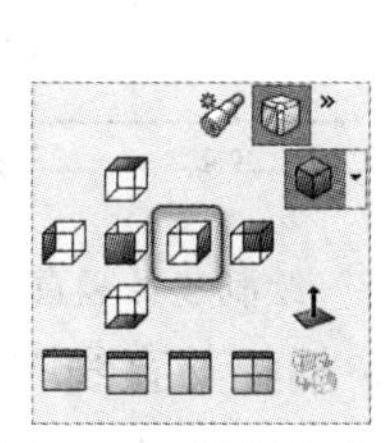

图 3.7.2　视图定向

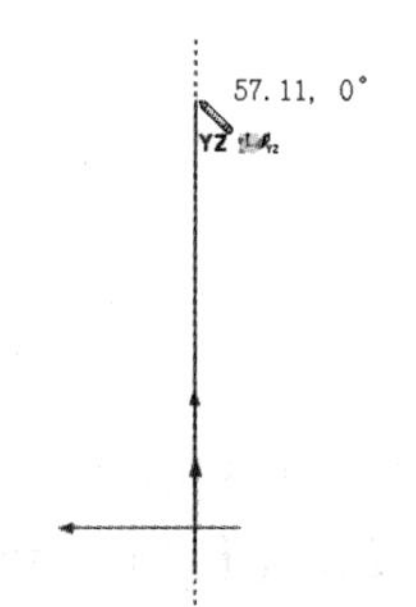

图 3.7.3　捕捉沿 Y 轴方向

绘制圆弧时，先将鼠标移开一段距离，再拉近与端点重合，然后再移开就可以绘制圆弧了，如图 3.7.4 所示。

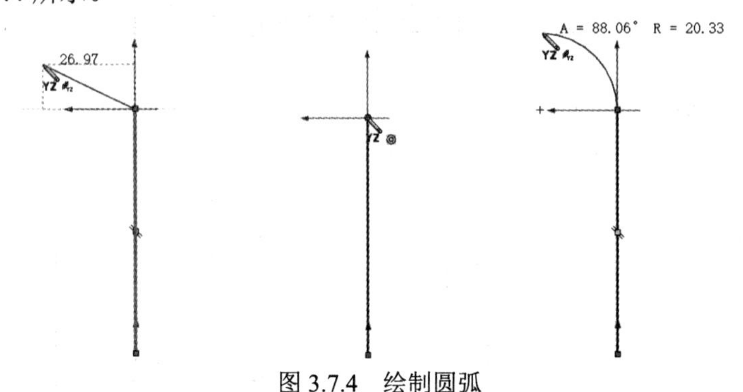

图 3.7.4　绘制圆弧

绘制完成的草图如图 3.7.5 所示。添加【几何约束关系】，两圆弧为【相等】约束，并与相邻边线约束为【相切】，两个端点约束为沿 Z 轴，并标注尺寸，最终如图 3.7.6 所示。

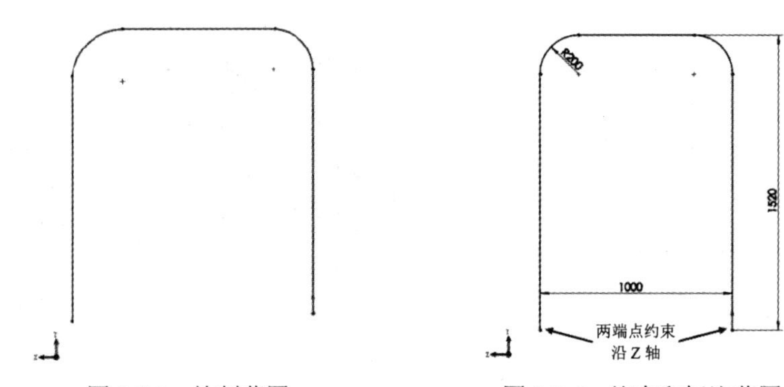

图 3.7.5　绘制草图　　图 3.7.6　约束和标注草图

将视图定向为【等轴测】，使用【直线】，确保绘制平面为 Y-Z 平面。捕捉边线【使重合】，绘制 3 条水平线，并标注尺寸，如图 3.7.7 所示。

使用【直线】，确保绘制平面为 Y-Z 平面。捕捉边线【使重合】，绘制 3 条竖直线，【剪裁】中间多余线条，并标注尺寸，如图 3.7.8 所示。

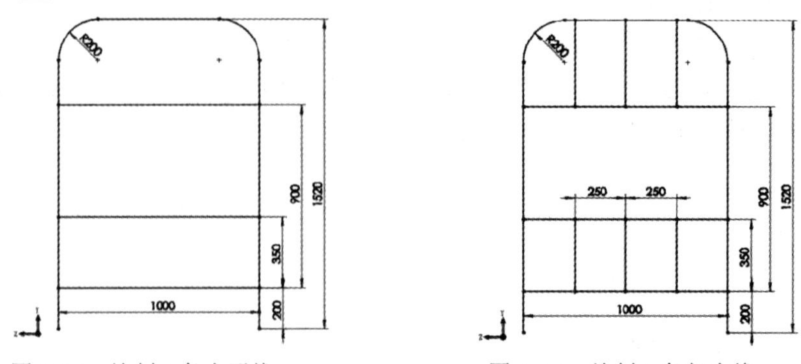

图 3.7.7　绘制 3 条水平线　　图 3.7.8　绘制 3 条竖直线

(2) 再次单击【直线】，确保绘制平面为 Y-Z 平面。捕捉与直线端点【使重合】，绘制 2 条沿 X 轴的直线，约束 2 条直线【相等】，并标注尺寸，如图 3.7.9 所示。

(3) 单击【基准面】，添加参考如图 3.7.10 所示，单击【确认】按钮，即完成 3D 基准面定义。

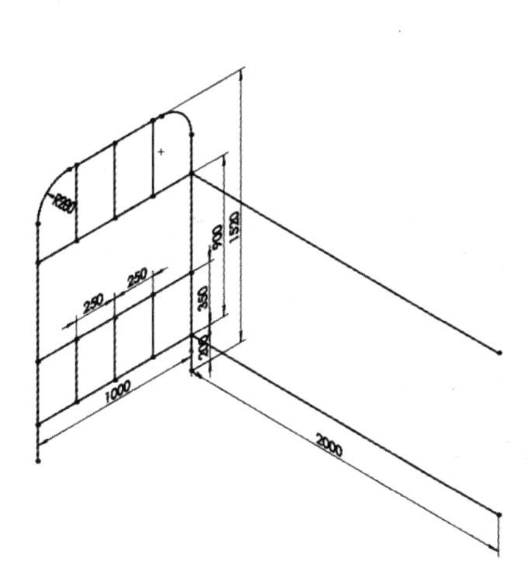

图 3.7.9　绘制 2 条沿 X 轴的直线

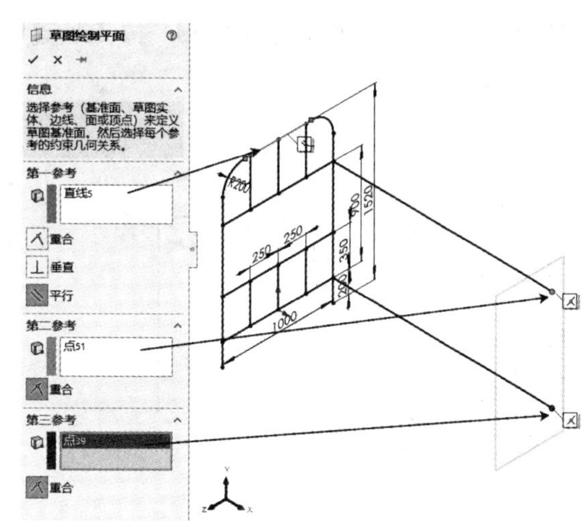

图 3.7.10　添加基准面

将视图定向为【正视于】，单击【转换实体引用】，分别选择如图 3.7.11 所示的线段，单击【确认】按钮，则完成实体转换引用。

按住鼠标中键旋转视图，转换的实体线未能完全定义，如图 3.7.12 所示。

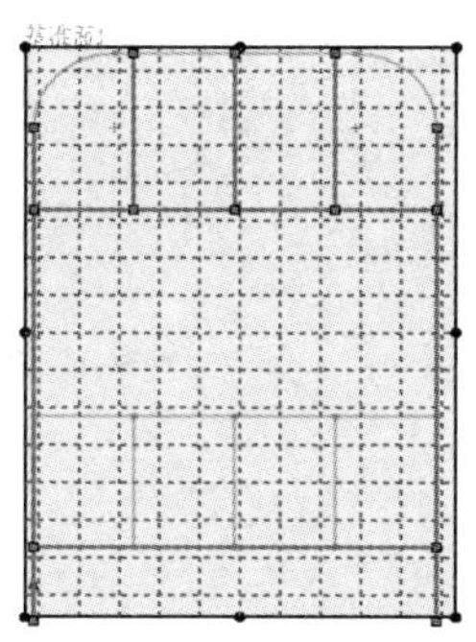

图 3.7.11　实体转换引用

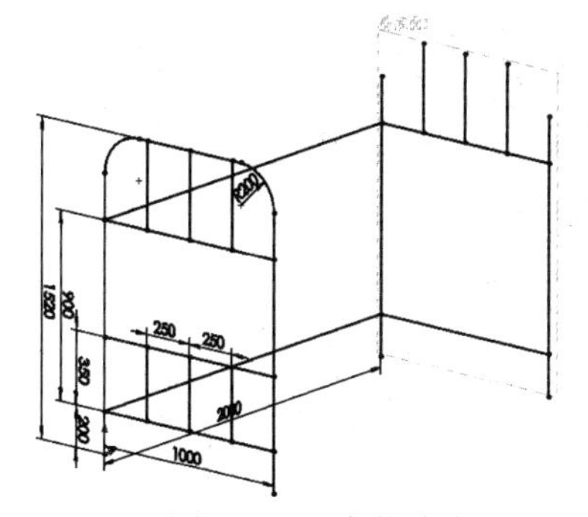

图 3.7.12　实体线未定义

单击【直线】，绘制 3 条连接线，如图 3.7.13 所示。选择两点使用沿 X/Y/Z 轴以及重合等几何约束定义直线，使线段完全定义。

利用【剪裁】，剪裁掉多余的线条，并倒圆角R100、标注尺寸，最终如图 3.7.14 所示。

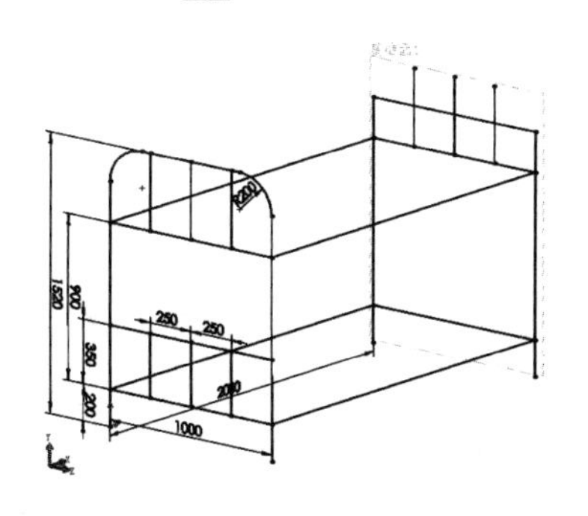

图 3.7.13　绘制连接线并约束

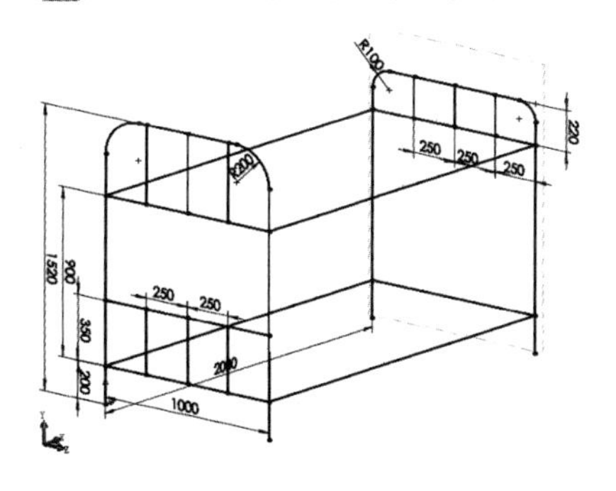

图 3.7.14　剪裁并标注尺寸

(4) 绘制护栏。单击【直线】，按 Tab 键切换平面为 X-Y 平面，绘制线条，倒圆角 R100，并标注尺寸，如图 3.7.15 所示。

(5) 绘制扶梯。单击【直线】，按 Tab 键切换平面为 X-Y 平面，绘制 5 条线条并标注尺寸，如图 3.7.16 所示。

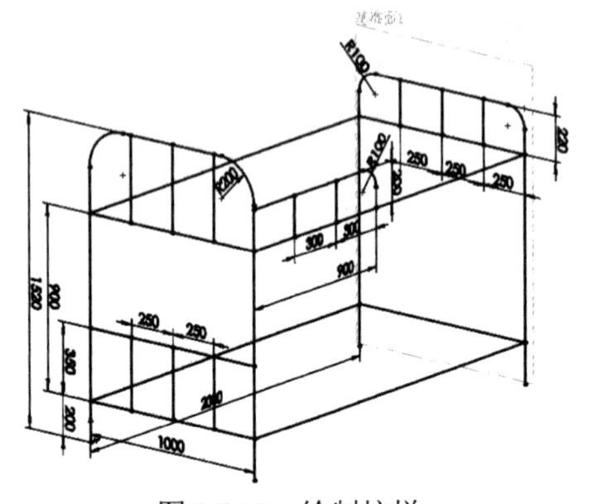

图 3.7.15　绘制护栏

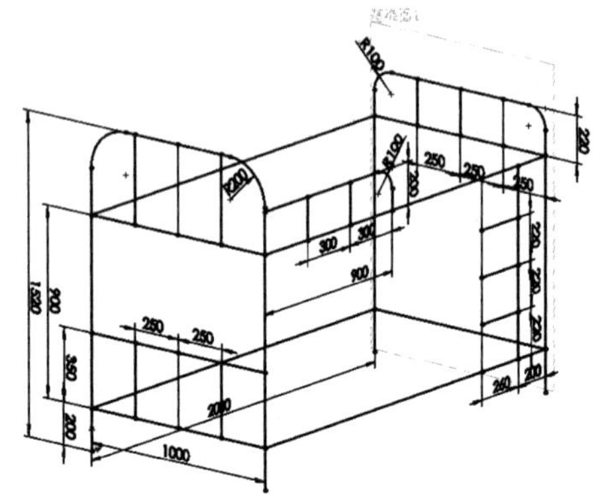

图 3.7.16　绘制扶梯

(6) 补充绘制。单击【直线】，按 Tab 键切换平面为 X-Z 平面，绘制 7 条线条并标注尺寸，如图 3.7.17 所示。单击【3D 草图】，退出 3D 草图环境，结果如图 3.7.18 所示。

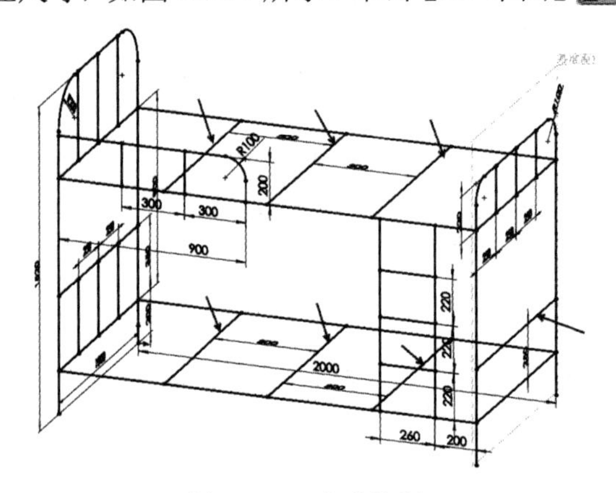

图 3.7.17　完成绘制

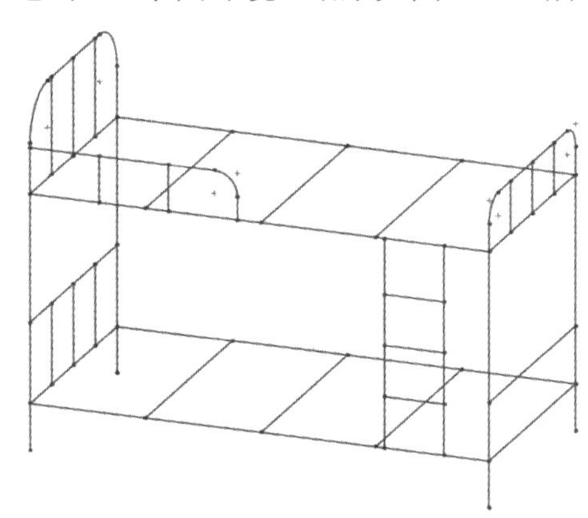

图 3.7.18　退出草图

步骤 4　保存文档。单击标准工具栏上的【保存】按钮，选择保存目录并输入名称“床架”，再单击【保存】按钮，保存文件。

第 4 章　参考几何体(基准特征)的建立

本章要点

☑ 参考几何体的基本知识
☑ 基准面的创建
☑ 基准轴的创建
☑ 基准坐标系的创建
☑ 基准点的创建
☑ 基准特征创建实例

4.1　参考几何体的基本知识

SolidWorks 中建立零件时用到的拉伸、旋转、扫描、放样、圆角倒角、曲面以及参考几何体等每一个独立的元素都称为一个特征。

SolidWorks 2023 的参考几何体(基准特征)主要包括【基准面】、【基准轴】、【坐标系】和【点】，如图 4.1.1 所示。

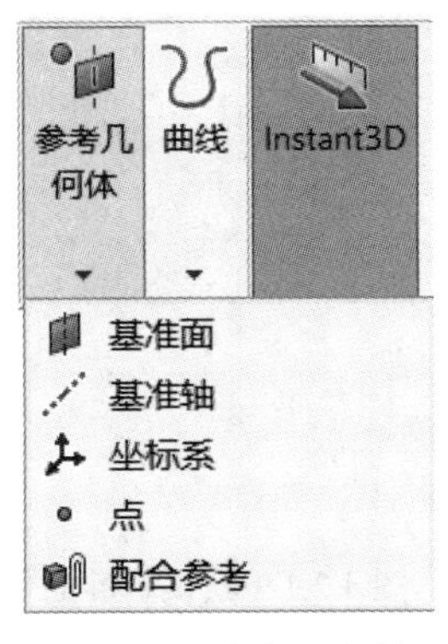

图 4.1.1　参考几何体

◆ 【基准面】主要用于：

(1) 若实体在空间上没有适合的草图绘制平面可供选择，则可创建辅助基准面作为草图绘制平面。

(2) 生成模型的剖面视图。

(3) 镜像特征的镜像面。

(4) 拔模特征的中性面。

(5) 放样和扫描中的辅助平面。

◆ 【基准轴】主要用于：

(1) 圆周阵列的阵列轴。

(2) 装配时的辅助轴。

◆ 基准【坐标系】主要用于：

(1) 测量和质量属性工具。

(2) 输出为第三方格式 IGES、STL、ACIS、STEP、Parasolid、VRML 和 VDA 时选择的参考坐标系。

(3) 应用装配体配合。

◆ 基准【点】可在指定距离的曲线上生成多个参考点，以等分曲线。

4.2 基准面的创建

4.2.1 系统基准面

SolidWorks 系统中默认有 3 个基准面，分别是【前视基准面】、【右视基准面】和【上视基准面】，它们两两垂直且相交于原点，如图 4.2.1 所示。默认的 3 个基准面是隐藏的，选择基准面，在关联工具栏上单击【显示/隐藏】按钮，则可以切换基准面的显示与隐藏。

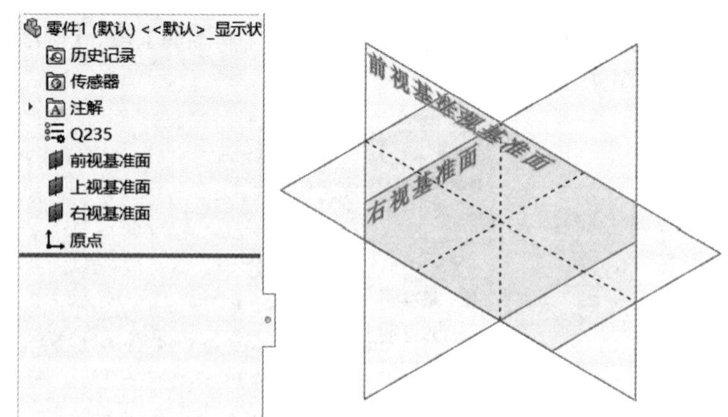

图 4.2.1 默认基准面

4.2.2 创建基准面的方法

单击命令管理器上的【参考几何体】→【基准面】。基准面属性管理器上有 3 个参考，如图 4.2.2 所示。

图 4.2.2　基准面属性

如图 4.2.3 所示,【第一参考】选择一面,【第二参考】选择一中点，建立过中心点的基准面。

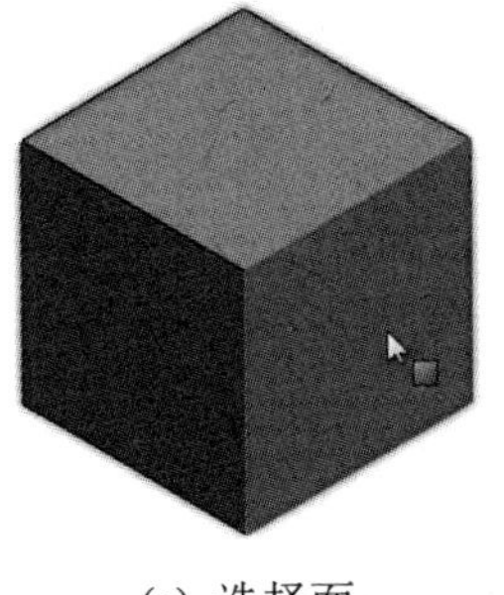

(a) 选择面

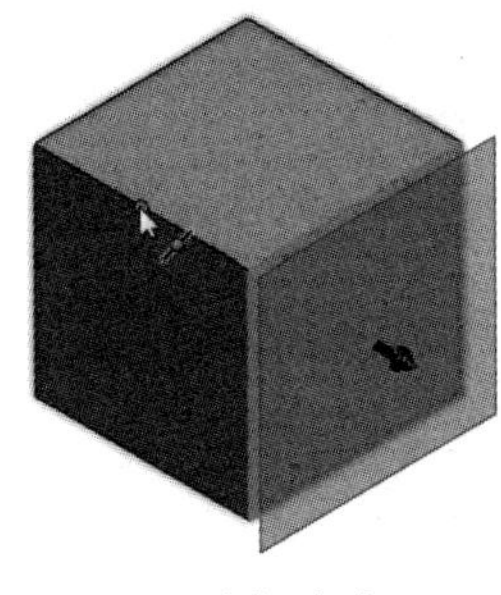

(b) 选择中点

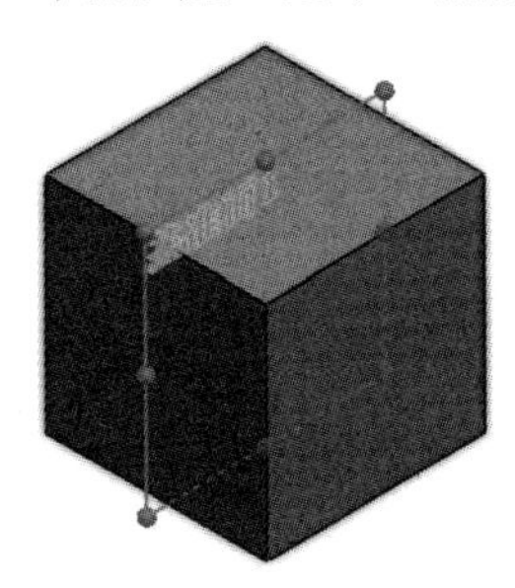

(c) 完成基准面建立

图 4.2.3　建立基准面

若没有三维实体特征供选择或为新建的零件，则选择【前视基准面】(如图 4.2.4 所示),此时 SolidWorks 会根据当前的环境，智能显示当前建立基准面所需要的其他条件或约束，有【平行】、【垂直】、【重合】、【角度】、【距离】等，其中在距离中的【实例数】为建立多个等距的基准面。基准面属性管理器的【信息】栏显示了绿色的【完全定义】，即基准面建立的条件已满足，也就是说基准面的建立必须是【完全定义】的状态。

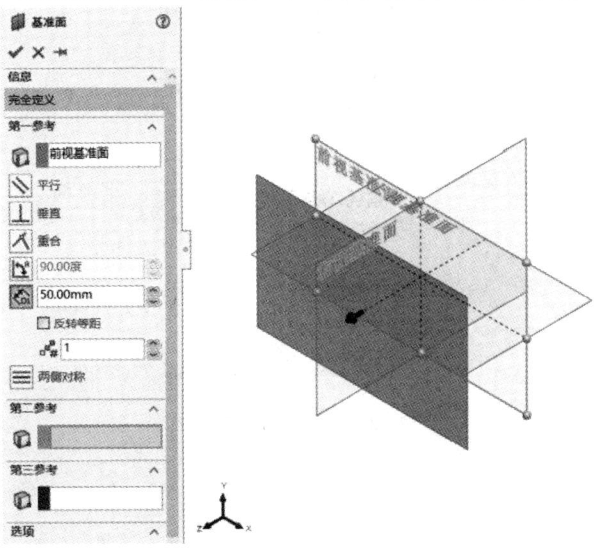

图 4.2.4　建立基准面

4.2.3 快速创建等距基准面

对于已有的基准面，不论是默认的 3 个基准面还是已建立的基准面，将鼠标放于基准面边缘上，出现【移动】指针时，均可按 Ctrl 键，并使用鼠标左键拖动已有的基准面平面，快速建立等距基准面，如图 4.2.5 所示。修改等距【距离】和【实例数】参数，即可完成等距基准面的建立。

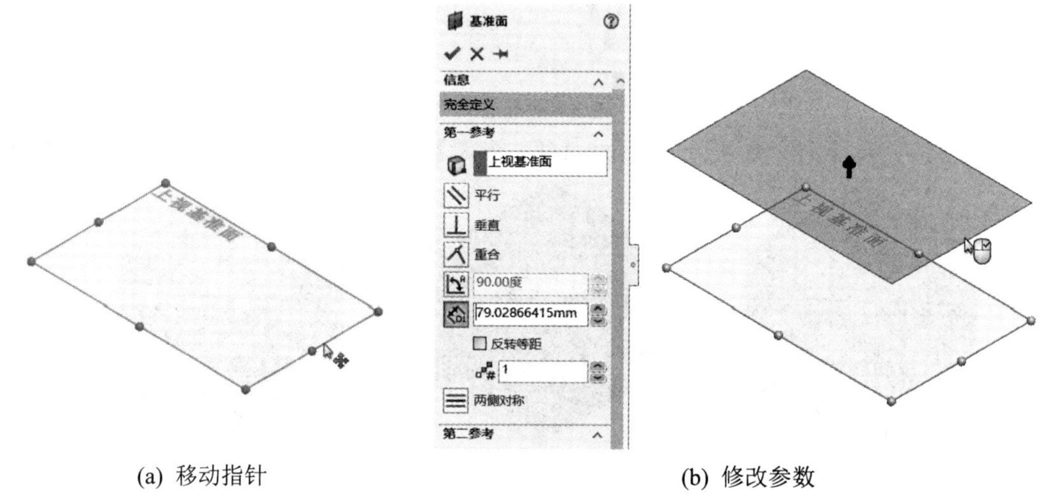

(a) 移动指针 (b) 修改参数

图 4.2.5 建立等距基准面

4.2.4 编辑基准面

对于已建立的基准面，若需要再次编辑修改基准面，则点选该基准面，并在关联工具栏上单击【编辑特征】，进入编辑基准面特征状态，如图 4.2.6 所示。

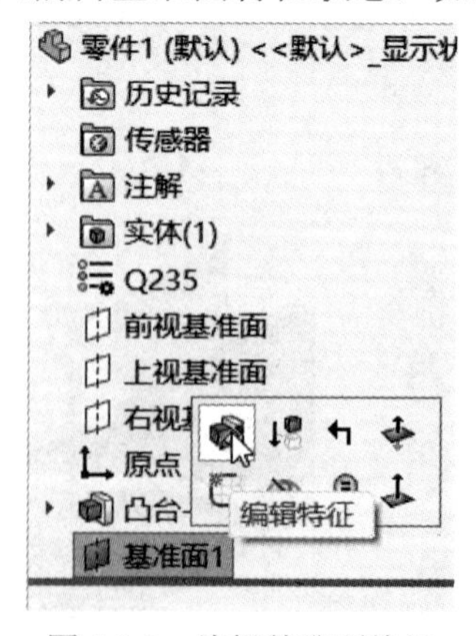

图 4.2.6 编辑基准面特征

4.2.5 常见基准面的创建

常见基准面的建立见表 4-1。

表 4-1　基准面的建立

名称	功能说明	第一参考	第二参考	第三参考	示　例
通过点/线	通过三顶点	【顶点】(重合)	【顶点】(重合)	【顶点】(重合)	
	通过一边线和一顶点	【边线】(重合)	【顶点】(重合)		
平行面和点	通过平行于基准面或面的点	【面】(平行)	【中点】(重合)		
等距距离	通过平行于基准面或面的指定距离的基准面	【面】(偏距距离)			
对称两面	通过平行或垂直两面	【面】(两侧对称)	【面】(两侧对称)		
两面夹角	通过一边线与一面或基准面形成一定夹角	【边线】(重合)	【面】(两面夹角)		

续表

名称	功能说明	第一参考	第二参考	第三参考	示　例
垂直于曲线	通过一点且与曲线垂直	【点】(重合)	草图【曲线】(垂直)		
相切曲面	通过一曲面且与面或基准面垂直	【柱面】(相切)	现有【基准面】(垂直)		
投影	将单个对象(如点、顶点或原点)投影到空间曲面上	【点】(投影)	【面】(相切)		

以上实例文件均在“实例”文件的【第4章】→【4.2】文件夹中。

4.3 基准轴的创建

4.3.1 临时轴的显示

在圆柱、圆锥、球面和孔等特征中都带有【临时轴】，临时轴在阵列特征中可作为阵列轴使用。

选择【视图】→【临时轴】，或单击【视图(前导)】→【显示/隐藏项目】→【临时轴】，打开临时轴显示，如图4.3.1所示。打开零件显示的临时轴，如图4.3.2所示。

打开“实例”文件中的【第4章】→【4.3】→【基准轴】→【临时轴.SLDPRT】文件。

图 4.3.1　打开临时轴

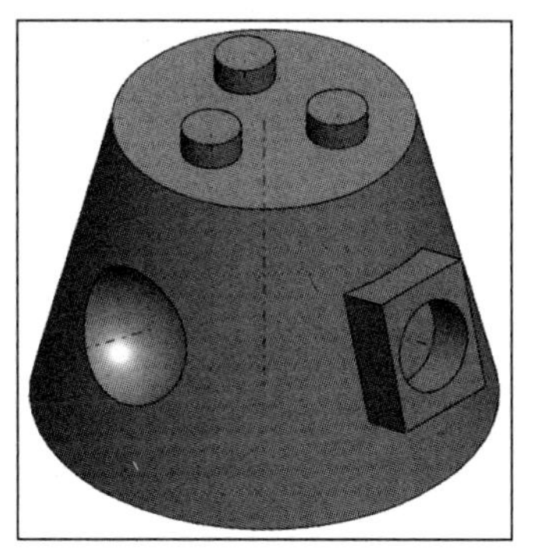

图 4.3.2　显示的临时轴

4.3.2　创建基准轴的方法

单击命令管理器上的【参考几何体】→【基准轴】，在基准轴属性管理器中可以通过 5 种方式创建基准轴，如图 4.3.3 所示。

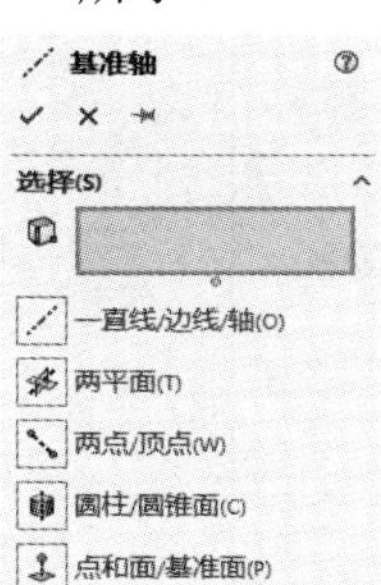

图 4.3.3　建立基准轴

4.3.3　编辑基准轴

对于已建立的基准轴，若需要再次编辑修改基准轴，则点选该基准轴，并在关联工具栏上单击【编辑特征】，进入编辑基准轴特征状态，如图 4.3.4 所示。

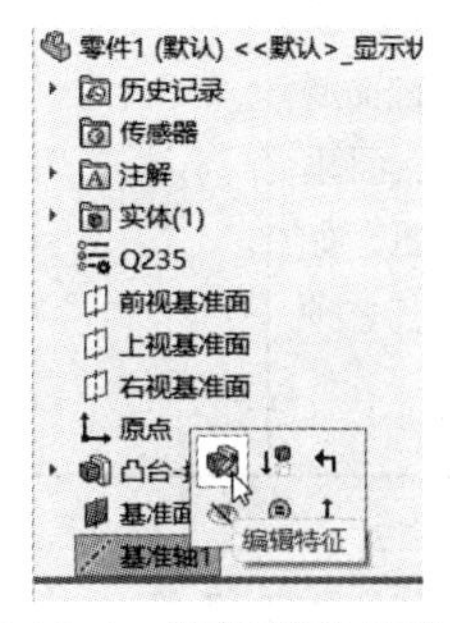

图 4.3.4　编辑基准轴特征

4.3.4 常见基准轴的创建

常见基准轴的建立见表 4-2。

表 4-2 基准轴的建立

名 称	功能说明	图标	示 例
一直线/边线/轴	选择一草图直线、边线或临时轴		
两平面	选择两个平面		
两点/顶点	选择两个顶点、点或中点		
圆柱/圆锥面	选择一圆柱或圆锥面		
点和面/基准面	选择一曲面或基准面及顶点或中点。所产生的轴通过所选顶点、点或中点而垂直于所选曲面或基准面。如果曲面为非平面，则点必须位于曲面上		

以上实例文件均在“实例”文件中的【第 4 章】→【4.3】文件夹中。

4.4　基准坐标系的创建

4.4.1　创建基准坐标系的条件

单击命令管理器上的【参考几何体】→【坐标系】，在图 4.4.1 所示的坐标系属性管理器中选择【原点】，确定【X 轴】X 轴: 、【Y 轴】Y 轴: 或【Z 轴】Z 轴: 中的其中两轴，通过【反向】反转轴的方向。选择的【原点】可以是顶点、中点、草图点或曲线点。选择的轴方向可以是边线、圆柱面与平面等。

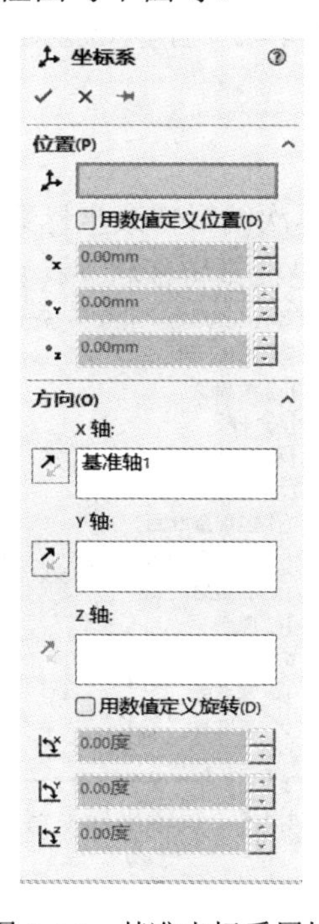

图 4.4.1　基准坐标系属性

4.4.2　创建基准坐标系的方法

打开“实例”文件中的【第 4 章】→【4.4】→【基准坐标系.SLDPRT】文件。

创建基准坐标系的方法如下：

(1) 如图 4.4.2 所示，单击【参考几何体】→【坐标系】，在【原点】选择球面中心草图点，【X 轴】X 轴: 选择边线，【Y 轴】Y 轴: 选择另一边线，单击【确定】按钮，完成创建基准坐标系 1。

(2) 如图 4.4.3 所示，单击【参考几何体】→【坐标系】，在【原点】选择圆柱面中心草图点，【X 轴】X 轴: 选择边线，【Y 轴】Y 轴: 选择圆柱面，单击【确定】按钮，完成创建基准坐标系 2。

(3) 如图 4.4.4 所示，单击【参考几何体】→【坐标系】，在【原点】选择锥孔顶点，【X 轴】X轴: 选择圆柱面，【Z 轴】Z轴: 选择长方体侧面，单击【确定】按钮，完成创建基准坐标系 3。

图 4.4.2 创建基准坐标系 1

图 4.4.3 创建基准坐标系 2

图 4.4.4 创建基准坐标系 3

4.4.3 编辑基准坐标系

对于已建立的坐标系，若需要再次编辑修改坐标系，则点选该坐标系，在关联工具栏上单击【编辑特征】，进入编辑坐标系特征状态，如图 4.4.5 所示。

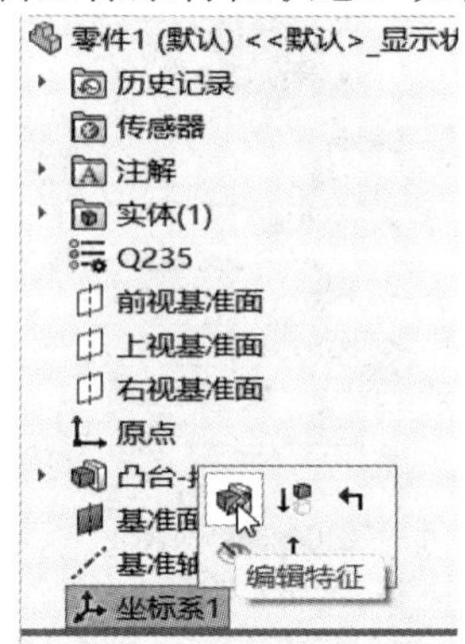

图 4.4.5 编辑坐标系特征

4.5 基准点的创建

4.5.1 基准点的创建方法

利用基准点生成多种类型的参考点来构造对象，还可在已指定的距离上分割曲线生成多个参考点。

单击命令管理器上的【参考几何体】→【基准点】，在点属性管理器中可以通过 5 种方法建立基准点，如图 4.5.1 所示。

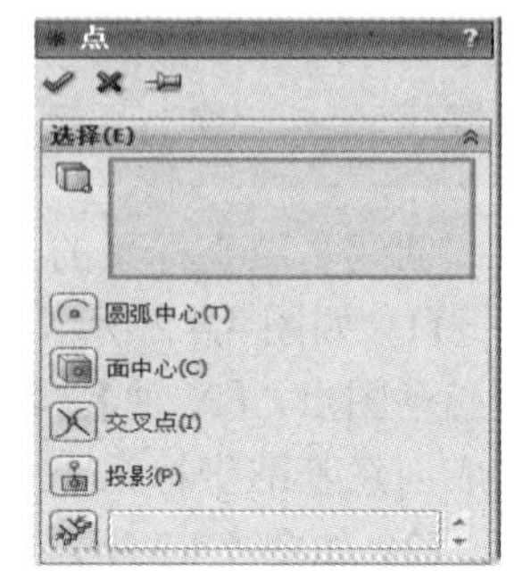

图 4.5.1 点属性管理器

4.5.2 编辑基准点

对于已建立的基准点，若需要再次编辑修改基准点，则点选该基准点，在关联工具栏上单击【编辑特征】，进入编辑基准点特征状态，如图 4.5.2 所示。

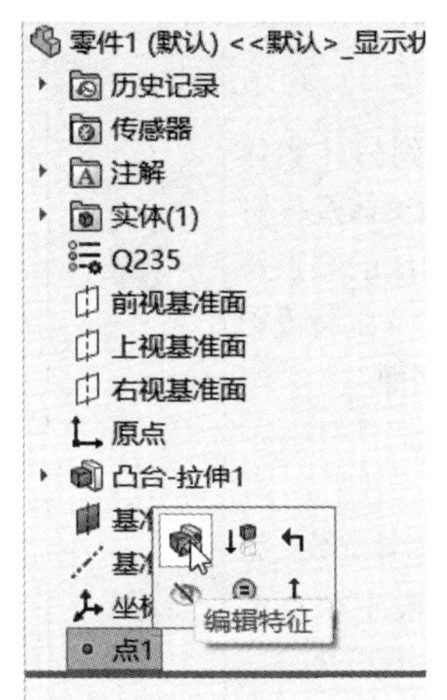

图 4.5.2　编辑基准点特征

4.5.3　常见基准点的创建

常见基准点的建立见表 4-3。

表 4-3　常见基准点的建立

名　称	功能说明	图标	示　例
圆弧中心	在所选圆弧或圆的中心生成参考点		
面中心	在所选面的引力中心生成一参考点。可选择平面或非平面		
交叉点	在两个所选实体的交点处生成一参考点。可选择边线、曲线及草图线段		

续表

名　称		功能说明	图标	示　例
投影		生成从一实体投影到另一实体的参考点。选择投影的实体及投影到的实体。可将点、曲线的端点及草图线段、实体的顶点及曲面投影到基准面和平面或非平面		
沿曲线距离或多个参考点	距离	按设定的距离生成参考点数。第一个点生成是参考线段左端点的位置，而不是直接从端点开始		
	百分比	按设定的百分比生成参考点数。百分比指的是所选实体的长度的百分比。例如，选择一个 100 mm 长的实体，如果将参考点数设定为 5，百分比为 20%，则 5 个参考点将以实体总长度的 20%(或 20 mm)彼此相隔而生成		
	均匀分布	在实体上均匀分布的参考点数。如果编辑参考点数，则参考点将相对于开始端点而更新其位置		

以上实例文件均在“实例”文件中的【第 4 章】→【4.5】文件夹中。

4.6　基准特征创建实例

【实例 4-1】 基准(点、轴、面和坐标系)的创建

创建如图 4.6.1 所示的基准面、基准轴、基准坐标系和基准点。具体要求如下：

【基准点】：位于长方体的底面中心。

【基准轴】：通过基准点且与长方体顶面垂直。

【基准面】：与基准轴重合并与三棱柱(三角形拉伸体)斜边线侧面垂直。

【基准坐标系】：原点位于三棱柱的直角长边线上，Y 轴与基准面垂直，Z 轴与支架凸台边线平行且向下。

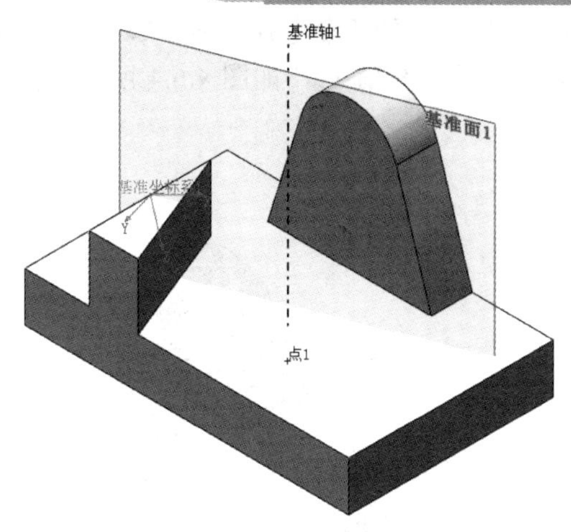

实例 4-1

图 4.6.1　4 种基准特征

创建基准的具体操作步骤如下：

步骤 1　打开零件。单击标准工具栏上的【打开】按钮，依次打开“实例”文件中的【第 4 章】→【4.6】→【基准特征创建(Sample).SLDPRT】文件。

步骤 2　创建基准点。单击命令管理器上的【参考几何体】→【基准点】，按住鼠标中键旋转视图，在【参考实体】中选择长方体底面，如图 4.6.2 所示。再单击【确定】按钮，完成基准点的创建。

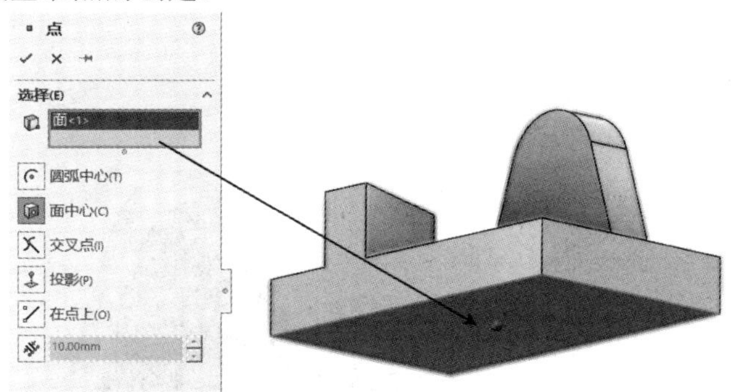

图 4.6.2　创建基准点

步骤 3　创建基准轴。单击命令管理器上的【参考几何体】→【基准轴】，在【参考实体】中选择长方体顶面和创建的【基准点 1】，如图 4.6.3 所示。再单击【确定】按钮，完成基准轴的创建。

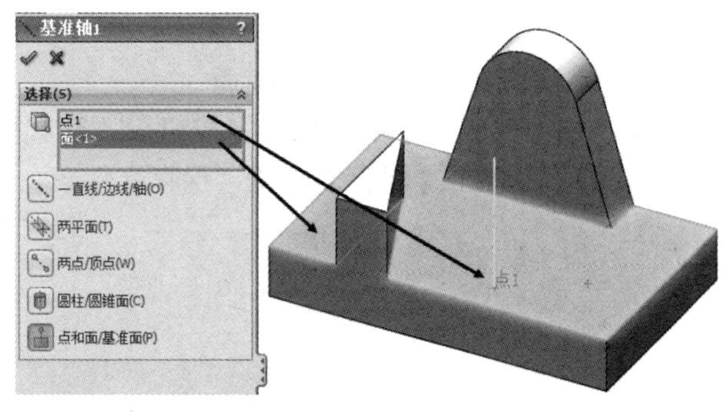

图 4.6.3　创建基准轴

步骤 4　创建基准面。单击命令管理器上的【参考几何体】→【基准面】，在【参考实体】中选择三棱锥侧面和创建的【基准轴 1】，如图 4.6.4 所示。再单击【确定】按钮，完成基准面的创建。

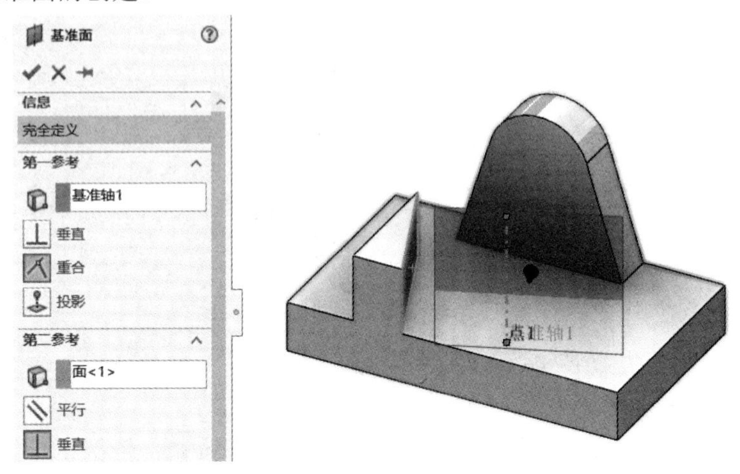

图 4.6.4　创建基准面

步骤 5　创建基准坐标系。单击命令管理器上的【参考几何体】→【坐标系】，在【原点】中选择三棱锥长直角边线，【Y 轴】Y 轴：选择创建的【基准面 1】，并单击【反向】，【Z 轴】Z 轴：选择凸台侧面边线，如图 4.6.5 所示。再单击【确定】按钮，完成基准坐标系的创建。

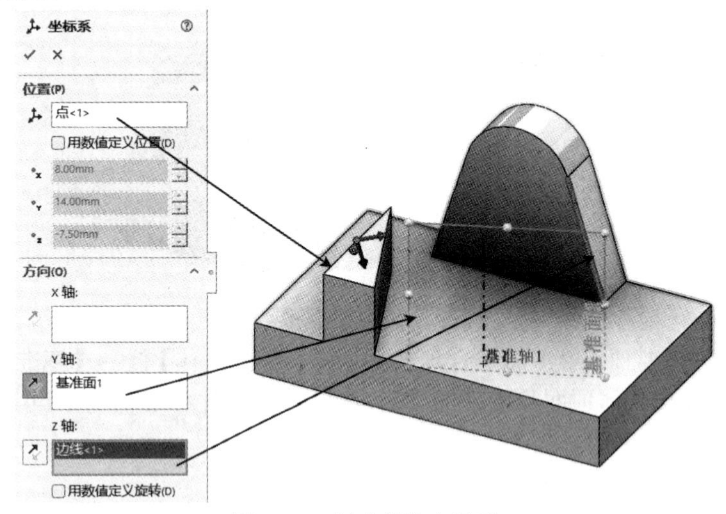

图 4.6.5　创建基准坐标系

步骤 6　保存文档。单击标准工具栏上的【保存】按钮，选择保存目录并输入名称"基准特征创建(Ok).SLDPRT"，再单击【保存】按钮，保存文件。

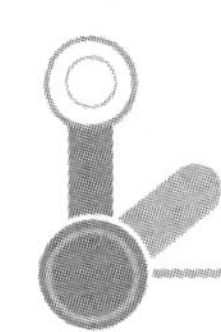

第 5 章　拉伸与旋转特征建模

本章要点

☑ 拉伸特征
☑ Instant3D 拉伸特征
☑ 基于复制草图、派生草图和共享草图的拉伸
☑ 旋转特征
☑ 拉伸、旋转特征应用实例

5.1　拉伸特征

拉伸特征是 SolidWorks 最基础的建模方式。拉伸特征有【拉伸凸台/基体】进行增料和【拉伸切除】进行除料两种方式。切除必须基于事先添加的实体特征。除了拉伸切除为除料外，其余操作和选项与【拉伸凸台/基体】相同。

5.1.1　拉伸特征的方法

1. 无草图拉伸

单击命令管理器特征工具栏上的【拉伸凸台/基体】按钮，提示选择绘制基准面，绘制草图。绘制完成后，进行拉伸特征操作。

2. 有草图拉伸

单击命令管理器特征工具栏上的【拉伸凸台/基体】按钮，选择绘制草图的任一边线，或展开模型树选择草图，然后进行拉伸特征操作，如图 5.1.1 所示。

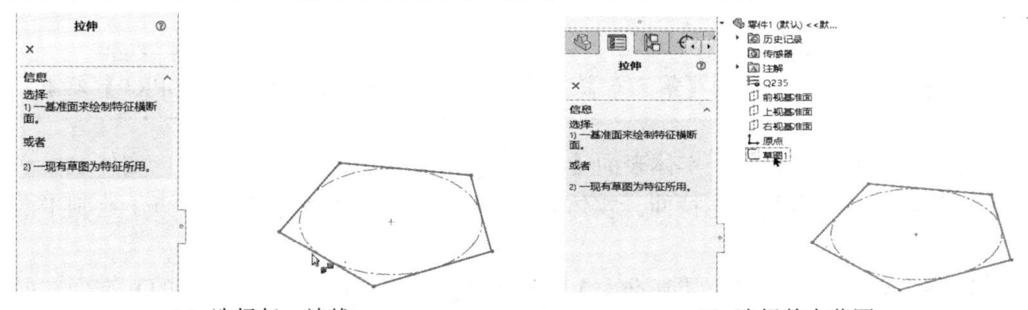

(a) 选择任一边线　　(b) 选择整个草图

图 5.1.1　拉伸方法

5.1.2　拉伸特征属性管理器

拉伸特征的属性管理器中包括【从】、【方向 1】、【方向 2】、【薄壁特征】和【所选轮廓】等 5 个选项，如图 5.1.2 所示。

各参数说明如下：

- 【反向】：切换拉伸的方向。
- 【方向】：选择边线或其他线段作为拉伸的方向。
- 【深度】：输入尺寸值作为拉伸的深度距离。
- 【拔模开/关】：打开后可以设置拔模的角度。
- 【所选轮廓】：选择草图中全部或局部封闭草图轮廓作为拉伸的轮廓。

图 5.1.2　拉伸特征管理器

1. 【从】选项

【从】就是拉伸的起始条件，即从哪里开始。【从】选项有【草图基准面】、【曲面/面/基准面】、【顶点】和【等距】。

- 【草图基准面】：当前绘制草图时的基准面。图 5.1.1 所示即为草图基准面。
- 【曲面/面/基准面】：提示选择一曲面/面/基准面作为拉伸基准面。

如图 5.1.3 所示，选择【曲面-拉伸】作为绘制草图的起始平面。曲面必须大于草图的轮廓面，否则不能拉伸，而且曲面必须与拉伸草图处于法向(与草图平面平行)方向上，距离为与草图垂直时的距离。

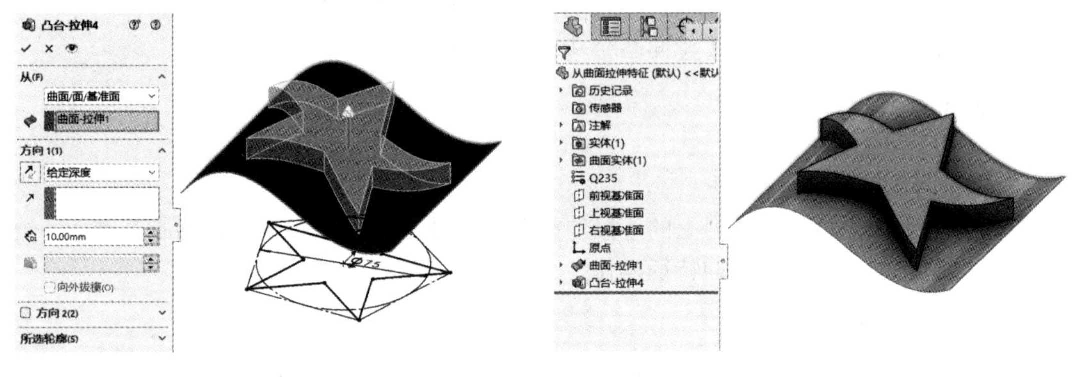

(a) 选择一曲面　　　　(b) 拉伸结果

图 5.1.3　从曲面拉伸特征

打开“实例”文件中的【第 5 章】→【5.1】→【从曲面拉伸特征.SLDPRT】文件。

如图 5.1.4 所示，选择一实体表面【面】作为绘制草图的起始平面。实体表面必须大于草图的轮廓面，否则不能拉伸。实体表面可以是斜面，拉伸高度为垂直于绘制平面方向上的高度。

如图 5.1.5 所示，选择一【基准面】作为绘制草图的起始平面。斜的基准面与原绘制草图平面的交线不能相交于草图上，否则不能拉伸。

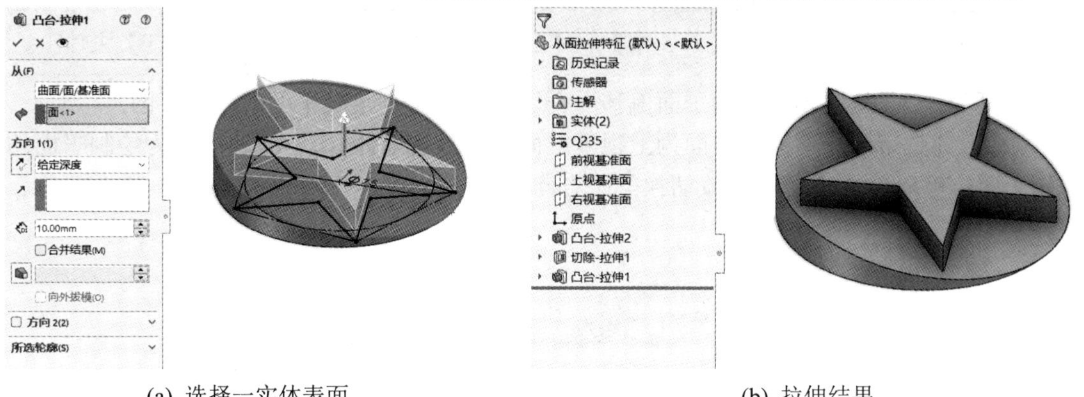

(a) 选择一实体表面　　　　(b) 拉伸结果

图 5.1.4　从面拉伸特征

打开“实例”文件中的【第 5 章】→【5.1】→【从面拉伸特征.SLDPRT】文件。

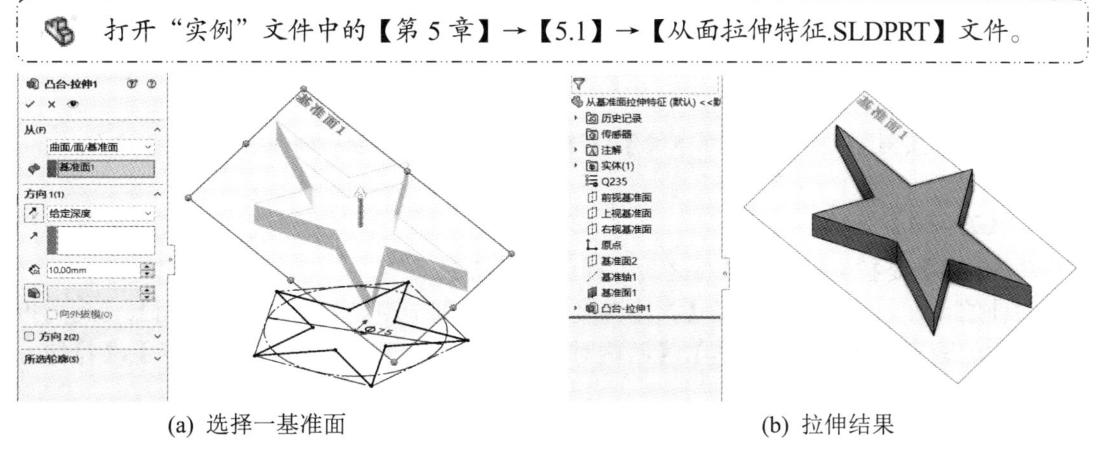

(a) 选择一基准面　　　　(b) 拉伸结果

图 5.1.5　从基准面拉伸特征

打开“实例”文件中的【第 5 章】→【5.1】→【从基准面拉伸特征.SLDPRT】文件。

- 【顶点】：选择一顶点作为绘制平面的起始平面。顶点的类型可以是曲面顶点、实体顶点等。

如图 5.1.6 所示，选择曲面边线【顶点】作为绘制平面的起始平面。

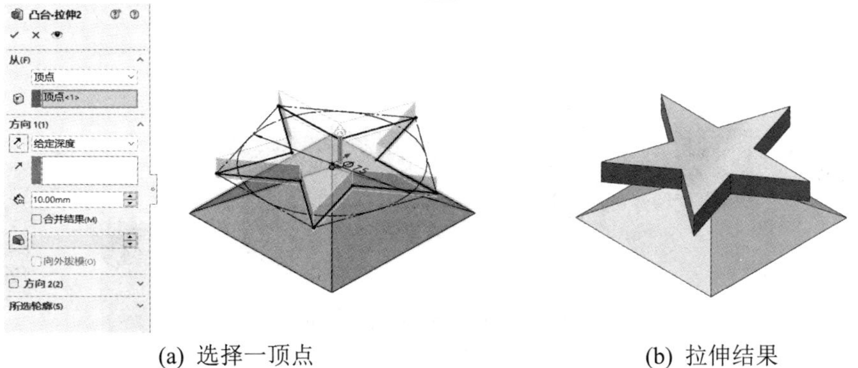

(a) 选择一顶点　　　　(b) 拉伸结果

图 5.1.6　从顶点拉伸特征

> 打开“实例”文件中的【第 5 章】→【5.1】→【从顶点拉伸特征.SLDPRT】文件。

- 【等距】：从绘制的草图平面偏移一个等距距离作为绘制平面的起始平面。

如图 5.1.7 所示，草图基准面为上视基准面，将草图等距 10 mm 距离作为绘制平面的起始平面。可以单击【反向】切换等距方向。

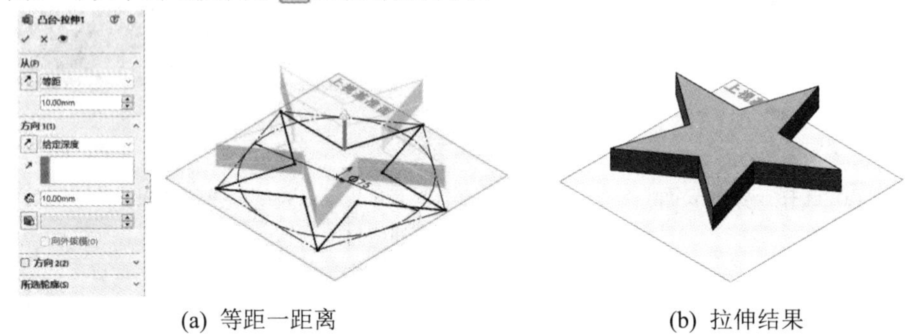

(a) 等距一距离　　(b) 拉伸结果

图 5.1.7　从等距拉伸特征

> 打开“实例”文件中的【第 5 章】→【5.1】→【从等距拉伸特征.SLDPRT】文件。

2. 【方向 1】选项

【方向 1】是拉伸的终止条件之一，即到哪里结束。

拉伸的【方向 1】选项包括【指定深度】、【拉伸到一顶点】、【成形到一面】、【到离指定面指定的距离】、【成形到实体】、【两侧对称】、【成形到下一面】、【完全贯穿】、【拉伸方向】、【拔模开/关】等。

- 【指定深度】：设置一个距离作为拉伸的高度。如图 5.1.8(a)所示，设置拉伸圆柱高度为 35。
- 【拉伸到一顶点】：选择一个顶点作为拉伸的结束条件，如图 5.1.8(b)所示。
- 【成形到一面】：选择一个面/曲面作为拉伸的结束条件，如图 5.1.8(c)所示。
- 【到离指定面指定的距离】：选择一个面，并设置与此面偏移的距离。如图 5.1.8(d)所示，设置指定面与长方体上表面的距离为 10。
- 【成形到实体】：选择一个实体(事先存在的)，如图 5.1.8(e)所示。

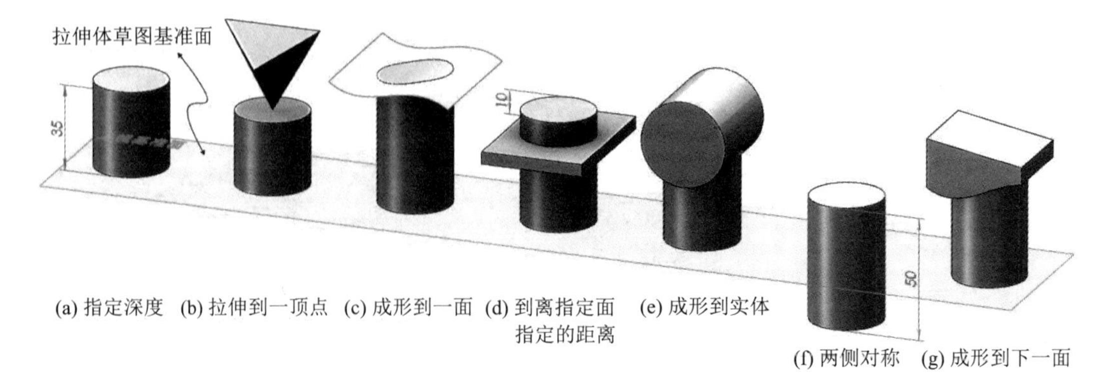

(a) 指定深度　(b) 拉伸到一顶点　(c) 成形到一面　(d) 到离指定面指定的距离　(e) 成形到实体　(f) 两侧对称　(g) 成形到下一面

图 5.1.8　【方向 1】拉伸特征

- 【两侧对称】：设置的距离为与基准面对称两边(正向和负向)的距离。如图 5.1.8(f)所示，设置两侧对称拉伸 50。
- 【成形到下一面】：成形到离最近的一面(若有多个面存在时)，如图 5.1.8(g)所示。

> 打开“实例”文件中的【第 5 章】→【5.1】→【方向 1 拉伸.SLDPRT】文件。

- 【完全贯穿】：贯穿于整个实体(事先存在的)，包括其最远边缘，如图 5.1.9 所示。

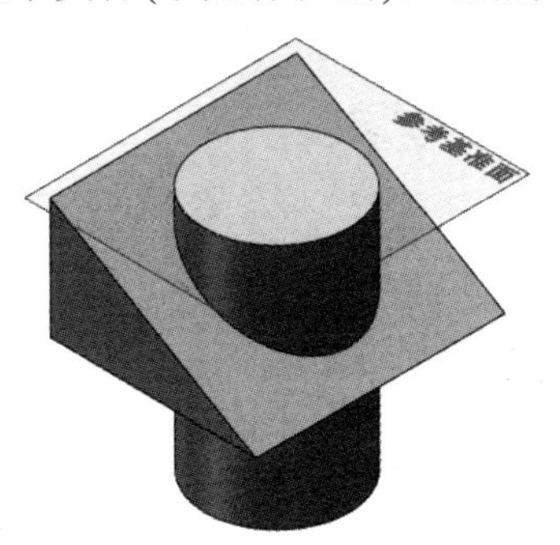

图 5.1.9 【完全贯穿】拉伸

选择【完全贯穿】，即可将三棱锥(五面体)贯穿到对应的参考基准面上，即三棱锥顶边边线对应的平面上。

> 打开“实例”文件中的【第 5 章】→【5.1】→【完全贯穿拉伸.SLDPRT】文件。

- 【拉伸方向】：拉伸方向可以是绘制的直线、实体边线等。若不选择此项，则默认为垂直草图绘制平面。图 5.1.10 所示为绘制的直线草图作为拉伸方向。

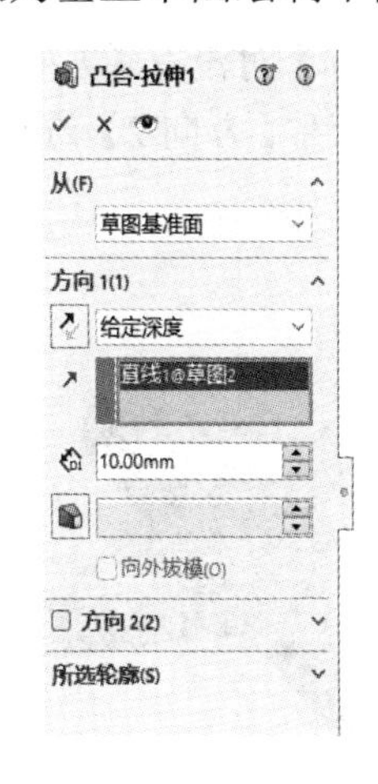

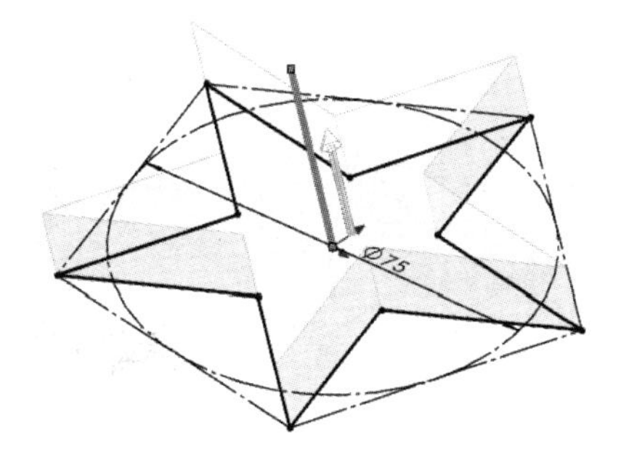

(a) 选择拉伸方向　　(b) 拉伸结果

图 5.1.10　有拉伸方向的拉伸特征

> 打开“实例”文件中的【第 5 章】→【5.1】→【有拉伸方向的拉伸.SLDPRT】文件。

- 【拔模开/关】：以草图平面为中性面对拉伸模型进行拔模。如图 5.1.11 所示，单击【拔模开/关】按钮，输入角度生成五角星，勾选【向外拔模】可以更改拔模的方向。

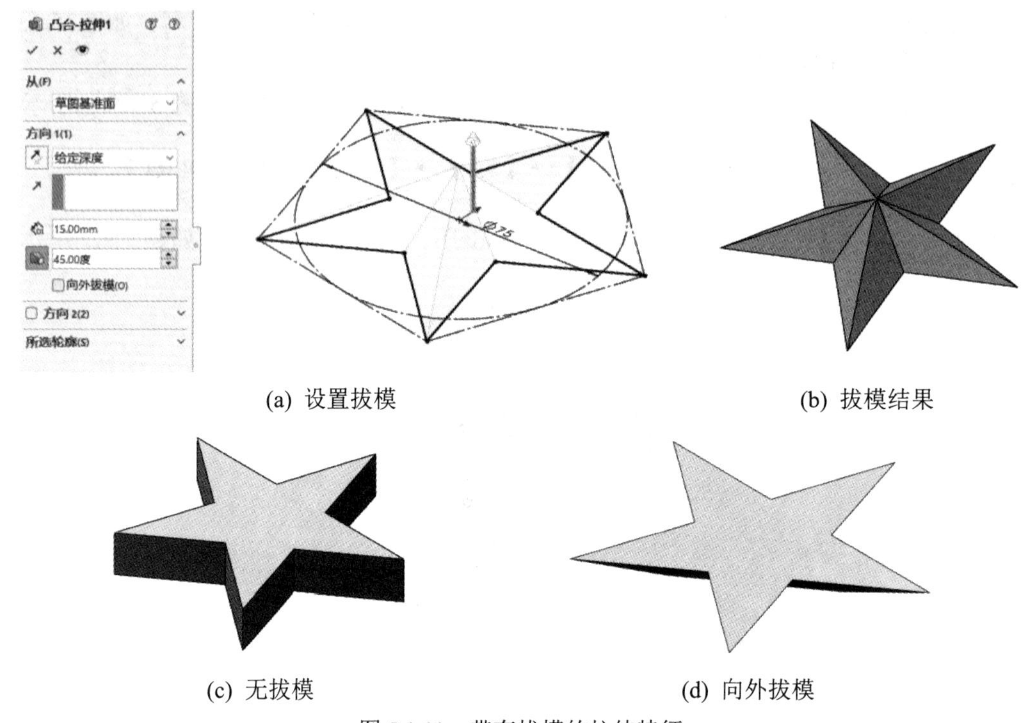

(a) 设置拔模　　(b) 拔模结果

(c) 无拔模　　(d) 向外拔模

图 5.1.11　带有拔模的拉伸特征

打开“实例”文件中的【第 5 章】→【5.1】→【拔模拉伸.SLDPRT】文件。

3.【方向 2】选项

【方向 2】与【方向 1】的方向相反，除了【方向 1】选择【两侧对称】时没有【方向 2】选项，其他选项都相同。如图 5.1.12 所示，勾选【方向 2】复选框，激活【方向 2】选项。

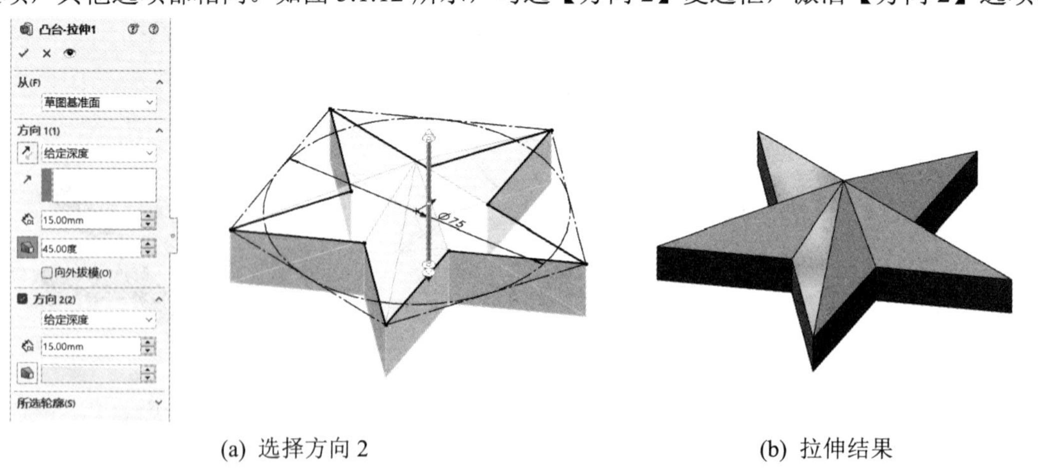

(a) 选择方向 2　　(b) 拉伸结果

图 5.1.12　方向 2 拉伸特征

4.【薄壁特征】选项

无论是单个线条还是封闭的轮廓都可以使用薄壁特征拉伸，相当于对绘制的草图轮廓加厚。薄壁特征有【单向】、【两侧对称】和【双向】。单向时可以使用【反向】更改方向，两侧对称时双边距离相等，双向可以分别定义两边的距离，勾选【自动加圆角】复选框，可以添加输入半径的圆角。如图 5.1.13 所示，双向拉伸 U 形槽，【方向 1 厚度】为“5”，【方向 2 厚度】为“3”，勾选【自动加圆角】复选框，输入【圆角半径】为“5”。

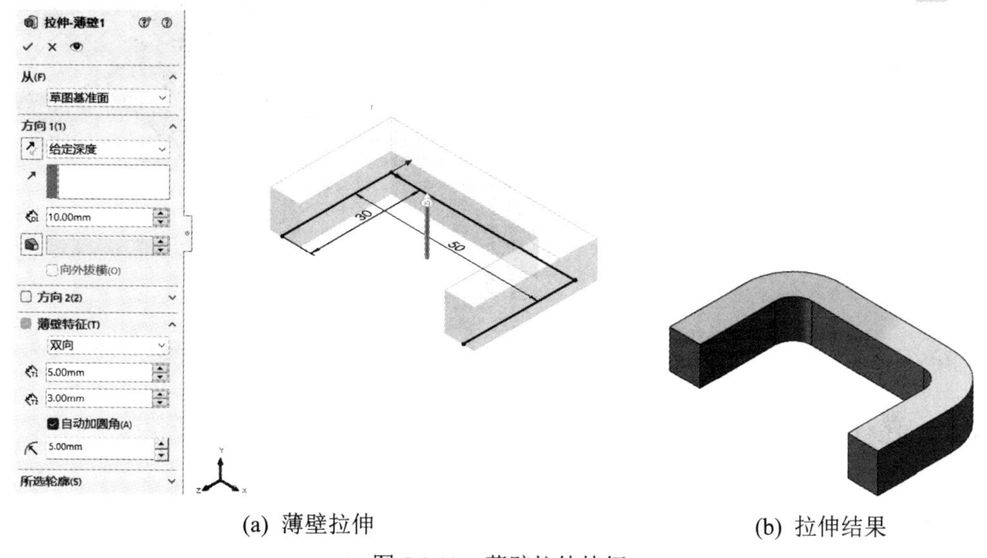

(a) 薄壁拉伸　　(b) 拉伸结果

图 5.1.13　薄壁拉伸特征

5.【所选轮廓】选项

SolidWorks 支持拉伸轮廓为相交、封闭和不封闭的草图。当草图有相交时，提示选择轮廓进行拉伸。

如图 5.1.14 所示绘制一个相交的五角星轮廓草图。选择绘制的草图并单击【凸台/基体拉伸】按钮，如图 5.1.15 所示。SolidWorks 会智能显示【所选轮廓】，鼠标指针显示为选取轮廓。鼠标移至封闭的区域时高亮显示，如图 5.1.16 所示。可选择多个轮廓，但每个轮廓必须是封闭的。选择完整的五角星封闭轮廓，如图 5.1.17 所示。单击【确定】按钮，完成五角星的拉伸，拉伸后草图的图标显示为草图1，即所选轮廓的拉伸草图都将显示为。

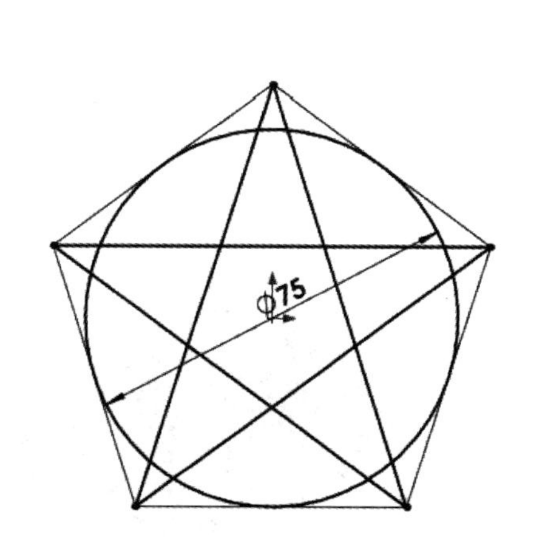

图 5.1.14　绘制相交轮廓

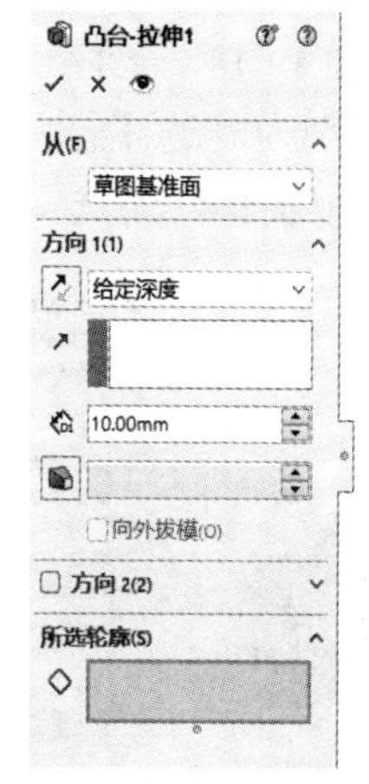

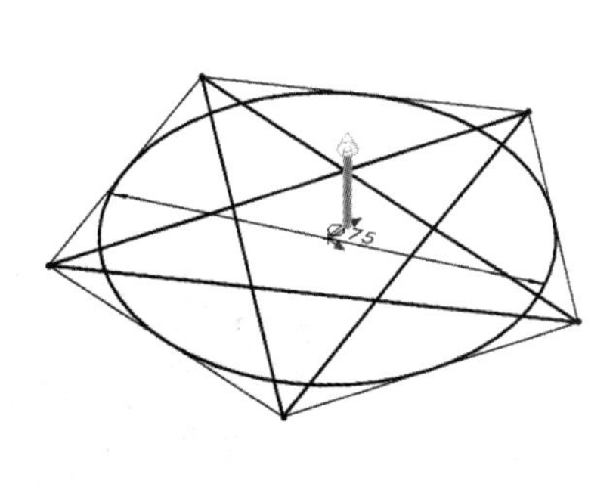

图 5.1.15　所选轮廓拉伸

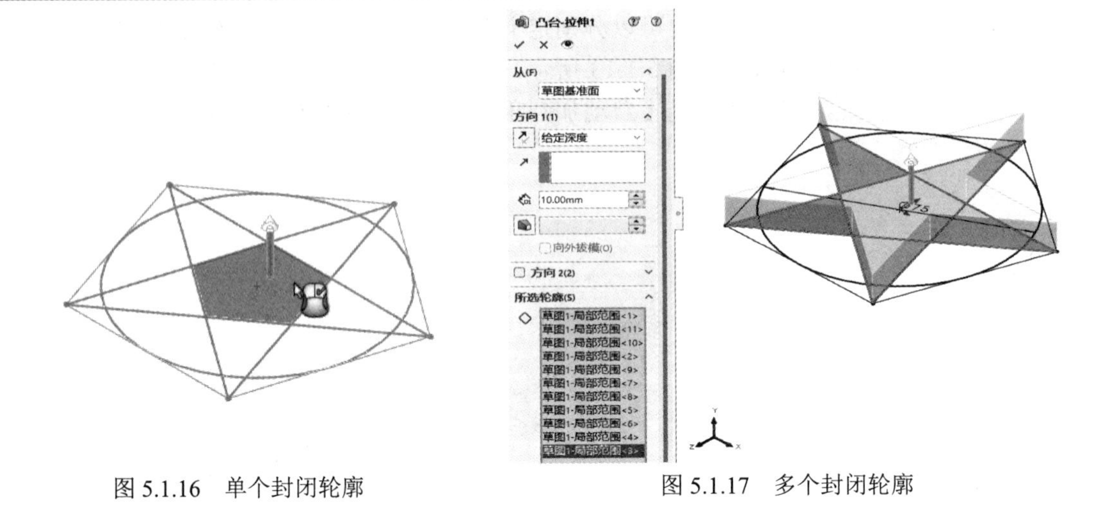

图 5.1.16　单个封闭轮廓　　　　图 5.1.17　多个封闭轮廓

5.1.3　合并结果

1. 两个实体合并结果

SolidWorks 中的合并结果是将两个或多个实体(单一独立元素)合并为一个单独的实体。

若已有一个拉伸特征，再进行拉伸特征时，则在【方向 1】选项中会有【合并结果】的复选框，如图 5.1.18 所示。

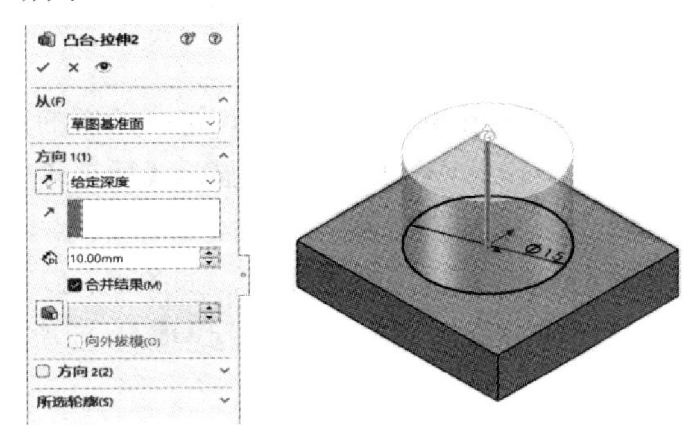

图 5.1.18　合并结果

如图 5.1.19 和图 5.1.20 所示，分别为勾选【合并结果】和不勾选【合并结果】复选框的结果。不勾选【合并结果】则为 2 个实体，勾选【合并结果】则只有一个实体。

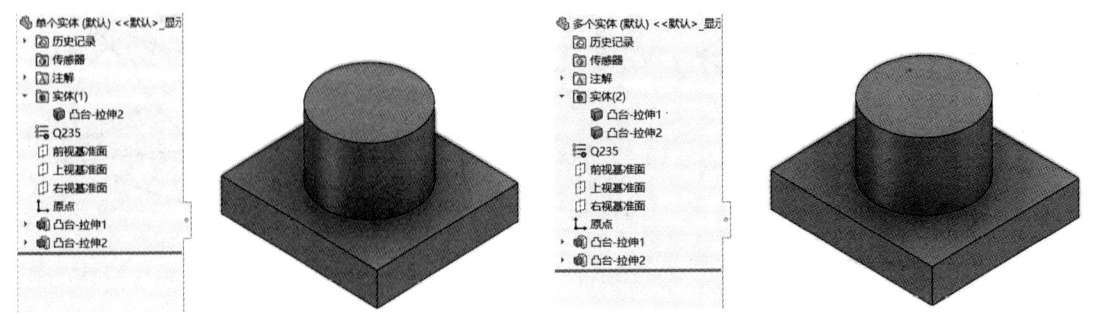

图 5.1.19　合并结果　　　　图 5.1.20　不合并结果

> 模型树的实体图标，只有一个实体时，默认不显示。可在树区域中右击→【显示/隐藏树项目】，将【实体】显示图标从【自动】更改为【显示】即可在模型树显示实体。

2. 多个实体合并结果

若已拉伸的两个或两个以上特征没有合并结果(至少有 2 个或以上实体存在)，在拉伸特征时，SolidWorks 则在【特征范围】提示需要选择合并结果的特征实体，如图 5.1.21 所示。

特征范围有 3 项：所有实体、所选实体和自动选择。

- 【所有实体】：和所有的实体合并。
- 【所选实体】：选择的实体合并。
- 【自动选择】：自动与特征重合的实体合并。

图 5.1.22 所示为【所选实体】，选择与长方体合并。

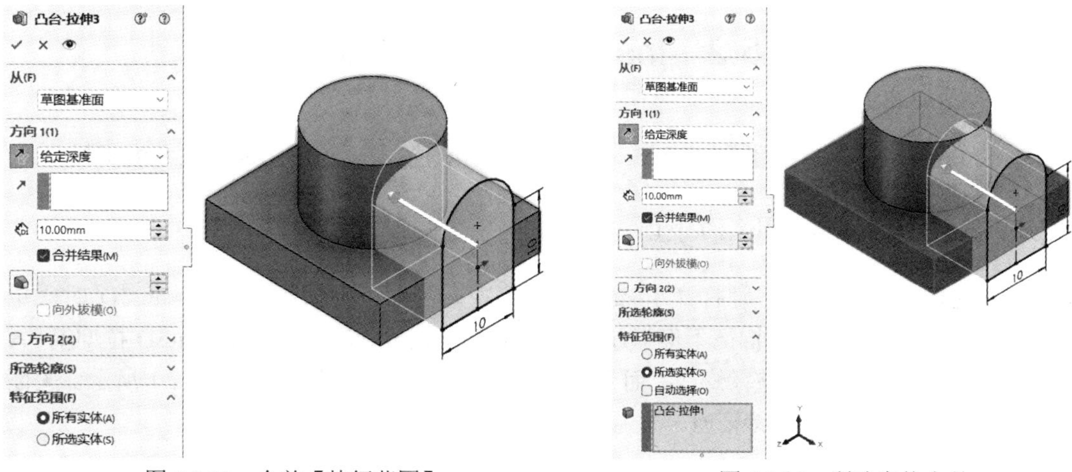

图 5.1.21　合并【特征范围】　　图 5.1.22　所选实体合并

5.1.4　拉伸切除

【拉伸凸台/基体】为增料拉伸特征，若需要切除特征，即除料特征，则是【拉伸切除】。拉伸切除支持封闭轮廓，也支持不封闭轮廓或单条线段。

1. 封闭轮廓上的拉伸切除

如图 5.1.23 所示，在长方体上绘制一圆并切除孔，默认切除是孔，勾选【反侧切除】复选框为孔本身。

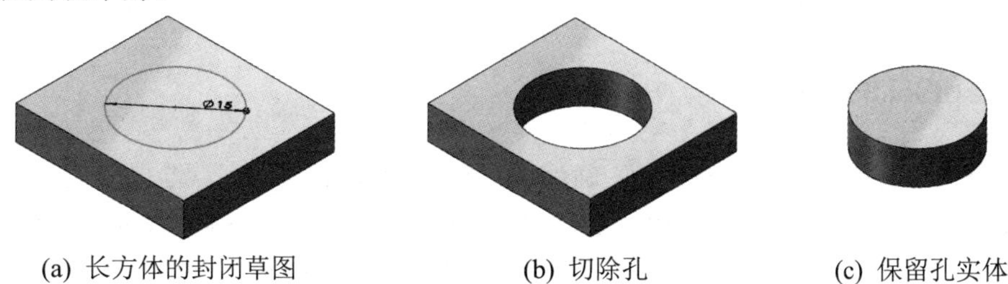

(a) 长方体的封闭草图　　(b) 切除孔　　(c) 保留孔实体

图 5.1.23　封闭草图上的拉伸切除

2. 不封闭轮廓上的拉伸切除

如图 5.1.24 所示，在长方体上绘制一条由圆弧和直线组合的线段，拉伸切除，默认切除是切除一边，勾选【反侧切除】复选框为切除另一边。

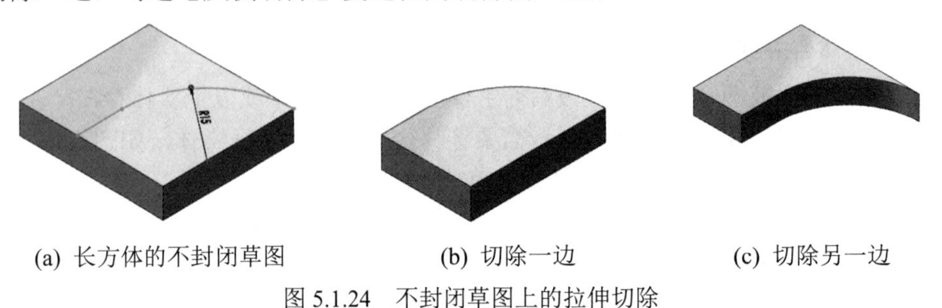

(a) 长方体的不封闭草图　　(b) 切除一边　　(c) 切除另一边

图 5.1.24　不封闭草图上的拉伸切除

5.2　Instant3D 拉伸特征

在 SolidWorks 中，利用【Instant3D】(实时三维)技术可以快速地建立和编辑模型。

5.2.1　Instant3D 的打开与关闭

单击【Instant3D】，则打开 Instant3D，再次单击即可关闭。打开 Instant3D 时，单击拉伸特征体的表面，拉伸特征不但显示拉伸体的草图尺寸，而且显示 Instant3D 拉伸箭头，此时可以直接双击尺寸值进行修改，而无须再次进入草图编辑尺寸，如图 5.2.1 所示。关闭了 Instant3D 功能后，单击特征时，只显示单击所选面，如图 5.2.2 所示。

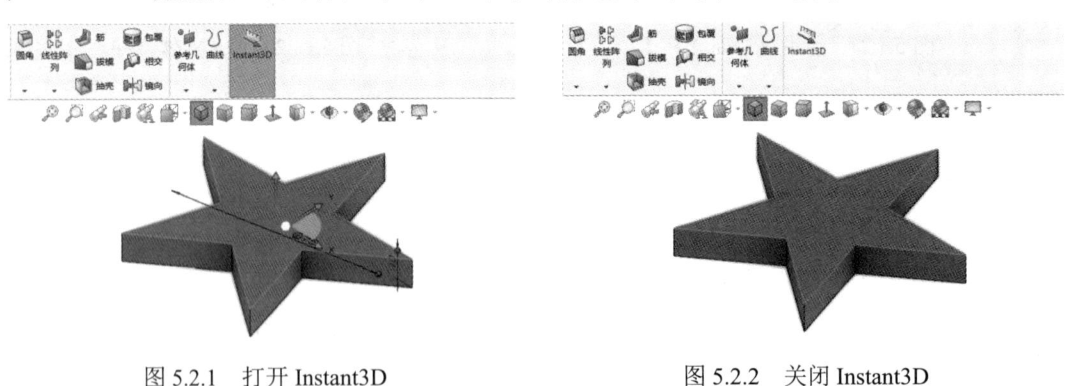

图 5.2.1　打开 Instant3D　　　　图 5.2.2　关闭 Instant3D

5.2.2　Instant3D 的使用方法

单击命令管理器的【Instant3D】，确保 Instant3D 为开启状态。点选草图任意一条边线，如图 5.2.3 所示，此时草图中有箭头图标↑，将鼠标移至箭头上，鼠标指针显示为，如图 5.2.4 所示。单击并拖动，呈现拉伸特征体预览，如图 5.2.5 所示。若需要两侧拉伸，则在按住左键拖动的同时按住键盘上的 M 键，如图 5.2.6 所示。拖动时将鼠标手形指针靠近标尺，精确的捕捉尺寸值。

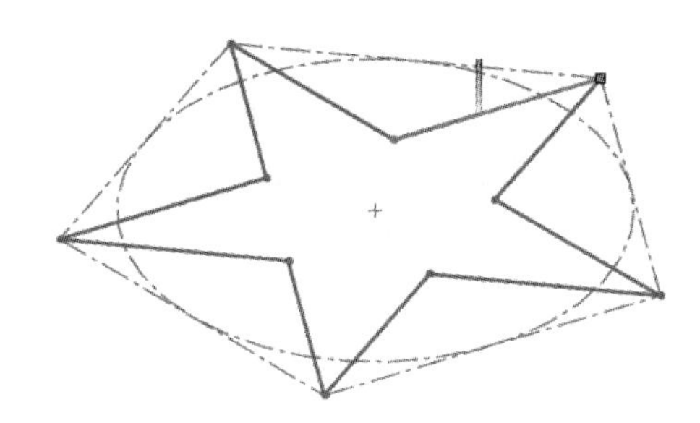

图 5.2.3　草图上的箭头

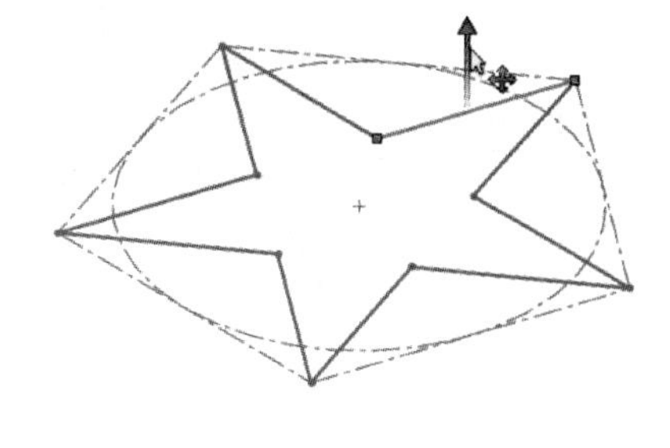

图 5.2.4　拖动时鼠标指针

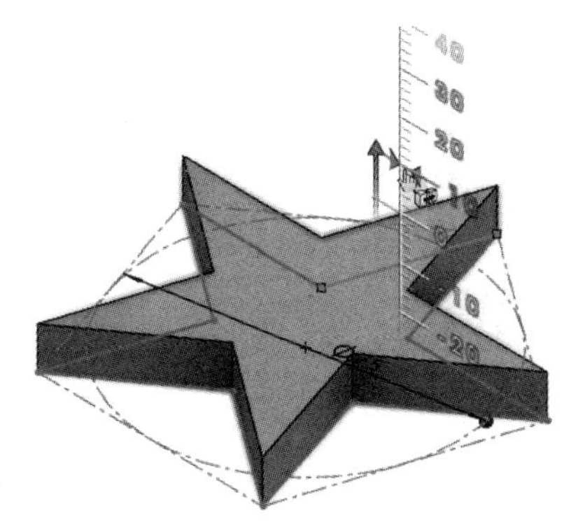

图 5.2.5　拖动单向拉伸

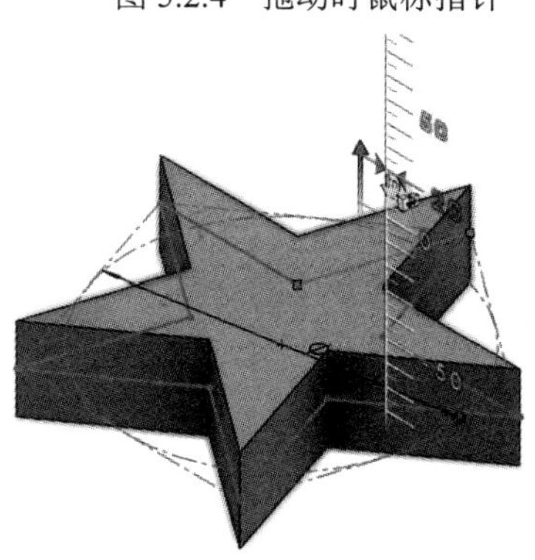

图 5.2.6　拖动并按 M 键两侧拉伸

5.2.3　Instant3D 的应用

1. 使用 Instant3D 的条件

对于单个草图，Instant3D 能快速地建立拉伸特征模型，拉伸的表面同样支持 Instant3D。如图 5.2.7 所示，单击拉伸体表面，Instant3D 的箭头出现，拖动可以继续拉伸特征。而完全定义的草图轮廓拉伸的实体侧面则显示【禁止】图标，如图 5.2.8 所示。

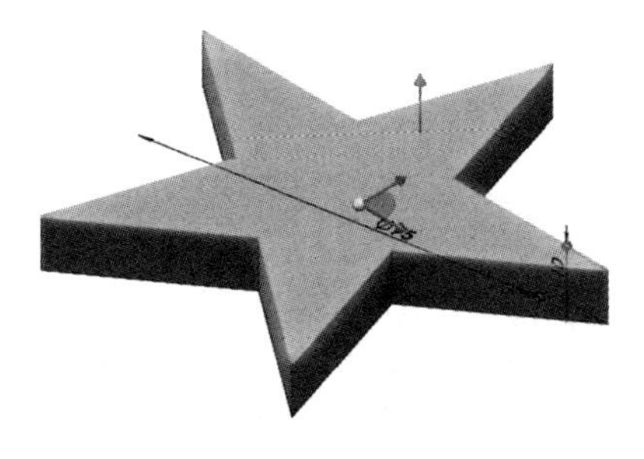

图 5.2.7　拉伸表面支持

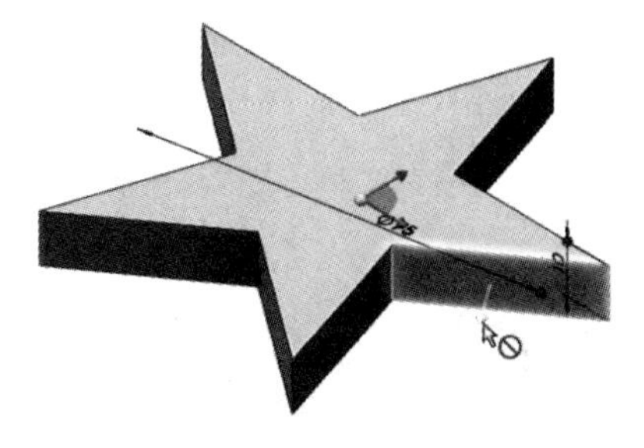

图 5.2.8　拉伸侧面不支持

2. 不同位置上的 Instant3D

对于已有拉伸体的草图，利用 Instant3D 拖动不同的方向后会出现两种结果，即拉伸和切除。如图 5.2.9 和 5.2.10 所示，分别为利用 Instant3D 正向拖动形成的拉伸体和负向拖动形成的切除体。

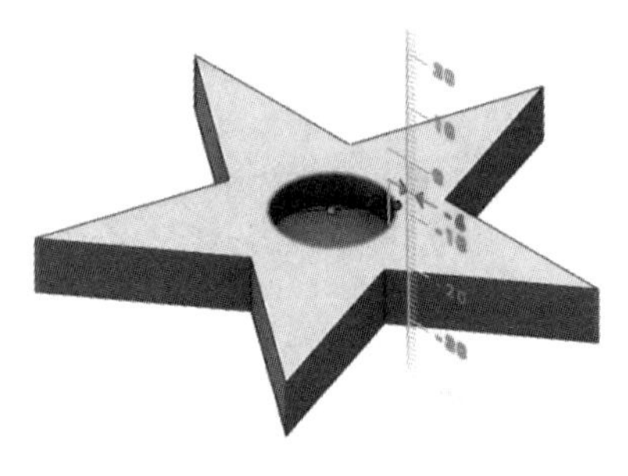

图 5.2.9　拉伸增料　　　　图 5.2.10　拉伸减料

使用 Instant3D 拉伸选取的位置不同，拉伸的结果也不相同。如图 5.2.11 所示，绘制的轮廓超出实体平面的有效区域(如图中的位置 2)，此时选择不同位置进行 Instant3D 拉伸，结果分别如图 5.2.12 和图 5.2.13 所示。

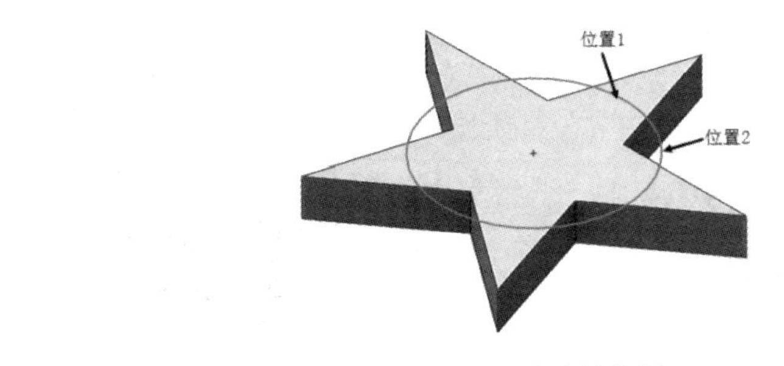

图 5.2.11　点选的位置

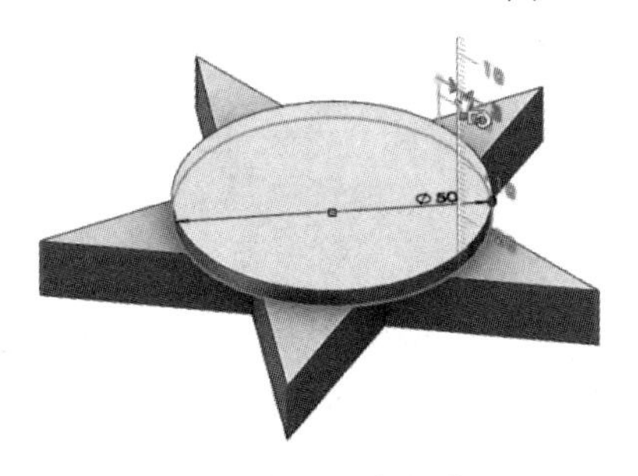

(a) 位置 1 正向拉伸

(b) 位置 1 负向拉伸

图 5.2.12　位置 1 拉伸结果

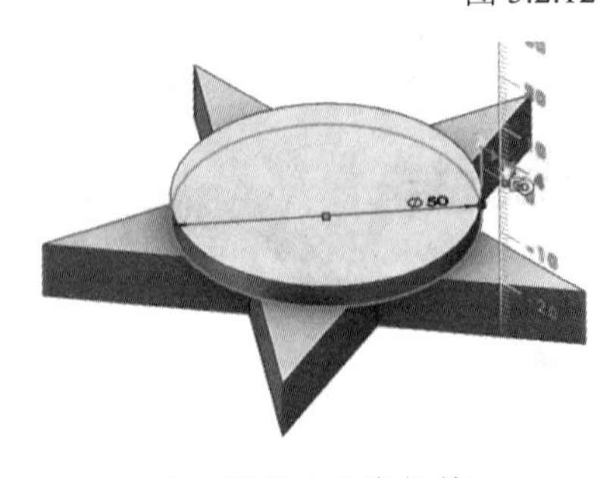

(a) 位置 2 正向拉伸

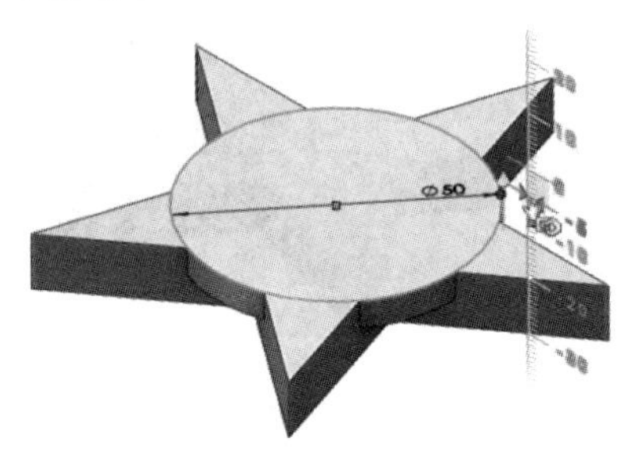

(b) 位置 2 负向拉伸

图 5.2.13　位置 2 拉伸结果

无论选择哪个位置进行 Instant3D 拉伸特征后，在右上角弹出的快捷菜单中均有【拔模】和【拉伸】/【切除】来切换当前的拉伸结果，如图 5.2.14 所示，分别为拉伸时弹出的相应工具按钮快捷菜单，单击即可转换。

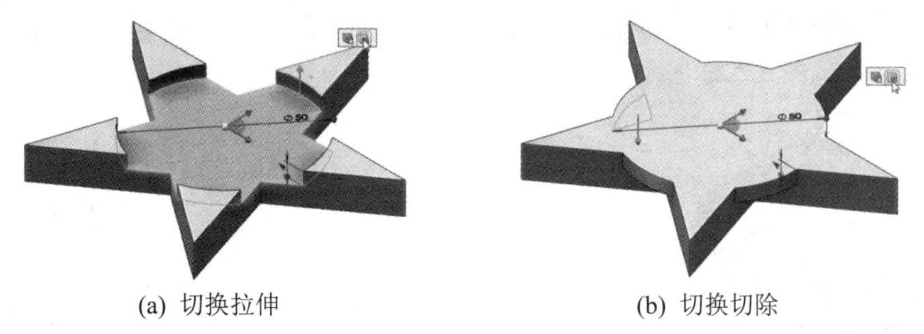

(a) 切换拉伸　　(b) 切换切除

图 5.2.14　切换不同的拉伸结果

3. Instant3D 移动、旋转和复制特征

(1) 利用 Instant3D 移动特征。图 5.2.15 所示为由 2 个拉伸凸台和 1 个拉伸切除组成的实体。

若点选【切除-拉伸 1】的任意一面，则特征中显示移动控标。图 5.2.16 所示分别为中心移动控标和 2 个方向控标。

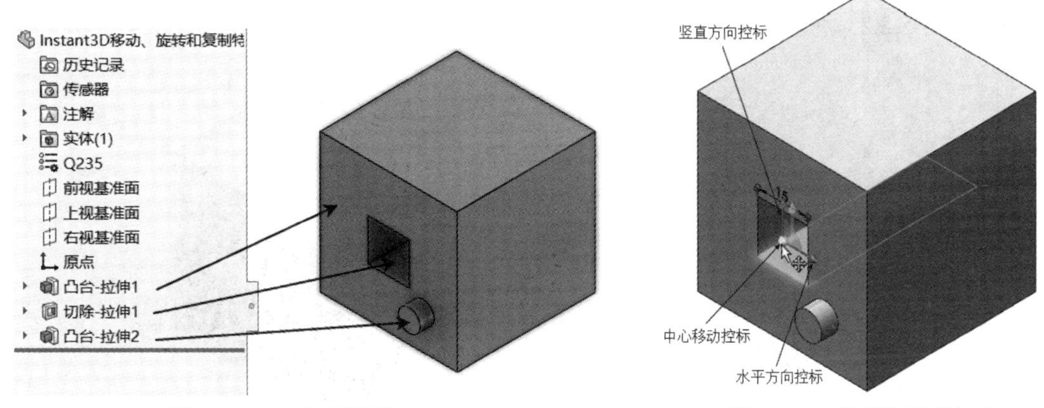

图 5.2.15　3 实体特征　　图 5.2.16　显示的移动控标

单击【中心移动控标】，并拖动鼠标移动特征至需要的平面上，则呈现移动特征预览，如图 5.2.17 所示。由于草图是完全定义的，松开鼠标，将弹出【删除确认】对话框，如图 5.2.18 所示。单击【删除】或【保留】，将【切除-拉伸 1】移至其他表面上，如图 5.2.19 所示。

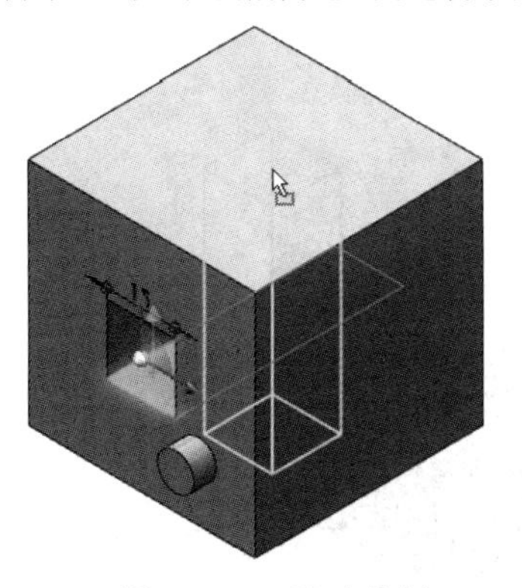

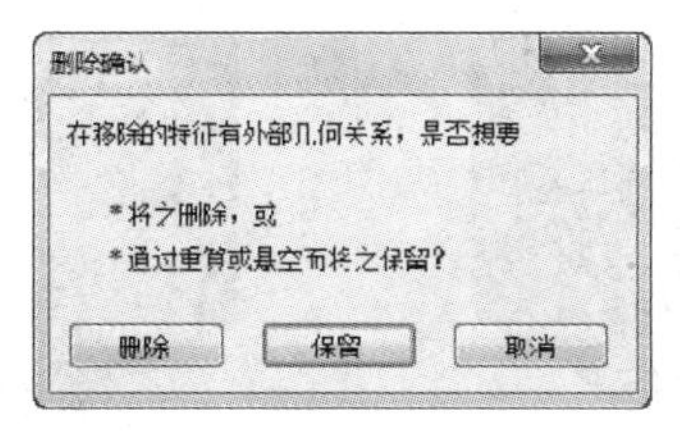

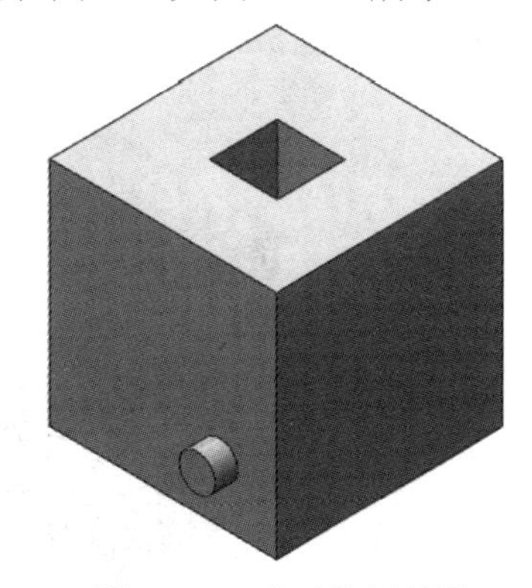

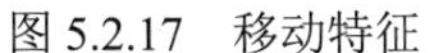

图 5.2.17　移动特征　　图 5.2.18　【删除确认】对话框　　图 5.2.19　移动特征结果

(2) 利用 Instant3D 复制特征。复制实体时，只需在移动特征时，按住 Ctrl 键。如图 5.2.20

所示，呈现复制特征预览，鼠标指针移动时多显示了【+】号。松开鼠标放置复制特征时，同样弹出【复制确认】对话框，如图 5.2.21 所示。单击【删除】，将【切除-拉伸 1】复制至其他表面上，如图 5.2.22 所示。

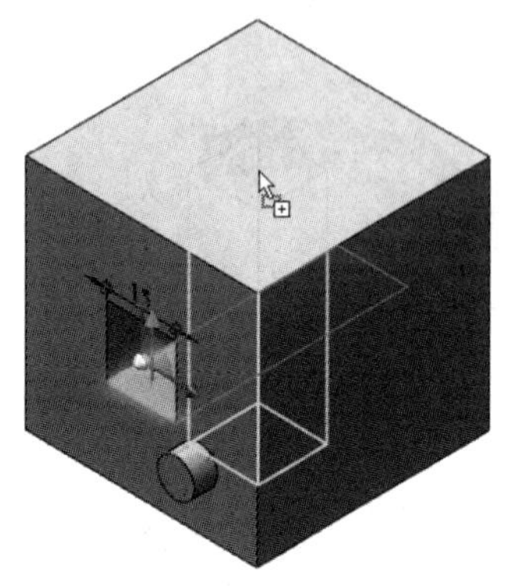

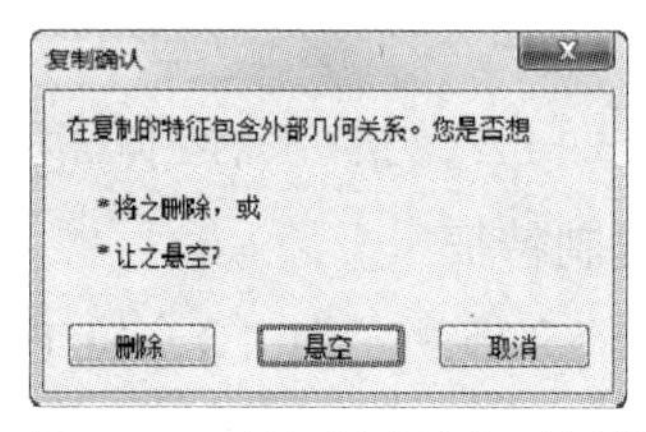

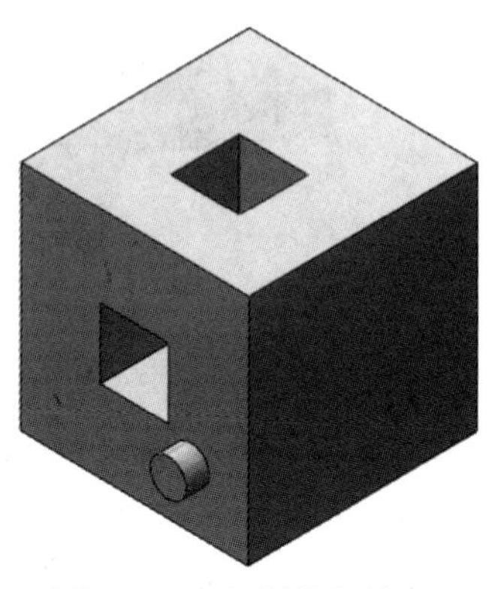

图 5.2.20 复制特征　　图 5.2.21 【复制确认】对话框　　图 5.2.22 复制特征结果

(3) 利用 Instant3D 旋转特征。在中心移动控标或 2 个方向控标上右击选择【显示旋转控标】，如图 5.2.23 所示。鼠标放于旋转控标上拖动即可旋转特征，如图 5.2.24 所示。

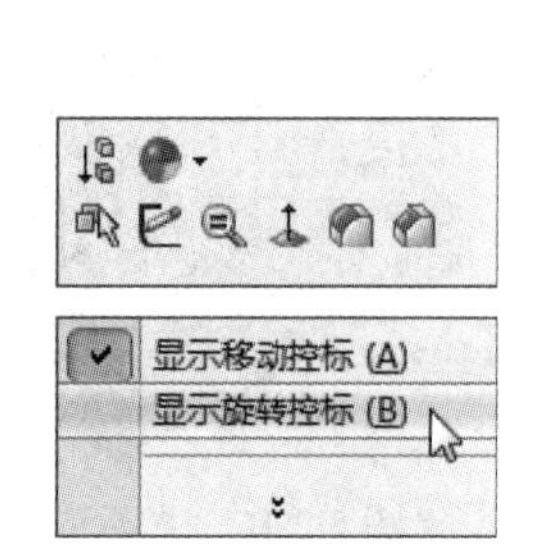

图 5.2.23 显示旋转控标

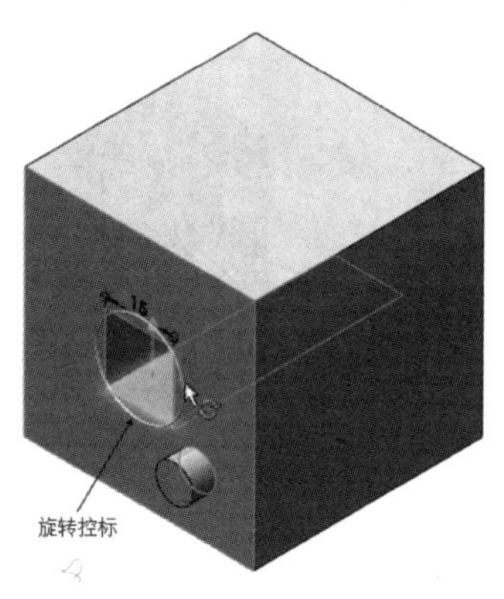

图 5.2.24 拖动旋转控标

由于草图是完全定义的，在拖动控标旋转特征时，会弹出【删除/保留几何关系】对话框，单击【删除】，拖动鼠标利用标尺将【切除-拉伸 1】特征旋转 45°，如图 5.2.25 所示。旋转结果如图 5.2.26 所示。

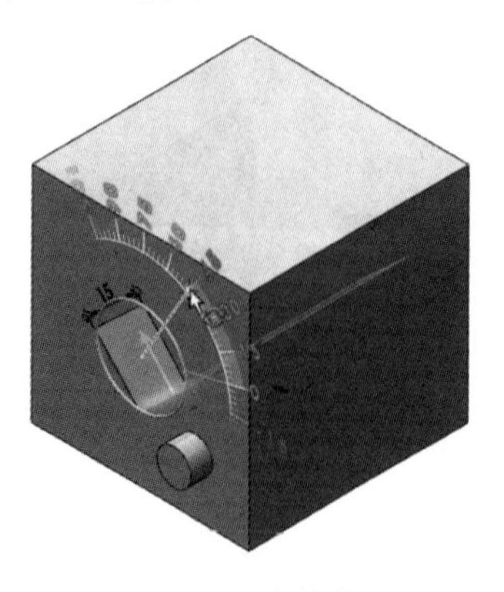

图 5.2.25 旋转特征

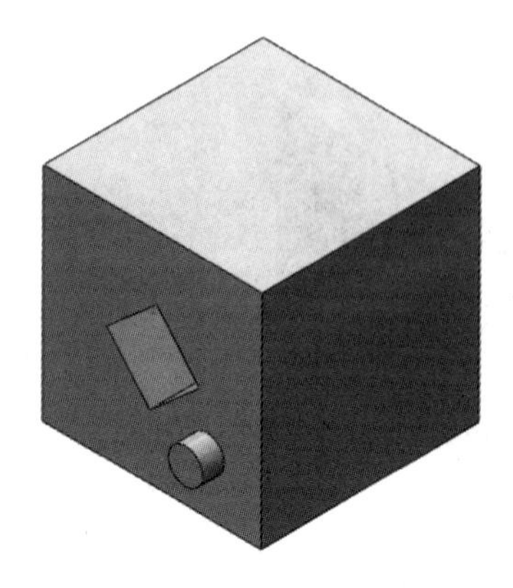

图 5.2.26 旋转特征结果

5.3　基于复制草图、派生草图和共享草图的拉伸

SolidWorks 草图设计常用的方法有：复制草图、派生草图和共享草图等。

5.3.1　复制草图

复制的草图与源草图无任何关联，可以随意修改。

复制草图的方法有 3 种：

1. 快捷键 Ctrl + C 与 Ctrl + V

选择草图，按快捷键 Ctrl + C，复制草图，如图 5.3.1 所示。选择放置的平面后按快捷键 Ctrl + V，粘贴草图，如图 5.3.2 所示。

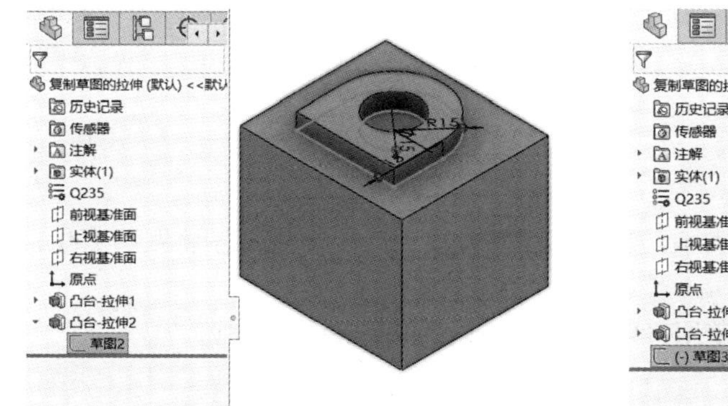

图 5.3.1　复制草图

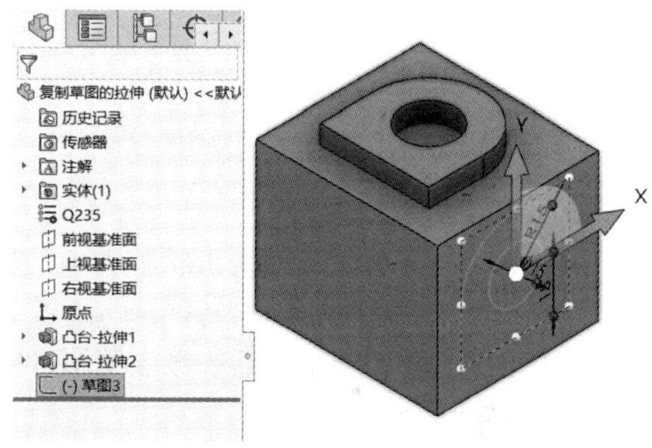

图 5.3.2　粘贴草图

2. 菜单栏的编辑复制与粘贴

选择草图，单击菜单栏的【编辑】→【复制】按钮，复制草图，如图 5.3.1 所示。选择放置的平面后单击菜单栏的【编辑】→【粘贴】按钮，粘贴草图，如图 5.3.2 所示。

3. 按 Ctrl 键拖动复制

选择草图，并按住 Ctrl 键拖动草图至需要放置的平面或基准面上，放置平面呈现草图轮廓预览，如图 5.3.3 所示。松开鼠标放置复制的草图。

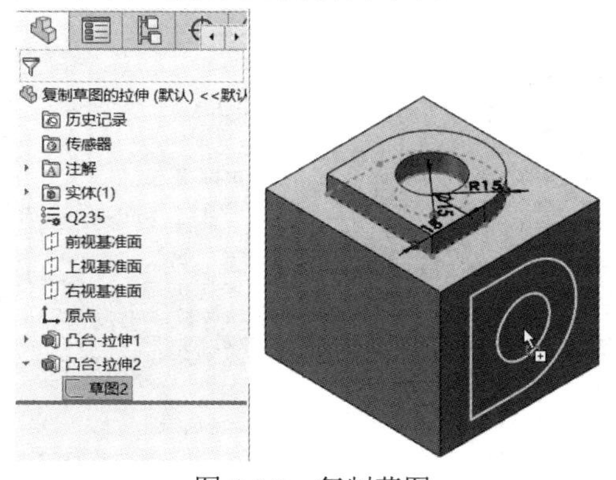

图 5.3.3　复制草图

双击该草图，进入草图编辑，除了丢失定位尺寸外，几何关系约束和形状尺寸约束都存在，如图 5.3.4 所示。约束和标注定位尺寸后，即可进行拉伸操作，如图 5.3.5 所示。

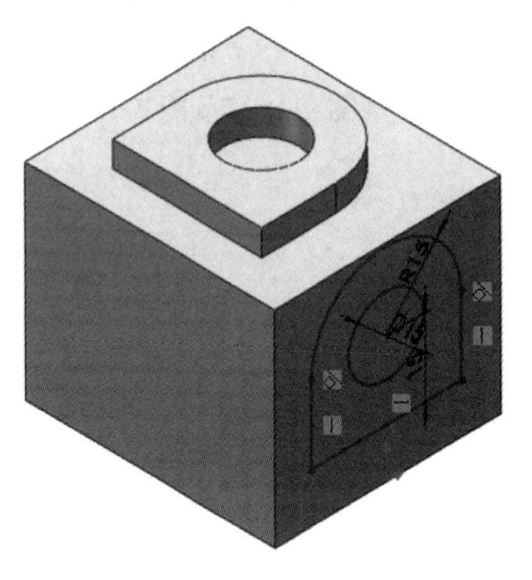

图 5.3.4　进入编辑草图

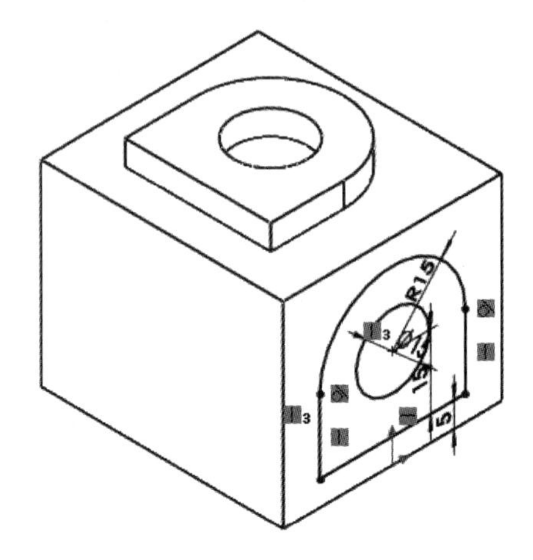

图 5.3.5　添加约束和尺寸

5.3.2　派生草图

派生草图将继承源草图的形状和大小，当源草图发生更改时，派生草图将跟随变化，从而影响到由派生草图驱动的特征。

派生草图的使用非常灵活。派生草图可以在任意的平面和基准面上生成。

1. 建立派生草图

派生草图的使用方法是：选择需要派生的草图，并按 Ctrl 键选择放置的平面。单击菜单栏上的【插入】→【派生草图】，在特征管理器中将显示草图名称为“草图-派生”，如图 5.3.6 所示。

派生草图由于保持了源草图的尺寸和约束，所以拖动草图时整体移动或旋转，但大小和形状不会变化。若需要完全定义草图，只需要约束定位尺寸。如图 5.3.7 所示，圆心点的约束尺寸分别为 25 和 20，拖动并旋转派生草图，约束派生草图线与实体边线平行，完全定义派生草图。

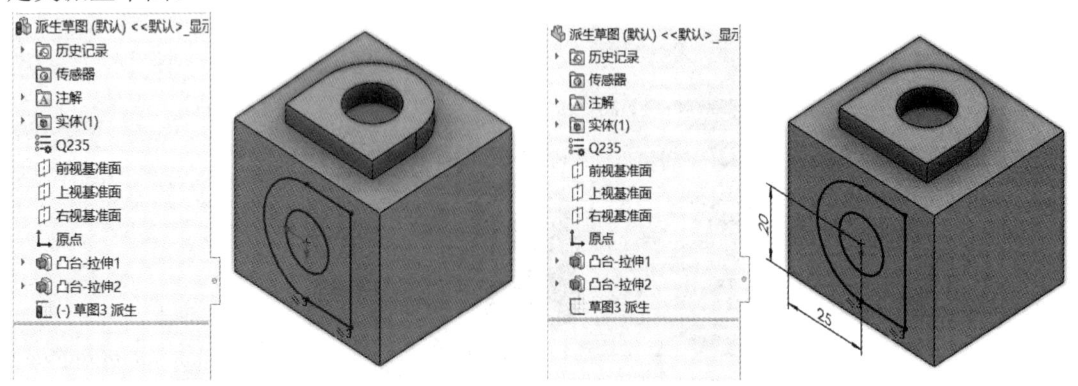

图 5.3.6　生成派生草图　　　　图 5.3.7　约束派生草图

修改源草图的孔和圆弧半径尺寸时，派生草图则跟随变化，如图 5.3.8 所示。

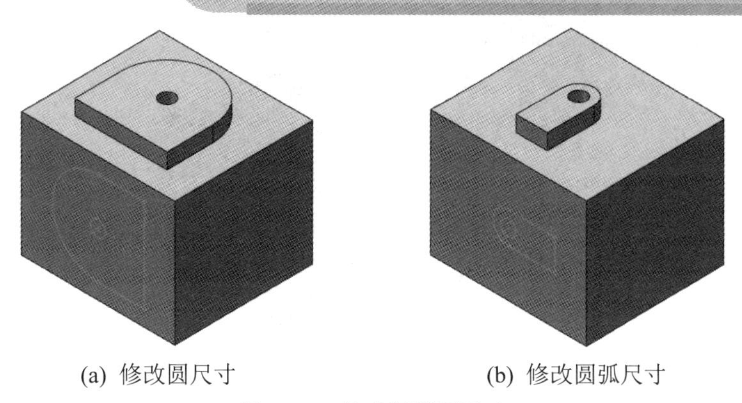

(a) 修改圆尺寸　　(b) 修改圆弧尺寸

图 5.3.8　修改源草图尺寸

2. 解除草图派生

当不需要继承源草图时，可以将派生草图与源草图之间的派生关系解除，即它们之间不再有任何关系，可以随意修改而不会影响到彼此。解除了派生关系后，草图的几何关系约束和尺寸约束就都完全丢失了。

在派生草图上右击【解除派生】，如图 5.3.9 所示。此时修改源草图尺寸而解除派生的草图则不会跟随更改，如图 5.3.10 所示。

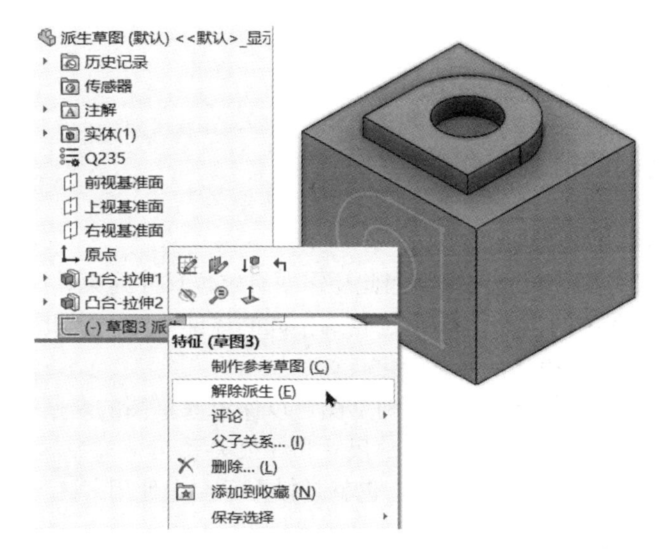

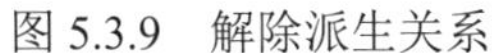

图 5.3.9　解除派生关系

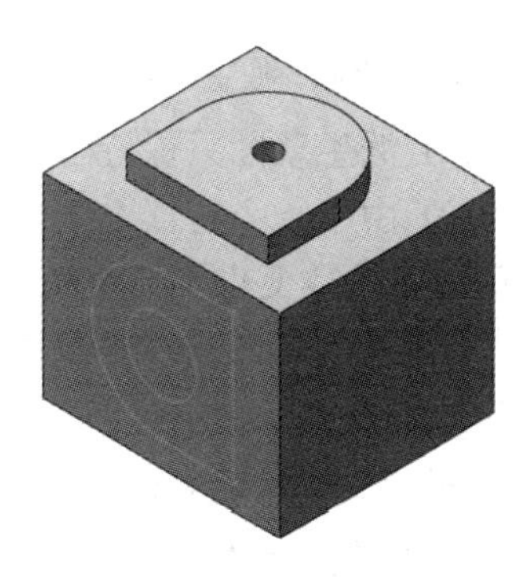

图 5.3.10　派生草图尺寸不变

5.3.3　共享草图

若使用同一个草图来生成几个不同的特征，则这个草图即是这几个特征的共享草图。当这个共享草图被修改后，与之相关的局部草图特征同时也会修改。

选择已有的草图，并单击【拉伸凸台/基体】按钮，选择长方体底面作为起始绘制平面，如图 5.3.11 所示。选择的平面必须与绘制草图平面平行，否则不能共享。单击【确定】按钮，完成拉伸，此时草图显示为【共享】，如图 5.3.12 所示。

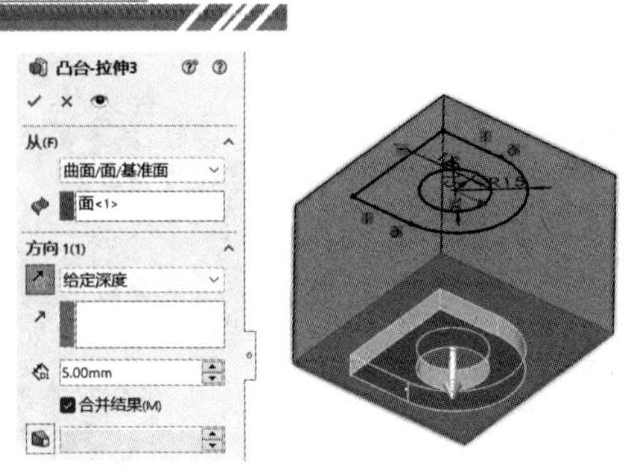

图 5.3.11　使用共享草图

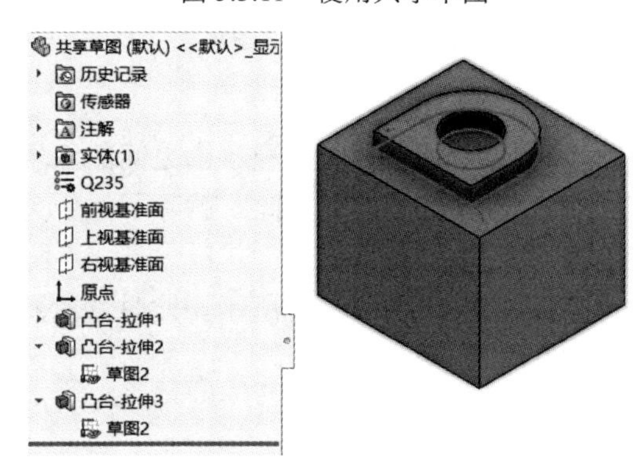

图 5.3.12　已共享的草图

5.3.4　复制、派生与共享草图之间的区别与联系

1. 复制、派生与共享草图三者之间的区别

(1) 派生草图只保持了内部的几何关系和尺寸约束，因此还需要有定位尺寸约束。

(2) 由于一个特征不一定使用到草图中的全部元素(所选轮廓不同的局部草图)，因此共享草图中的改变也不一定使所有用此草图的特征全部有变化。

(3) 复制草图与派生草图解除派生关系完全不同，复制草图可以保留原草图的全部尺寸和约束关系，派生草图随着派生关系的解除，将丢失全部尺寸和约束关系。

(4) 共享草图只能在平行于源草图的绘制草图平面上，也就是投影平面上使用。

2. 复制、派生与共享草图三者之间的联系

复制、派生与共享草图三者都是重用草图的设计方法，都可以生成不在同一平面(无论草图还是特征的线性和圆周阵列都只能在同一平面上)上的草图。共享草图在投影平面上，所以也不是在同一平面。

5.4　拉伸特征应用实例

实例 5-1

【实例 5-1】 支架体建模实例

建立如图 5.4.1 所示的支架体实体模型。

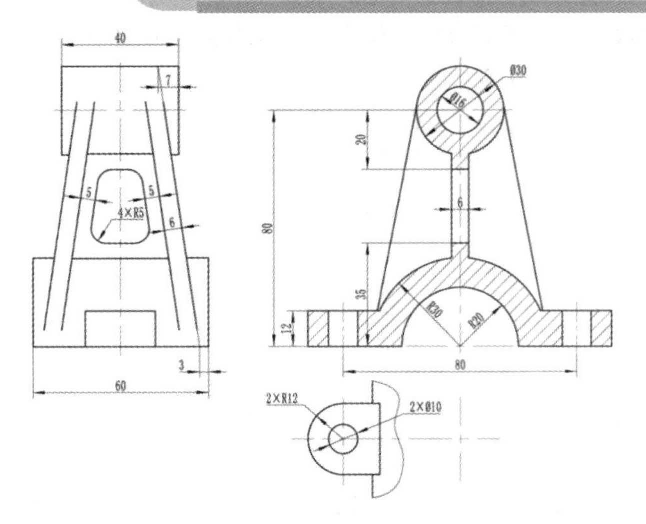

图 5.4.1　支架体

支架体绘制流程分为 6 个部分，分别为拉伸第一个凸台、拉伸第二个凸台、拉伸两侧筋板、拉伸中间筋板、拉伸两个吊耳和拉伸切除两孔，如图 5.4.2 所示。

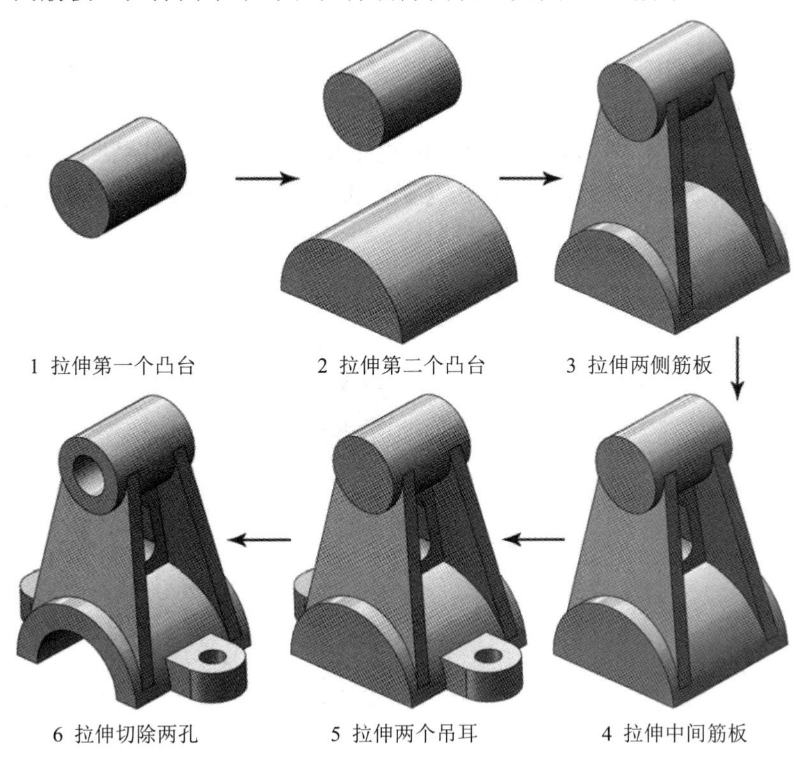

图 5.4.2　支架体绘制流程

具体操作步骤如下：

步骤 1　新建零件。单击标准工具栏上的【新建】按钮，在【新建 SOLIDWORKS 文件】对话框中选择模板【XYZ 零件】作为零件绘制模板。

步骤 2　创建第一部分——拉伸第一个凸台。选择【前视基准面】作为草图绘制平面，绘制草图尺寸如图 5.4.3 所示。单击【拉伸凸台/基体】，在【所选轮廓】中只选择直径为 30 mm 的封闭区域草图，两侧对称拉伸距离为 40 mm，如图 5.4.4 所示。单击【确定】按钮，完成第一个凸台的拉伸。

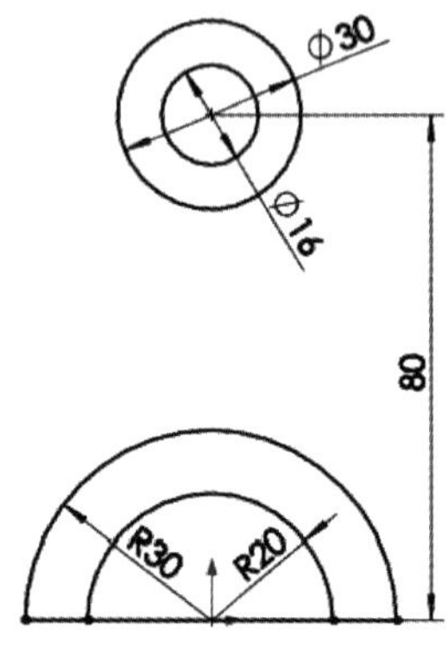

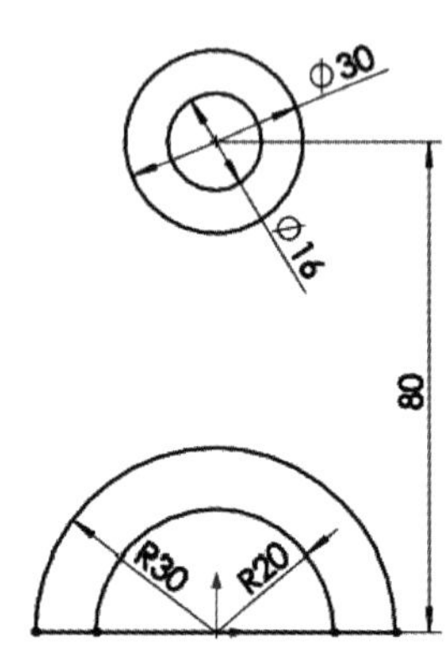

图 5.4.3　绘制草图尺寸

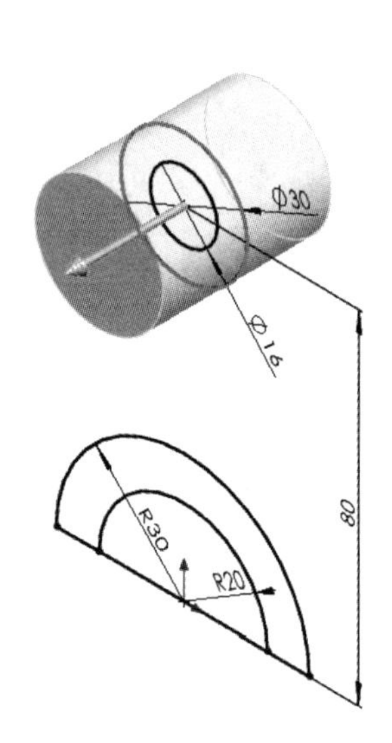

图 5.4.4　第一个凸台的拉伸设置

步骤 3　创建第二部分——拉伸第二个凸台。选择上一步绘制的草图作为共享草图，单击【拉伸凸台/基体】，在【所选轮廓】中选择 R30 的封闭区域草图上单击，两侧对称拉伸距离为 60 mm，如图 5.4.5 所示。单击【确定】按钮，完成第二个凸台的拉伸。

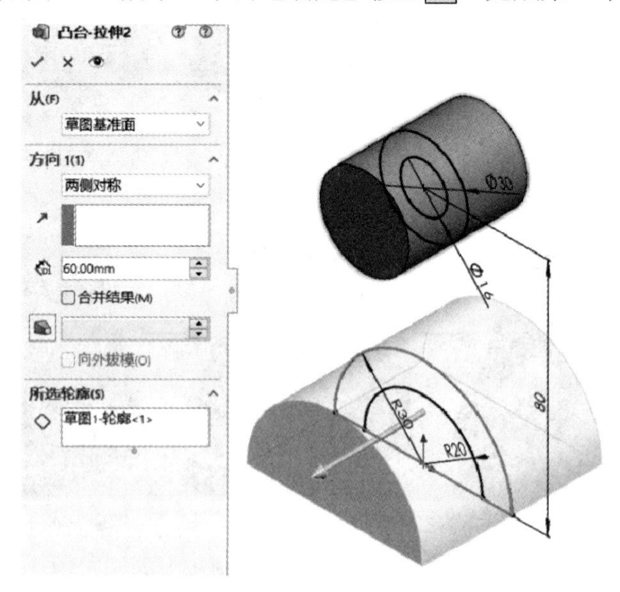

图 5.4.5　第二个凸台的拉伸设置

步骤 4　创建第三部分——拉伸两侧筋板。

(1) 建立 2 个辅助基准面。单击命令管理器特征工具栏上的【参考几何体】→【基准面】，偏向“右边”面选择两个圆弧面，如图 5.4.6 所示。单击【确定】按钮，完成【基准面 1】创建。

单击命令管理器特征工具栏上的【参考几何体】→【基准面】，偏向“左边”面选择两个圆弧面，如图 5.4.7 所示。单击【确定】按钮，完成【基准面 2】创建。

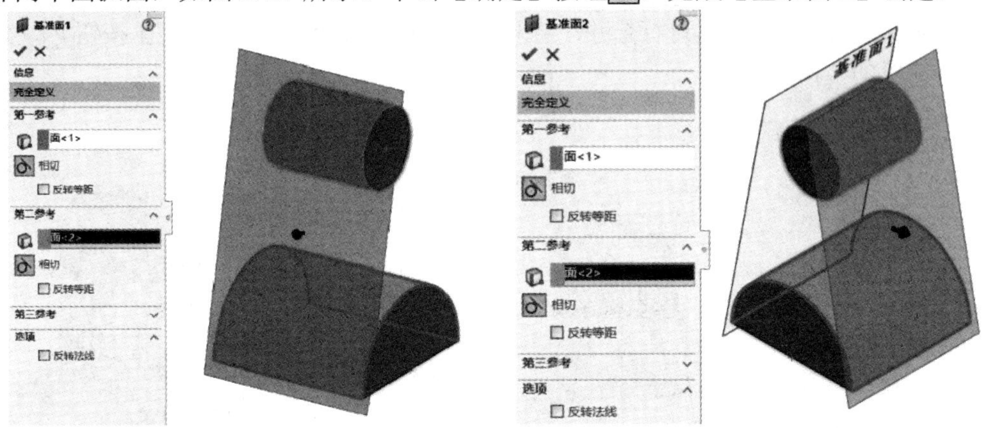

图 5.4.6　基准面 1 设置　　图 5.4.7　基准面 2 设置

(2) 在基准面 1 上绘制草图并拉伸。选择【基准面 1】并进入草图，单击草图工具栏上的【交叉曲线】，选择两个面，如图 5.4.8 所示。单击【确定】按钮，完成交叉曲线的绘制。

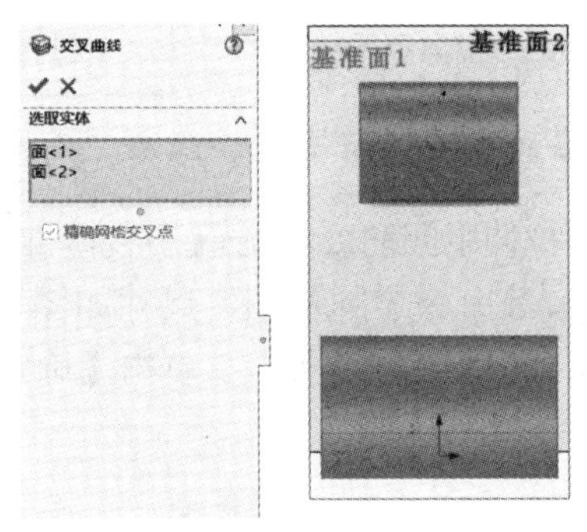

图 5.4.8　创建交叉曲线

按住 Ctrl 键选择绘制的斜线和实体的边线后，单击草图工具栏上的【点】，如图 5.4.9 所示。创建虚拟交点，用于标注尺寸。同理创建另一虚拟交点，如图 5.4.10 所示。

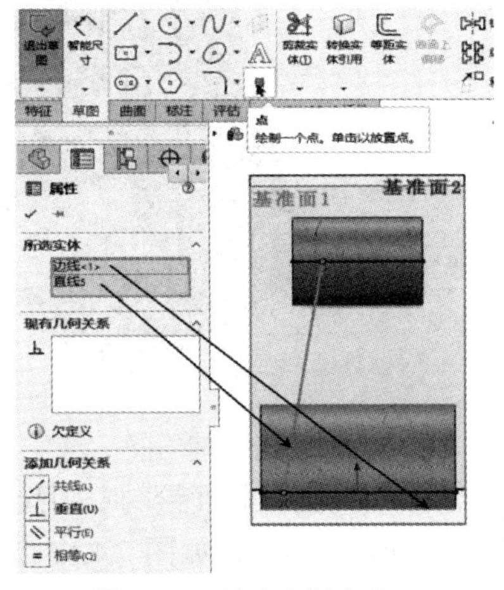

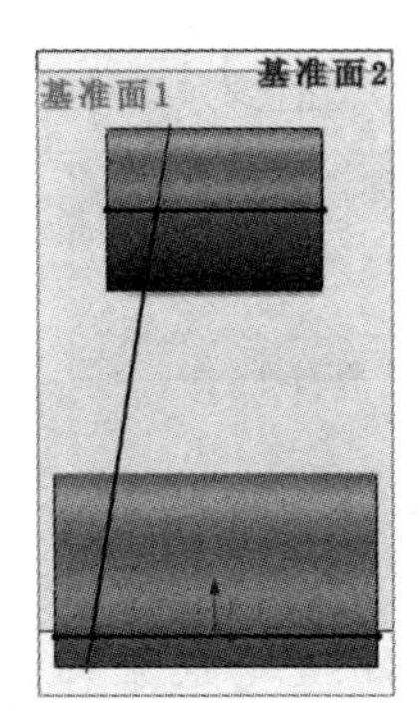

图 5.4.9　创建虚拟交点 1　　图 5.4.10　创建虚拟交点 2

绘制并标注尺寸后如图 5.4.11 所示，绘制中心线并【镜向实体】草图，如图 5.4.12 所示。单击【拉伸凸台/基体】，【成形到面】选择基准面 2，拉伸方向选择拉伸凸台 2 底边线，特征范围选择所有实体进行合并，结果如图 5.4.13 所示。单击【确定】按钮，完成凸台两侧筋板的拉伸。

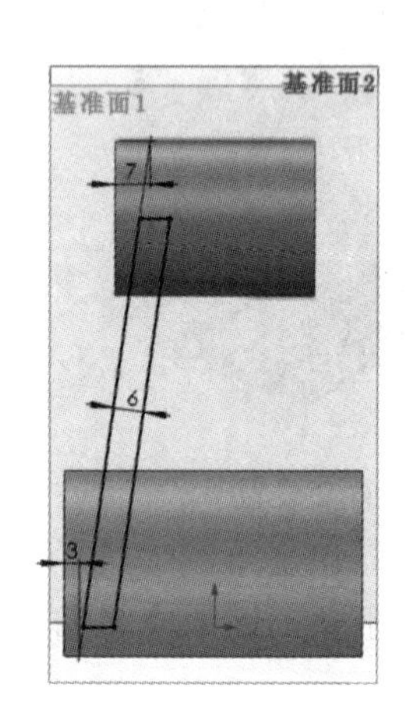

图 5.4.11　绘制并标注尺寸

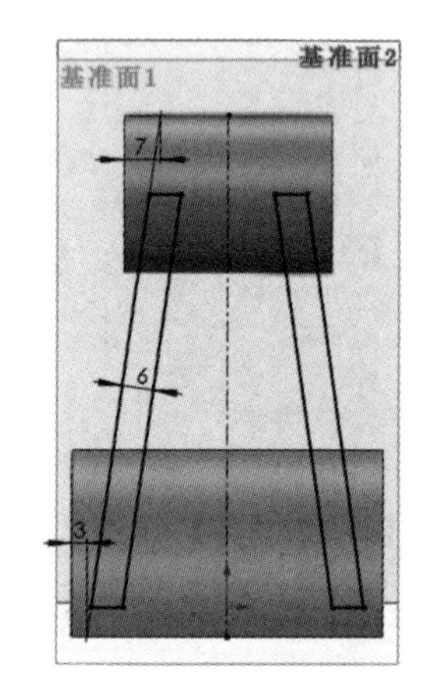

图 5.4.12　镜向草图

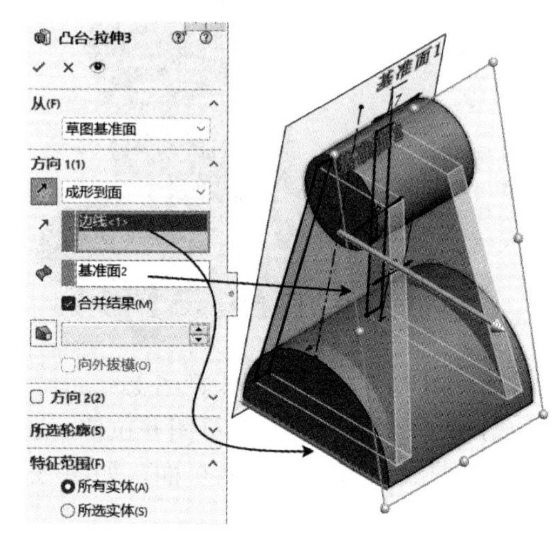

图 5.4.13　拉伸参数设置

不使用基准面时，在基准面上单击将基准面隐藏，有利于草图清晰明了。

步骤 5　创建第四部分——拉伸中间筋板。选择【右视基准面】，利用【实体转换引用】、【等距实体】以及【直线】等命令绘制草图，尺寸如图 5.4.14 所示。单击【拉伸凸台/基体】，两侧对称拉伸 6 mm，如图 5.4.15 所示。单击【确定】按钮，完成中间筋板的拉伸。

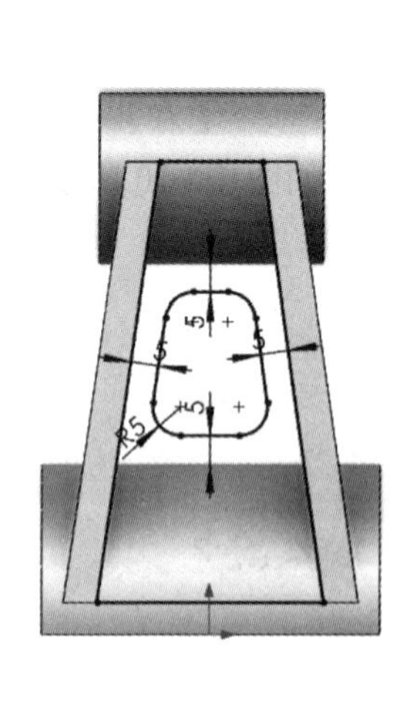

图 5.4.14　中间筋板尺寸

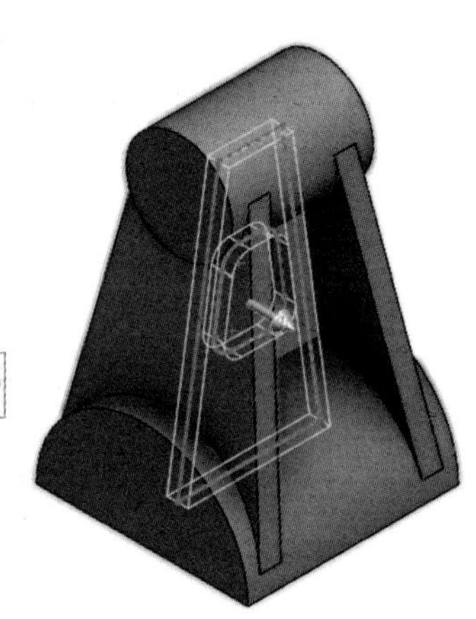

图 5.4.15　拉伸中间筋板

步骤 6　创建第五部分——拉伸两个吊耳。在 R30 圆弧底面绘制草图尺寸如图 5.4.16 所示。单击【拉伸凸台/基体】，指定距离为 10 mm，反向拉伸如图 5.4.17 所示。单击【确定】按钮，完成两个吊耳的拉伸。

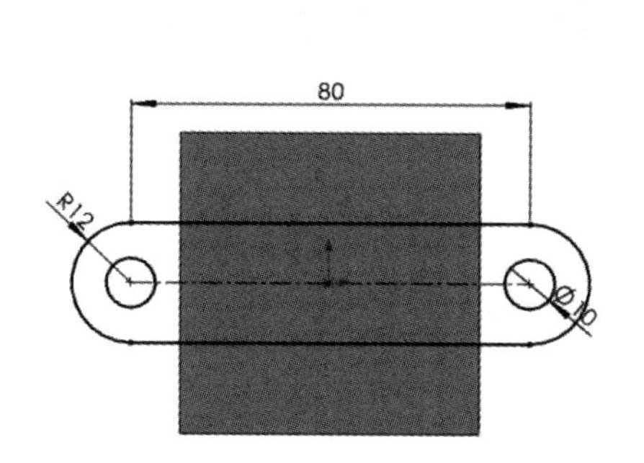

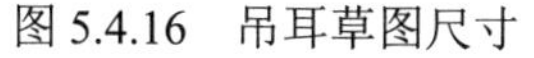
图 5.4.16　吊耳草图尺寸

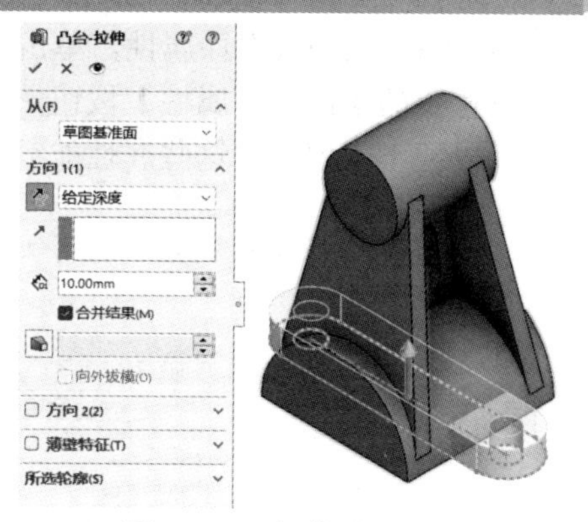

图 5.4.17　拉伸吊耳设置

步骤 7　创建第六部分——拉伸切除两孔。选择绘制的【草图 1】作为共享草图，单击【拉伸切除】，在【所选轮廓】中选择ϕ16 和 R20 两个封闭区域草图，【方向 1】与【方向 2】均为【完全贯穿】，如图 5.4.18 所示。单击【确定】按钮，完成两孔的切除。

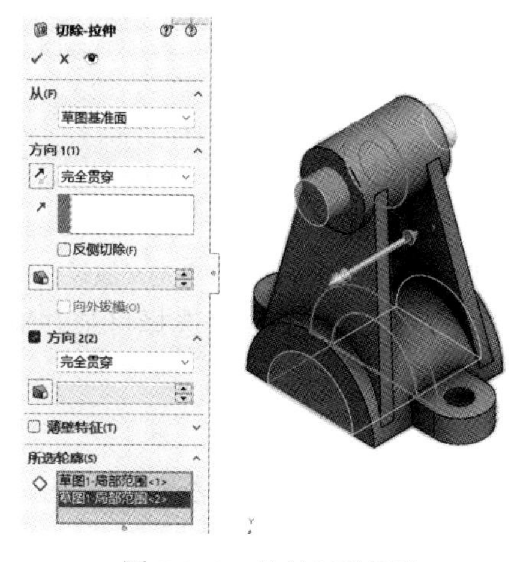

图 5.4.18　拉伸切除两孔

步骤 8　更改零件材料。在材质上右击编辑材料，在【材料属性】中选择灰铸铁 HT100，如图 5.4.19 所示。更改材料后的支架体如图 5.4.20 所示。

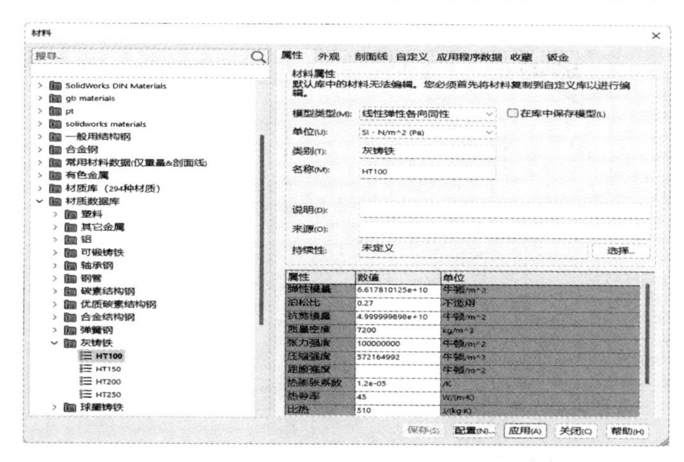

图 5.4.19　编辑材料

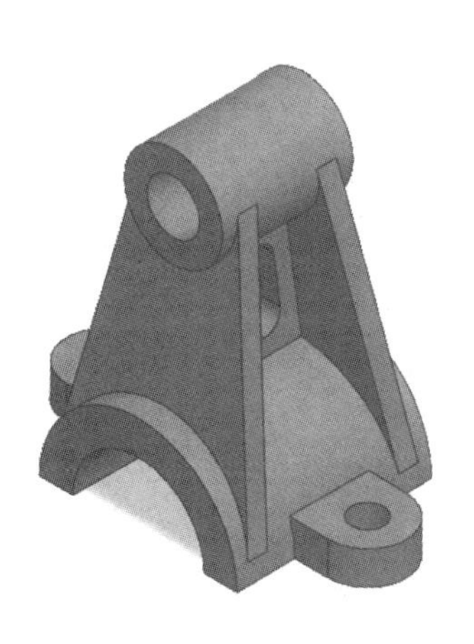

图 5.4.20　更改材料的支架体

步骤 9 添加或修改文件属性。单击菜单栏的【文件】→【自定义属性】按钮或单击标准工具栏上的【自定义属性】按钮，如图 5.4.21 所示，根据用户需要添加或修改相关属性值，以便出工程图时这些属性能链接在图纸上。

属性

摘要 自定义 配置属性 属性摘要

删除(D) 材料明细表数量: -无- 编辑清单(E)

	属性名称	类型	数值 / 文字表达	评估的值	
1	名称	文字	$PRP:"SW-文件名称"	实例1—支架体	
2	单位名称	文字	XYZ工作室	XYZ工作室	
3	设计	文字	yzh	yzh	
4	设计日期	文字	2022.12	2022.12	
5	材料	文字	"SW-材质@实例1—支架体.SLDPRT"	HT100	
6	重量	文字	"SW-质量@实例1—支架体.SLDPRT"	0.73	
7	代号	文字	XYZ-001	XYZ-001	
8	制图	文字	yzh	yzh	
9	制图日期	文字	2022.12	2022.12	
10	标准化	文字			
11	标准化日期	文字			
12	审核	文字			
13	审核日期	文字			
14	工艺	文字			
15	工艺日期	文字			
16	批准	文字			
17	批准日期	文字			
18	备注	文字			
19	第几张	文字			

确定 取消 帮助(H)

图 5.4.21 添加或更改自定义属性

步骤 10 保存文档。单击【保存】按钮，选择目录并输入保存名称“支架体”。再单击【保存】按钮，保存文件。

5.5 旋转特征

旋转特征是草图轮廓绕一旋转轴旋转形成的轮廓实体特征，如图 5.5.1 所示。旋转时可以指定旋转的角度，如图 5.5.2 所示，分别为旋转 90°、180°、270° 和 360° 形成的旋转特征。

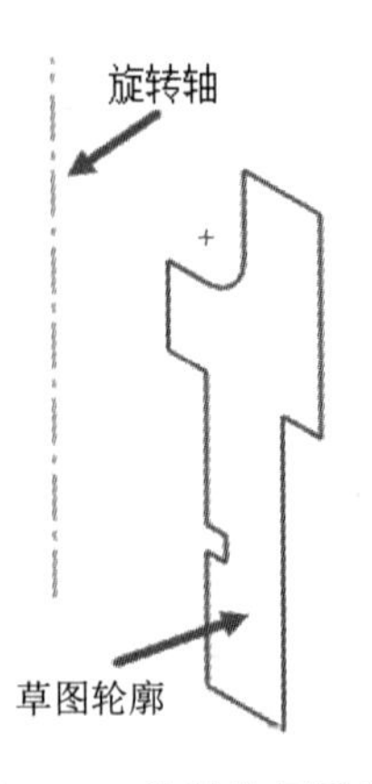

图 5.5.1 旋转特征原理

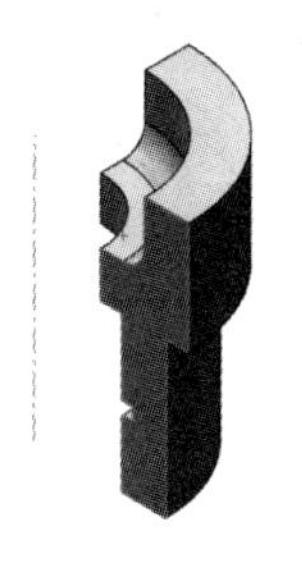

(a) 旋转 90°

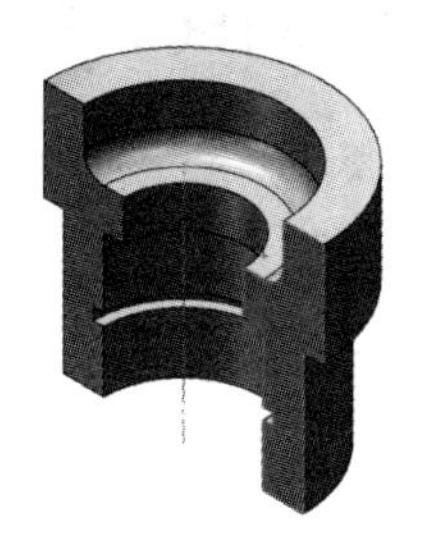

(b) 旋转 180°

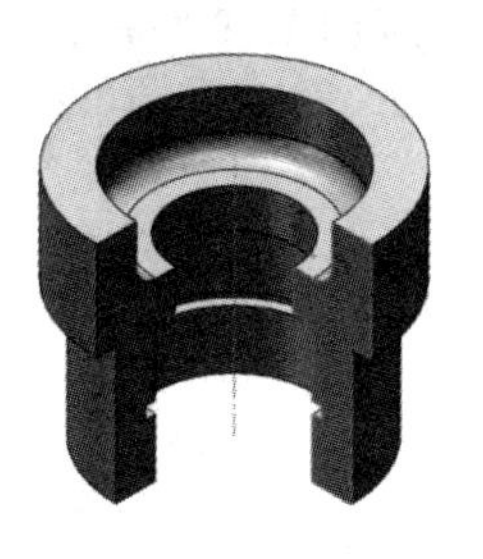

(c) 旋转 270°

(d) 旋转 360°

图 5.5.2　不同角度的旋转特征

5.5.1　旋转特征的方法

旋转特征与拉伸特征一样，即可以事先绘制草图再旋转特征，或单击旋转特征后再选择平面、草图绘制均可。

一草图的绘制尺寸如图 5.5.3 所示。退出草图后，单击特征工具栏上的【旋转凸台/基体】按钮，默认【旋转轴】为中心线，如图 5.5.4 所示。更改【旋转轴】为一条边线，如图 5.5.5 所示，由于更改旋转轴使得图形呈现多种旋转特征结果。

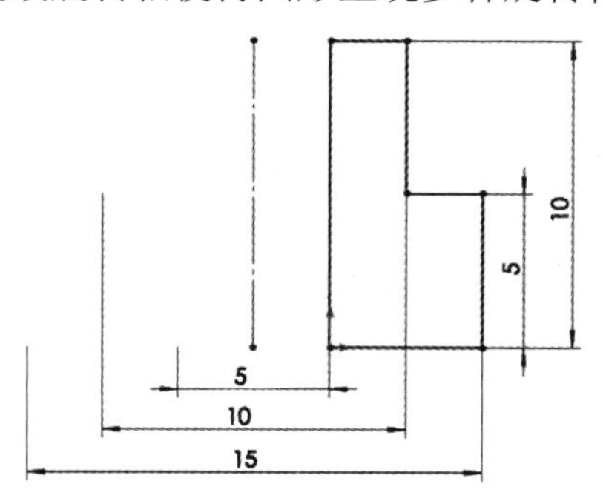

图 5.5.3　绘制的草图

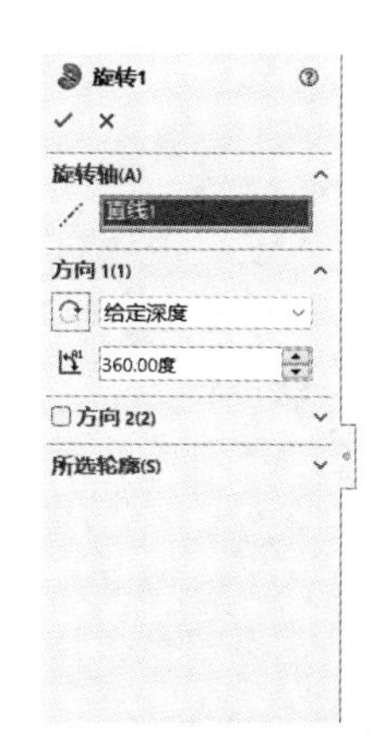

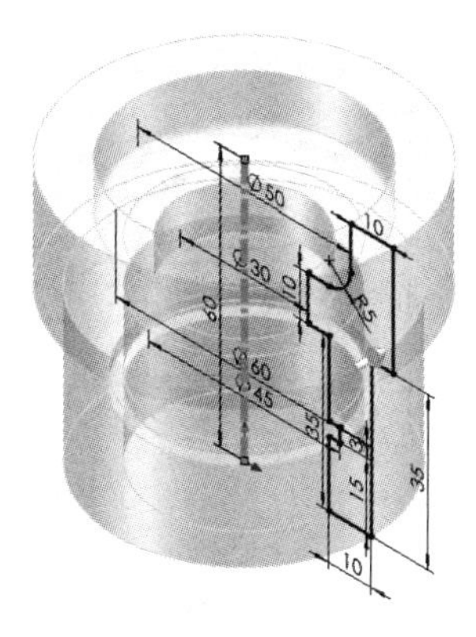

图 5.5.4　旋转轴为中心线

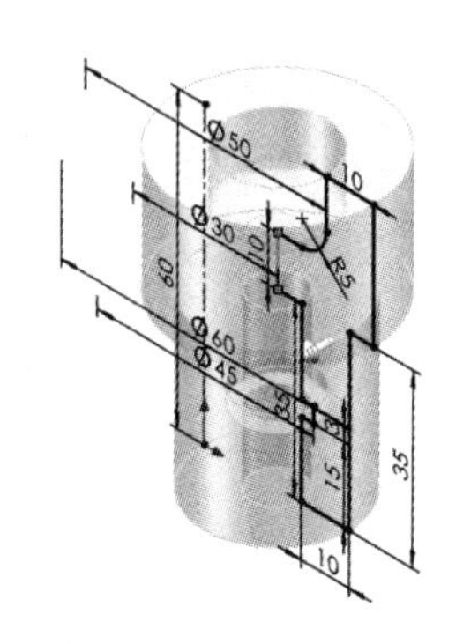

图 5.5.5　旋转轴为边线

5.5.2　旋转特征属性管理器

单击【旋转凸台/基体】按钮，旋转特征的属性管理器如图 5.5.6 所示。旋转特征的属性管理器中包括了【旋转轴】、【方向 1】、【方向 2】、【薄壁特征】和【所选轮廓】等 5 个选项。

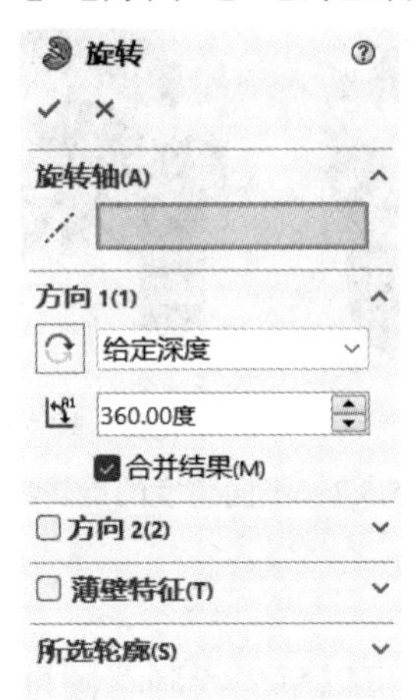

图 5.5.6 旋转特征属性管理器

各参数说明如下：

- 【旋转轴】：可以是中心线、直线或实体边线等。
- 【方向 1 角度】：方向 1 上输入的角度值。
- 【方向 2 角度】：方向 2 上输入的角度值。
- 【所选轮廓】：选择草图中全部或局部封闭草图轮廓作为旋转的轮廓。

【方向 1】、【方向 2】、【薄壁特征】以及【所选轮廓】的选项和操作与拉伸特征相同。

5.5.3 使用 Instant3D 修改旋转特征

1. 修改旋转特征草图尺寸

Instant3D 同样适合于旋转特征。选择旋转特征的草图，将鼠标指针置于尺寸上，当出现【十字移动】按钮时，如图 5.5.7 所示，按住鼠标左键不放并拖动可以更改对应尺寸，将尺寸 10 利用 3D 标尺拖动至 20，如图 5.5.8 所示。

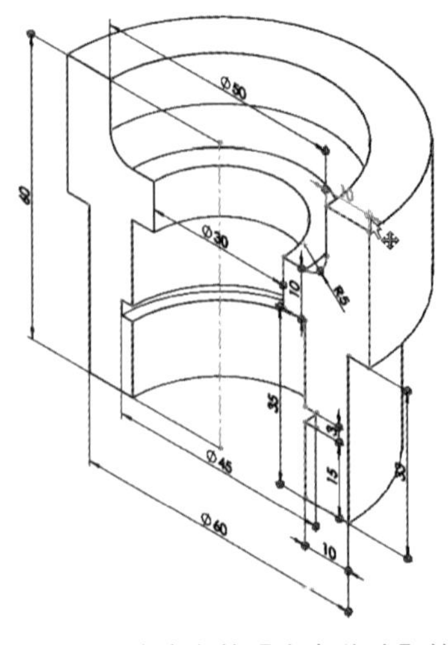

图 5.5.7 尺寸线上的【十字移动】按钮

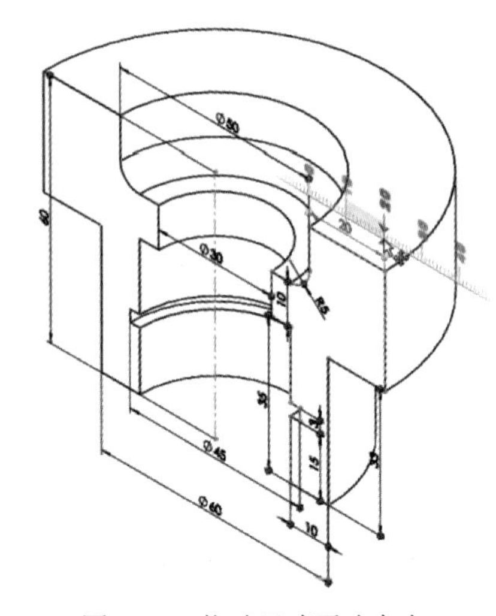

图 5.5.8 拖动尺寸更改大小

2. 修改旋转特征尺寸

选择旋转的特征，将鼠标指针置于尺寸上，当出现【十字移动】按钮时，如图 5.5.9 所示，按住鼠标左键不放并拖动来更改尺寸，将角度尺寸 180° 利用 3D 标尺拖动至 225°，如图 5.5.10 所示。

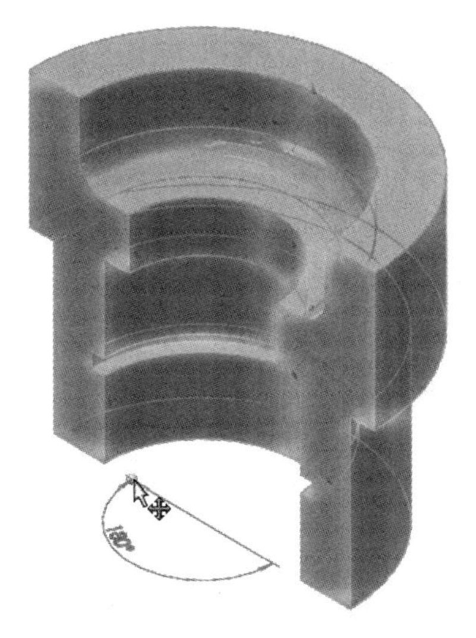

图 5.5.9　尺寸线上的【十字移动】按钮

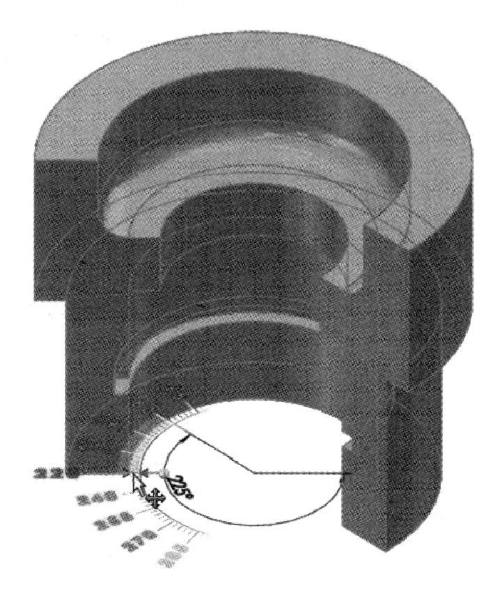

图 5.5.10　拖动角度尺寸更改大小

5.6　旋转特征应用实例

【实例 5-2】 轴建模实例

建立如图 5.6.1 所示的轴实体模型。

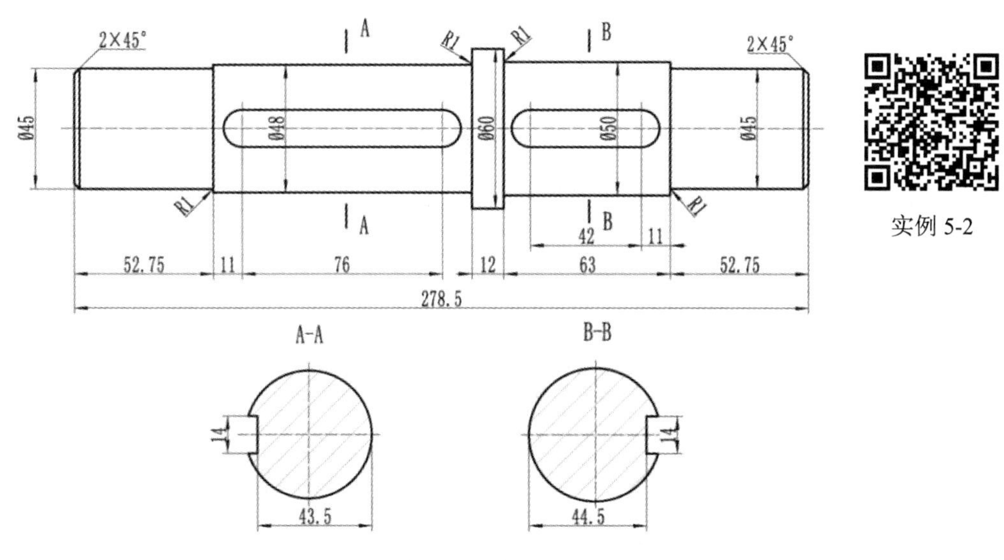

图 5.6.1　轴

轴绘制流程分为两个部分，分别为旋转一个凸台和拉伸切除键槽，如图 5.6.2 所示。

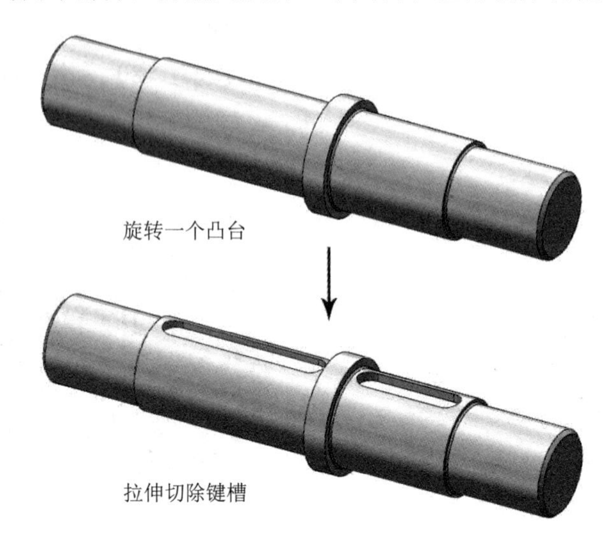

图 5.6.2　轴绘制流程

具体操作步骤如下：

步骤 1　新建零件。单击标准工具栏上的【新建】按钮，在【新建 SOLIDWORKS 文件】对话框中选择模板【XYZ 零件】作为零件绘制模板。

步骤 2　创建第一部分——旋转一个凸台。选择【上视基准面】作为草图绘制平面，绘制草图尺寸如图 5.6.3 所示。完成后退出草图。

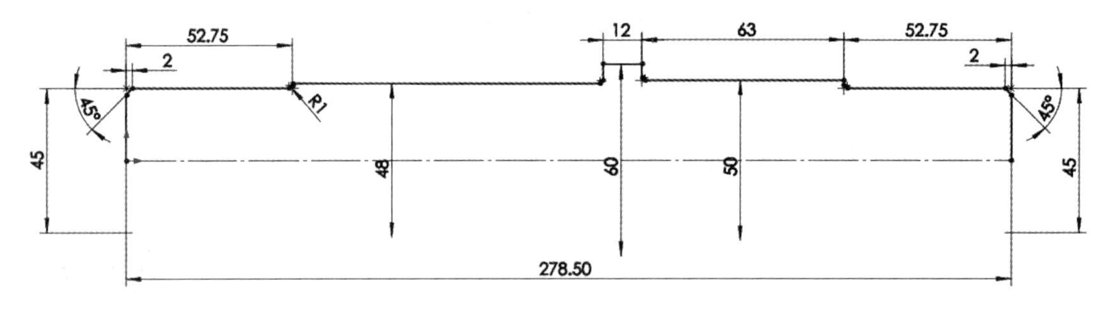

图 5.6.3　绘制草图尺寸

选择该草图，单击【旋转凸台/基体】，弹出【SOLIDWORKS】提示对话框，如图 5.6.4 所示。

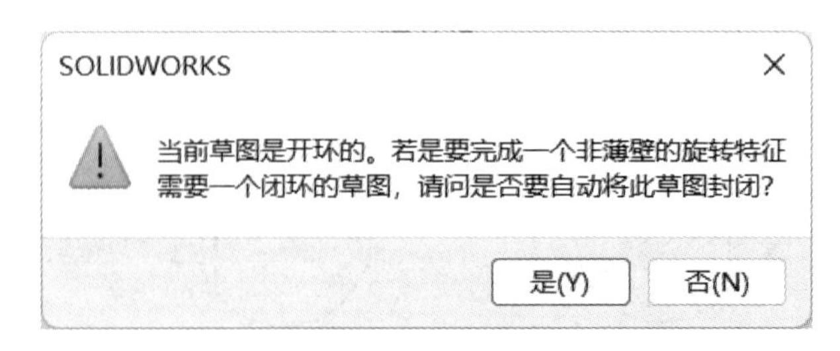

图 5.6.4　SOLIDWORKS 提示对话框

• 单击【是】，将自动封闭草图，预览如图 5.6.5 所示。

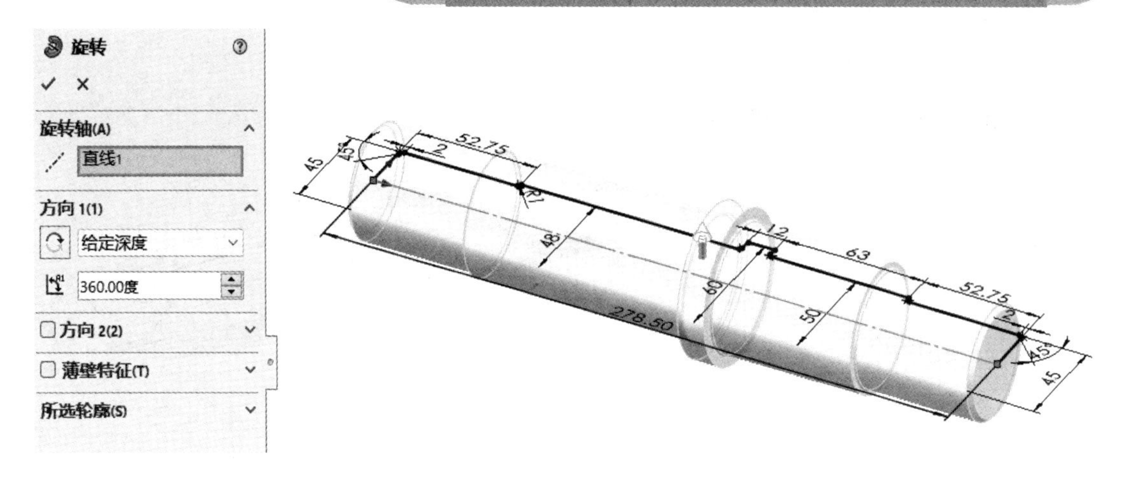

图 5.6.5　旋转特征预览

• 单击【否】，将自动生成薄壁特征，预览如图 5.6.6 所示。

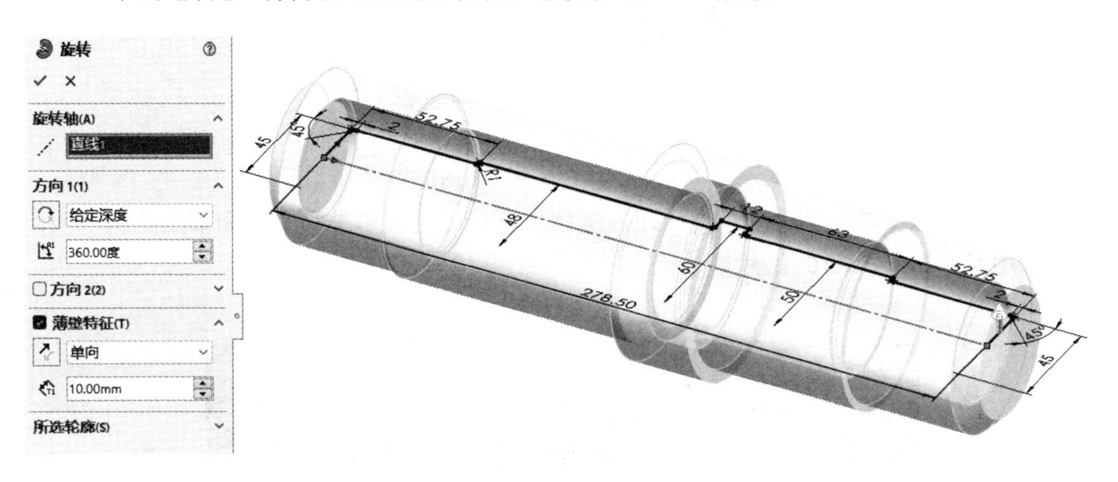

图 5.6.6　旋转特征预览

为了避免出现上述的两种情况，在绘制草图完成时，最好将中心线转换为实体直线或者直接在中心线基础上再绘制一条直线，如图 5.6.7 所示。

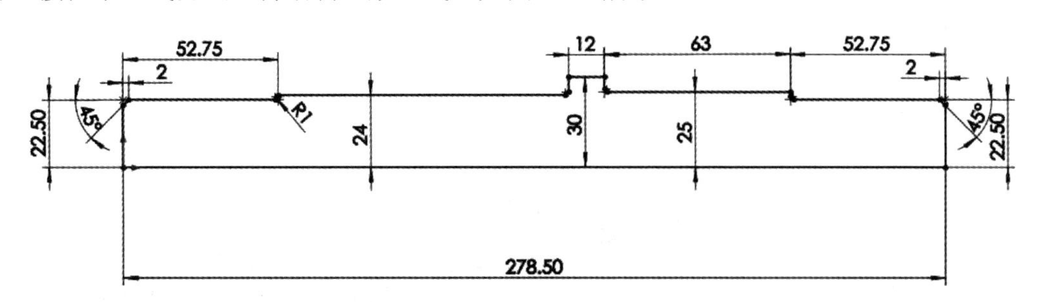

图 5.6.7　转换中心线为实体直线

完成转换后，单击【旋转凸台/基体】，旋转轴选择中心直线，给定深度为 360°，如图 5.6.8 所示。单击【确定】按钮，完成第一个凸台的旋转，如图 5.6.9 所示。

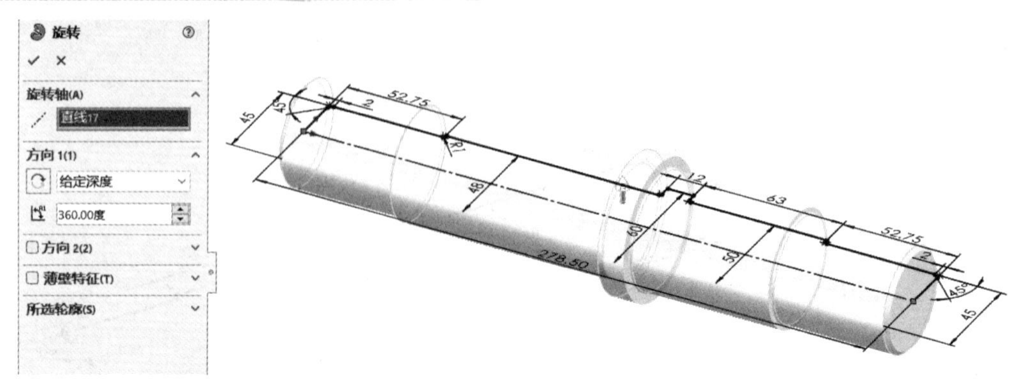

图 5.6.8　旋转特征设置

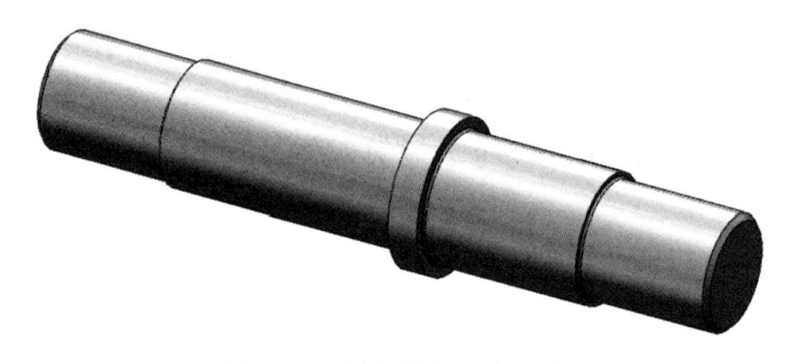

图 5.6.9　旋转的第一个凸台

步骤 3　创建第二部分——拉伸切除键槽。选择【上视基准面】作为草图绘制平面，绘制草图尺寸如图 5.6.10 所示。

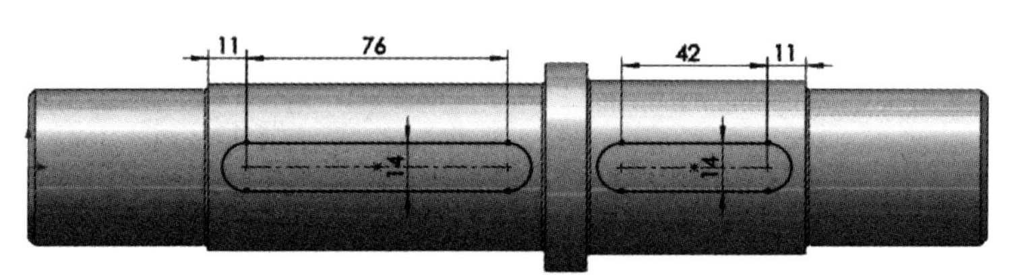

图 5.6.10　键槽草图

单击【拉伸切除】，【等距】为 19.5，【方向 1】为【完全贯穿】，如图 5.6.11 所示。单击【确定】按钮，完成键槽的切除，如图 5.6.12 所示。

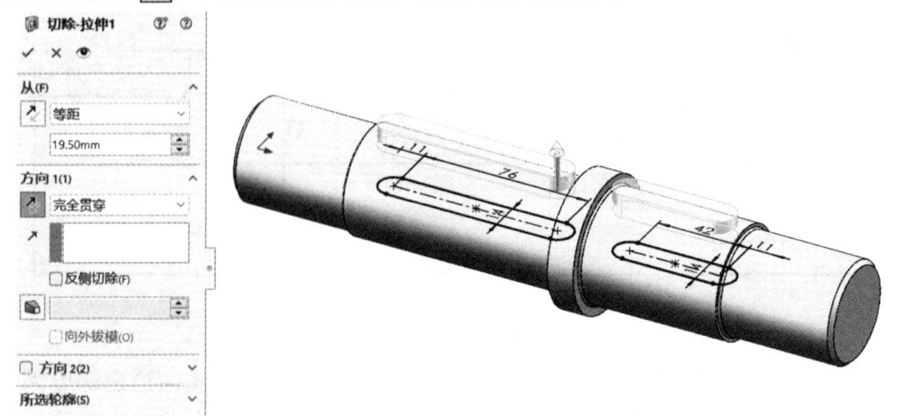

图 5.6.11　拉伸切除键槽设置

图 5.6.12　完成拉伸切除键槽

步骤 4　更改零件材料。在材质上右击编辑材料，在【材料属性】中选择结构合金钢 40Cr。

步骤 5　添加或修改文件属性。单击菜单栏的【文件】→【自定义属性】按钮或单击标准工具栏上的【自定义属性】按钮，根据用户需要添加或修改相关属性值，以便出工程图时这些属性能链接在图纸上。

步骤 6　保存文档。单击【保存】按钮，选择目录并输入保存名称“轴”。再单击【保存】按钮，保存文件。

第 6 章　扫描与放样特征建模

本章要点

- ☑ 扫描与放样条件简介
- ☑ SolidWorks 扫描轮廓绘制
- ☑ SolidWorks 截面轮廓绘制
- ☑ 扫描与放样属性管理器
- ☑ 扫描与放样应用实例

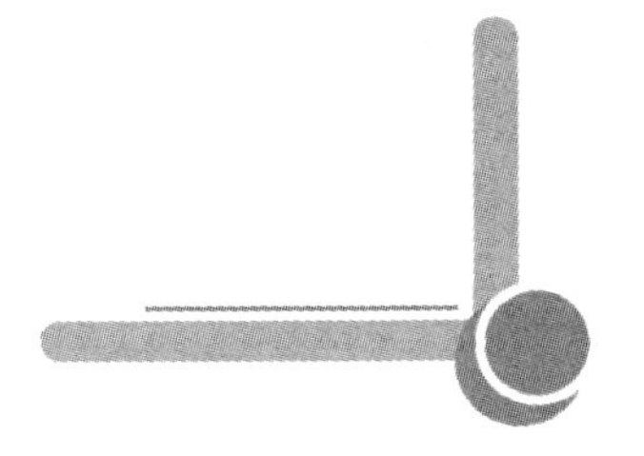

6.1 扫描特征

扫描特征的原理是一个轮廓(可以是封闭区域、环等)沿着轨迹路径走过所形成的特征。扫描特征与拉伸和旋转特征不同，至少需要 2 个要素(扫描路径和扫描轮廓)。当具备 2 个或 2 个以上的要素(扫描路径、扫描轮廓和单/多个引导线等)时草图才能实现。

扫描通过沿着一条路径移动轮廓(截面)来生成基体、凸台、切除或曲面，并遵循以下规则：

◆ 对于基体或凸台扫描特征轮廓必须是闭环的；对于曲面扫描特征则轮廓可以是闭环的也可以是开环的。

◆ 路径可以为开环或闭环。

◆ 路径可以是一张草图、一条曲线或一组模型边线中包含的一组草图曲线。

◆ 路径必须与轮廓的平面交叉。

◆ 不论是截面、路径或所形成的实体，都不能出现自相交叉的情况。

◆ 引导线必须与轮廓或轮廓草图中的点重合或穿透。

图 6.1.1 所示为一个扫描路径和一个扫描轮廓形成的扫描特征。

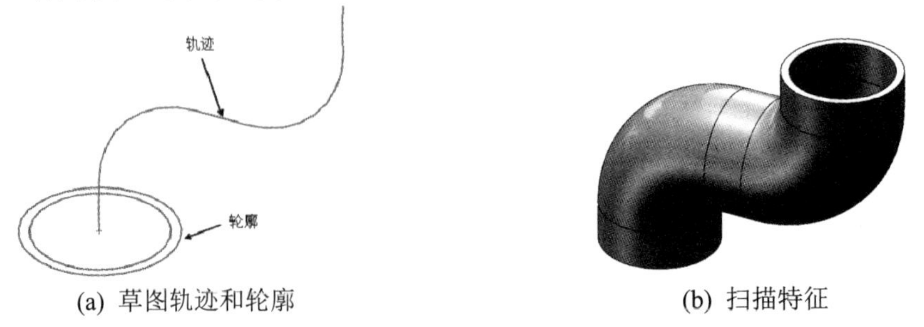

(a) 草图轨迹和轮廓　　(b) 扫描特征

图 6.1.1　2 个要素扫描特征

图 6.1.2 所示为一个扫描路径、一个扫描轮廓和一个引导线形成的扫描特征。

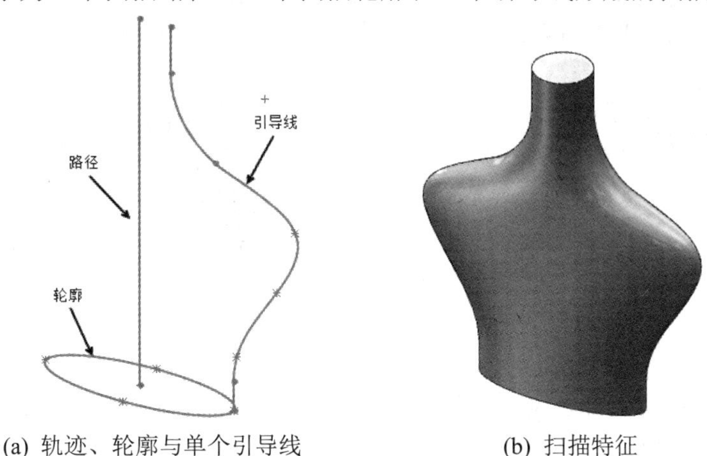

(a) 轨迹、轮廓与单个引导线　　(b) 扫描特征

图 6.1.2　3 个要素扫描特征

图 6.1.3 所示为一个扫描路径、一个扫描轮廓和多个引导线形成的扫描特征。

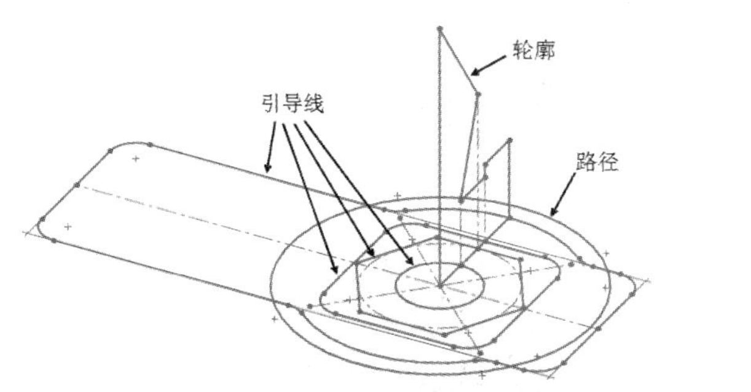

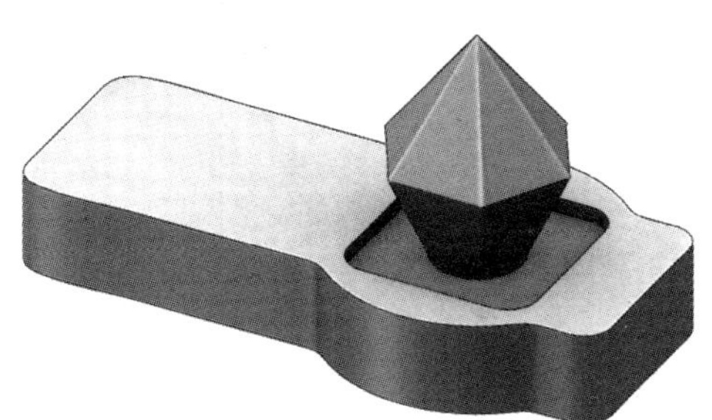

(a) 轨迹、轮廓与多个引导线　　(b) 扫描特征

图 6.1.3　3 个以上要素扫描特征

如图 6.1.4 所示，扫描特征属性管理器包括【轮廓和路径】、【选项】、【引导线】、【起始处和结束处相切】、【薄壁特征】、【特征范围】和【SelectionManager】等几个选项。

各参数说明如下：

- 【轮廓】：设定用来生成扫描的草图轮廓(截面)。在图形区域中或 FeatureManager 设计树中选取草图轮廓。基体或凸台扫描特征的轮廓应为闭环，曲面扫描特征的轮廓可为开环或闭环。
- 【路径】：设定轮廓扫描的路径。在图形区域或 FeatureManager 设计树中选取路径草图。路径可以是开环或闭合、包含在草图中的一组绘制的曲线、一条曲线或一组模型边线。路径的起点必须位于轮廓的基准面上，并且最好添加约束关系【穿透】。
- 【选项】：方向/扭转类型，控制轮廓在沿路径扫描时的方向。其选项有：

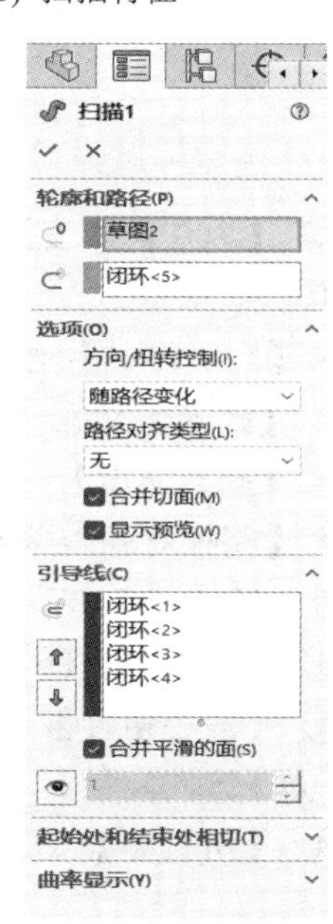

图 6.1.4　扫描特征属性管理器

① 【随路径变化】：截面相对于路径仍时刻处于同一角度，如图 6.1.5 所示。

② 【保持法向不变】：截面时刻与开始截面平行，如图 6.1.6 所示。

图 6.1.5 随路径变化

图 6.1.6 保持法向不变

③ 【随路径和第一引导线变化】：引导线多条时，按第一引导线变化。

④ 【随第一和第二引导线变化】：引导线多条时，按第一与第二引导线变化。

⑤ 【沿路径扭转】：沿路径扭转截面。在定义方式下按【度数】、【弧度】或【旋转】定义扭转，如图 6.1.7 所示。截面扭转，按【旋转】(0.5)半圈。

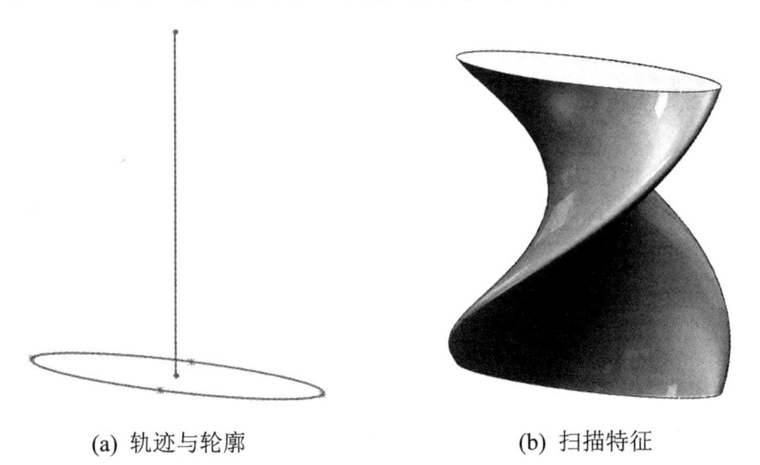

(a) 轨迹与轮廓　(b) 扫描特征

图 6.1.7 沿路径扭转的扫描特征

⑥ 【以法向不变沿路径扭曲】：通过在截面上沿路径扭曲时保持与开始截面平行的扭曲截面。

- 【定义方式】：沿路径扭转或以法向不变沿路径扭曲(在方向/扭转类型中被选择时可用)。
- 【扭转定义】：定义扭转。选择度数、弧度或旋转。
- 【扭转角度】：在扭转中设定度数、弧度或圈数。
- 【路径对齐类型】：(在随路径变化于方向/扭转类型中被选择时可用)。当路径上出现少许波动或不均匀波动使轮廓不能对齐时，可以将轮廓稳定下来。其选项有：

① 【无】：垂直于轮廓而对齐轮廓，不进行纠正。

② 【最小扭转】：(只对于 3D 路径)。阻止轮廓在随路径变化时自我相交。

③ 【方向向量】：以方向向量所选择的方向对齐轮廓，选择设定方向向量的实体。

④ 【所有面】：当路径包括相邻面时，使扫描轮廓在几何关系可能的情况下与相邻面相切。

⑤ 【合并切面】：如果扫描轮廓具有相切线段，可使所产生的扫描中的相应曲面相切。

保持相切的面可以是基准面、圆柱面或锥面。其他相邻面被合并，轮廓被近似处理。草图圆弧可以转换为样条曲线。

⑥ 【显示预览】：显示扫描的上色预览。消除选择后只显示轮廓和路径。

⑦ 【合并结果】：将实体合并成一个实体。

⑧ 【与结束端面对齐】：将扫描轮廓延伸到路径所碰到的最后面。扫描的面被延伸或缩短以与扫描端点处的面匹配，而不要求额外几何体。此选项常用于螺旋线。

- 【引导线】：在轮廓沿路径扫描时加以引导。在图形区域选择引导线，引导线必须与轮廓或轮廓草图中的点重合或穿透。

① 【上移】和下移：调整引导线的顺序。选择一引导线，并调整轮廓顺序。

② 【合并平滑的面】：消除选择带引导线扫描的实体，并在引导线或路径不是曲率连续的所有点处分割扫描。

③ 【显示截面】：显示扫描的截面。选择箭头，按截面数观看轮廓并解疑。

④ 【起始处和结束处相切】：起始处相切类型和结束处相切类型。其选项有：

【无】：没应用相切。

【路径切线】：垂直于开始点路径而生成扫描。

- 【薄壁特征】：选择以生成一薄壁特征扫描。薄壁特征的类型为：

① 【单向】：使用厚度值以单一方向从轮廓生成薄壁特征。如有必要，单击【反向】，反转方向。

② 【两侧对称】：以两个方向应用同一厚度值而使轮廓以双向生成薄壁特征。

③ 【双向】：使轮廓以双向生成薄壁特征。为厚度和厚度设定单独数值。

- 【特征范围】：指定想要特征影响到或合并到哪些实体。
- 【SelectionManager】：单一草图中有多个对象(可以是闭环或开环)时，可在相应的框栏中右击，如图 6.1.8 所示，若在【引导线】框栏上右击即可弹出【SelectionManager】快捷菜单，或在绘图区空白处右击选择【SelectionManager】，如图 6.1.9 所示。

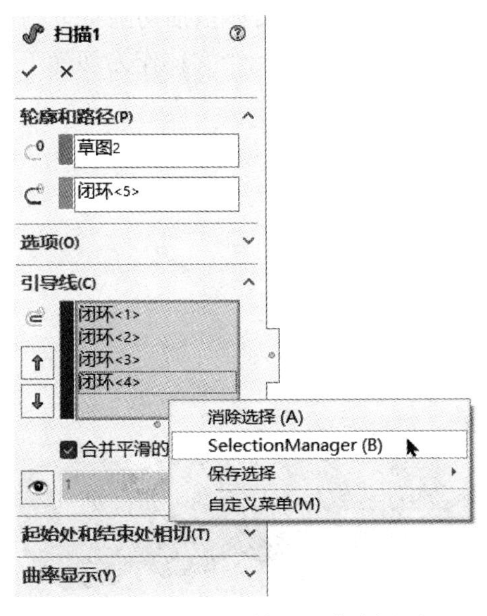

图 6.1.8　调出选择管理器(框栏右击)

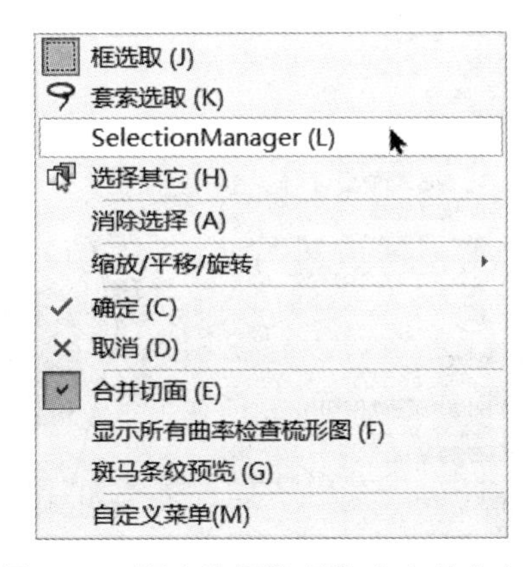

图 6.1.9　调出选择管理器(空白处右击)

选择管理器【SelectionManager】菜单如图 6.1.10 所示。同时确认角图标如图 6.1.11 所示。

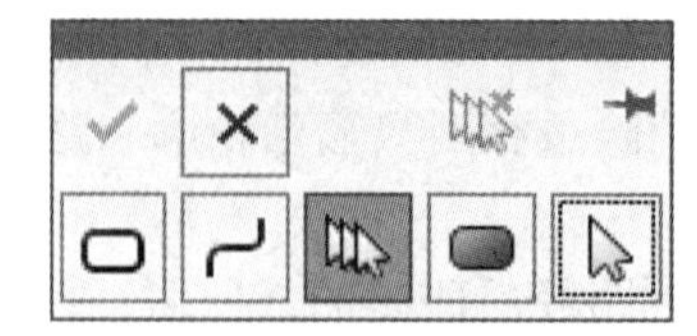

图 6.1.10　选择管理器

图 6.1.11　选择管理器(确认角)

菜单中各命令说明如下：

【确定】：接受选择。

【取消】：取消选择并关闭 SelectionManager。

【选择闭环】：在选择闭环的任何线段时选择整个闭环。如图 6.1.3 所示为选择 4 个闭环引导线。闭环包括闭环轮廓(2D 和 3D 草图中的参数选择)和曲面环(围绕曲面周边的参数选择)。

【选择开环】：在选择一个实体时选择所有链接的实体。链接的实体包括 2D 和 3D 草图中的参数选择。

【选择组】：选择一个或多个实体。选择可以延伸以包括所选实体两端的相切实体。

【选择区域】：在轮廓选择模式下，将参数区域选择为 2D 草图中目前可用的区域。

【标准选择】：使用标准选择，与 SelectionManager 未激活时可用的相同。

【自动确定选择】：按入图钉并使用闭环、开环或区域选择时可用。自动接受选择并将其放入选择列表。

6.2　扫描切除特征

对于扫描切除特征，有【草图轮廓】、【圆形轮廓】和【实体轮廓】3 种，如图 6.2.1 所示。其中轮廓(草图、圆形)扫描切除与扫描特征功能一致，而实体扫描切除特征则需要两个实体(不要合并结果或没有接触的 2 个特征)才能完成，需要一个实体作为切除工具，如图 6.2.2 所示。

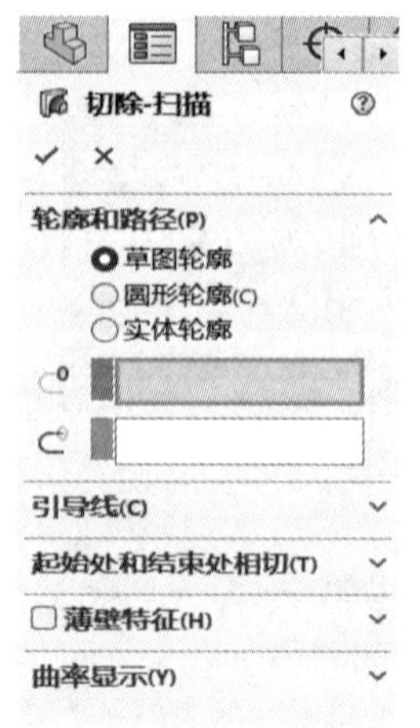

图 6.2.1　扫描切除特征管理器

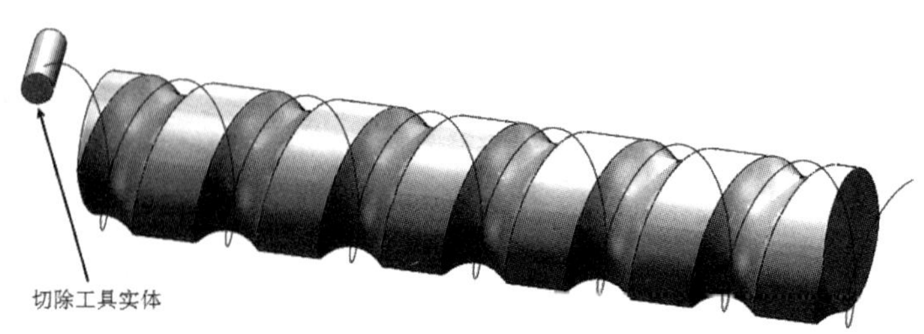

图 6.2.2　扫描实体切除

6.3　重合与穿透约束

重合是点位于或投影于直线、圆弧等上面。

穿透是草图点与基准轴、边线或曲线在草图基准面上穿透的位置重合。

重合不一定穿透，但穿透一定重合。穿透是唯一的，但重合不一定唯一。穿透必须相接触(锁在曲线上)，重合则不一定，即穿透是重合的一个特例。如同数学中的“子集”的概念，穿透是重合的一个子集。两个不能互相接触的图形间，可以重合(投影重合)，却不能穿透。

重合有两种含义：一是延长线方向上的重合，但草图实体间不一定接触；二是指垂直绘制平面方向投影上的重合，但草图实体间的点并不一定接触。不论是否在同一平面，穿透与否的条件首先是能否接触，能接触，则可以穿透；不能接触，则不能穿透。平行平面上的两个草图之间可以重合，投影却不可能穿透。同平面的草图被尺寸约束可以重合，延长线也不能穿透。

在大多数情况下 SolidWorks 可以用重合关系代替穿透完成建模工作。然而在某些复杂的情况下必须要用穿透关系，可以通过添加几何关系功能来添加穿透关系。

由于 SolidWorks 在绘制草图时的默认状态是自动添加几何关系，因此许多的重合关系是自动的。尽管大多数情况下重合和穿透关系是不会冲突的，但并不是说任何情况下都不会冲突。在发生一些莫名其妙的过定义、无解等情况下不能扫描时，应该检查一下草图的约束情况，解除一些约束错误、约束冲突、双重甚至多重定义的约束，特别是对于有重合约束的地方。总之，创建草图时需认真对待，该穿透的地方不要用重合来代替。

如图 6.3.1 所示，路径草图点与轮廓中心点可以是重合也可以是穿透。

如图 6.3.2 所示，引导线草图点与轮廓点或线端点只有穿透时，才能唯一(即全约束)，才能完成扫描。

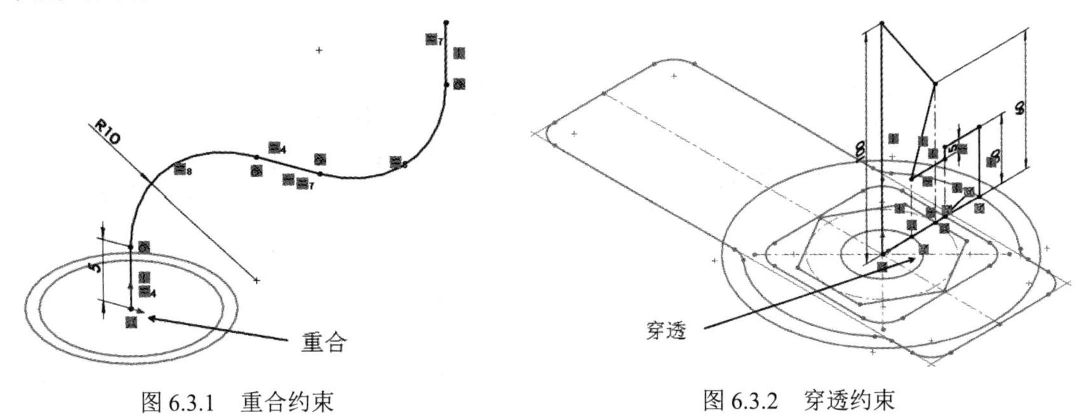

图 6.3.1　重合约束　　　图 6.3.2　穿透约束

6.4　扫描特征应用实例

【实例 6-1】 连杆建模实例

建立如图 6.4.1 所示的连杆实体模型。

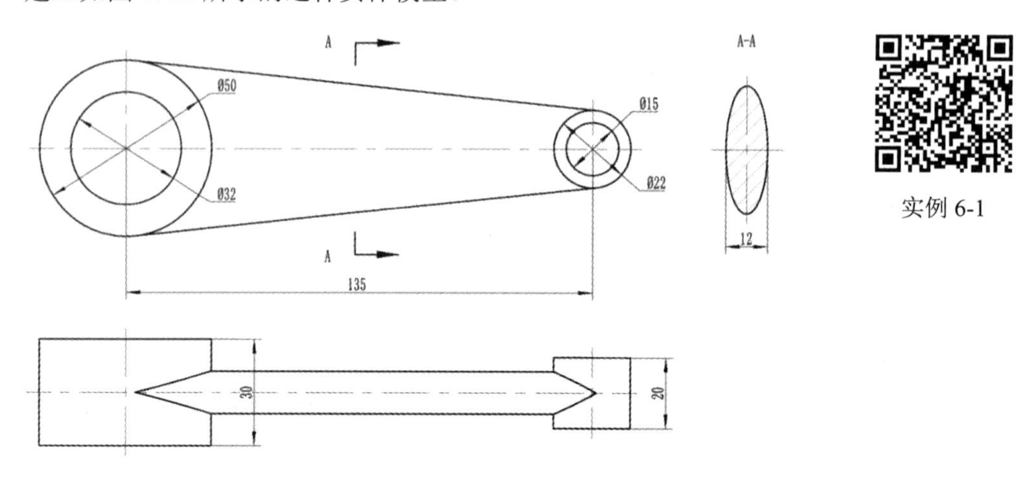

图 6.4.1 连杆

连杆绘制流程分为 4 个部分，分别为拉伸第一个凸台、拉伸第二个凸台、扫描连接体和拉伸切除两孔，如图 6.4.2 所示。

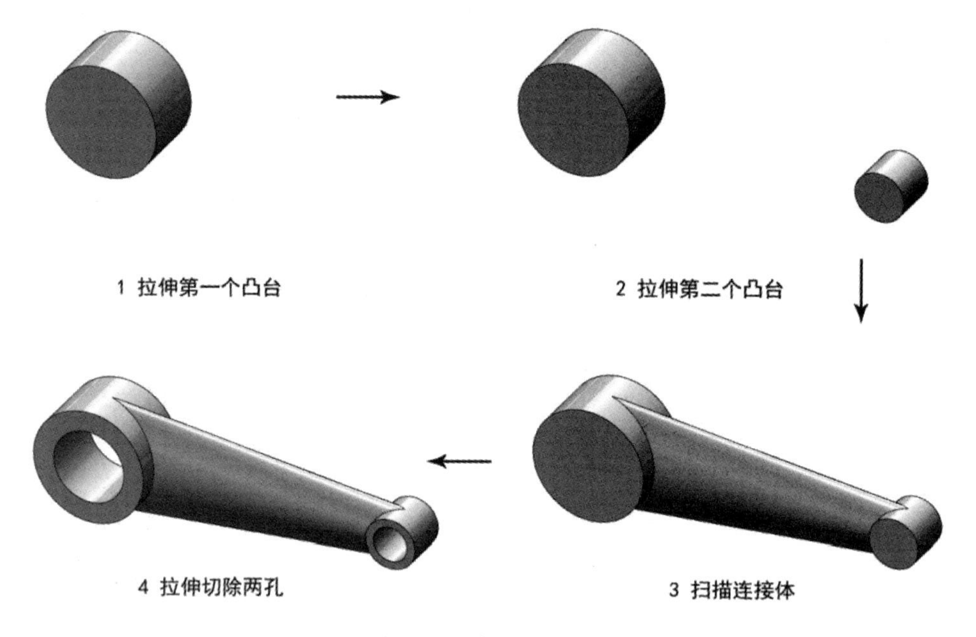

图 6.4.2 连杆绘制流程

具体操作步骤如下：

步骤 1 新建零件。单击标准工具栏上的【新建】按钮，在【新建 SOLIDWORKS 文件】对话框中选择模板【XYZ 零件】作为零件绘制模板。

步骤 2 创建第一部分——拉伸第一个凸台。选择【前视基准面】作为草图绘制平面，绘制草图尺寸如图 6.4.3 所示。单击【拉伸凸台/基体】，在【所选轮廓】中选择$\phi 50$的草图轮廓，两侧对称拉伸距离为 30 mm，如图 6.4.4 所示。单击【确定】按钮，完成第一个凸台的拉伸。

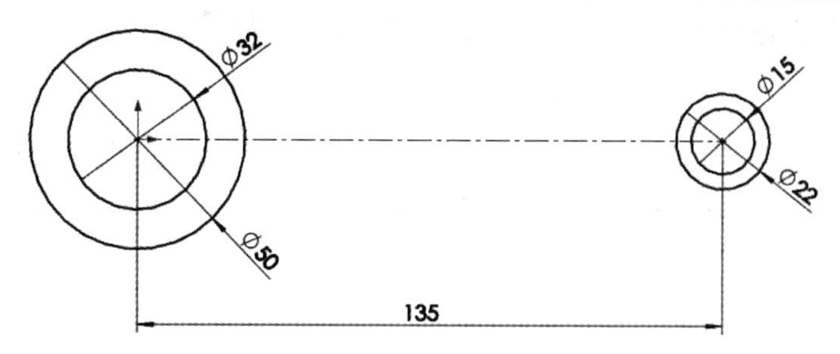

图 6.4.3　绘制草图尺寸

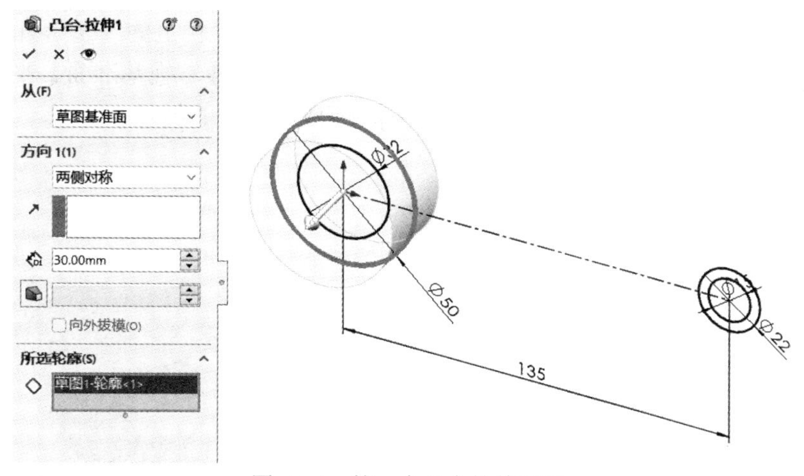

图 6.4.4　第一个凸台拉伸设置

步骤 3　创建第二部分——拉伸第二个凸台。选择上一步绘制的草图作为共享草图，单击【拉伸凸台/基体】，在【所选轮廓】中选择ϕ22 的草图轮廓，两侧对称拉伸距离为 20 mm，如图 6.4.5 所示。单击【确定】按钮，完成第二个凸台的拉伸。

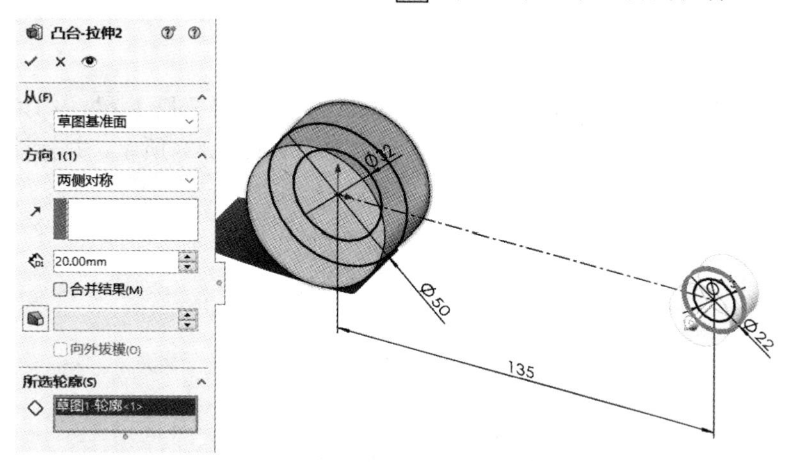

图 6.4.5　第二个凸台拉伸设置

步骤 4　创建第三部分——扫描连杆体。

(1) 绘制扫描路径与引导线。如图 6.4.6 所示，选择【前视基准面】作为绘制平面，绘制 2 条直线与 2 条辅助线，其中引导线与两圆相切约束，路径草图线段与引导线草图竖直投影距离相等，辅助线竖直。绘制完成后单击【退出草图】。

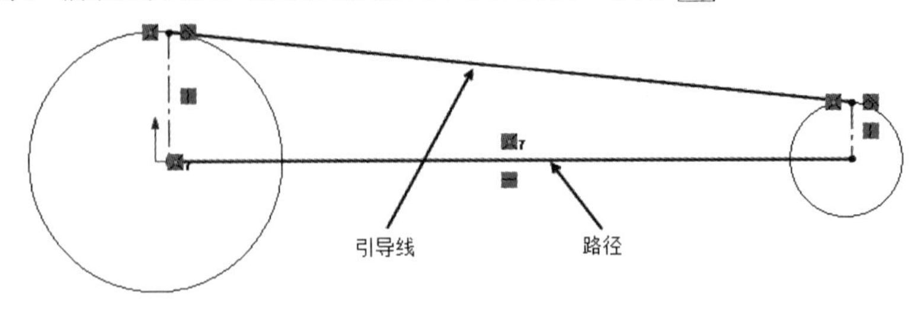

图 6.4.6　引导线与路径草图

(2) 建立截面草图辅助基准面。单击命令管理器特征工具栏上的【参考几何体】→【基准面】，选择与上一步绘制的辅助竖直直线重合并与【右视基准面】平行创建基准面特征，如图 6.4.7 所示。单击【确定】按钮，完成基准面的创建。

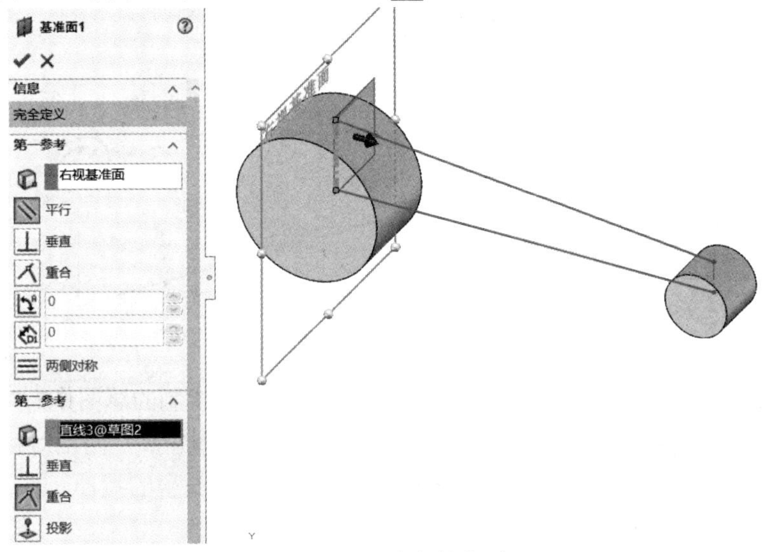

图 6.4.7　建立基准面

(3) 绘制扫描截面草图。在上一步建立的基准面上绘制【椭圆】，约束椭圆中心点与路径直线重合，约束椭圆长半轴顶点与引导线穿透，如图 6.4.8 所示，并标注椭圆短半轴尺寸为 12。

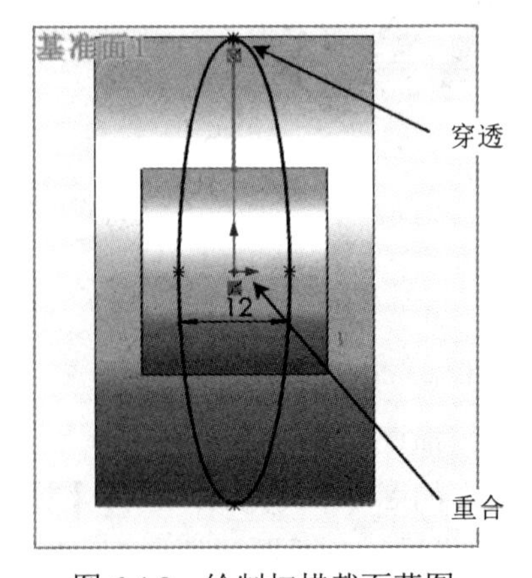

图 6.4.8　绘制扫描截面草图

(4) 创建扫描特征。单击命令管理器特征工具栏上的【扫描】，在【轮廓】选择绘制的截面草图，选择【路径】时，由于路径和引导线是一个草图，故在路径的选择框上右击执行选择管理器【SelectionManager】的【选择组】，选择水平直线作为路径曲线，如图 6.4.9 所示。

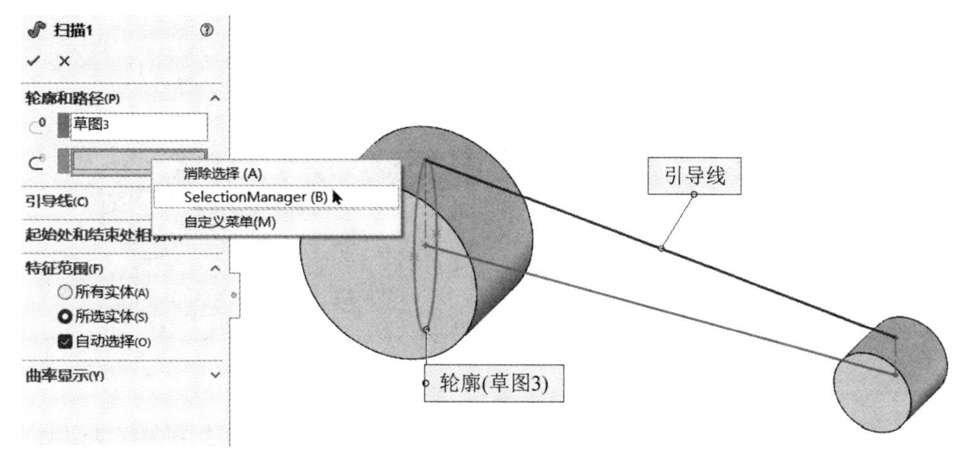

图 6.4.9　选择管理器

同样【引导线】也使用选择管理器【SelectionManager】的【选择组】，选择相切圆直线作为引导线，如图 6.4.10 所示。单击【确定】按钮，完成扫描特征的创建。

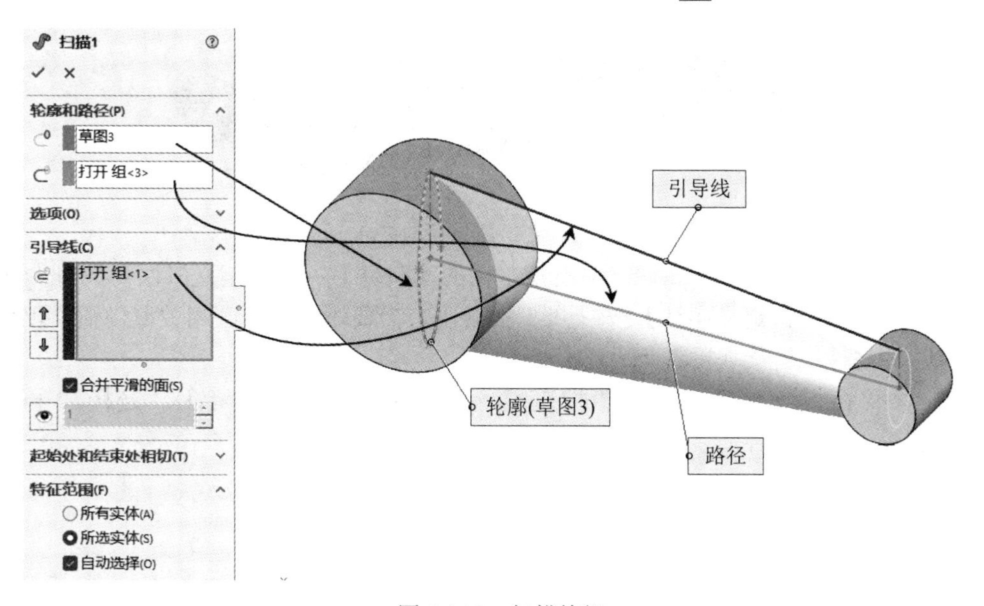

图 6.4.10　扫描特征

> 扫描的轮廓截面最好最后绘制，这样能保证扫描特征的正确建模。

步骤 5　创建第四部分——拉伸切除两孔。选择第一部分绘制的【草图 1】作为共享草图，单击【拉伸切除】，在【所选轮廓】中选择两个内圆(ϕ32 和ϕ15)的封闭区域草图，【方向 1】与【方向 2】均为【完全贯穿】，如图 6.4.11 所示。单击【确定】按钮，完成两孔的切除。

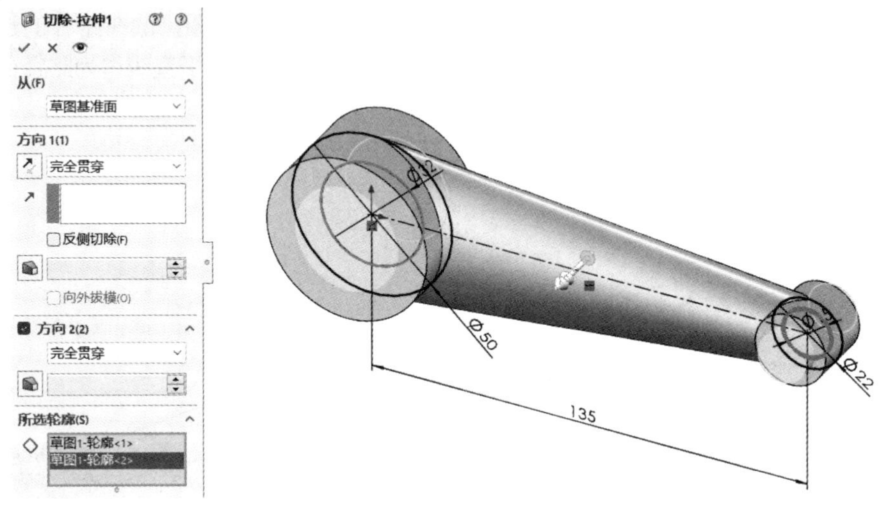

图 6.4.11　拉伸切除特征

步骤 6　更改零件材料。在材质上右击编辑材料，在【材料属性】中选择 45#钢。更改材料后的连杆如图 6.4.12 所示。

图 6.4.12　更改材料后的连杆

步骤 7　添加或修改文件属性。单击菜单栏的【文件】→【自定义属性】按钮或单击标准工具栏上的【自定义属性】按钮，根据用户需要添加或修改相关属性值，以便出工程图时这些属性能链接在图纸上。

步骤 8　保存文档。单击【保存】按钮，选择目录并输入保存名称“连杆”。再单击【保存】按钮，保存文件。

6.5　放样特征

放样特征是用两个或多个轮廓生成放样。仅第一个或最后一个轮廓可以是点，也可以这两个轮廓均为点。单一 3D 草图中可以包含所有草图实体(包括引导线和轮廓)。

对于实体放样，第一个和最后一个轮廓必须是由分割线生成的模型面、截面、平面轮廓或曲面。

操作、编辑和查看放样有多种方法，具体方法如下：

- 单击特征工具栏上的【放样凸台/基体】，或单击【插入】→【凸台/基体】→【放样】。

- 单击特征工具栏上的【放样切除】，或选择【切除】→【放样】→【插入】。
- 单击曲面工具栏上的【放样曲面】，或选择【插入】→【曲面】→【放样】。

①【轮廓】：决定用来生成放样的轮廓。选择要连接的草图轮廓、面或边线。放样根据轮廓选择的顺序而生成，对于每个轮廓，可以选择想要放样路径经过的点。

②【上移和下移】：调整轮廓的顺序。选择【轮廓】并调整轮廓顺序。如果放样预览显示得不理想，可以重新选择或将草图重新组序以在轮廓上连接不同的点。

- 【引导线】：控制放样与引导线相遇处的相切。可以选择以下项目之一：

①【无】：没应用相切约束。

②【垂直于轮廓】：垂直于引导线的基准面应用相切约束，设定拔模角度。

③【方向向量】：根据所选实体应用方向向量。

④【与面相切】：(在引导线位于现有几何体的边线上时可用)。在位于引导线路径上的相邻面之间添加边侧相切，从而在相邻面之间生成更平滑的过渡。

为获得最佳结果，在每个轮廓与引导线相交处，轮廓还应与相切面相切。理想的公差是 2° 或小于 2° 。还可以使用在两点连线相切小于 30° 的轮廓，如果角度再大放样就会失败。

- 【合并切面】：如果对应的放样线段相切，则在所生成的放样中的对应曲面要保持相切。保持相切的面可以是基准面、圆柱面或锥面。其他相邻的面被合并，截面被近似处理。草图圆弧可以转换为样条曲线。
- 【封闭放样】：沿放样方向生成一闭合实体。此选项会自动连接最后一个和第一个草图。
- 【网格预览】：在已选的面上应用网格预览，则可以更好地显示曲面。
- 【网格密度】：当选择网格预览时可以用来调整网格的行数。
- 【斑马条纹】：显示斑马条纹，以便更容易看到曲面褶皱或缺陷。
- 【曲率检查梳形图】：激活曲率检查梳形图显示。
- 【缩放】：当选择【曲率检查梳形图】时可以用来调整曲率检查梳形图的大小。
- 【密度】：当选择【曲率检查梳形图】时可以用来调整曲率检查梳形图的显示行数。

如图 6.5.1 所示为 2 个截面和 2 个引导线形成的放样特征。

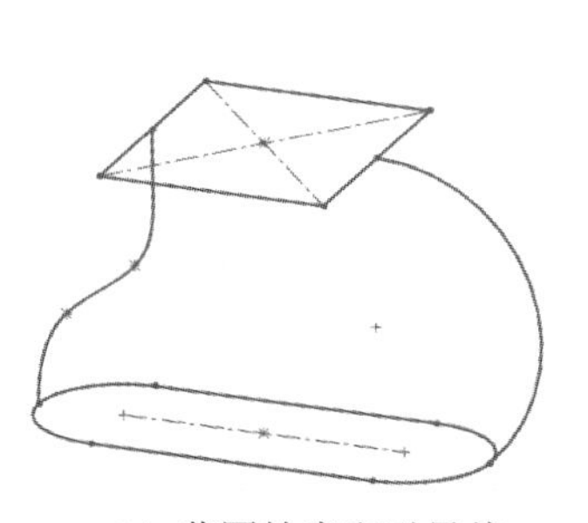

(a) 草图轮廓和引导线

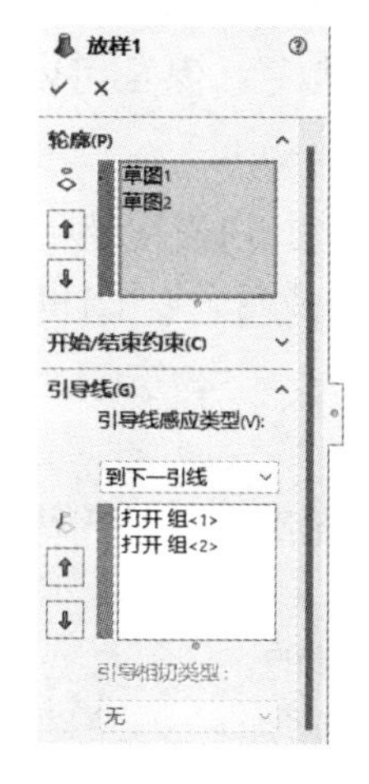

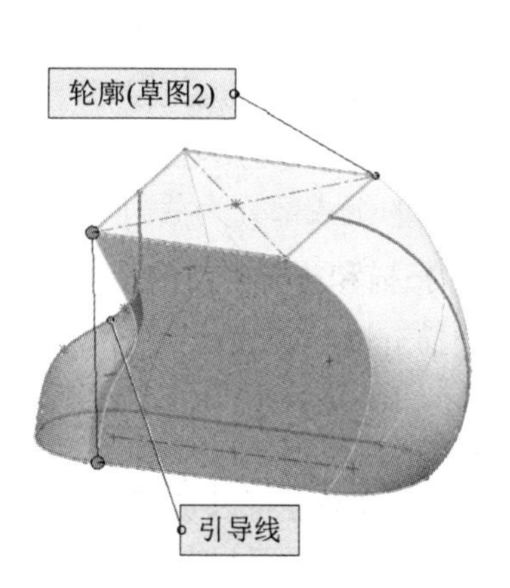

(b) 放样特征

图 6.5.1　2 个要素放样特征

如图 6.5.2 所示为 3 个截面形成的放样特征。

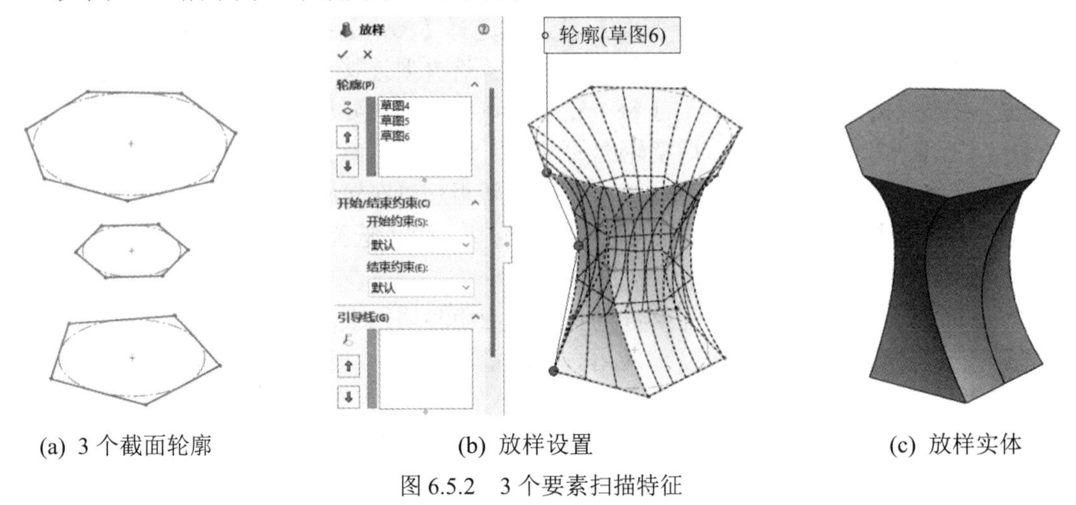

(a) 3 个截面轮廓　　(b) 放样设置　　(c) 放样实体

图 6.5.2　3 个要素扫描特征

6.6　扫描和放样的区别与联系

扫描和放样是 SolidWorks 系统中常用来创建比较复杂形状模型的命令。有些模型用这两个命令都可以创建，但是在实际应用中这两者是有区别的，选用哪个命令要根据具体的设计信息来决定。

扫描是通过沿着一条路径移动轮廓(截面)来生成基体、凸台、切除或曲面；放样是通过在轮廓(截面)之间进行过渡生成基体、凸台、切除或曲面。这两个命令的共同点是都可以用一条或者是多条引导线来控制轮廓(截面)点的走向。

1. 扫描和放样的主要区别

扫描是使用单一的轮廓截面，生成的实体在每个轮廓位置上的实体截面都是相同的或者是相似的。

放样是使用多个轮廓截面，每个轮廓可以是不同的形状，这样生成的实体在每个轮廓位置上的实体截面就不一定相同或相似了，甚至可以完全不同。

2. 扫描和放样的组成部分

扫描的组成部分为扫描截面(一个)、扫描路径和引导线。

放样的组成部分为截面草图(两个或两个以上)和引导线。

3. 扫描和放样各自的特点

扫描有以下特点：

(1) 对于基体或凸台，扫描特征轮廓必须是闭环的；对于曲面扫描，特征轮廓则可以是闭环的也可以是开环的。

(2) 扫描路径可以是开环的或闭环的。

(3) 扫描路径可以是一张草图中包含的一组草图曲线、一条曲线或一组模型边线。

(4) 扫描路径的起点必须位于轮廓的基准面上。

(5) 不论是截面、路径或所形成的实体，都不能出现自相交叉的情况。

(6) 可以使用任何草图曲线、模型边线或曲线作为引导线。

(7) 在引导线和轮廓上的顶点之间，或在引导线和轮廓中用户定义的草图点之间必须是穿透几何关系。穿透几何关系使截面沿着路径改变大小、形状或两者均改变。截面受曲线的约束，但曲线不受截面的约束。

(8) 当使用引导线生成扫描时，路径必须是单个实体(线条、圆弧等)或路径线段必须为相切(而不是成一定角度)。

(9) 在多扫描功能中，可以使用薄壁特征和多个轮廓生成扫描。

放样有以下特点：

(1) 放样的截面草图必须有两个或两个以上。

(2) 在多个截面草图中仅第一个或最后一个轮廓可以是点，也可以这两个轮廓均为点。

(3) 对于实体放样，第一个和最后一个轮廓必须是由分割线生成的模型面、平面轮廓或是曲面。

(4) 截面草图可以使用分割线在模型面上生成空间轮廓，也可以是模型边线构成的空间轮廓。

(5) 引导线必须与所有轮廓相交。

(6) 在引导线和轮廓上的顶点之间，或在引导线和轮廓中用户定义的草图点之间必须是穿透几何关系。

(7) 可以使用任意数量的引导线。

(8) 可以使用任何草图曲线、模型边线或曲线作为引导线。

6.7　放样特征应用实例

【实例 6-2】 天圆地方应用实例

建立如图 6.7.1 所示的天圆地方实体模型。

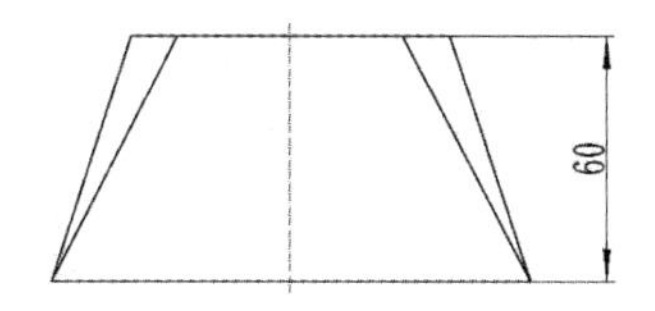

实例 6-2

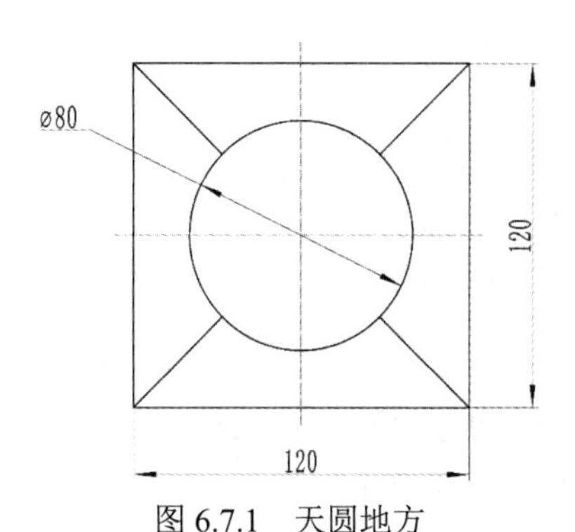

图 6.7.1　天圆地方

天圆地方绘制流程分为 5 个部分，分别为绘制第一个草图、作基准面、在基准面上绘制圆、绘制 3D 引导线和放样特征，如图 6.7.2 所示。

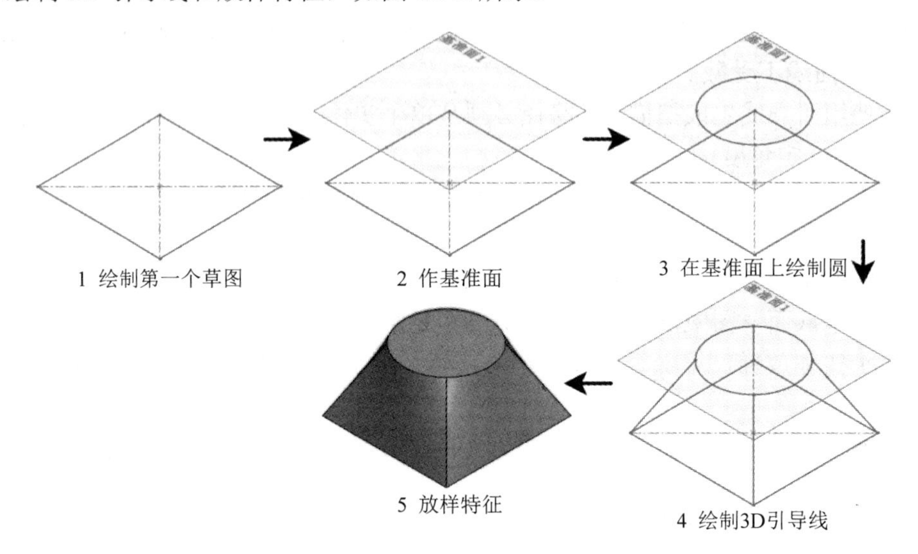

图 6.7.2　天圆地方绘制流程

具体操作步骤如下：

步骤 1　新建零件。单击标准工具栏上的【新建】按钮，在【新建 SOLIDWORKS 文件】对话框中选择模板【XYZ 零件】作为零件绘制模板。

步骤 2　创建第一部分——绘制第一个草图。选择【上视基准面】作为草图绘制平面，绘制尺寸为 120 mm × 120 mm 的正方形，如图 6.7.3 所示。

步骤 3　创建第二部分——作基准面。单击命令管理器特征工具栏上的【参考几何体】→【基准面】，选择【上视基准面】，并在距离中输入 60 mm，如图 6.7.4 所示。

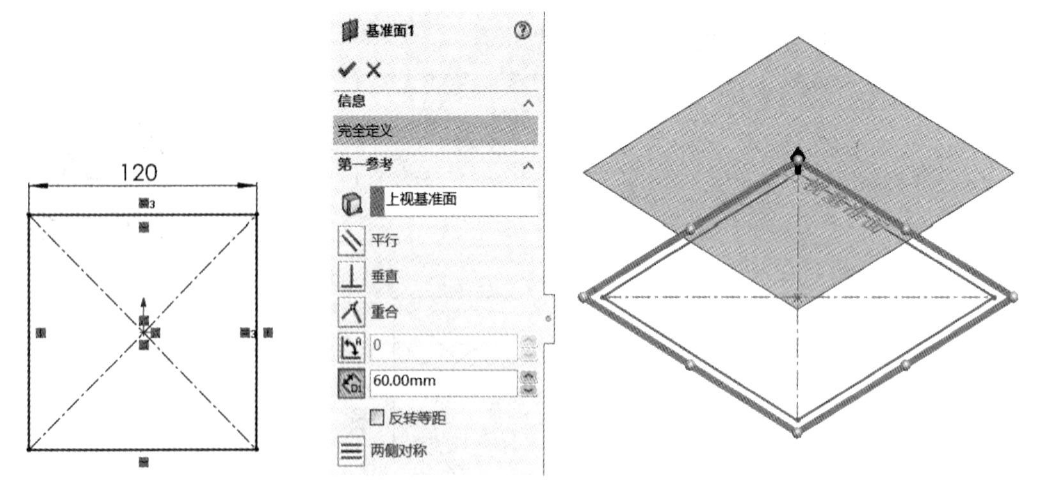

图 6.7.3　绘制正方形　　　　图 6.7.4　创建基准面

步骤 4　创建第三部分——绘制直径为 80 mm 的圆并分割。

(1) 选择新建的【基准面 1】，单击命令管理器特征工具栏上的【圆】，并标注尺寸为 80 mm，如图 6.7.5 所示。

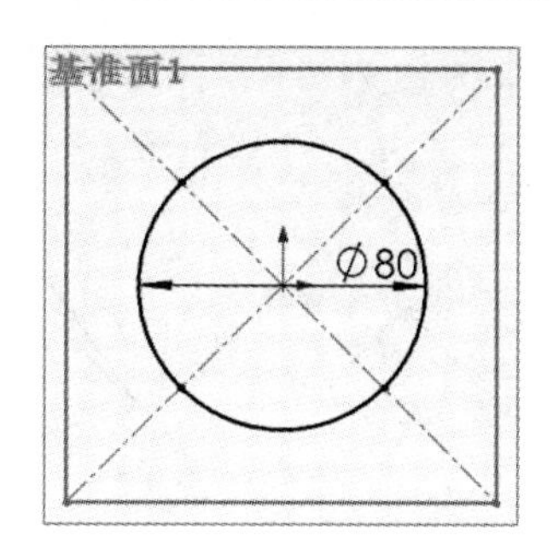

图 6.7.5　绘制 80 的圆

(2) 选择【基准面 1】并在关联工具栏中单击【隐藏】，将基准面隐藏。单击菜单栏上的【工具】→【草图工具】→【分割实体】，如图 6.7.6 所示。单击圆和正方形重合的四个位置，如图 6.7.7 所示。

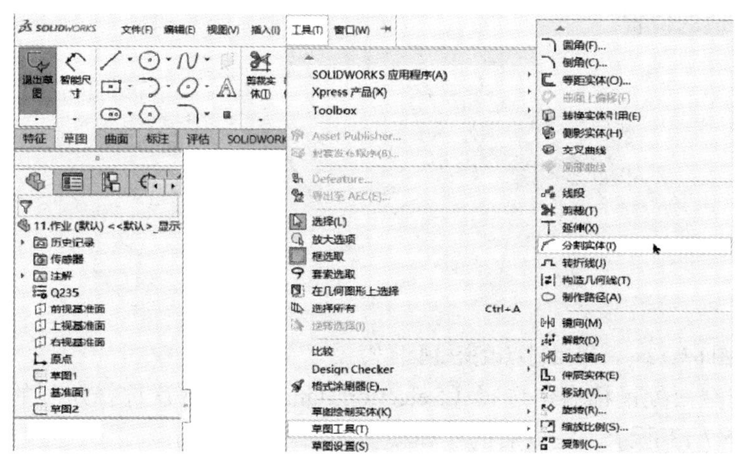

图 6.7.6　分割实体命令

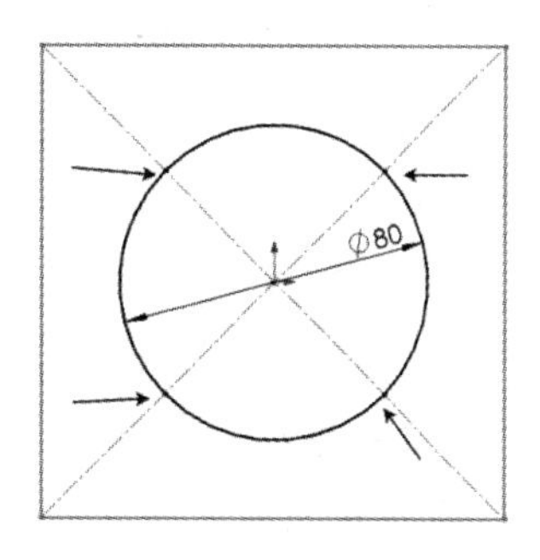

图 6.7.7　分割圆 4 个位置

为确保分割的 4 部分都与正方形四条边线重合，只需按住鼠标左键将点拖动至正方形所对应的辅助线上，如图 6.7.8 所示。依次将 4 个点全部约束完成后如图 6.7.9 所示。

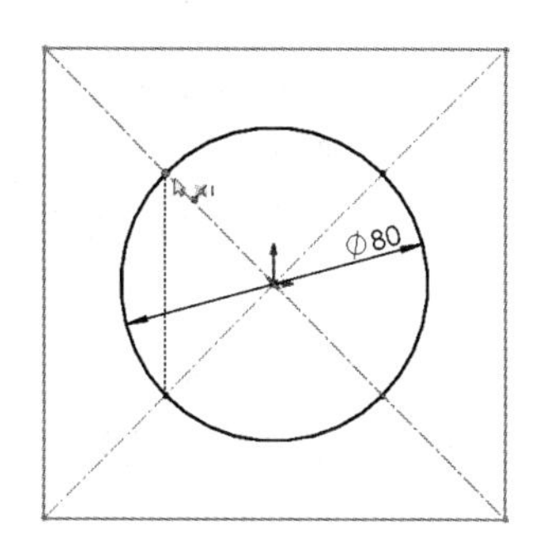

图 6.7.8　拖动点并约束

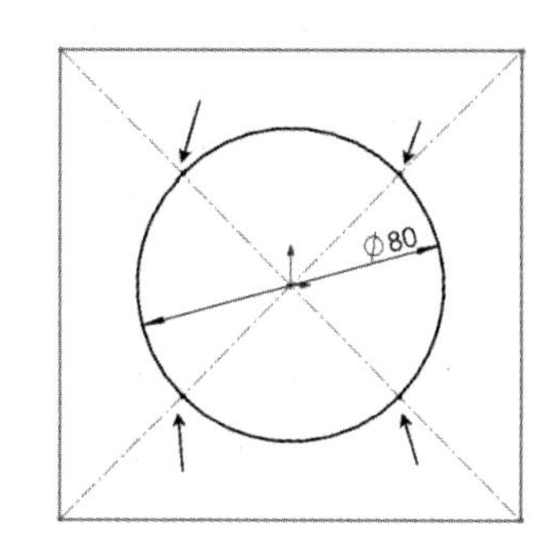

图 6.7.9　完全约束 4 点

步骤 5　创建第四部分——绘制 3D 引导线。选择草图选项卡，在草图绘制的下拉三角中选择【3D 草图】3D 3D 草图，进入 3D 草图绘制。选择【直线】，按住鼠标中键，将图形旋转至合适位置，再直接点选对应的两点，完成后双击即可结束一条线段的绘制，如图 6.7.10 所示。用同样的方法绘制完成其余 3 条引导线，如图 6.7.11 所示。

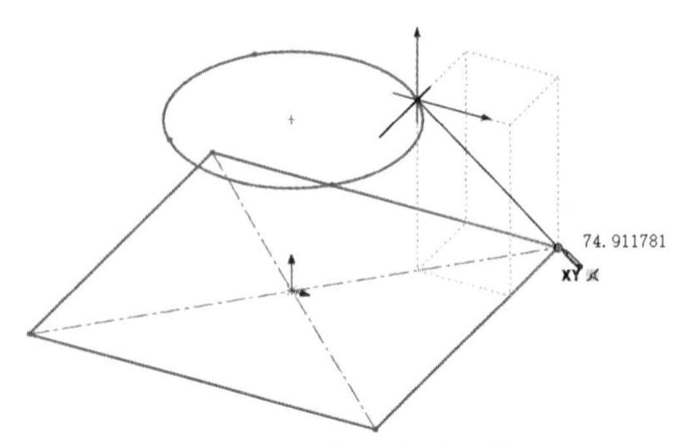

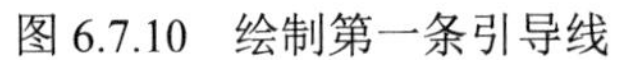
图 6.7.10 绘制第一条引导线

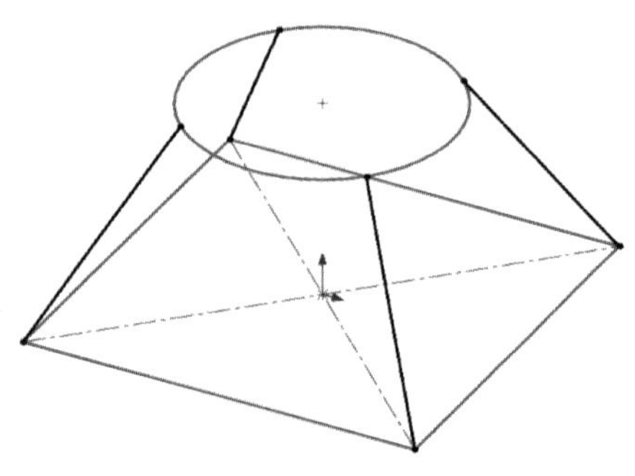

图 6.7.11 绘制其余引导线

步骤 6 创建第五部分——放样特征。单击特征选项卡上的【放样凸台/基体】，在截面中选择正方形和圆，由于单击位置的不同会造成图形不一定符合设计意图，这时就需要利用控制点(绿色点)操作，如图 6.7.12 所示，鼠标悬浮在绿色控制点上会出现移动图标，按住鼠标不放将控制点移动到合适的位置。

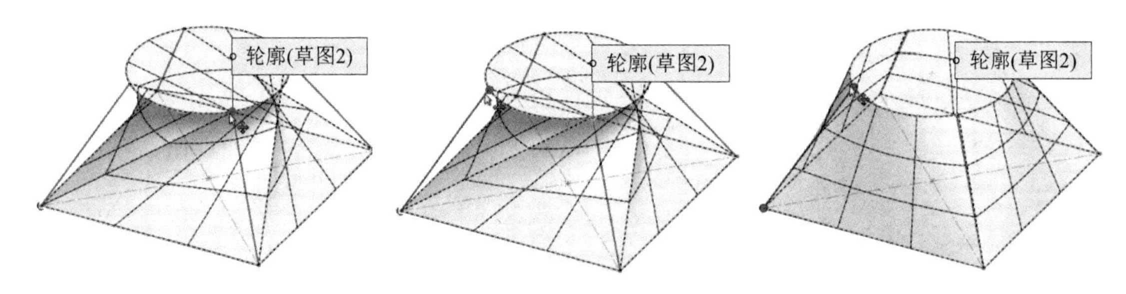

图 6.7.12 利用控制点改变模型样式

用鼠标右击引导线，或在空白处鼠标右击选择【SelectionManager】，依次选择绘制的 3D 直线并确定，完成后如图 6.7.13 所示。完成后的实体模型如图 6.7.14 所示。

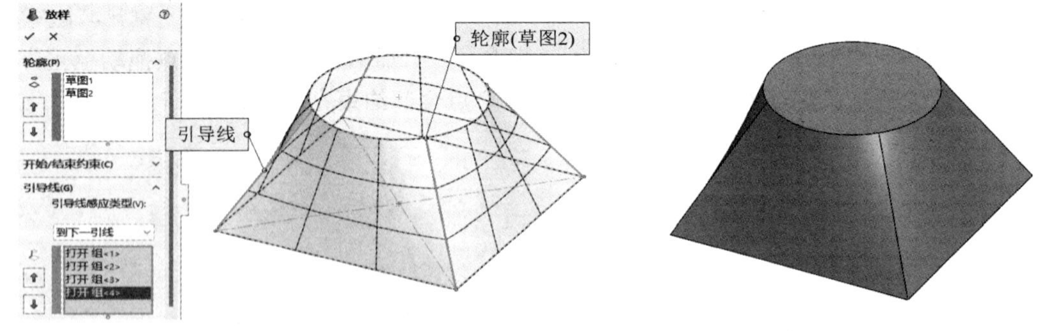

图 6.7.13 添加引导线

图 6.7.14 完成放样

步骤 7 更改零件材料。在材质上右击编辑材料，在【材料属性】中选择碳素结构钢 Q235，则完成材质的添加。

步骤 8 添加或修改文件属性。单击菜单栏的【文件】→【自定义属性】按钮或单击标准工具栏上的【自定义属性】按钮，根据用户需要添加或修改相关属性值，以便出工程图时这些属性能链接在图纸上。

步骤 9 保存文档。单击【保存】按钮，选择目录并输入保存名称“放样”。再单击【保存】按钮，保存文件。

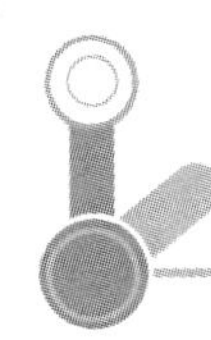

第 7 章　焊接件及钣金件设计①

本章要点

☑ 焊接件工具
☑ 钣金件工具
☑ 焊接件、钣金件应用实例

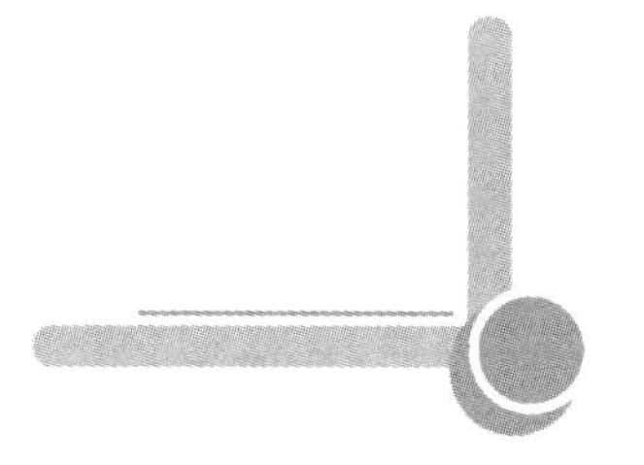

7.1　焊接件工具栏

SolidWorks 2023 焊件工具栏包括【3D 草图】、【焊件】、【结构构件】、【剪裁/延伸】、【拉伸凸台/基体】、【顶端盖】、【角撑板】、【圆角焊缝】、【拉伸切除】、【异型孔向导】、【倒角】和【参考几何体】，如图 7.1.1 所示。

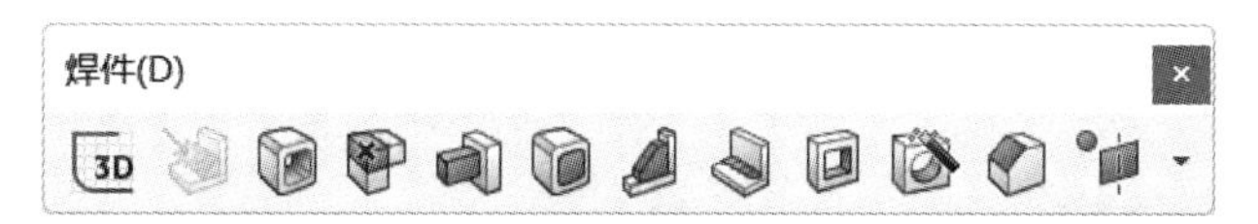

图 7.1.1　焊件工具栏

调出焊件工具栏的方法如下：

◆ 右击界面空白处，从工具栏中选择【焊件】。
◆ 在命令管理器的文字区域右击选择【焊件】，如图 7.1.2 所示。

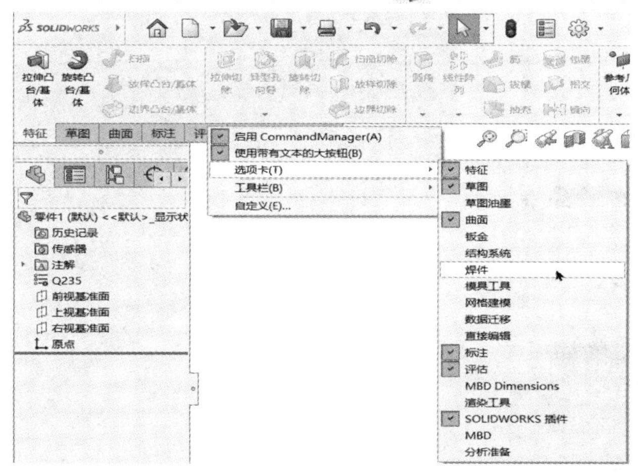

图 7.1.2　焊件工具栏

① 焊接件也简称焊件，钣金件简称钣金。本书中焊件即为焊接件，钣金即为钣金件。

焊件工具栏的功能如下：

- 【3D 草图】：添加一个新的 3D 草图，或编辑一个现有的 3D 草图。3D 草图前面章节已详细介绍过，这里不再赘述。
- 【焊件】：生成一个焊件特征以激活焊件环境，如图 7.1.3 所示。

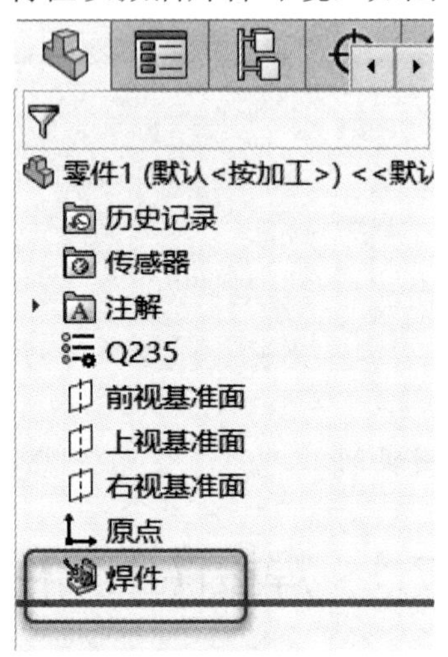

图 7.1.3　焊件环境

- 【结构构件】：沿用户预定义路径生成一个结构构件。如图 7.1.4 所示，在焊件轮廓库中选择需要的构件轮廓即可生成结构构件。

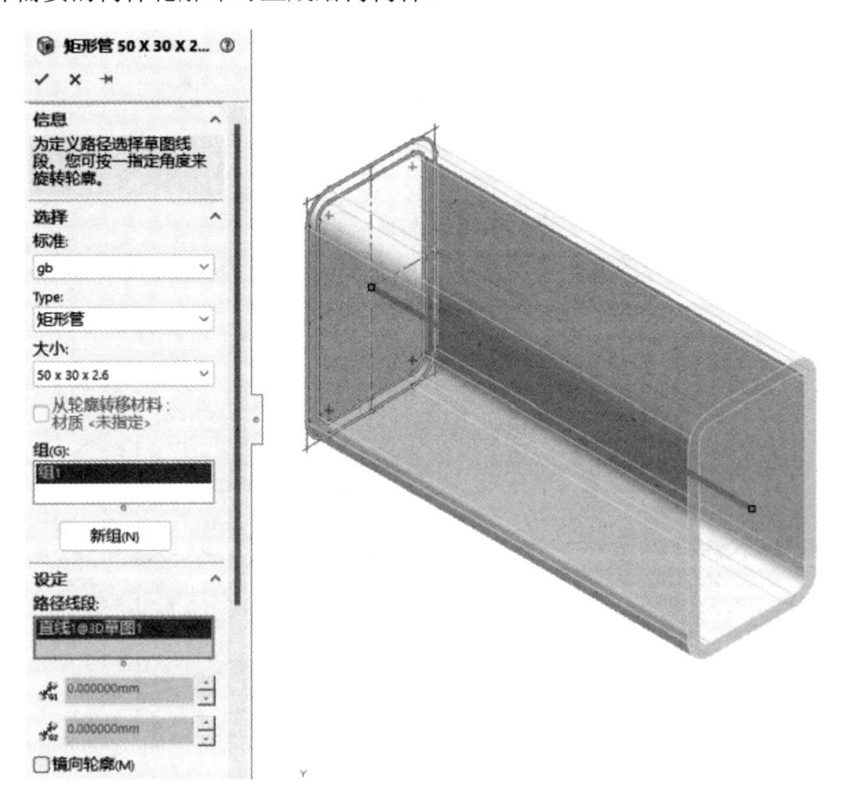

图 7.1.4　焊件结构构件

- 【剪裁/延伸】：使用相邻的构件剪裁或延伸构件。图 7.1.5 所示为经过剪裁的实体。

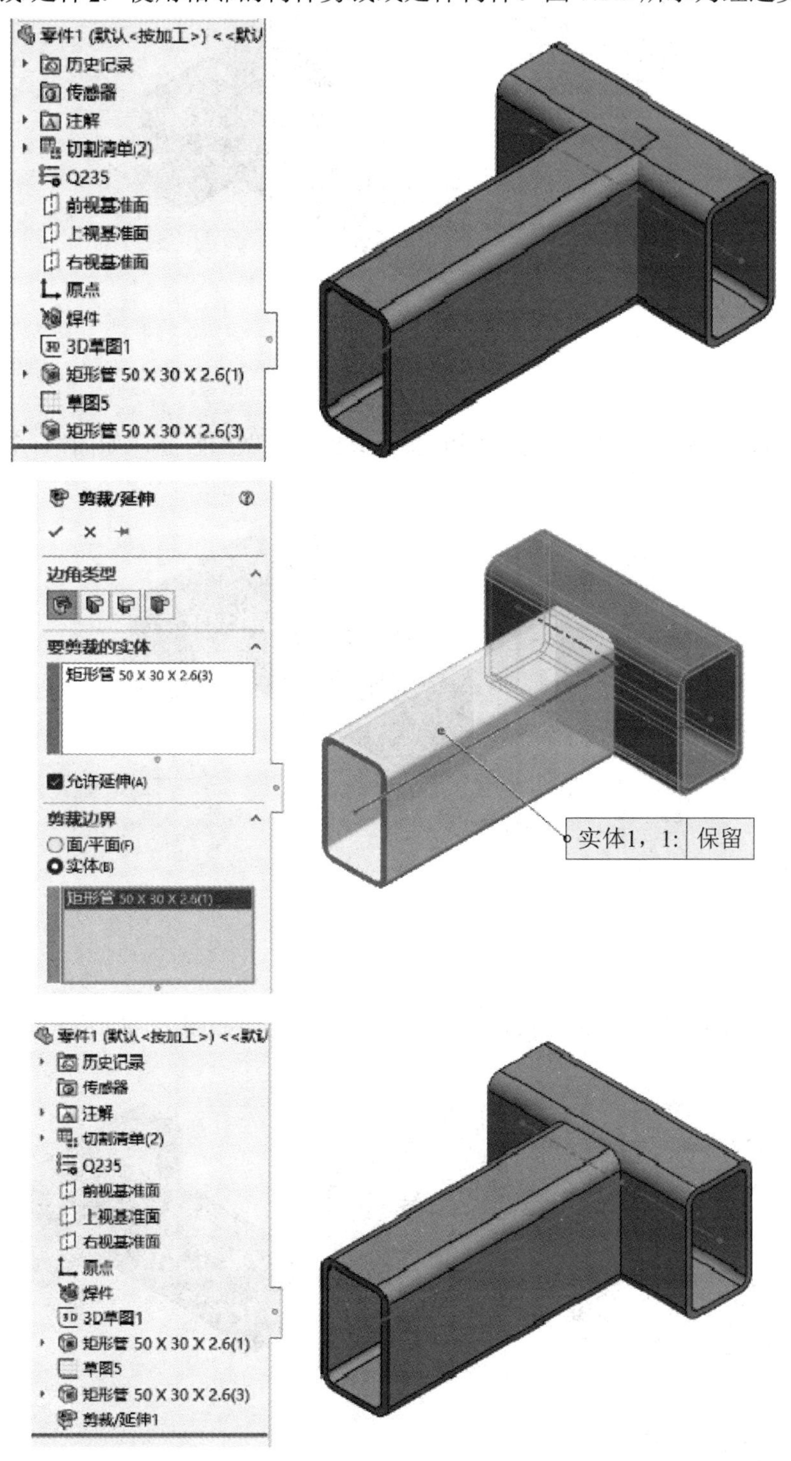

图 7.1.5　剪裁实体

- 【拉伸凸台/基体】：以一个或多个草图轮廓拉伸的实体特征，也就是拉伸特征。
- 【顶端盖】：在开口构件顶端生成顶端盖。图 7.1.6 所示为结构构件生成顶盖。

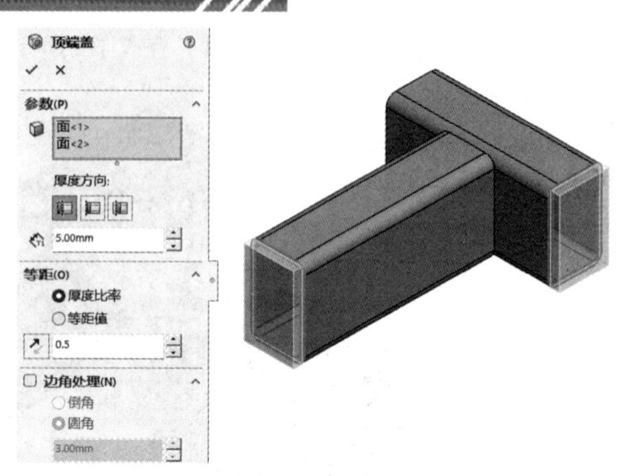

图 7.1.6 顶盖

- 【角撑板】：在两个相邻实体之间添加支撑板用于做加强筋，如图 7.1.7 所示。

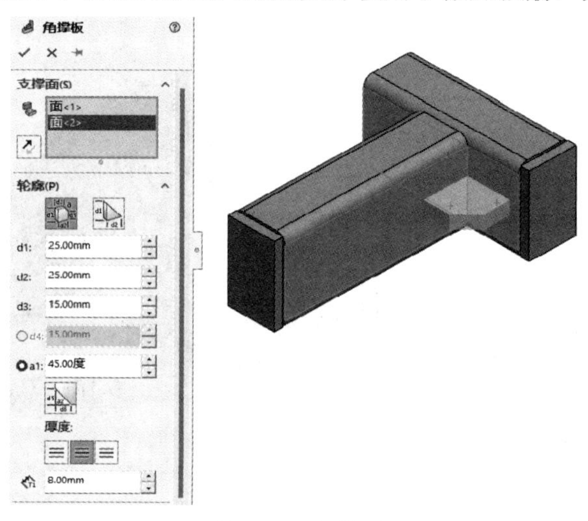

图 7.1.7 角撑板

- 【圆角焊缝】：在两个相邻实体之间添加圆角焊缝，如图 7.1.8 所示。

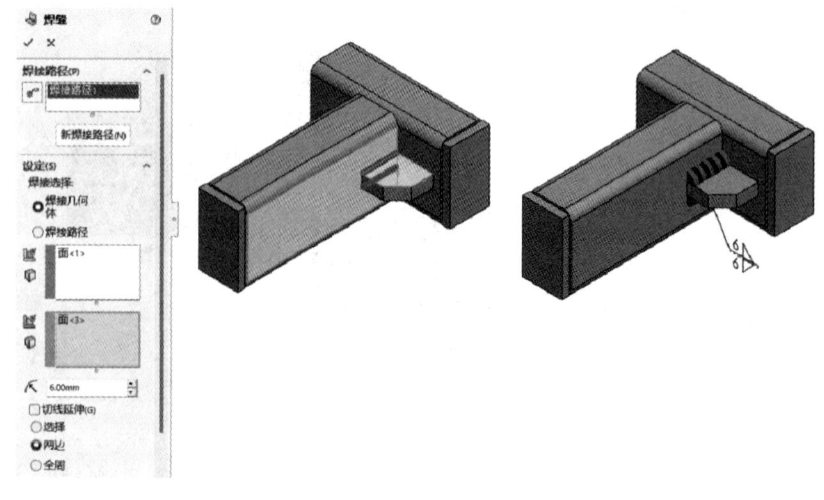

图 7.1.8 焊缝

- 【拉伸切除】：以一个或多个草图轮廓拉伸切除的实体特征。
- 【异型孔向导】：添加预定义孔到指定面。
- 【倒角】：通过一条或多条边线生成一个倾斜特征。
- 【参考几何体】：建立基准面、轴、点和坐标系参考特征。

7.2　焊接件绘制实例

【实例 7-1】 机架焊接件实例

建立如图 7.2.1 所示的机架焊接件实体模型。

实例 7-1

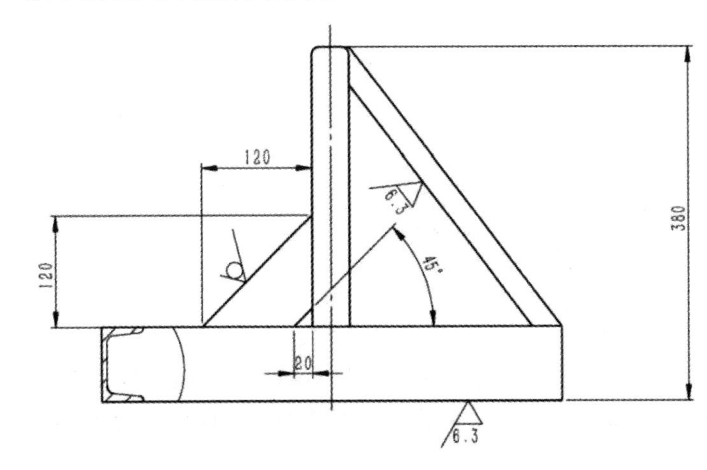

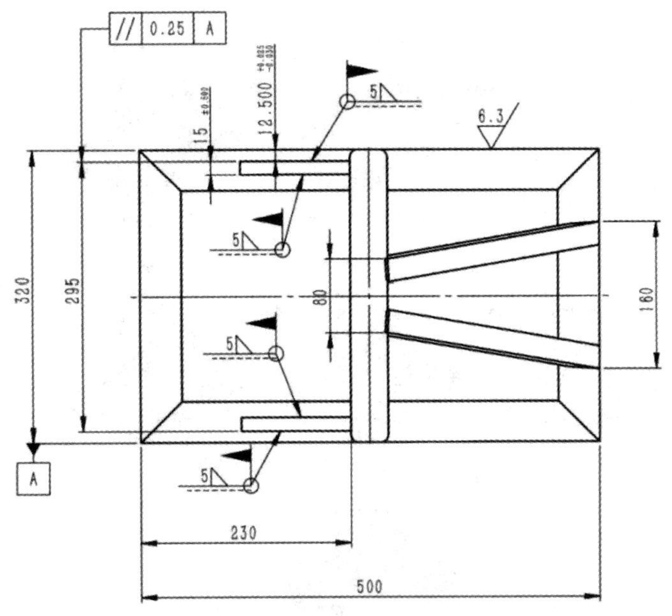

(a)

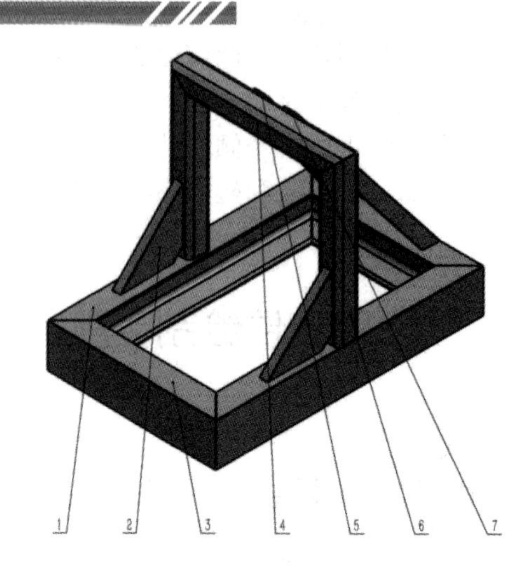

序号	代号	名称	数量	材料	重量	长度	备注
7		斜支撑10	1	Q235	0.52	380.13	L 25 X 25 X 4
6		立柱	2	Q235	1.18	300	方形管 40 X 40 X 4
5		斜支撑12	1	Q235	0.52	380.13	L 25 X 25 X 4
4		上梁	1	普通碳钢	1.17	320	方形管 40 X 40 X 4
3		竖槽钢	2	Q235	2.40	320	槽钢 80 x 8
2		支撑板	2	Q235	0.82		
1		横槽钢	2	Q235	3.88	500	槽钢 80 x 8

(b)

图 7.2.1　机架焊接件

机架焊接件绘制流程分为 7 个部分，分别为绘制第一个 3D 草图、创建底座结构构件、创建立柱结构构件、绘制角铁 3D 草图、创建角铁结构构件、创建支撑板以及镜像角铁和支撑板，如图 7.2.2 所示。

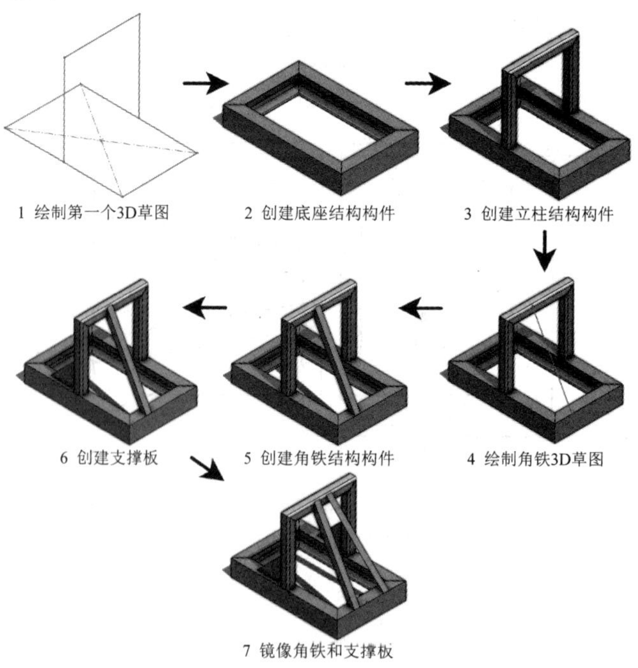

图 7.2.2　机架焊接件绘制流程

具体操作步骤如下：

步骤 1　新建零件。单击标准工具栏上的【新建】按钮，在【新建 SOLIDWORKS 文件】对话框中选择模板【焊件】作为焊接件绘制模板。

步骤 2　创建第一部分——绘制第一个 3D 草图。单击草图选项卡上的【3D 草图】，进入 3D 草图绘制环境，单击【中心矩形】，按住 Tab 键切换绘制平面为【ZX 平面】，捕捉原点绘制一个矩形，使用智能尺寸标注为 500 mm × 320 mm，如图 7.2.3 所示。

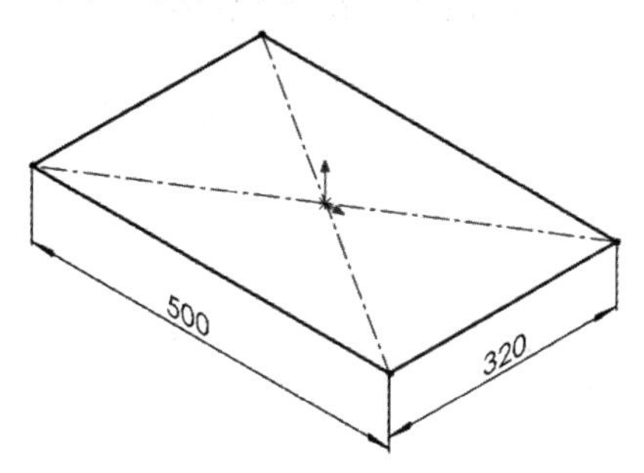

图 7.2.3　绘制 3D 草图

此时草图的颜色为蓝色，就是没有完全约束状态。结束绘制状态，鼠标显示为正常箭头状态。点选模型树区域的【上视基准面】，按住 Ctrl 键选择任一边线，添加【在平面上】几何约束关系，如图 7.2.4 所示。

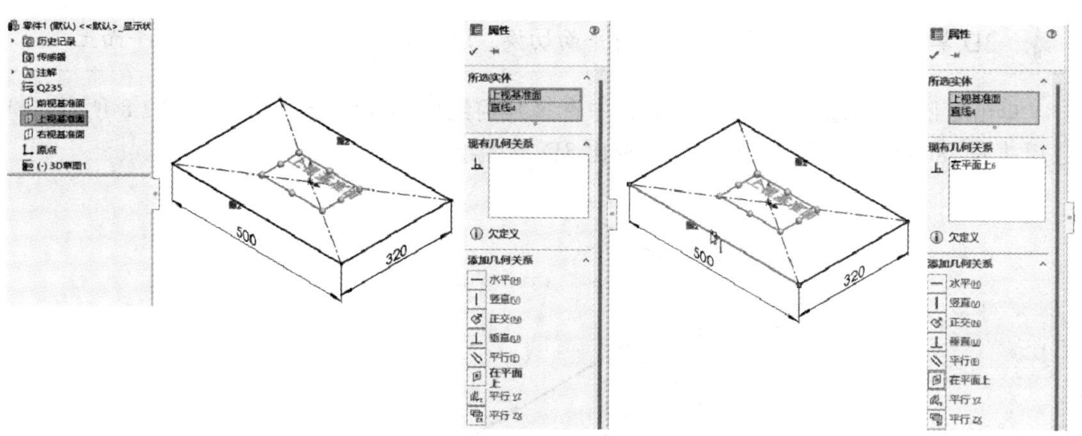

图 7.2.4　添加几何约束关系

单击长度为 500 mm 的直线，在弹出的快捷工具栏中选择【使沿 X】，如图 7.2.5 所示。此时草图颜色全部变为黑色，即完全约束，如图 7.2.6 所示。

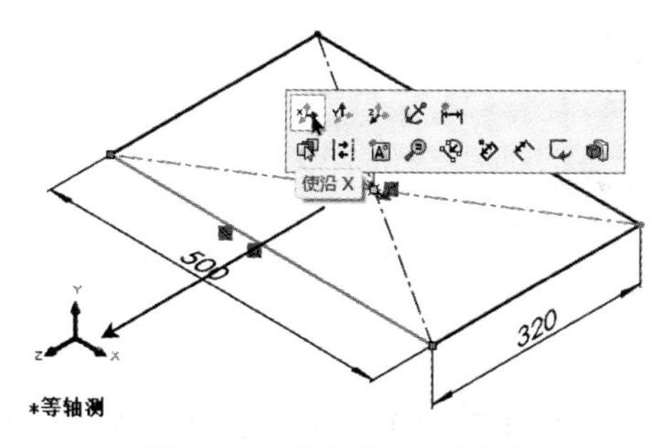

图 7.2.5　添加沿 X 轴约束

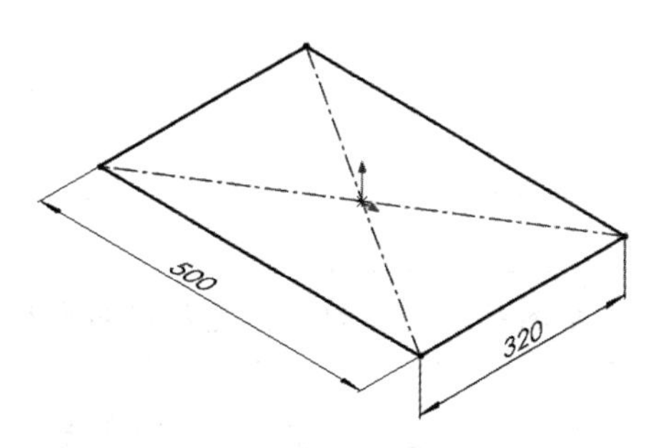

图 7.2.6　完全约束的 3D 草图

沿哪个坐标轴方向，观察左下角的参考三重轴即可判定。

此时不要退出3D草图绘制，如已退出，可单击3D草图进入编辑状态。单击【直线】命令，观察坐标系显示状态，因为绘制有Y轴(竖直向上)的线段，所以将坐标系切换为YZ平面，并捕捉长度为500 mm的线段中点开始绘制，绘制中注意保持沿推理线(黄色)进行，最后捕捉另一端长度为500 mm的线段中点结束绘制，如图7.2.7所示。

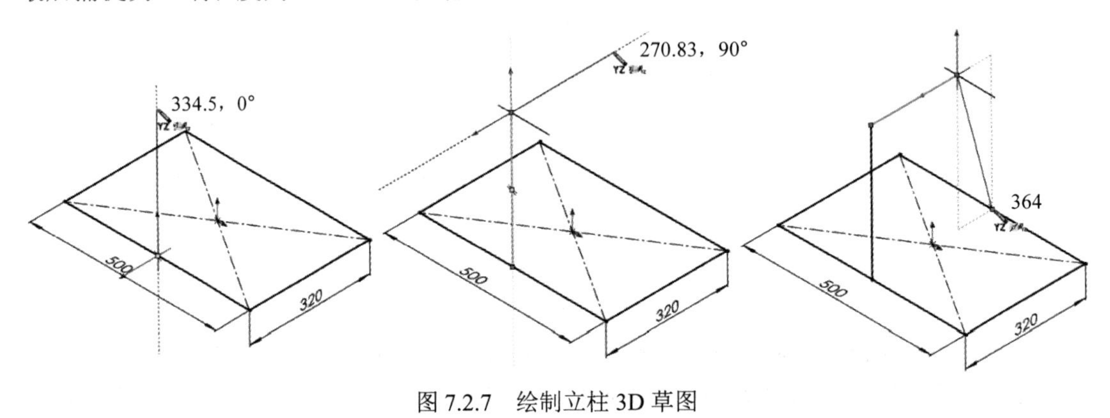

图7.2.7　绘制立柱3D草图

3D草图需要频繁使用Tab键进行平面切换，以确保绘制平面在所选择的平面上。

单击右侧竖直斜线，在快捷工具栏中选择几何约束为【使沿Y】，如图7.2.8所示。标注尺寸为380 mm，如图7.2.9所示。退出3D草图绘制。

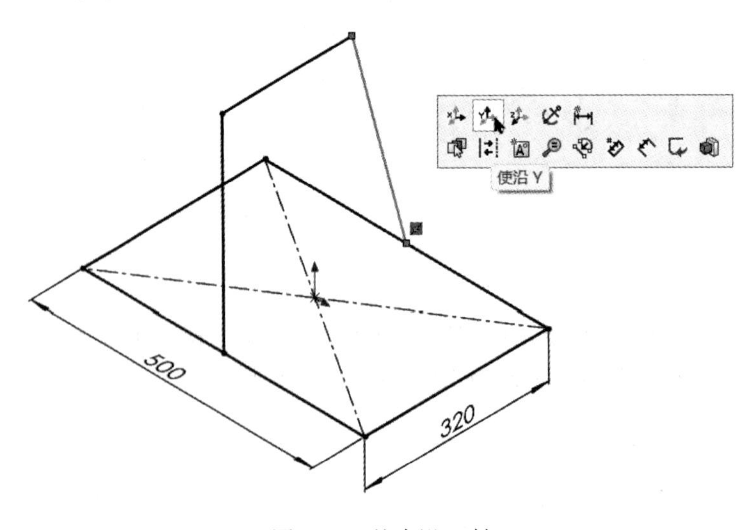

图7.2.8　约束沿Y轴

草图约束的原则是：先几何约束后尺寸约束。

步骤3　创建第二部分——创建底座结构构件。如图7.2.10所示，创建焊件结构构件之前，确保焊件轮廓库已经加载。

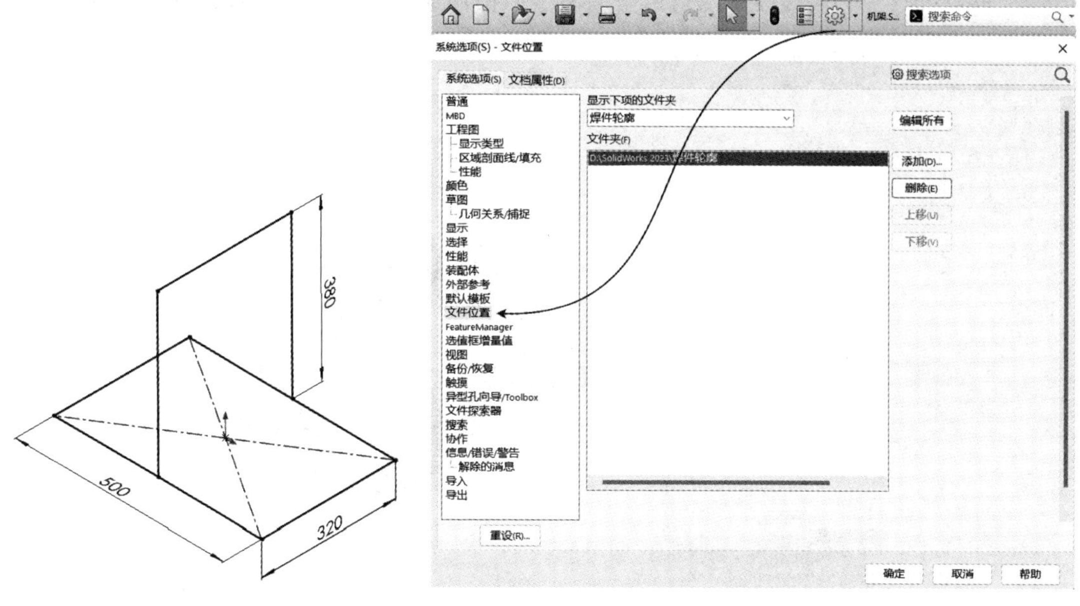

图 7.2.9　标注尺寸 380 mm　　　　　　　　图 7.2.10　焊件轮廓库

> 焊件轮廓库在本书配套的资源文件中，按照图 7.2.10 所示添加即可。系统轮廓库可以删除。

单击焊件选项卡上的【结构构件】，【标准】选择【gb】，【Type】选择【槽钢】，【大小】为 8，点选长度为 500 mm 的线段，如图 7.2.11 所示。为了确保轮廓位置符合设计要求，再依次点选 4 条线段，如图 7.2.12 所示，单击【确定】按钮，完成槽钢结构构件的创建。

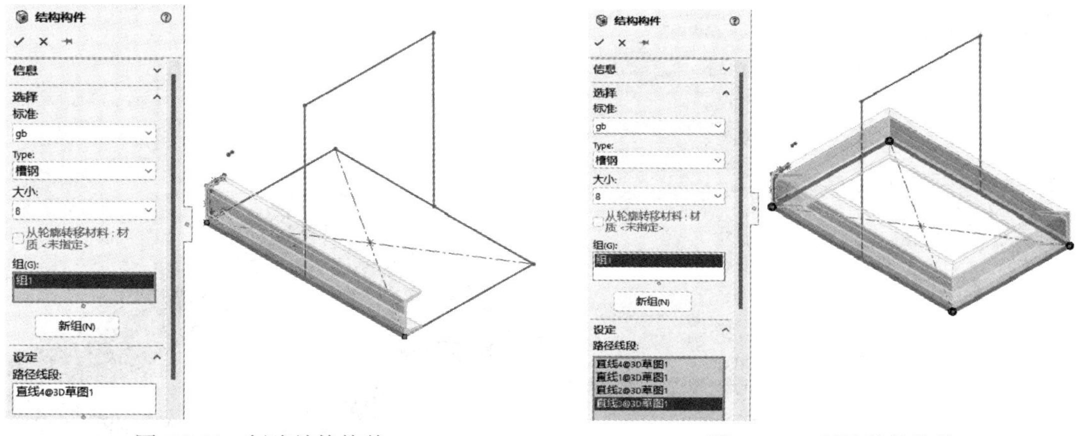

图 7.2.11　创建结构构件　　　　　　　　图 7.2.12　创建结构构件

步骤 4　创建第三部分——创建立柱结构构件。单击焊件选项卡上的【结构构件】，在【标准】中选择【gb】，【Type】选择【方管】，【大小】为 40 × 4，点选竖直长度为 380 mm 的线段，如图 7.2.13 所示。此时焊接件轮廓位置并不是设计要求位置，在左侧属性配置最下面的【找出轮廓】按钮上单击，图形会自动放大选择轮廓的位置，如图 7.2.14 所示。此时移动鼠标左键点选合适的位置，如图 7.2.15 所示。选择合适的轮廓点位置后如图 7.2.16 所示，再点选其他 2 段线段，然后单击【确定】按钮✓，完成创建，如图 7.2.17 所示。

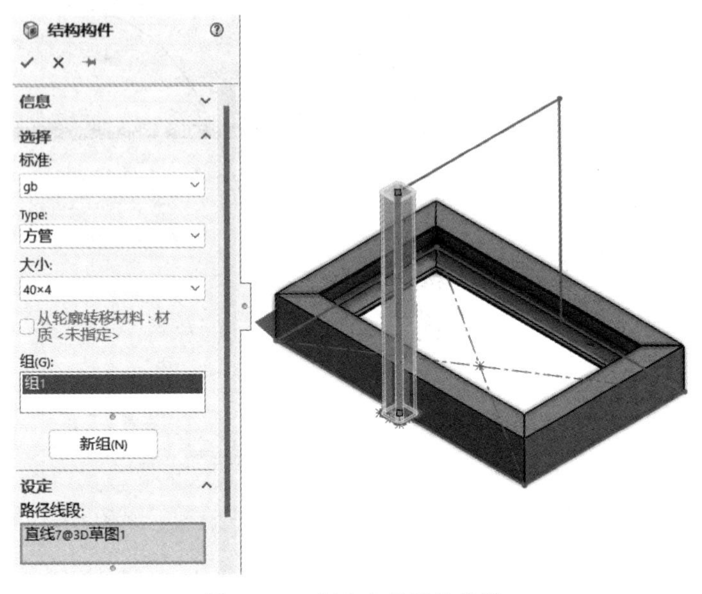

图 7.2.13　创建立柱结构构件

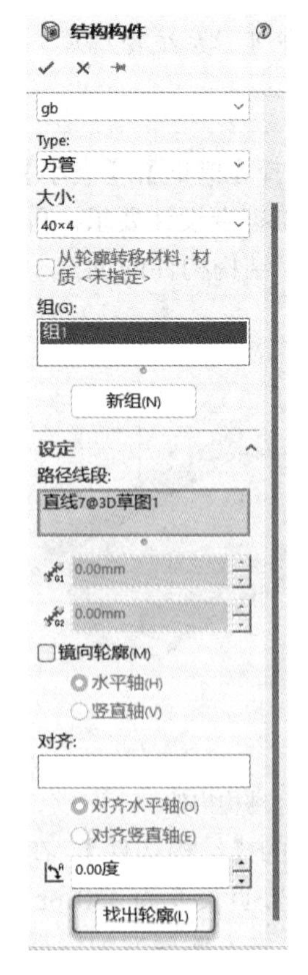

图 7.2.14　找出轮廓

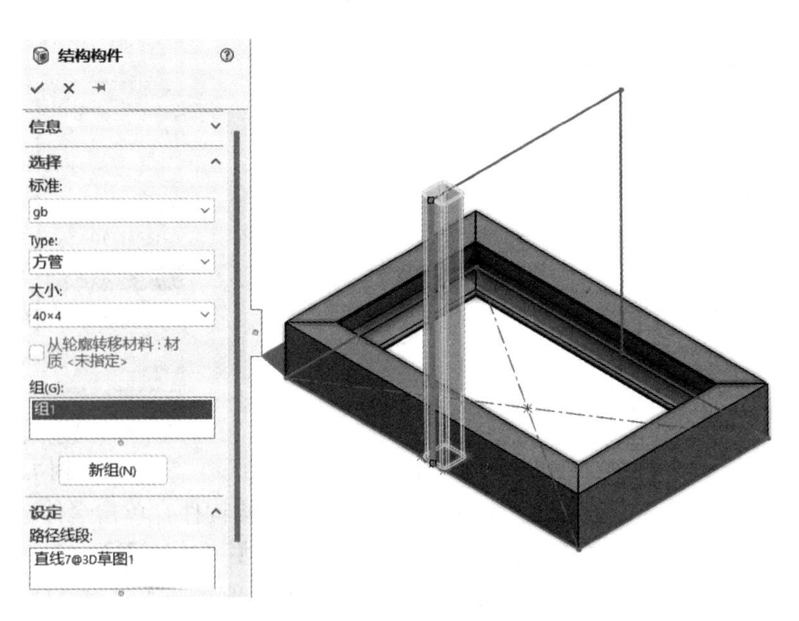

图 7.2.15　找出合适的轮廓控制点

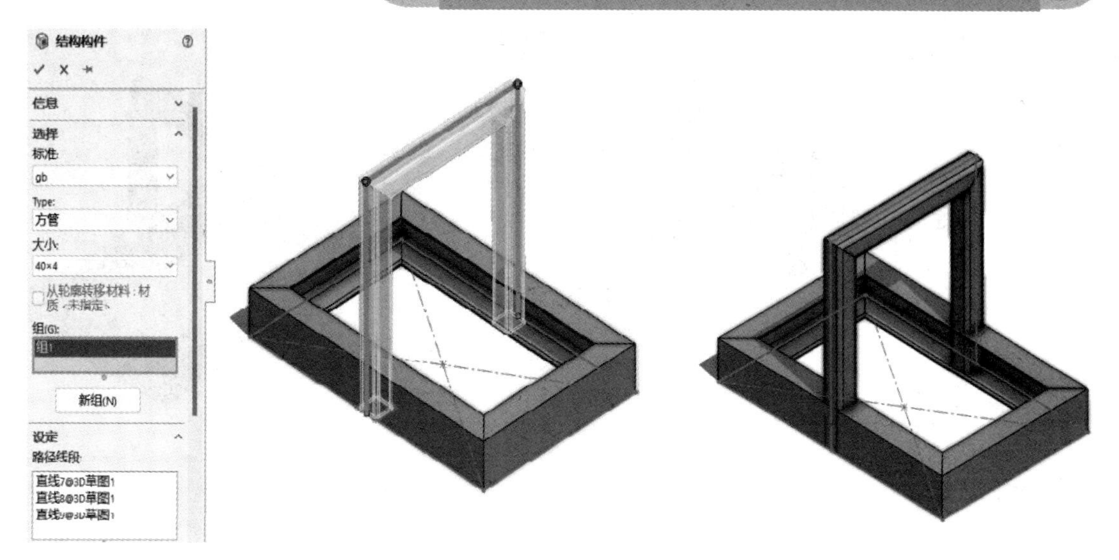

图 7.2.16　点选其他结构构件　　　　图 7.2.17　完成立柱结构构件

单击 3D 轮廓草图，隐藏 3D 草图。由于两端立柱穿透了槽钢，需要进行剪裁操作。剪裁操作时使用焊件工具栏上的【剪裁/延伸】，在需要剪裁的实体中选择立柱，在剪裁工具中选择底部关联的两端槽钢，如图 7.2.18 所示。

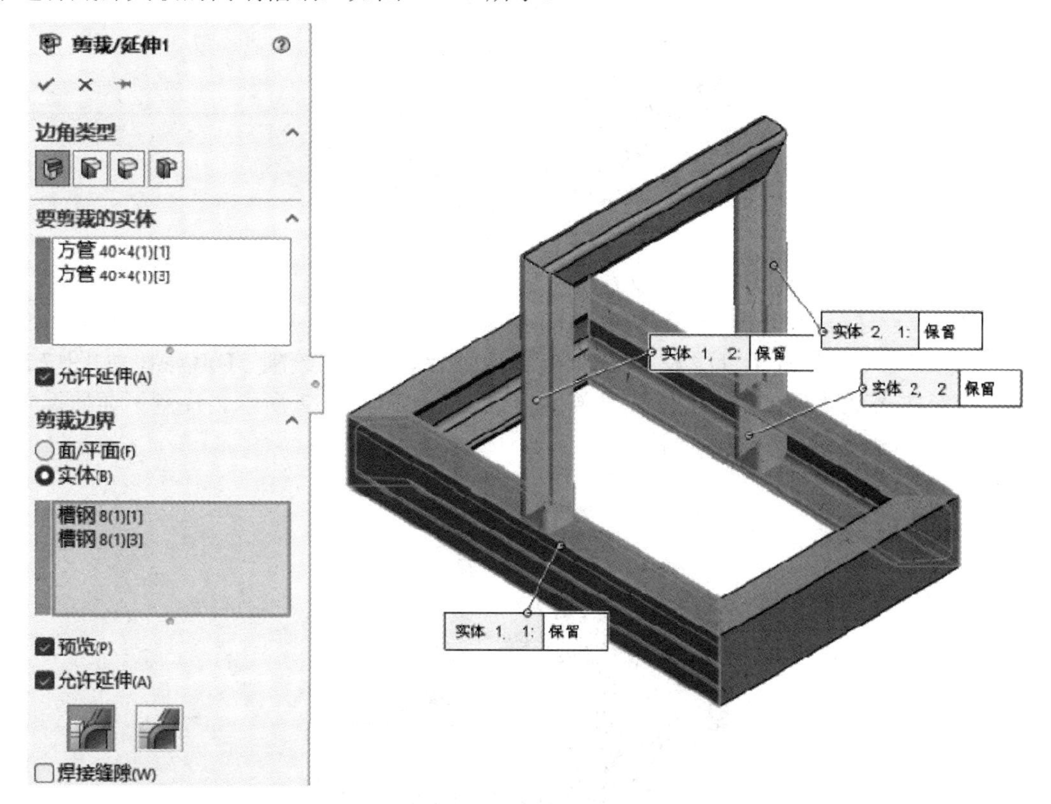

图 7.2.18　剪裁结构构件

剪裁后的立柱并没有完全删除，此时点开【切割清单】下拉三角，选择多余的实体右击删除，如图 7.2.19 所示。完成的效果如图 7.2.20 所示。

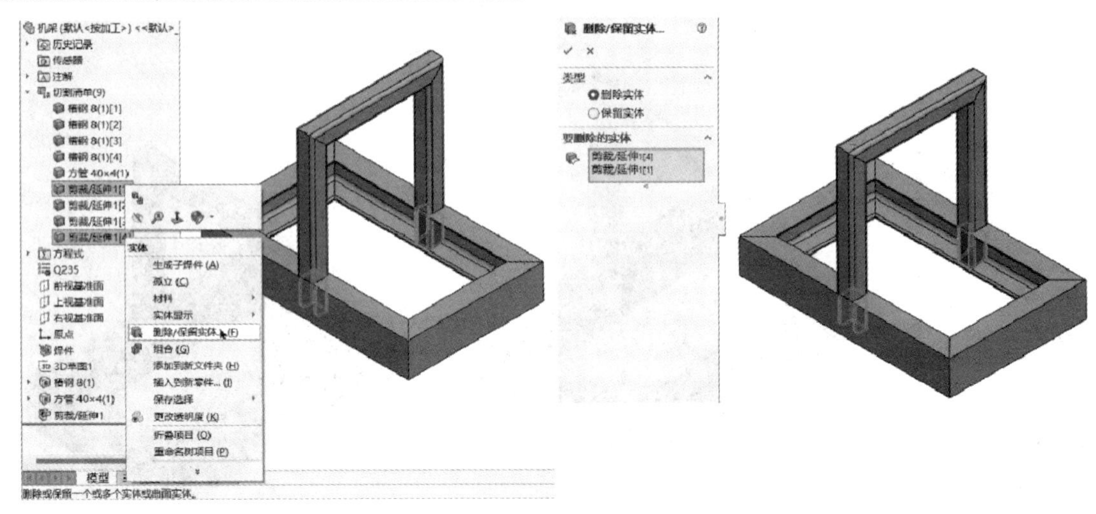

图 7.2.19　删除多余实体

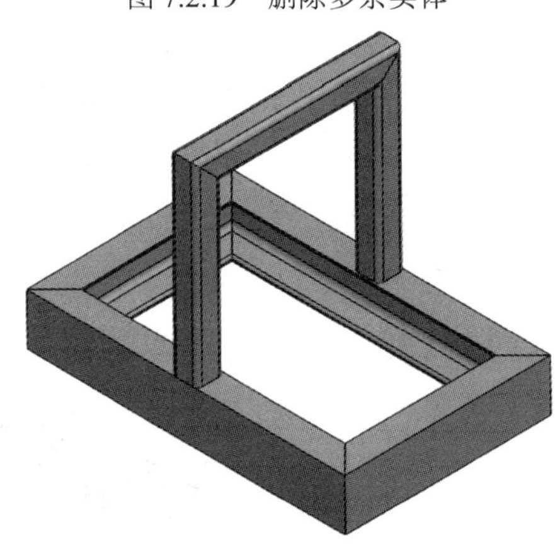
图 7.2.20　完成立柱创建

步骤 5　创建第四部分——绘制角铁 3D 草图。单击草图选项卡上的【3D 草图】，进入 3D 草图绘制环境，单击【直线】，在槽钢上边棱线上单击开始绘制 3D 草图，如图 7.2.21 所示。然后在水平横向立柱大概位置上单击第二点，如图 7.2.22 所示。注意不要捕捉立柱上的任何线段(避开黄色捕捉线段)。

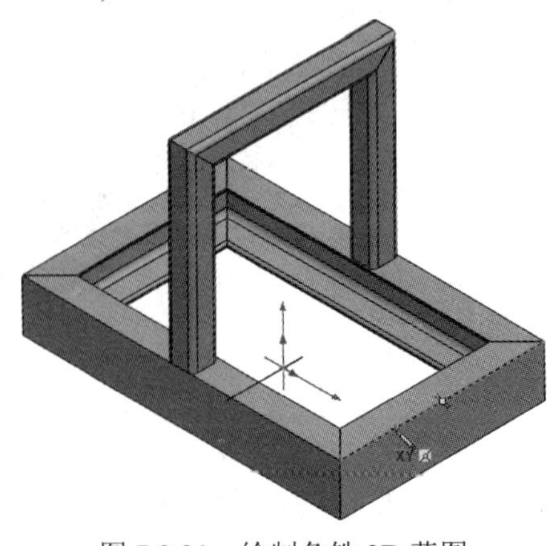
图 7.2.21　绘制角铁 3D 草图

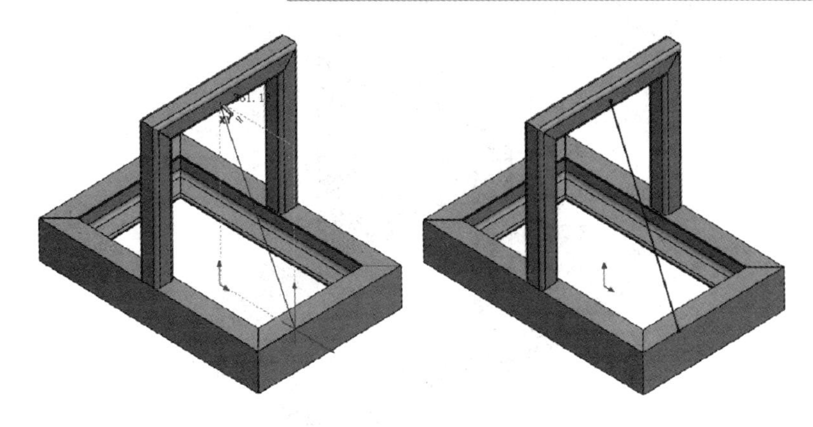

图 7.2.22　绘制角铁 3D 草图

如图 7.2.23 所示，单击直线端点并按住 Ctrl 键选择立柱上表面，松开 Ctrl 键在弹出的快捷工具栏中选择【使在平面上】几何约束，同理约束直线端点与立柱侧面【使在平面上】。

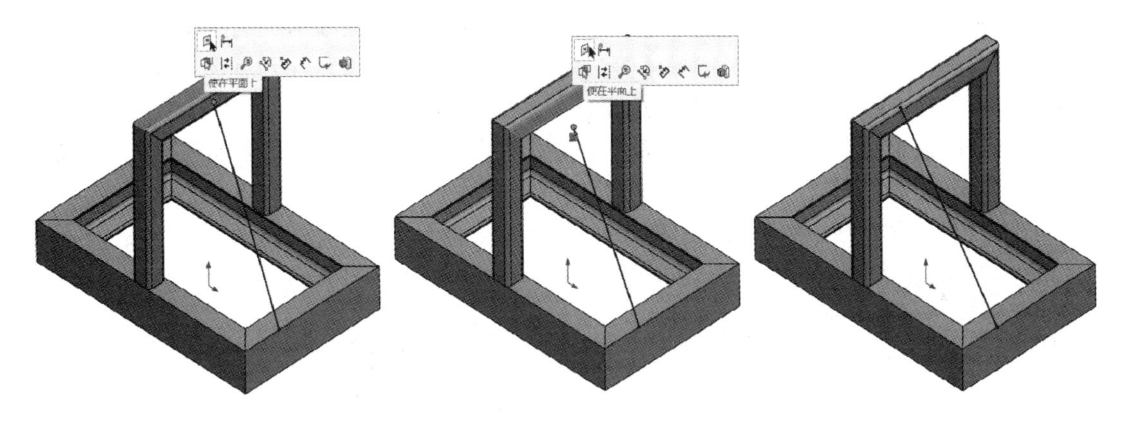

图 7.2.23　约束角铁 3D 草图

单击【智能尺寸】，在模型树区域选择【前视基准面】，再单击直线端点，如图 7.2.24 所示。然后进行 3D 尺寸标注，标注直线端点与中心基准面尺寸分别为 80 mm 和 40 mm，完成尺寸标注后如图 7.2.25 所示。单击草图右上角的【确定】按钮，退出草图绘制。

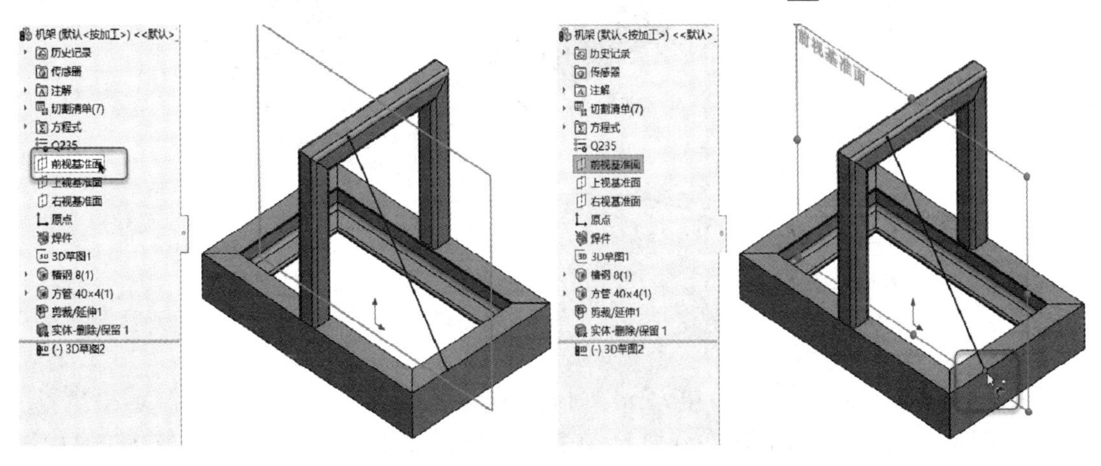

图 7.2.24　标注 3D 尺寸

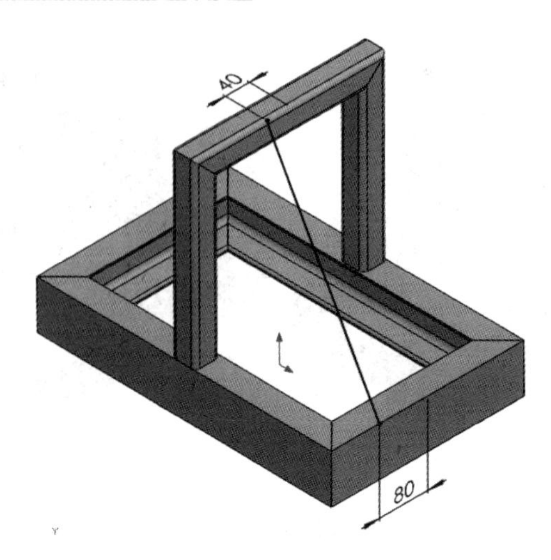

图 7.2.25　完成 3D 尺寸标注

步骤 6　创建第五部分——创建角铁结构构件。单击焊件选项卡上的【结构构件】，在【标准】中选择【gb】，【Type】选择【等边角钢】，【大小】为 25 × 4，点选创建的角铁 3D 线段，如图 7.2.26 所示。在【对齐】中选择槽钢边线与槽钢对齐，方向选择【对齐竖直轴】，在实际中可以通过输入角度等方式来调整绘制结构构件的角度和方向。创建完成后单击【确定】按钮✔。

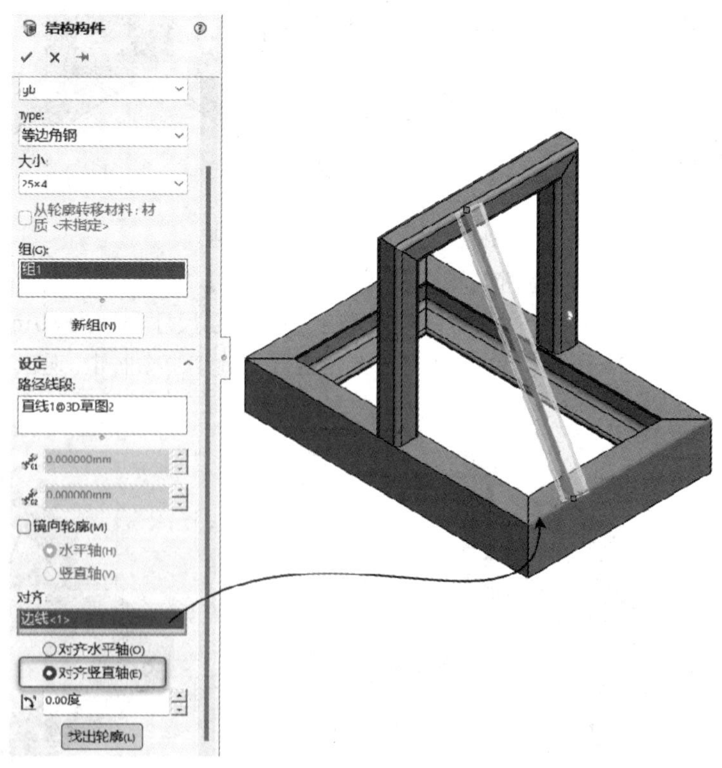

图 7.2.26　创建角铁结构构件

使用焊件工具栏上的【剪裁/延伸】，在需要剪裁的实体中选择角铁，在剪裁工具中选择关联的两个实体，如图 7.2.27 所示。

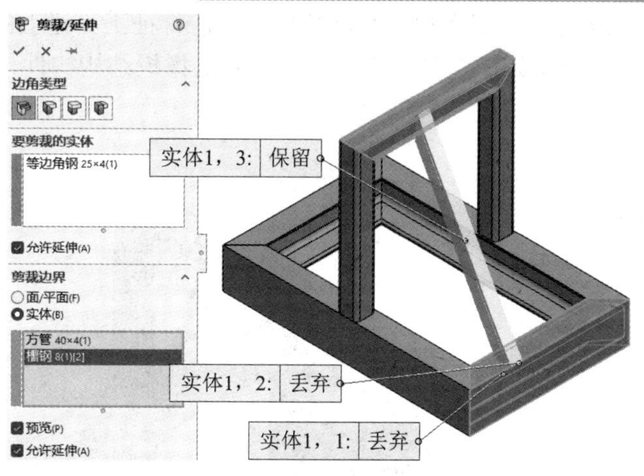

图 7.2.27　剪裁角铁结构构件

步骤 7　创建第六部分——创建支撑板。由于焊件工具栏上提供的角撑板不是我们需要的支撑板样式，因此需要自行创建。

选择【前视基准面】作为草图绘制平面，绘制尺寸如图 7.2.28 所示。

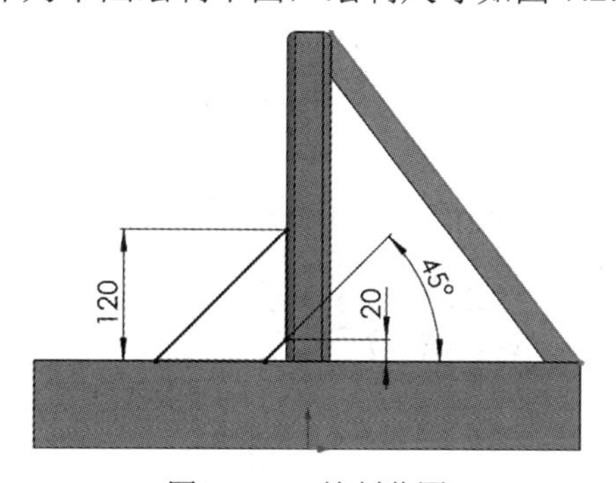

图 7.2.28　绘制草图

选择绘制的草图并单击特征选项卡上的【拉伸凸台/基体】，在【从】中选择【等距】，根据计算为 147.5 mm，【方向 1】选择反向，厚度为 15 mm，不要勾选合并结果，如图 7.2.29 所示。单击【确定】按钮，完成支撑板凸台拉伸。

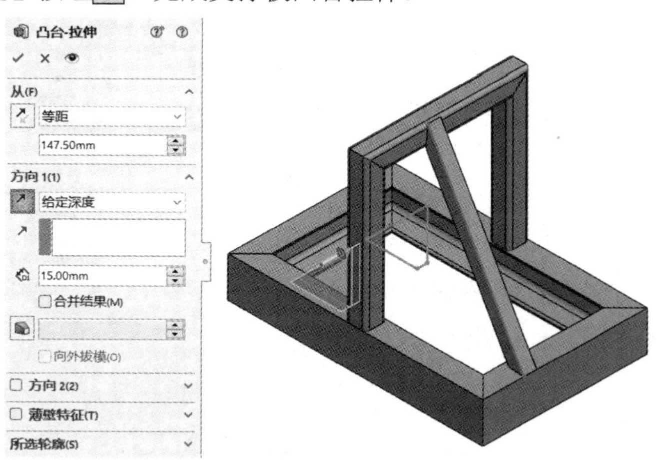

图 7.2.29　拉伸支撑板

步骤 8　创建第七部分——镜像角铁和支撑板。单击特征工具栏上的【镜像】，镜像轴选择【前视基准面】，镜像实体中选择角铁结构构件和支撑板结构构件，如图 7.2.30 所示。单击【确定】按钮，完成镜像实体的创建。

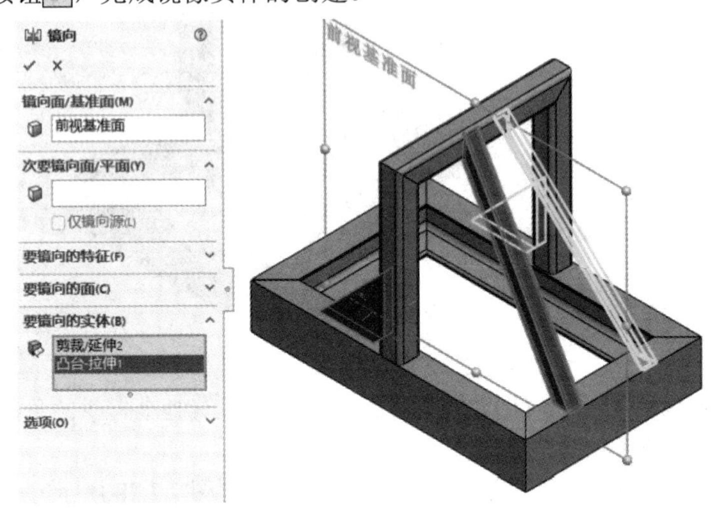

图 7.2.30　镜像实体

步骤 9　更改零件材料。焊接切割清单更新后会将相同的实体进行组合，如图 7.2.31 所示。

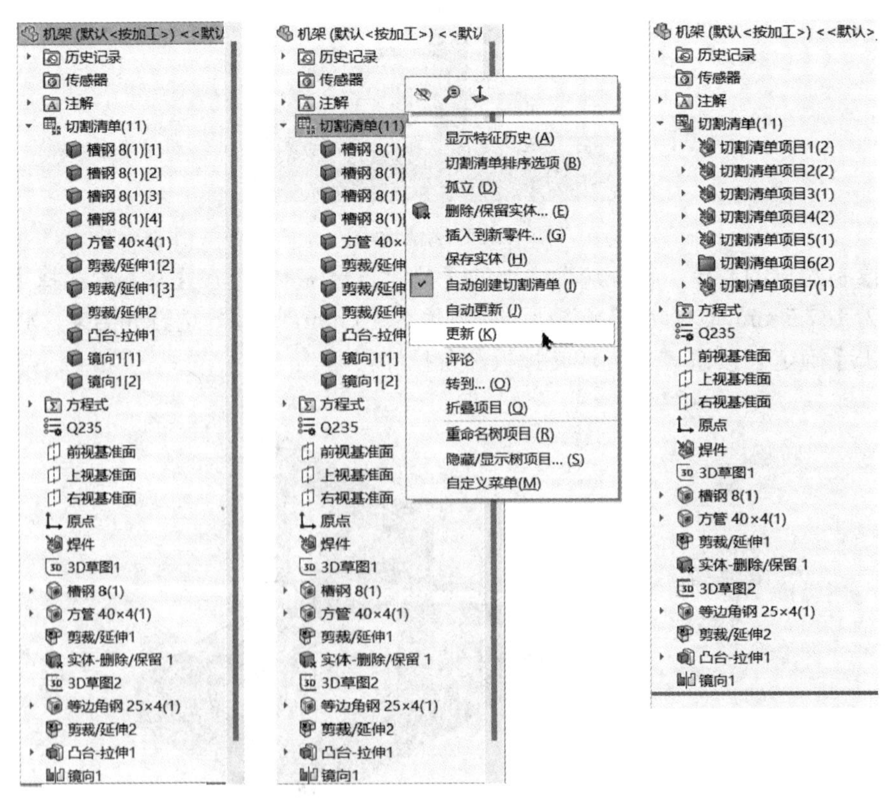

图 7.2.31　更新焊接切割清单

选择【切割清单】，按 F2 键修改名称，如图 7.2.32 所示。

每一个焊接结构件都可以单独修改材料，按住 Ctrl 键选择多个实体进行材料添加或修改，如图 7.2.33 所示。

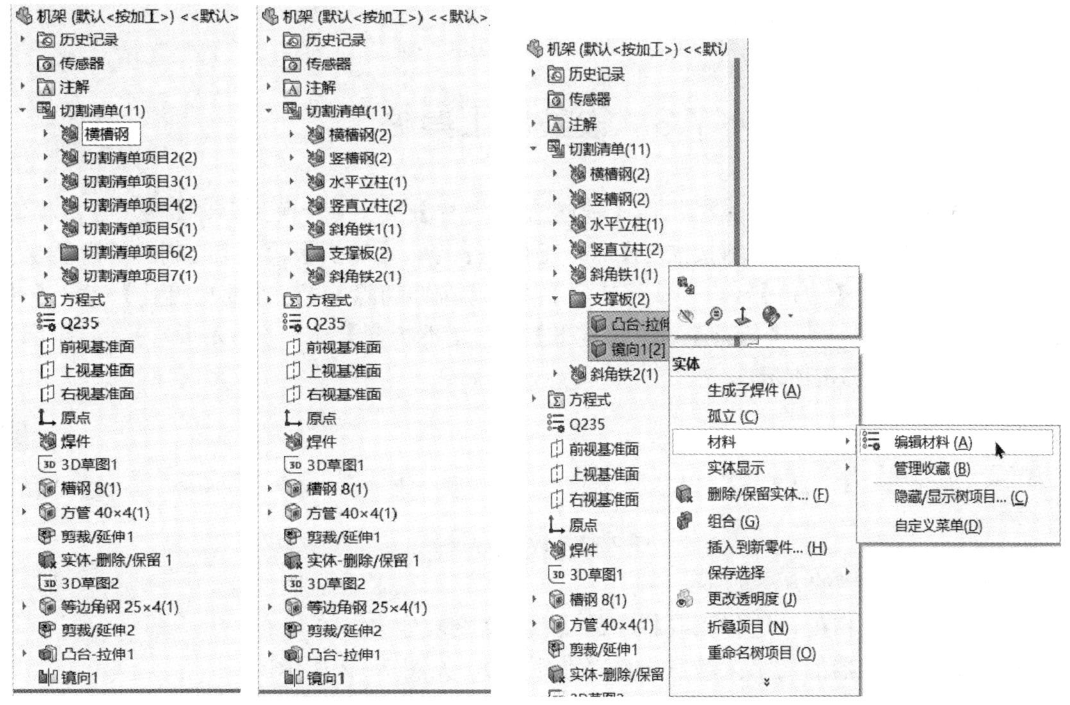

图 7.2.32　修改焊接切割清单名称　　图 7.2.33　添加或修改材料

添加了材料的机架焊接件如图 7.2.34 所示。

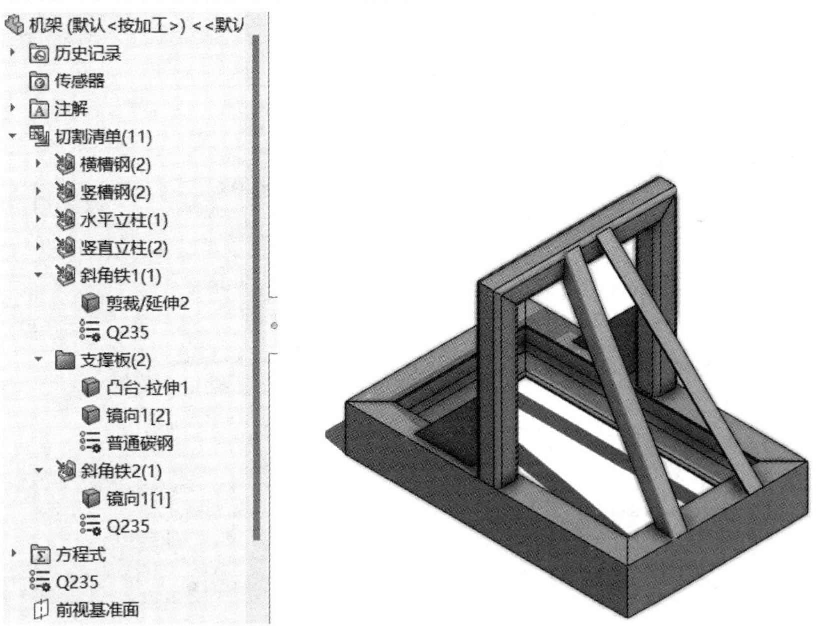

图 7.2.34　添加材质的焊接件

步骤 10　添加或修改文件属性。单击菜单栏上的【文件】→【自定义属性】按钮或单击标准工具栏上的【自定义属性】按钮，根据用户需要添加或修改相关属性值，以便输出工程图时这些属性能链接在图纸上。

步骤 11 保存文档。单击【保存】按钮，选择目录并输入保存名称“机架焊接件”。再单击【保存】按钮，保存文件。

7.3 钣金件工具栏

SolidWorks 2023 钣金工具栏包括【基体法兰/薄片】、【转换到钣金】、【放样钣金】、【边线法兰】、【斜接法兰】、【褶边】、【转折】、【绘制的折弯】、【交叉-折断】、【边角】、【成形工具】、【拉伸切除】、【简单直孔】、【通风口】、【展开】、【折叠】、【展平】、【不折弯】、【插入折弯】和【切口】等，如图 7.3.1 所示。

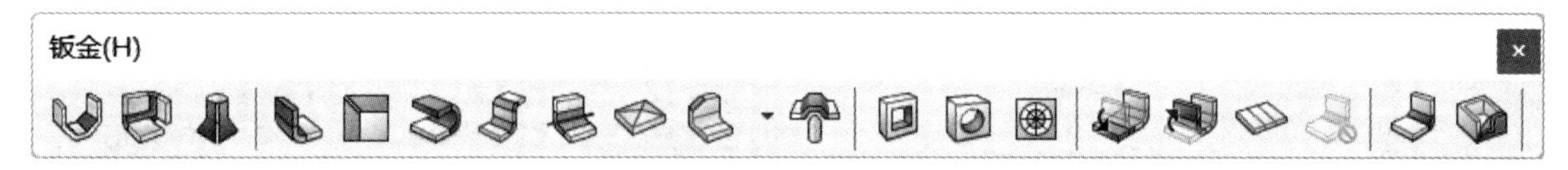

图 7.3.1 钣金工具栏

调出钣金工具栏的方法如下：

- 右击界面空白处，选择工具栏中的【钣金】。
- 在命令管理器的文字区域右击选择【钣金】，如图 7.3.2 所示。

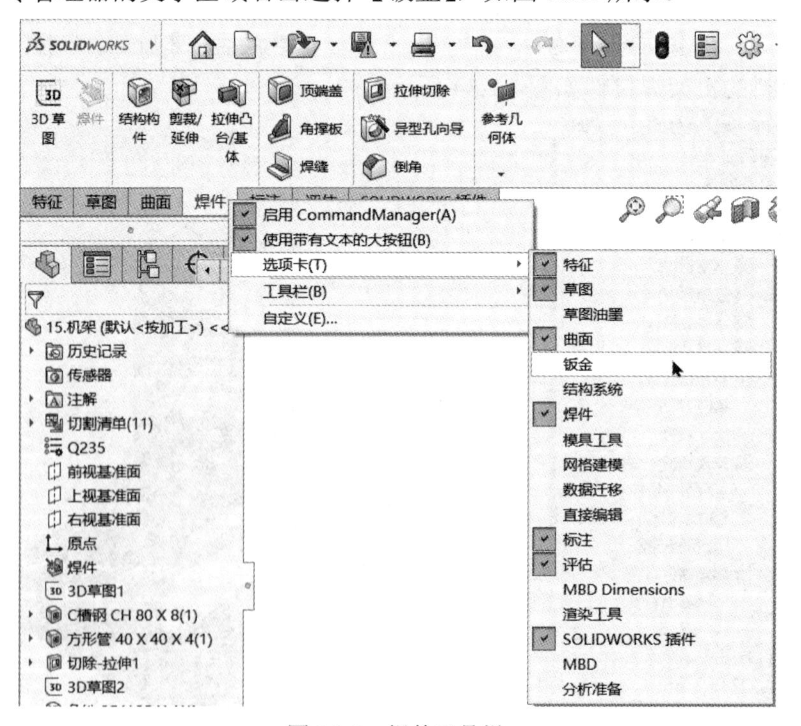

图 7.3.2 焊件工具栏

钣金工具栏的各项功能如下：

- 【基体法兰/薄片】：生成一个钣金零件或将材质添加到现有钣金零件中，这是钣金的第一个特征，如图 7.3.3 所示。

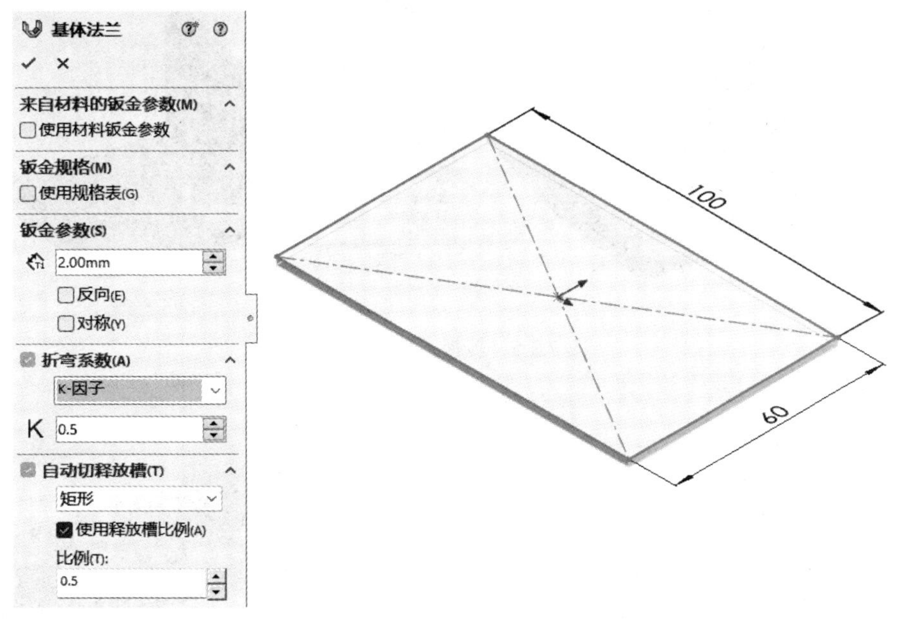

图 7.3.3　钣金薄片基体

- 【转换到钣金】：通过选择折弯将实体/曲面转换到钣金零件。图 7.3.4 所示为将一个壁厚相同的零件转换为钣金件。图 7.3.5 所示为转换前后的对比。转换后的钣金件可以通过单击鼠标左键弹出的快捷工具栏上的【解除压缩】进行展开，如图 7.3.6 所示。

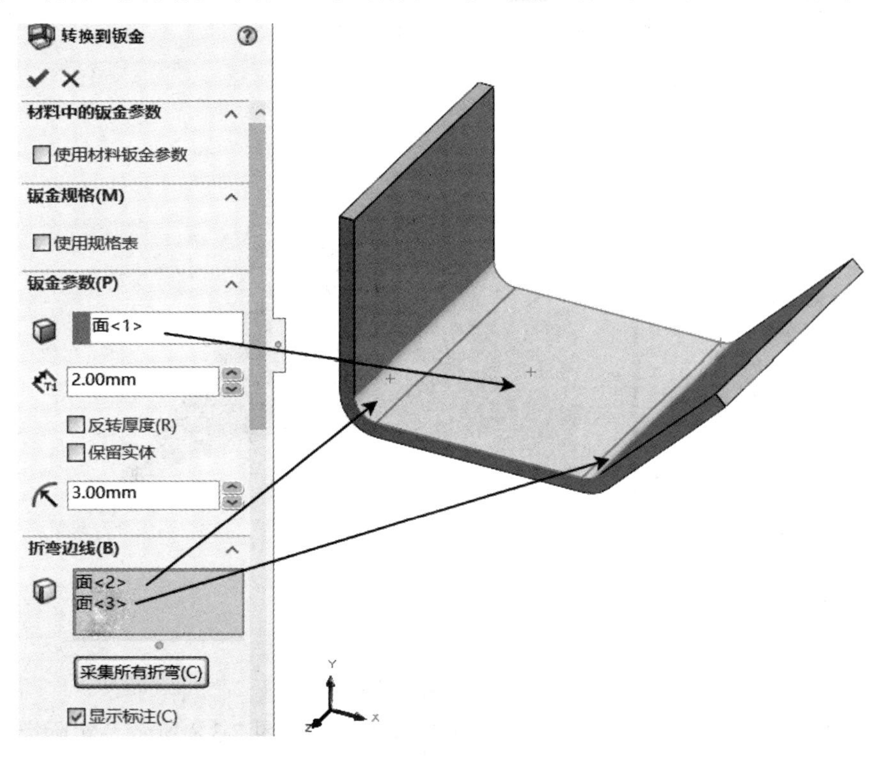

图 7.3.4　转换为钣金

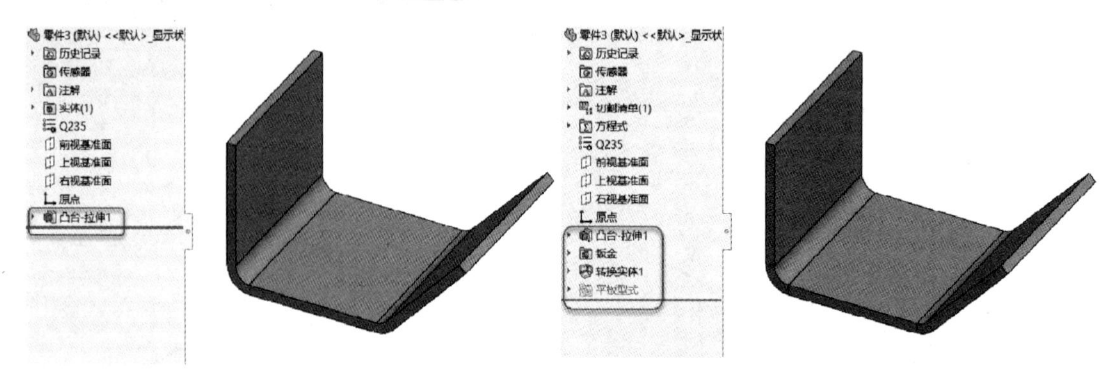

图 7.3.5 转换前后对比

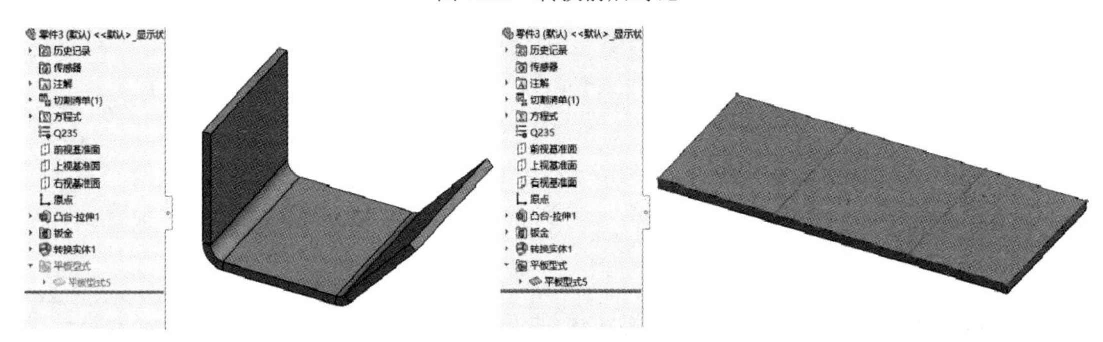

图 7.3.6 钣金件展开前后

- 【放样钣金】：使用放样特征在两个草图之间生成钣金零件。该功能与实体放样功能相同，只不过两个线条也同样可以放样钣金，如图 7.3.7 所示。

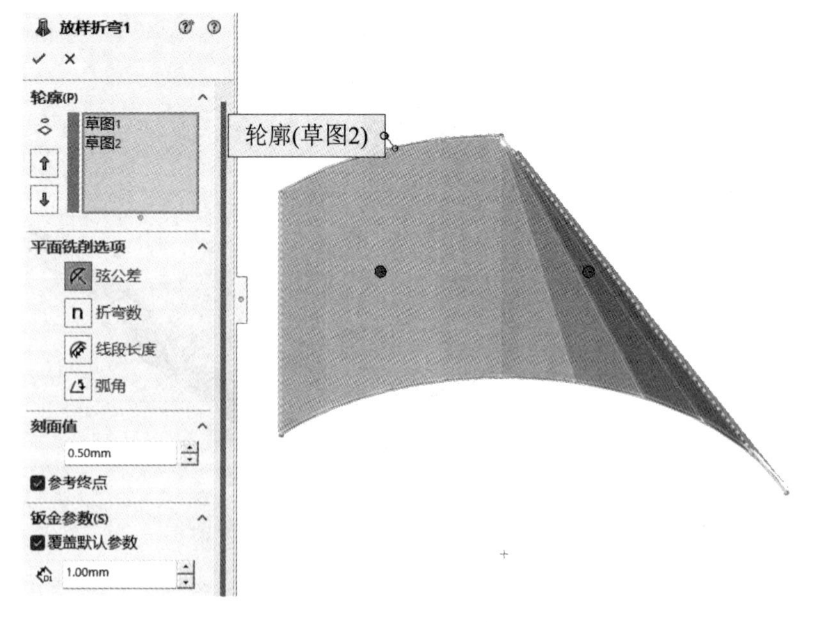

图 7.3.7 钣金放样

- 【边线法兰】：将壁厚添加到钣金零件的边线上，如图 7.3.8 所示。实际上就是为边添加一个延伸的折弯，可以设置折弯角度、折弯长度的位置等。

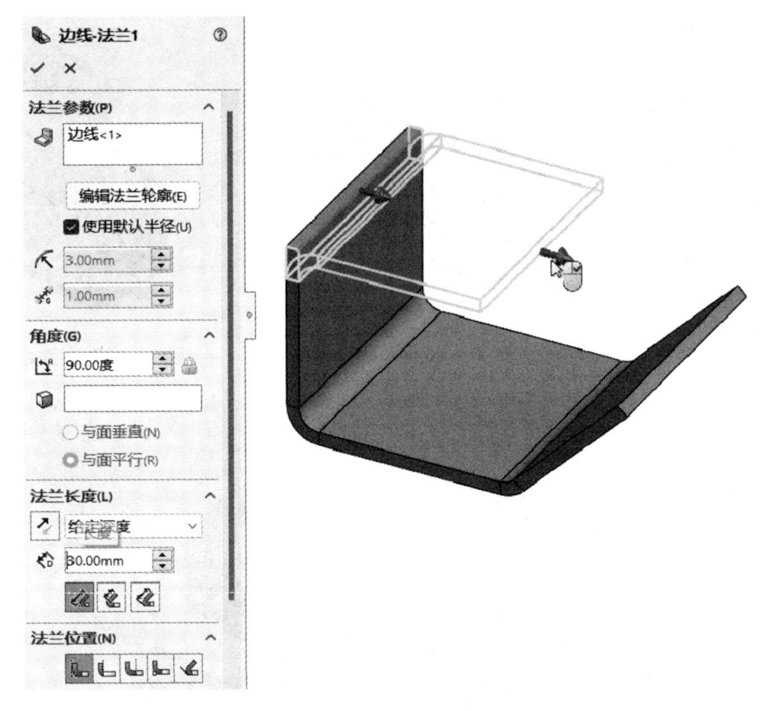

图 7.3.8　边线法兰

- 【斜接法兰】：将一系列法兰添加到一个或多个钣金零件边线上。斜接法兰时需要有一个草图，且草图要与斜接的折弯垂直，如图 7.3.9 所示。斜接法兰就是将绘制的一系列折弯用于实体折弯上。
- 【褶边】：卷曲钣金零件的边线。相当于做个卷边，用于加强刚性，如图 7.3.10 所示。

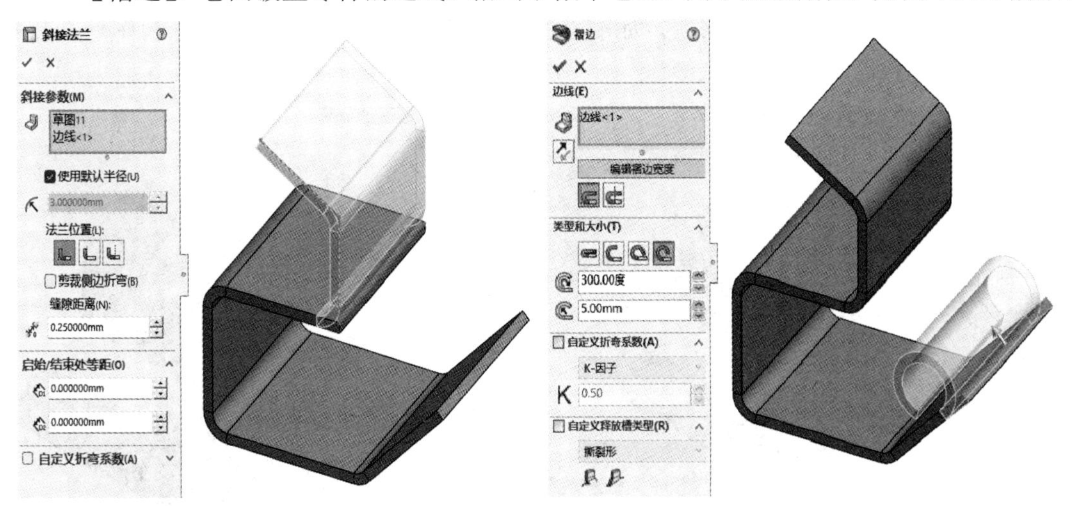

图 7.3.9　斜接法兰　　　　图 7.3.10　褶边

- 【转折】：在钣金零件中从绘制的直线添加两个折弯，即为钣金件添加两次折弯，如图 7.3.11 所示。
- 【绘制的折弯】：从钣金零件的所选草图中添加一折弯。如图 7.3.12 所示，同样利用转折的转弯线绘制的折弯图，转折会折回来，而绘制的折弯不会折回来。

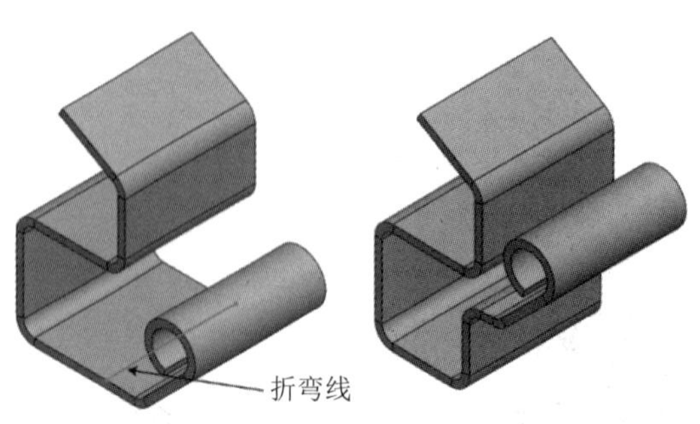

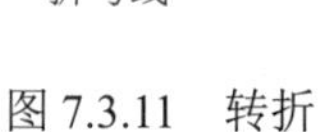

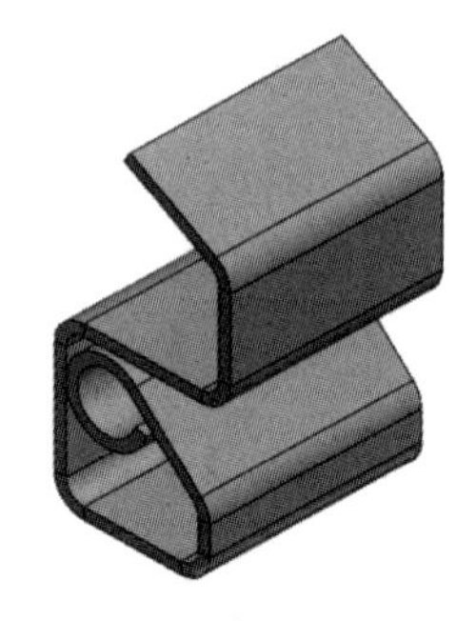

图 7.3.11 转折　　图 7.3.12 绘制的折弯

- 【交叉-折断】：添加交叉折断特征到选定的面，相当于作一个标记，并不影响实体特征，如图 7.3.13 所示。

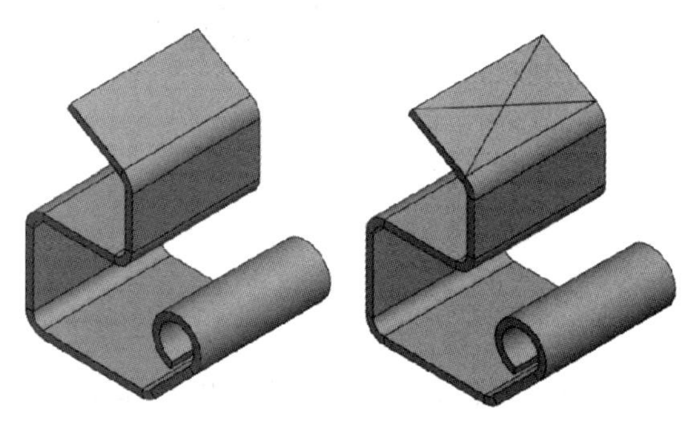

图 7.3.13 交叉折断

- 【边角】：在钣金零件上生成各种边角处理，功能类似零件特征中的倒角。
- 【成形工具】：在钣金零件上生成反凸陷。在 SolidWorks 设计库中可以直接拖拽成形工具，形成成形工具的冲压形状，如图 7.3.14 所示。成形工具也可以自己制作，有关方法在实例中进行展示。

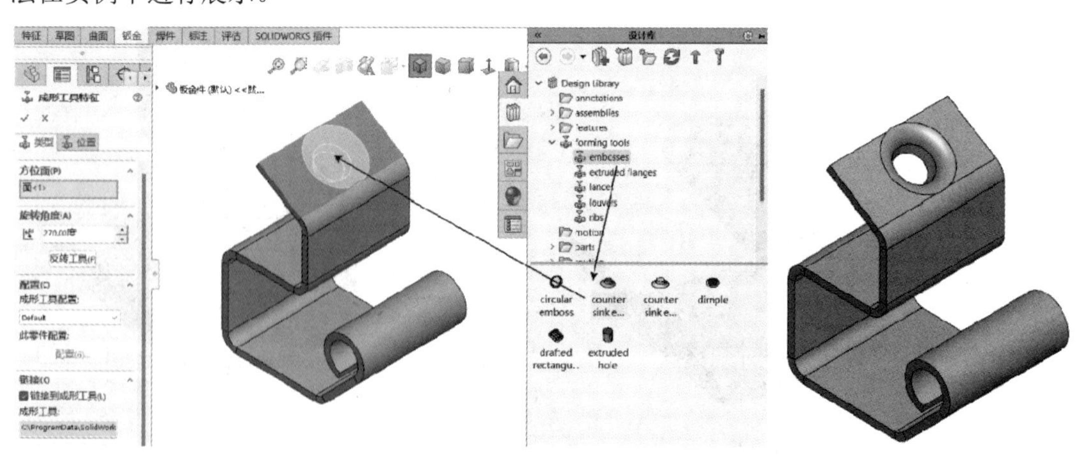

图 7.3.14 成形工具

- 【拉伸切除】：以一个或多个草图轮廓拉伸切除的实体特征，就是零件特征中的拉伸切除。
- 【简单直孔】：在平面上生成圆柱孔，如图 7.3.15 所示。实际中要注意定位孔的位置。

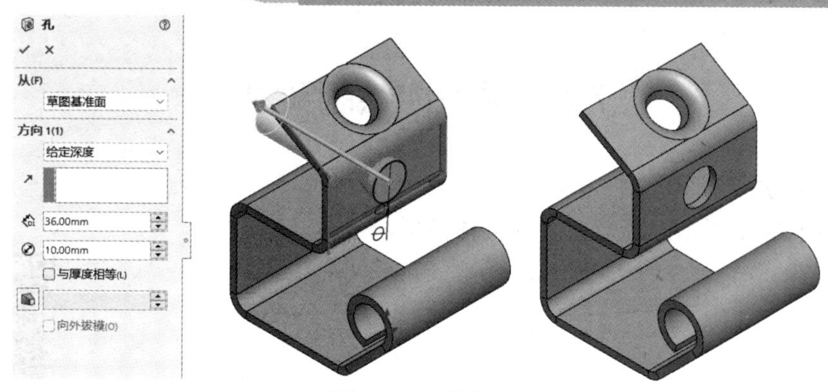

图 7.3.15　简单孔

- 【通风口】：使用草图实体在塑料和钣金设计中生成通风口供空气流通，如图 7.3.16 所示。

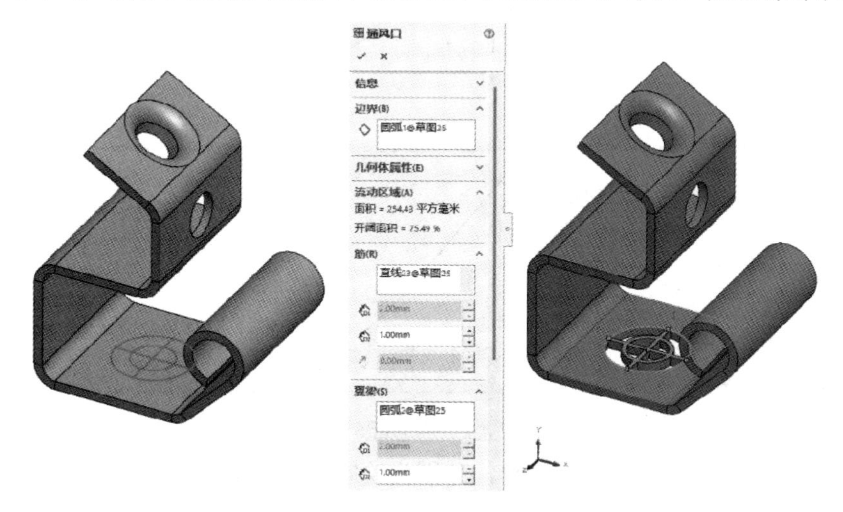

图 7.3.16　通风口

- 【展开】：在钣金零件中展开折弯(只展开需要的折弯)。
- 【折叠】：在钣金零件中折叠展开的折弯。
- 【展平】：为现有钣金零件显示平板模式即展开全部折弯。
- 【不折弯】：退回钣金零件中的所有折弯。
- 【插入折弯】：从现有零件生成一钣金零件。
- 【切口】：在钣金零件中的两条边线之间生成缝隙。图 7.3.17 所示为实体边线处进行切口，值得注意的是切口是对钣金件之外的零件进行切口。

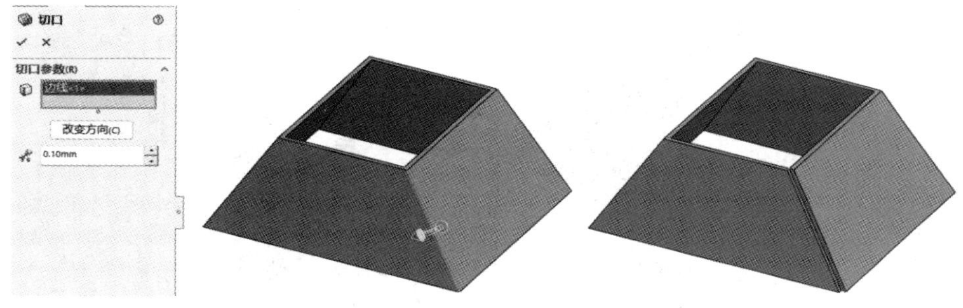

图 7.3.17　切口

7.4 钣金件绘制实例

【实例 7-2】 蹄形钣金件实例

建立如图 7.4.1 所示的蹄形钣金件实体模型。

实例 7-2

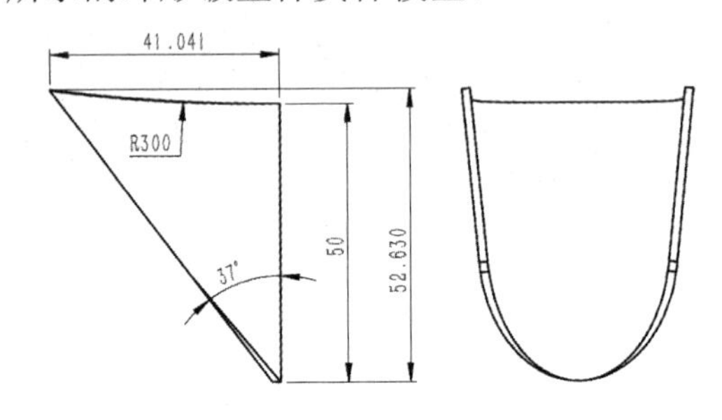

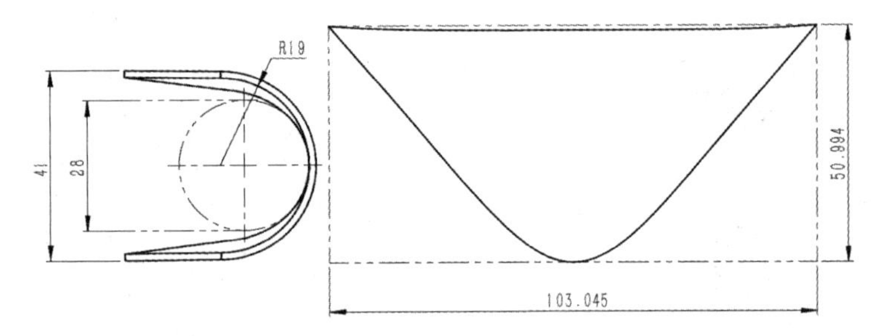

图 7.4.1 蹄形钣金件

蹄形钣金件绘制流程分为 5 个部分，分别为绘制第一个草图、绘制第二个草图、放样钣金件、切除钣金件和展开钣金件，如图 7.4.2 所示。

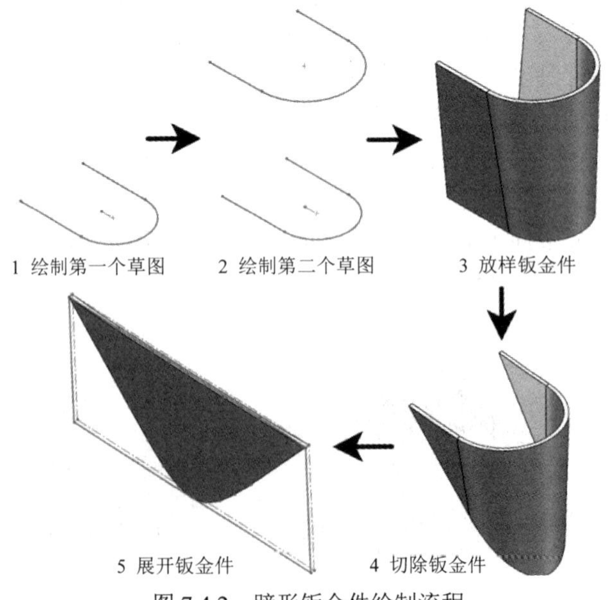

图 7.4.2 蹄形钣金件绘制流程

具体操作步骤如下：

步骤 1　新建零件。单击标准工具栏上的【新建】，在【新建 SOLIDWORKS 文件】对话框中选择模板【焊件】作为钣金件绘制模板。

步骤 2　创建第一部分——绘制第一个草图。选择【上视基准面】作为草图绘制平面，绘制草图尺寸如图 7.4.3 所示。注意绘制技巧，圆心位置距离原点 5 mm 处。

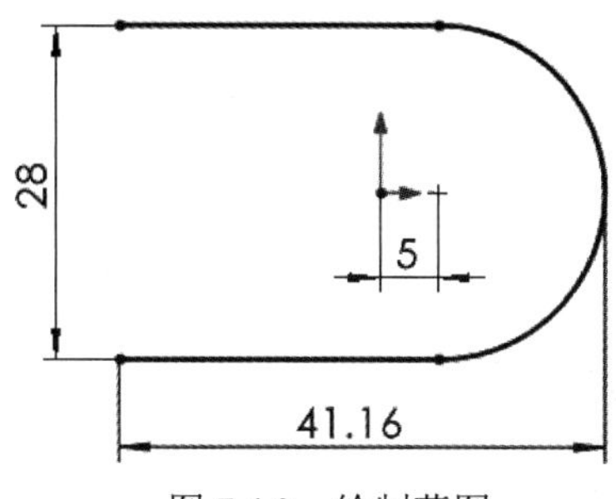

图 7.4.3　绘制草图

标注尺寸 41.16 mm 时，可以按住 Shift 键选择圆弧右端。

步骤 3　创建第二部分——绘制第二个草图。点选【上视基准面】，并按住键盘 Ctrl 键，移动鼠标至基准面边缘时出现十字移动符号，拖动鼠标即可形成一平行于上视基准面的基准面 1，在距离中输入“52.63 mm”，单击【确定】按钮，完成基准面的创建，如图 7.4.4 所示。

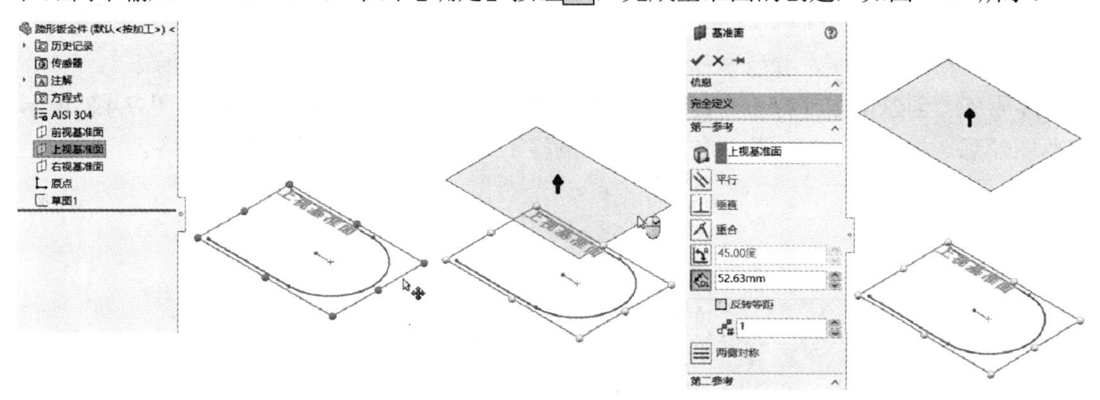

图 7.4.4　创建基准面

选择创建的基准面作为草图绘制平面，绘制如图 7.4.5 所示的草图。注意使用几何约束草图。

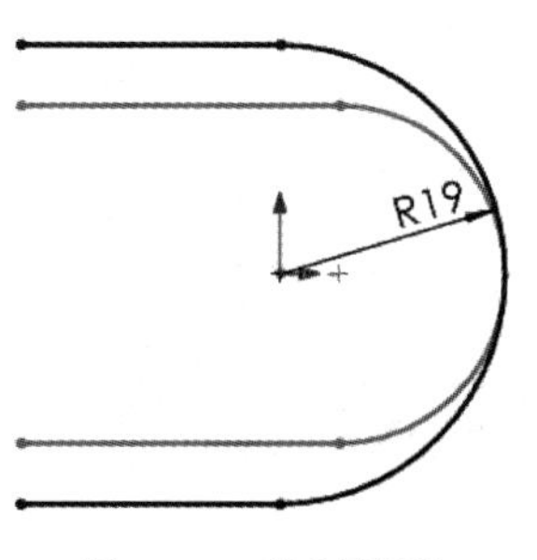

图 7.4.5　绘制草图

步骤 4　创建第三部分——放样钣金件。点选钣金选项卡上的【放样折弯】命令，选择两个草图，【制造方法】选择【成型】，钣金件厚度为 1.5 mm，设置如图 7.4.6 所示。单击【确定】按钮，完成放样。此时模型树区域中会出现钣金标签，同时也会呈现平板型式(展开)，如图 7.4.7 所示。

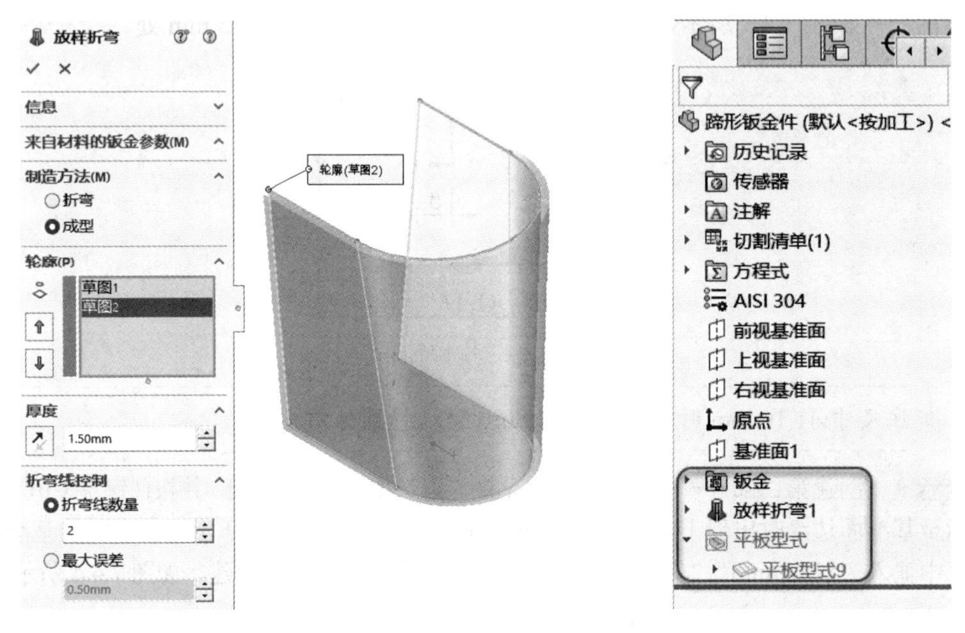

图 7.4.6　钣金放样折弯　　　　图 7.4.7　钣金件标志

步骤 5　创建第四部分——切除钣金件。选择【前视基准面】，并绘制如图 7.4.8 所示的草图轮廓。注意 R300 的圆心位置在右侧偏移 1.5 mm 处，也就是与内侧平齐。

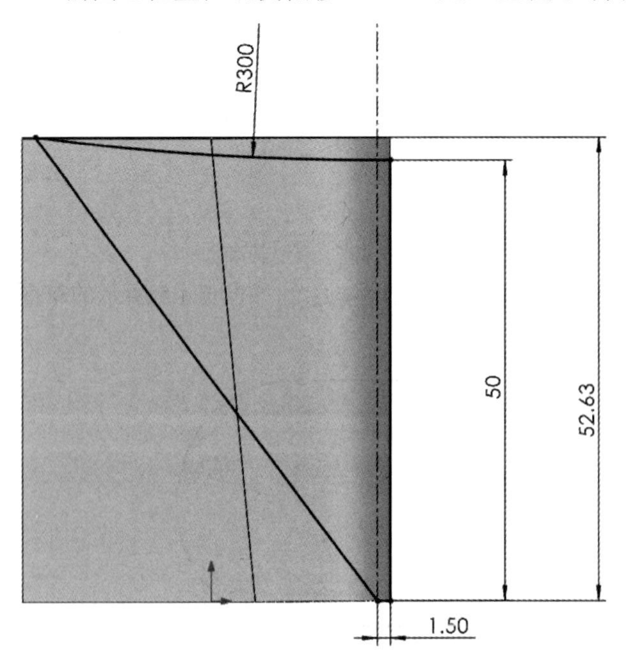

图 7.4.8　钣金件标志

单击特征选项卡上的【拉伸切除】,【方向 1】与【方向 2】均为【完全贯穿】，选择【反侧切除】，如图 7.4.9 所示。单击【确定】按钮，完成切除。

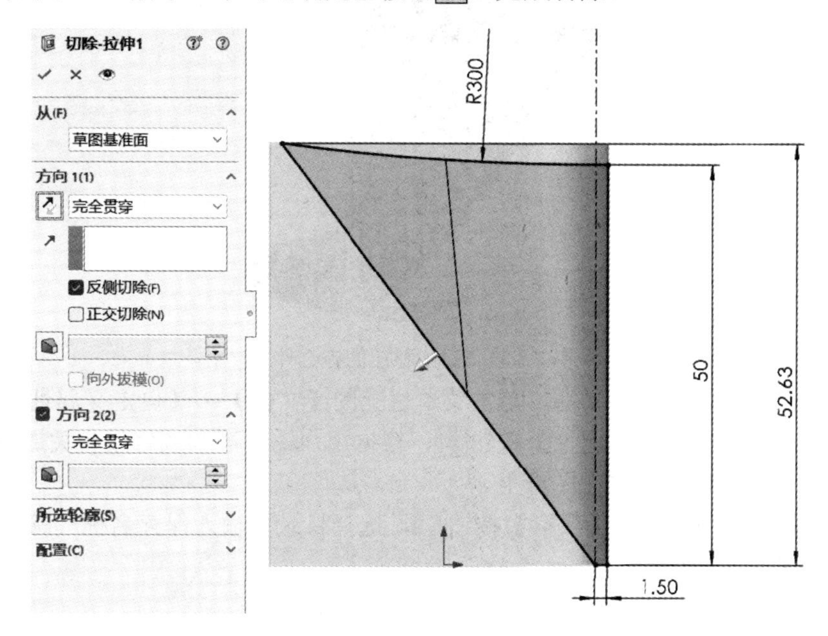

图 7.4.9　切除钣金件

步骤 6　创建第五部分——展开钣金件。一个零件是不是钣金件，最明显的标志就是能否展开。如图 7.4.10 所示，单击【平板型式】→【平板型式 1】后，出现钣金件展开的预览，并在快捷菜单栏中单击【解除压缩】，即可展开钣金件。

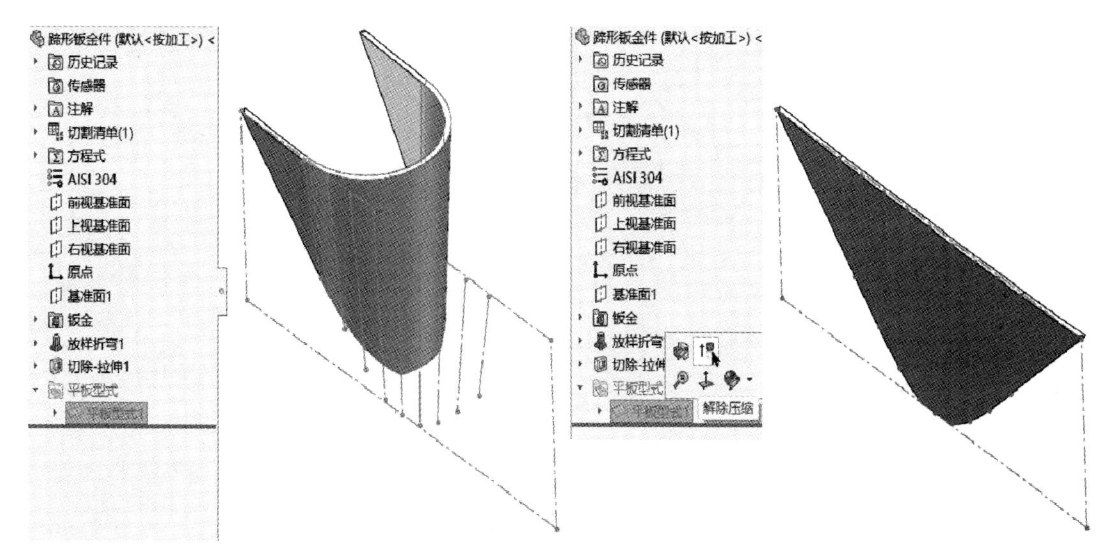

图 7.4.10　展开钣金件

步骤 7　更改零件材料。在材质上右击编辑材料，在【材料属性】中选择不锈钢 ANSI 304。更改材料后的钣金件如图 7.4.11 所示。

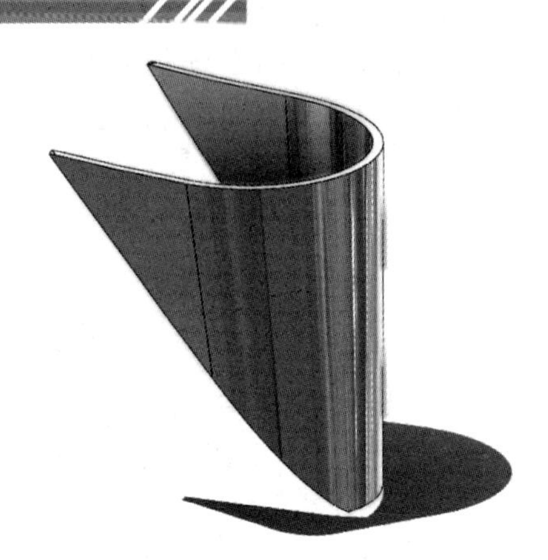

图 7.4.11 添加材质的钣金件

步骤 8 添加或修改文件属性。单击菜单栏上的【文件】→【自定义属性】按钮或单击标准工具栏上的【自定义属性】按钮，根据用户需要添加或修改相关属性值，以便输出工程图时这些属性能链接在图纸上。

步骤 9 保存文档。单击【保存】按钮，选择目录并输入保存名称“蹄形钣金件”。再单击【保存】按钮，保存文件。

第8章 曲面设计

本章要点

☑ 曲面工具栏
☑ 曲面绘制应用实例

8.1 曲面工具栏

曲面是一种可用来生成实体特征的几何体。可以用下列方法使用曲面：

- 选取曲面边线和顶点作为扫描的引导线和路径。
- 通过加厚曲面来生成一个实体或切除特征。
- 用成形到某一面或到指定面指定的距离终止条件来拉伸实体或切除特征。
- 通过加厚已经缝合成实体的曲面来生成实体特征。
- 以曲面替换面。

SolidWorks 2023 曲面工具栏包括【拉伸曲面】、【旋转曲面】、【扫描曲面】、【放样曲面】、【边界曲面】、【填充曲面】、【平面】、【自由样式】、【等距曲面】、【直纹曲面】、【删除面】、【替换面】、【缝合曲面】、【延伸曲面】、【剪裁曲面】、【解除剪裁曲面】、【圆角/倒角】、【参考几何体】和【曲线】等，如图 8.1.1 所示。

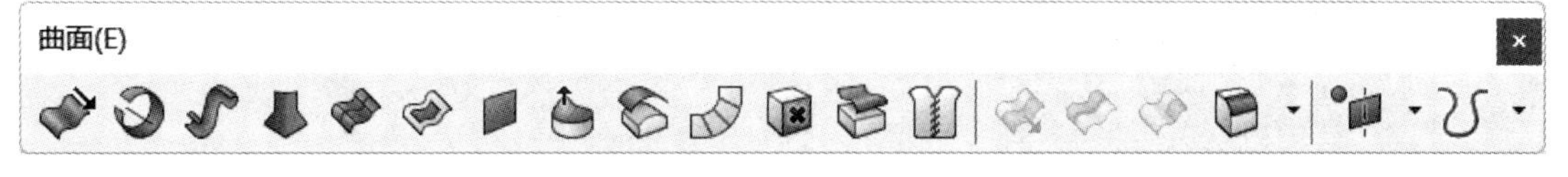

图 8.1.1 曲面工具栏

调出曲面工具栏的方法如下：

- 右击界面空白处，从工具栏中选择【曲面】。
- 在命令管理器的文字区域右击选择【曲面】，如图 8.1.2 所示。

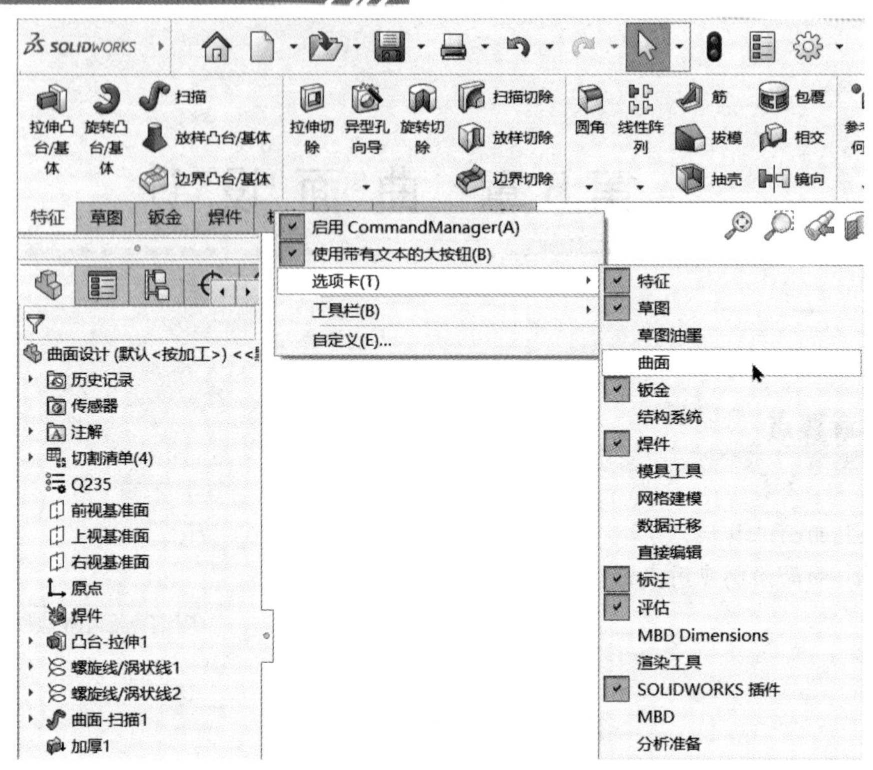

图 8.1.2　曲面工具栏

曲面工具栏的各项功能如下：

- 【拉伸曲面】：与实体拉伸特征功能一致，只是拉伸轮廓可以是封闭的，也可以是不封闭的，如图 8.1.3 所示。

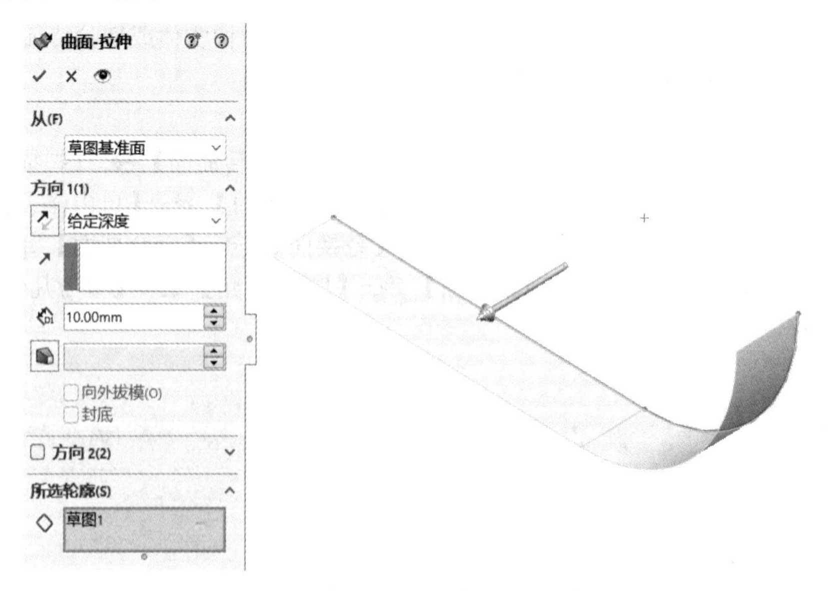

图 8.1.3　拉伸曲面

- 【旋转曲面】：与实体旋转特征功能一致，只是轮廓可以是封闭的，也可以是不封闭的，如图 8.1.4 所示。

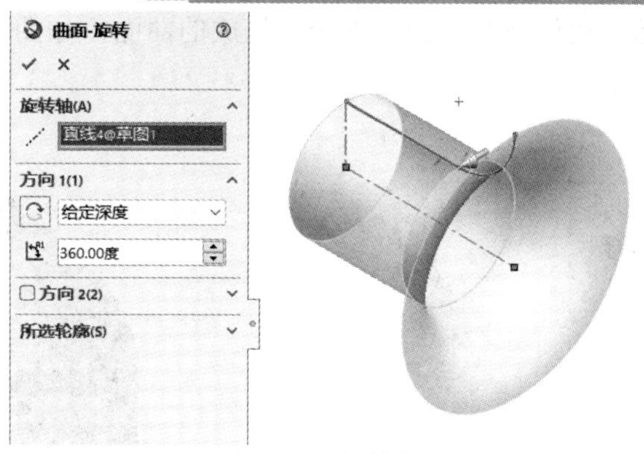

图 8.1.4　旋转曲面

• 【扫描曲面】：与实体扫描特征功能一致，只是轮廓可以是封闭的，也可以是不封闭的，如图 8.1.5 所示。

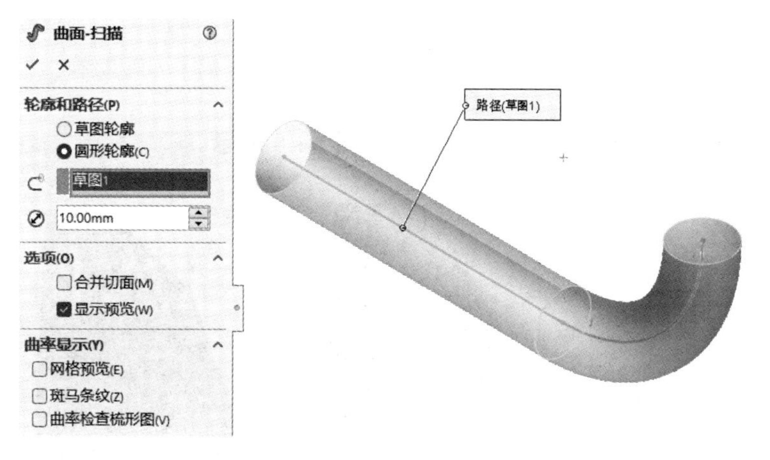

图 8.1.5　扫描曲面

• 【放样曲面】：与实体放样特征功能一致，只是轮廓可以是封闭的，也可以是不封闭的，如图 8.1.6 所示。

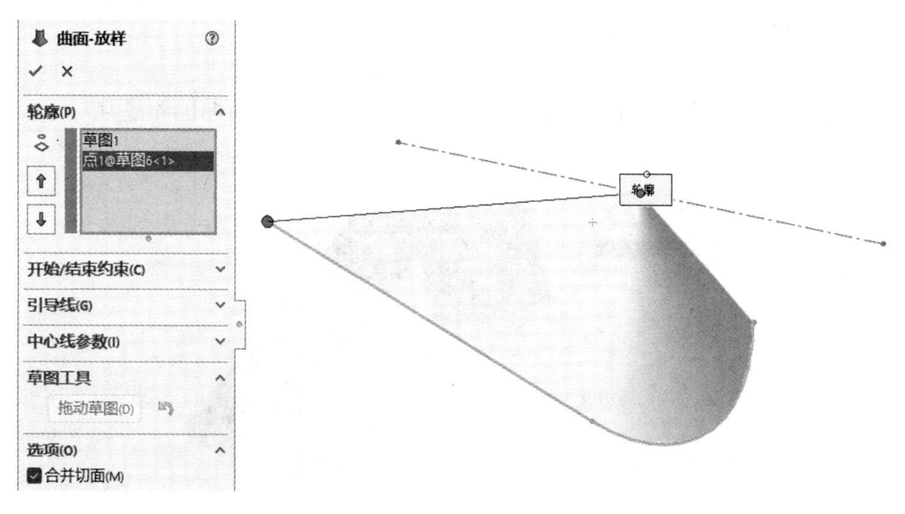

图 8.1.6　放样曲面

- 【边界曲面】：通过实体或曲面的边界相连构成的曲面，如图 8.1.7 所示。用于复杂放样曲面的补充。

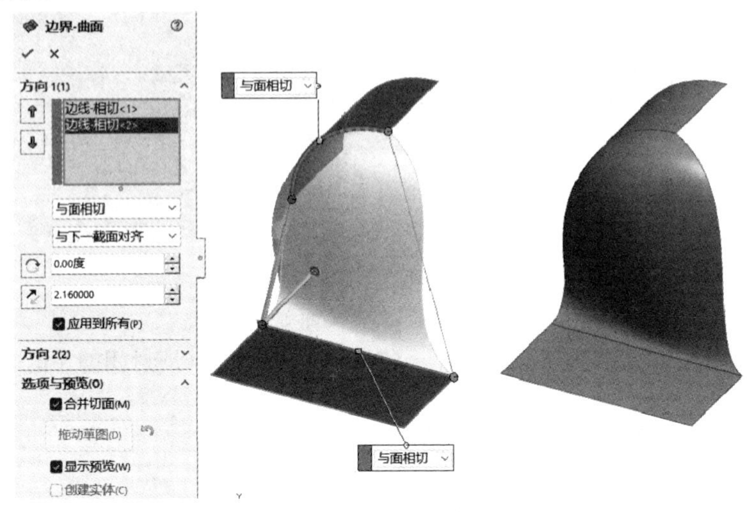

图 8.1.7 边界曲面

- 【填充曲面】：用于补充缺失的曲面，如图 8.1.8 所示。

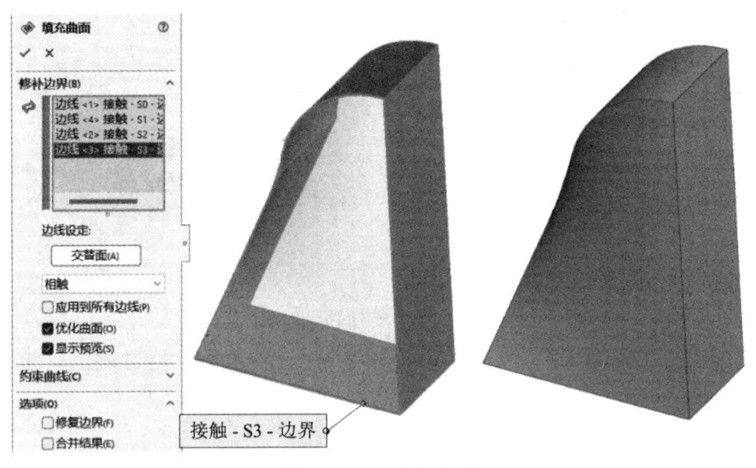

图 8.1.8 填充曲面

- 【平面】：用于一个平面内的曲面，如图 8.1.9 所示，空间曲面不适用。

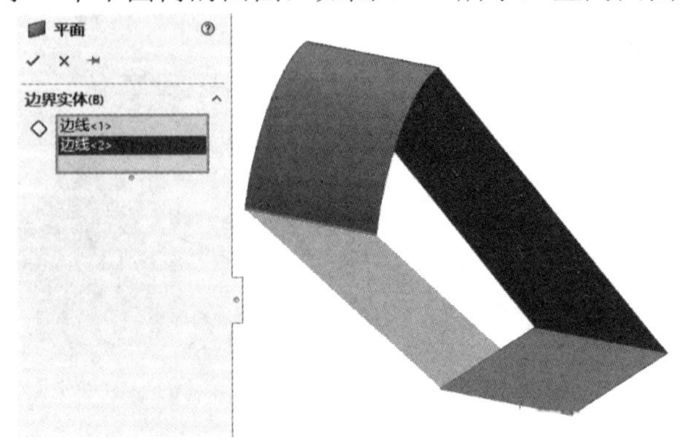

图 8.1.9 平面曲面

- 【自由样式】：对所选的曲面进行自由变换，用于高级曲面的设计，如图 8.1.10 所示。

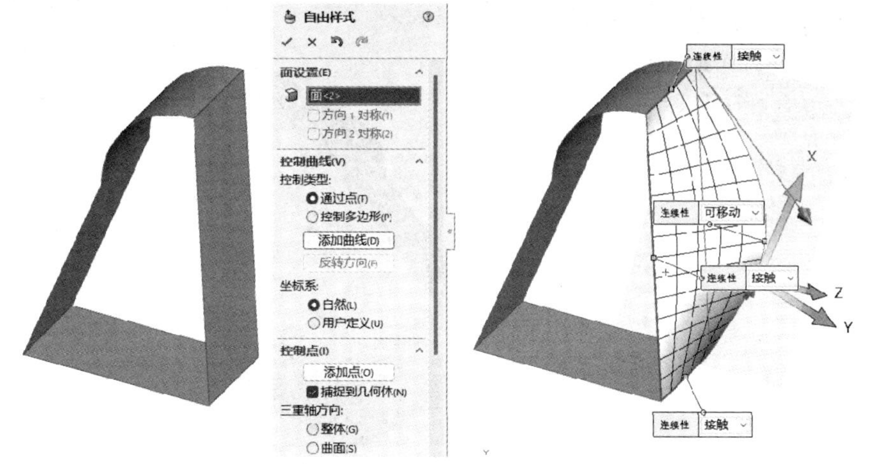

图 8.1.10　自由样式曲面

- 【等距曲面】：对曲面进行等距偏移操作，如图 8.1.11 所示。

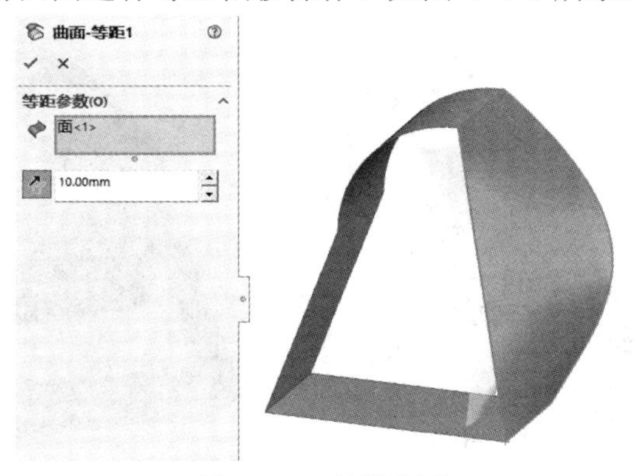

图 8.1.11　等距曲面

- 【直纹曲面】：对曲面进行扩展和扩充，可以与曲面相切也可以垂直等，如图 8.1.12 所示。

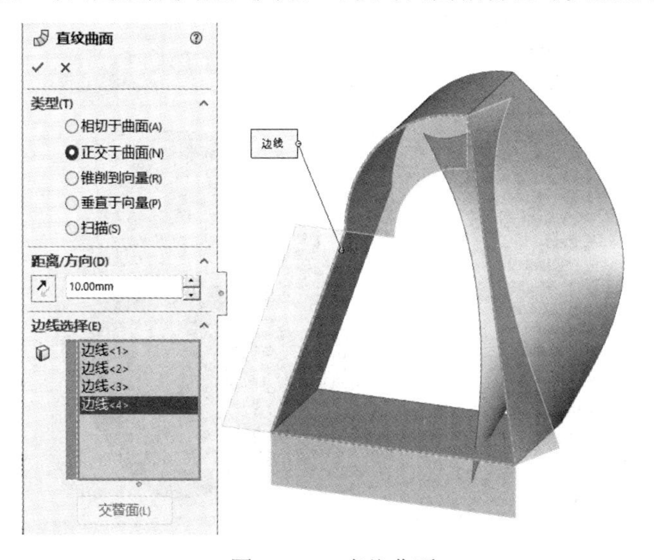

图 8.1.12　直纹曲面

- 【删除面】：选择需要删除的曲面删除即可，但是需要在同一实体上进行删除，并事先做好曲面的分割，如图 8.1.13 所示。

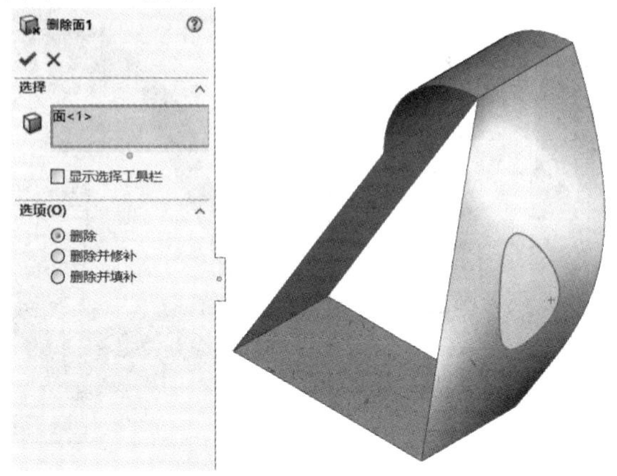

图 8.1.13 删除面

- 【替换面】：将一实体表面替换为选择的面，如图 8.1.14 所示。

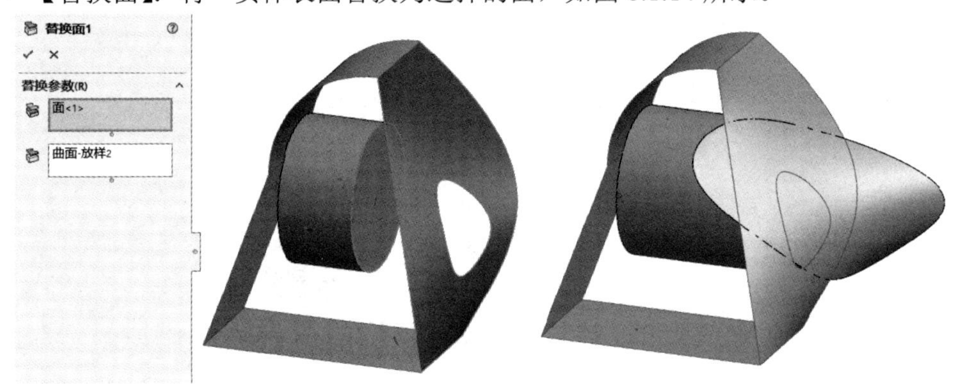

图 8.1.14 替换面

- 【缝合曲面】：将多个曲面进行缝合合并为一个曲面，如图 8.1.15 所示。

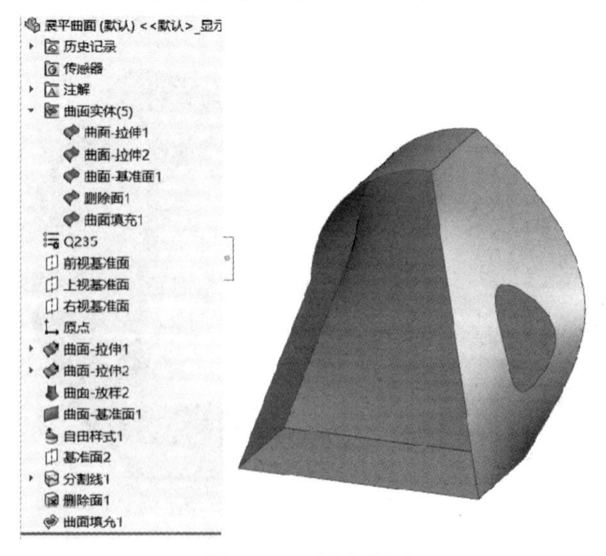

图 8.1.15 缝合曲面

- 【展平曲面】：将一个曲面进行展平，如图 8.1.16 所示。

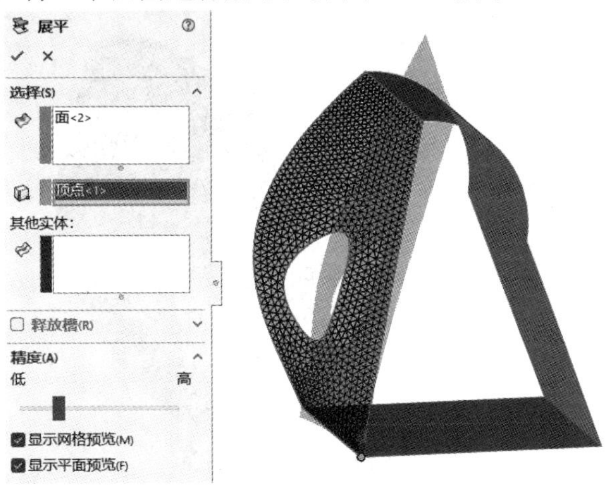

图 8.1.16 展平曲面

- 【延伸曲面】：对曲面进行延伸操作，相当于等距拉长曲线的一个边，如图 8.1.17 所示。

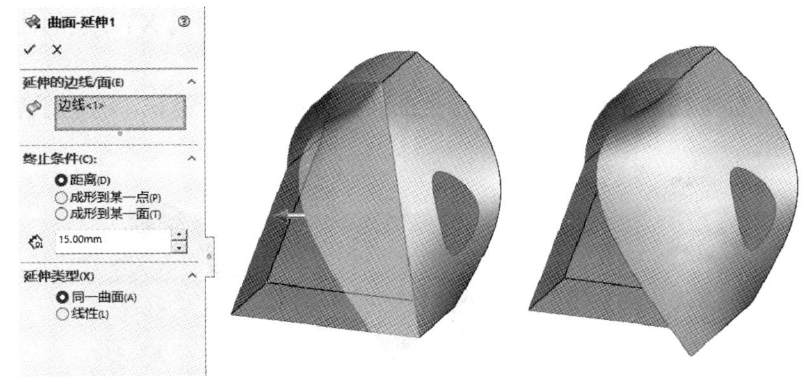

图 8.1.17 延伸曲面

- 【剪裁曲面】：使用一个曲面剪裁工具对曲面进行剪裁，如图 8.1.18 所示。

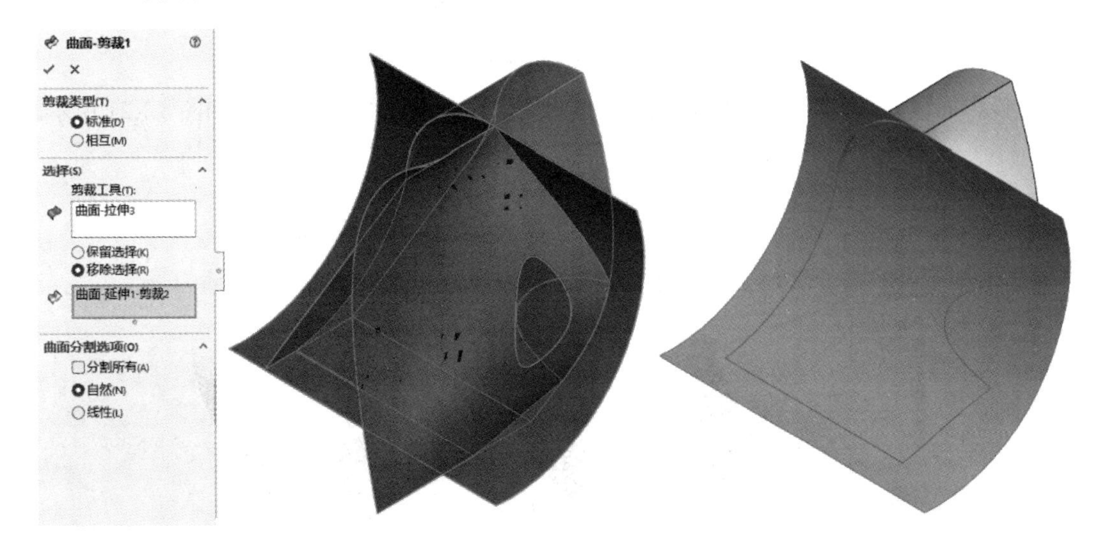

图 8.1.18 剪裁曲面

- 【解除剪裁曲面】：对剪裁的曲面解除，相当于解压缩，如图 8.1.19 所示。

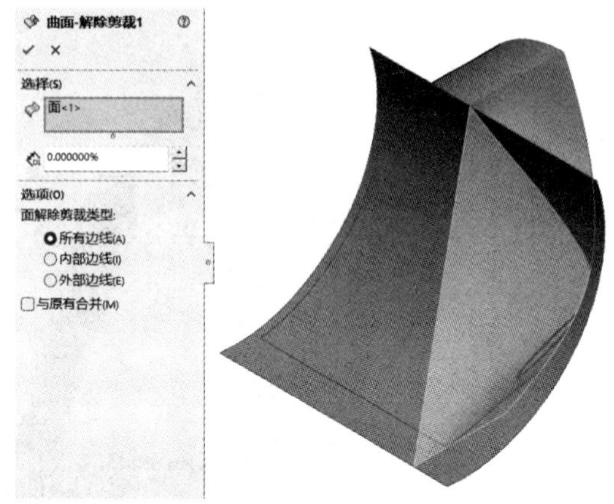

图 8.1.19　解除剪裁曲面

- 【圆角/倒角】：特征中已介绍过。
- 【参考几何体】：参考几何体中已介绍过。
- 【曲线】：曲线中分为分型线、投影曲线、组合曲线、通过 XYZ 点的曲线、通过参考点的曲线和螺旋线/涡状线。

① 分割线。分割线的功能相当于在一个曲面或平面上进行标记，有利于后期的编辑，如图 8.1.20 所示。

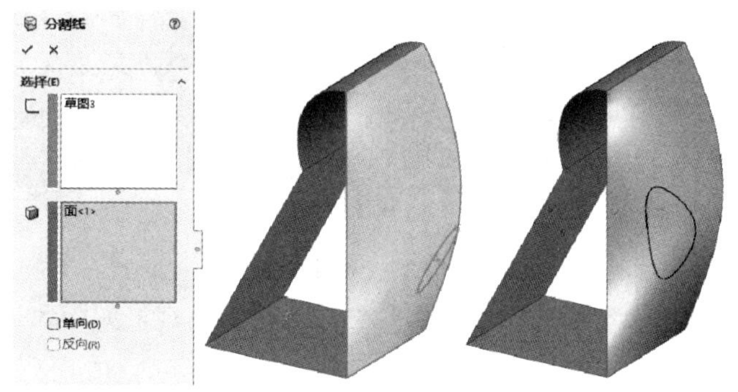

图 8.1.20　分割线

② 投影曲线。投影曲线是将绘制的草图按照要求投影到曲面或平面上，如图 8.1.21 所示。

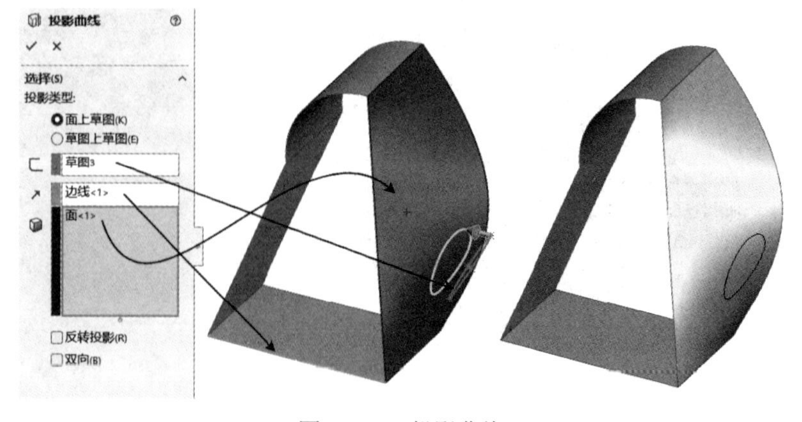

图 8.1.21　投影曲线

③ 组合曲线。组合曲线用于 2D 和 3D 曲线的组合，如图 8.1.22 所示。

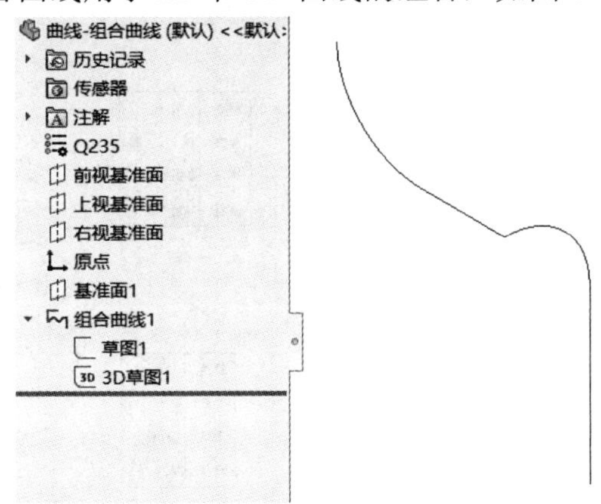

图 8.1.22　组合曲线

④ 通过 XYZ 点的曲线。如图 8.1.23 所示，将复杂的曲线通过输入 XYZ 点的坐标来创建。

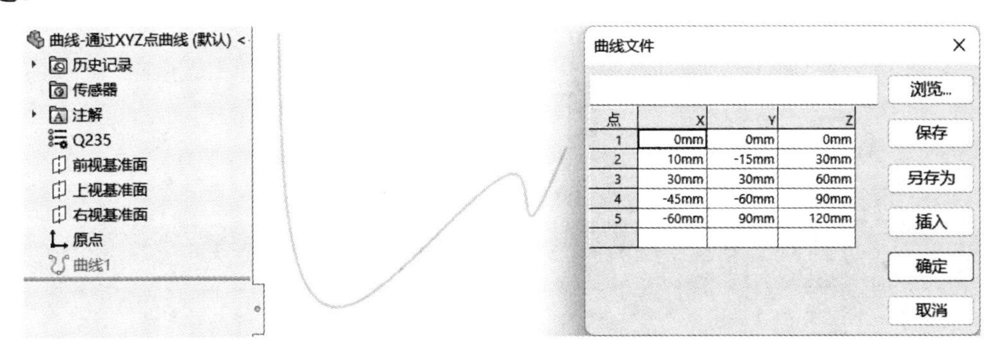

图 8.1.23　通过 XYZ 点的曲线

⑤ 通过 XYZ 参考点的曲线。如图 8.1.24 所示，通过点选关键点来创建曲线。

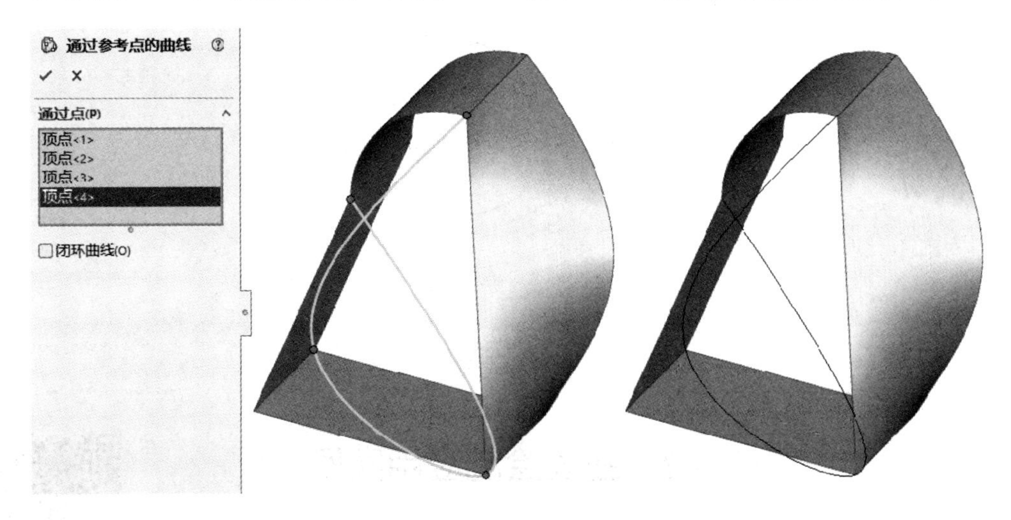

图 8.1.24　通过参考点的曲线

⑥ 螺旋线/涡状线。如图 8.1.25、图 8.1.26 所示，螺旋线和涡状线多用于弹簧的绘制。

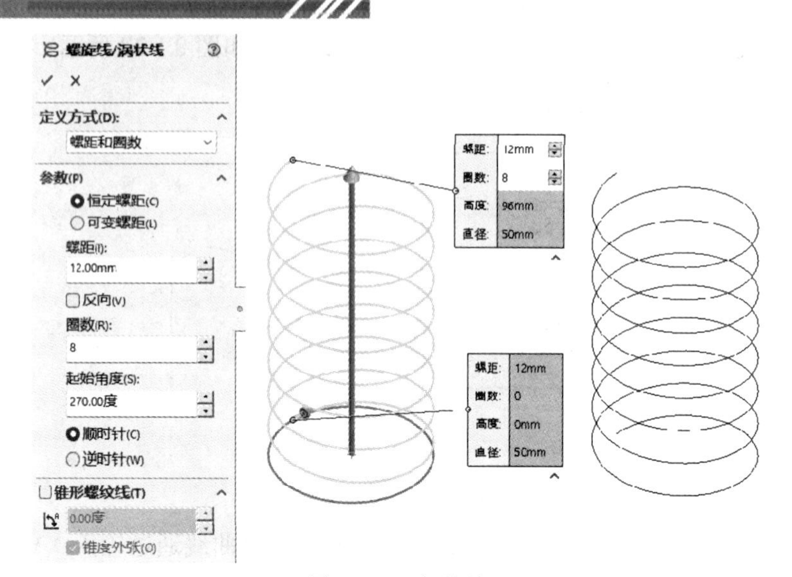

图 8.1.25　螺旋线

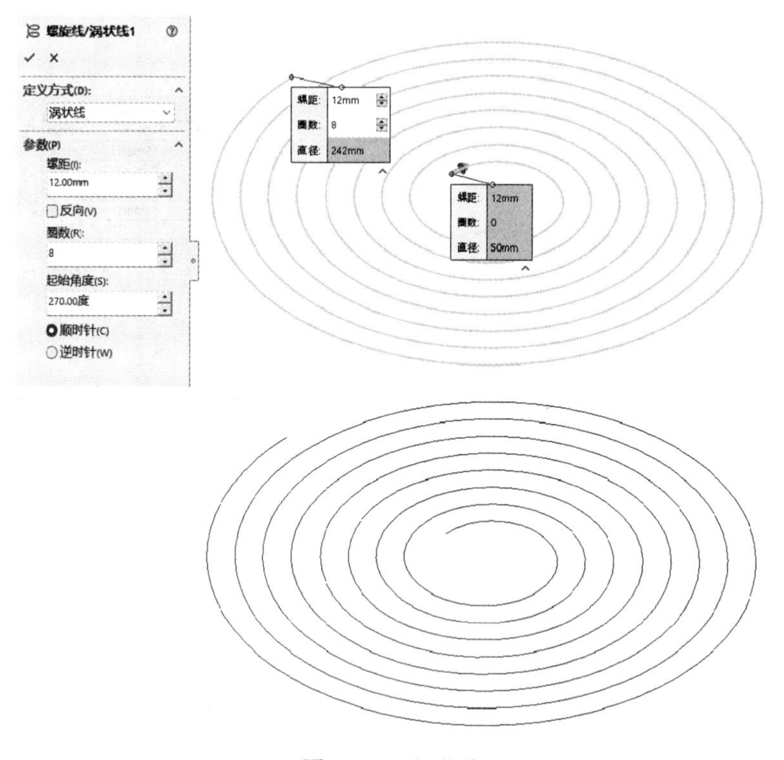

图 8.1.26　涡状线

8.2　曲面绘制应用实例

实例 8-1

【实例 8-1】 叶轮建模实例

建立如图 8.2.1 所示的叶轮实体模型。

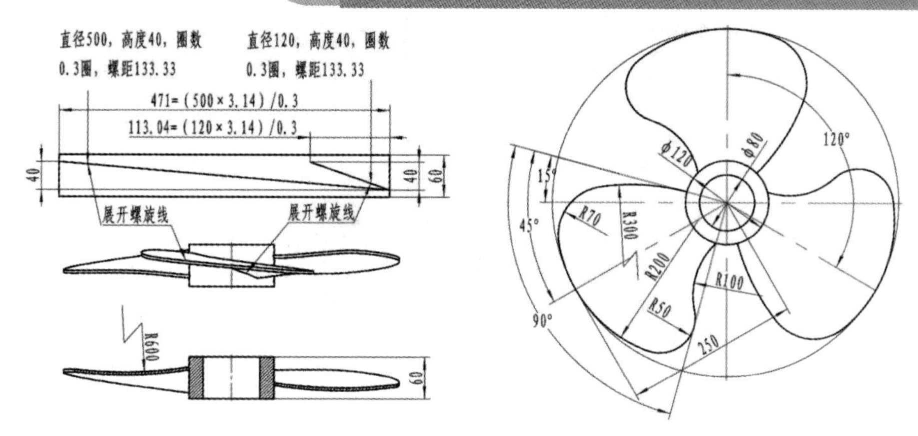

图 8.2.1　叶轮

叶轮绘制流程分为 7 个部分，分别为绘制凸台、绘制内侧螺旋线、绘制外侧螺旋线、扫描叶片曲面、加厚叶片曲面、切除叶片轮廓和阵列叶片合并实体，如图 8.2.2 所示。

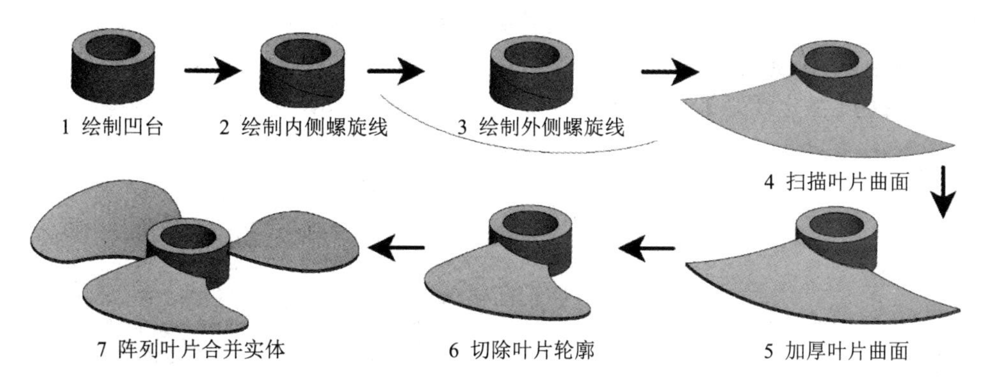

图 8.2.2　叶轮绘制流程

具体操作步骤如下：

步骤 1　新建零件。单击标准工具栏上的【新建】按钮，在【新建 SOLIDWORKS 文件】对话框中选择模板【XYZ 零件】作为零件绘制模板。

步骤 2　创建第一部分——绘制凸台。选择【上视基准面】作为草图绘制平面，绘制直径为 80 和 120 的圆环，如图 8.2.3 所示。

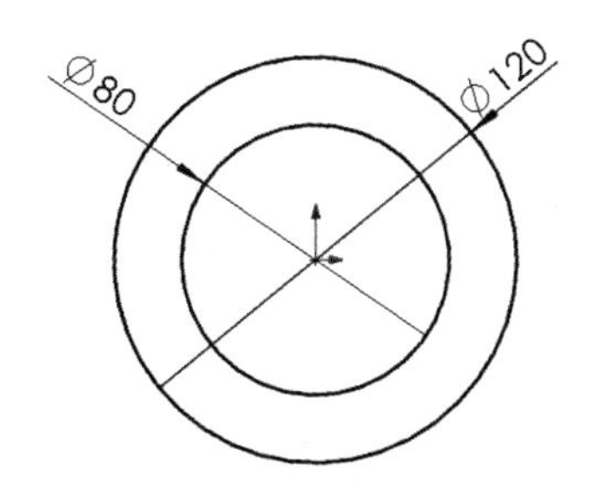

图 8.2.3　绘制圆环

单击命令管理器特征工具栏上的【拉伸凸台】，【方向 1】拉伸 50 mm，【方向 2】拉伸 10 mm，如图 8.2.4 所示。

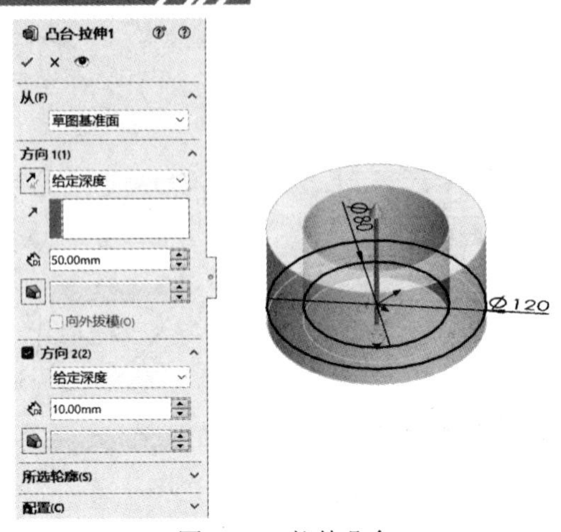

图 8.2.4　拉伸凸台

步骤 3　创建第二部分——绘制内侧螺旋线。选择【上视基准面】作为草图绘制平面，使用特征选项卡上的【转换实体引用】将外圆转换，如图 8.2.5 所示。

选择草图作为螺旋线草图，设置参数如图 8.2.6 所示。【定义方式】为【高度和圈数】，【参数】设置为【恒定螺距】，高度为 40 mm，圈数为 0.3，起始角度为 0°，旋转方向为【顺时针】。

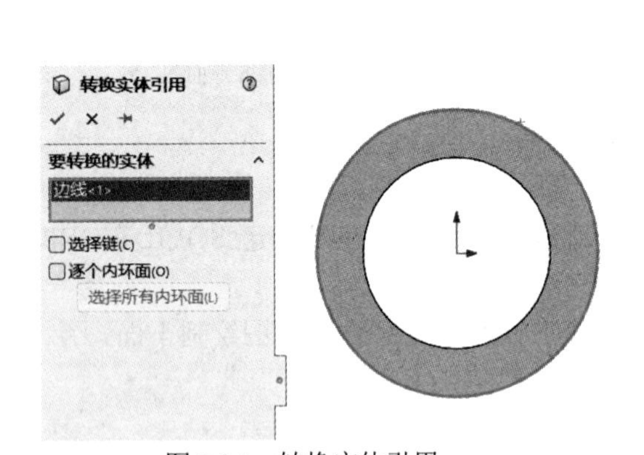

图 8.2.5　转换实体引用

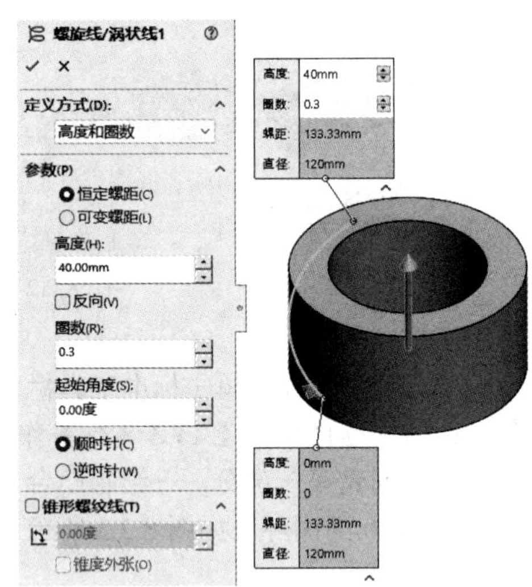

图 8.2.6　绘制螺旋线参数

步骤 4　创建第三部分——绘制外侧螺旋线。选择【上视基准面】作为草图绘制平面，绘制直径为 500 的圆，如图 8.2.7 所示。

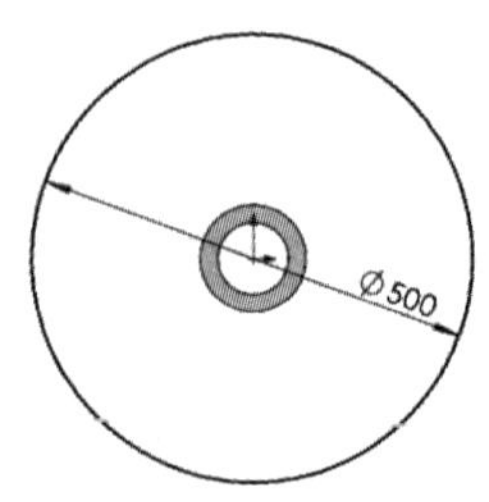

图 8.2.7　绘制圆

选择草图作为螺旋线草图，设置参数如图 8.2.8 所示。【定义方式】为【高度和圈数】，【参数】设置为【恒定螺距】，高度为 40 mm，圈数为 0.3，起始角度为 0°，旋转方向为【顺时针】。

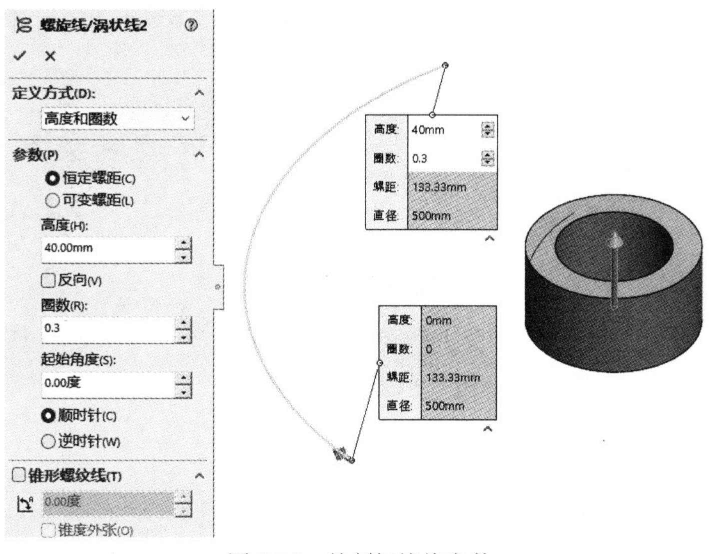

图 8.2.8　绘制螺旋线参数

步骤 5　创建第四部分——扫描曲面。选择【右视基准面】作为草图绘制平面，使用【3 点圆弧】绘制圆弧，约束圆弧两端与 2 段螺旋线【穿透】约束，标注半径尺寸 R600，如图 8.2.9 所示。

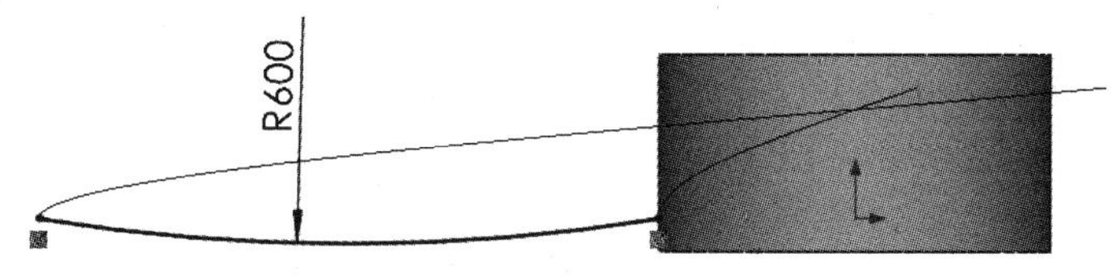

图 8.2.9　绘制圆弧

绘制其余引导线时使用【曲面扫描】，参数设置如图 8.2.10 所示。

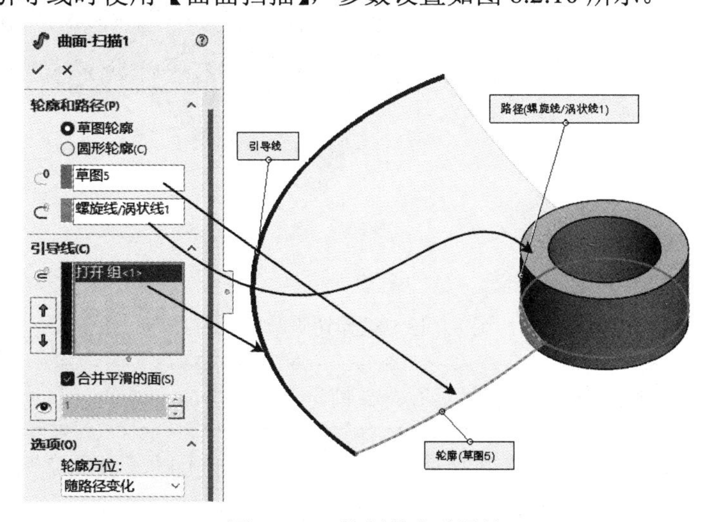

图 8.2.10　绘制其余引导线

步骤 6 创建第五部分——加厚叶片。单击曲面选项卡上的【加厚】，选择双侧加厚 2 mm，如图 8.2.11 所示。

步骤 7 创建第六部分——切除叶片。选择绘制的第一个凸台的上顶面作为绘制平面，绘制如图 8.2.12 所示的草图。注意 250 的尺寸为从动尺寸，R200 的圆与外侧螺旋线相切。

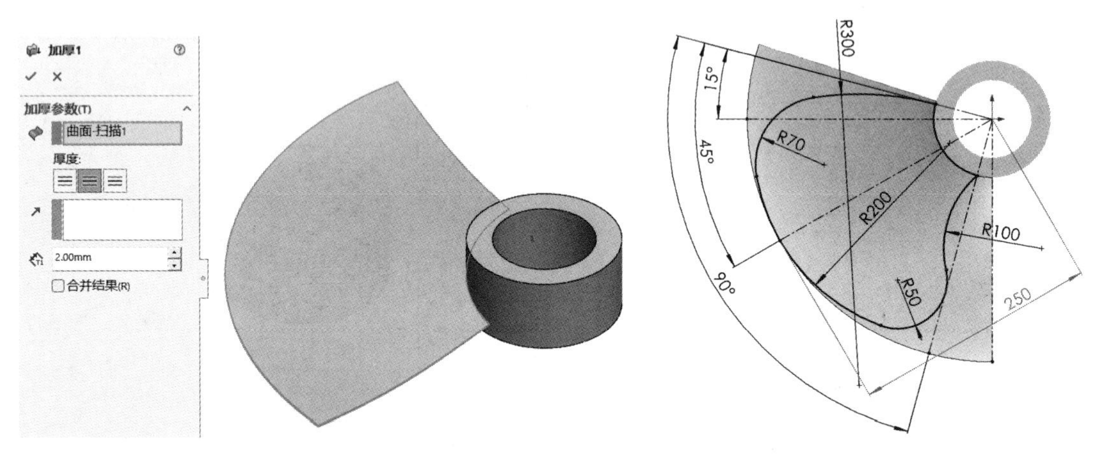

图 8.2.11 加厚曲面　　图 8.2.12 绘制切除草图

单击特征选项卡上的【拉伸切除】，【方向 1】设置【完全贯穿】，勾选【反侧切除】，【特征范围】选择切除加厚的叶片特征，如图 8.2.13 所示。

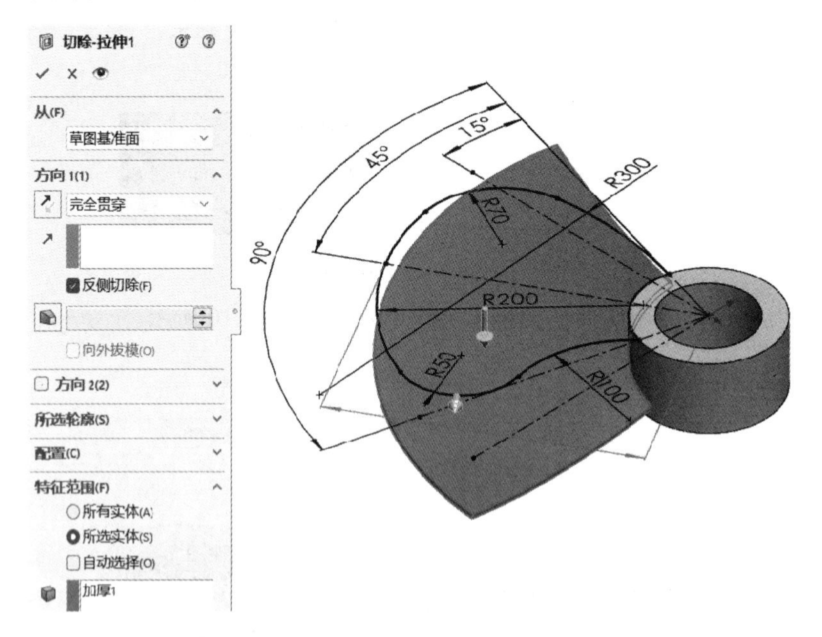

图 8.2.13 拉伸切除叶片

> 实际中用于反侧切除更加便捷，无须绘制多余的轮廓。

步骤 8 创建第七部分——阵列叶片。选择特征选项卡上的【圆周阵列】，【方向 1】中选择凸台表面作为阵列轴，等间距，数量为 3 个，选择实体特征进行阵列，如图 8.2.14 所示。

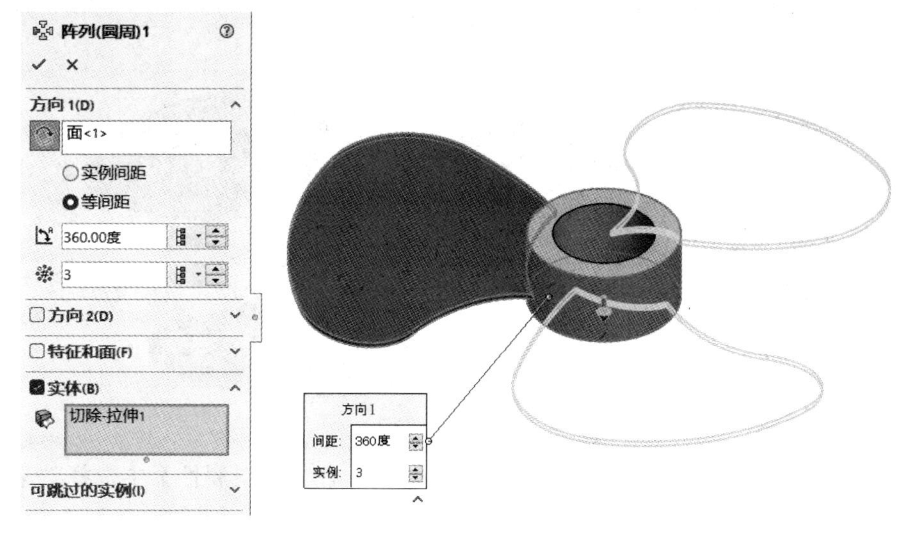

图 8.2.14　阵列叶片

单击菜单栏上的【插入】→【特征】→【组合】，如图 8.2.15 所示。

图 8.2.15　组合实体命令

选择四个实体进行组合，如图 8.2.16 所示。

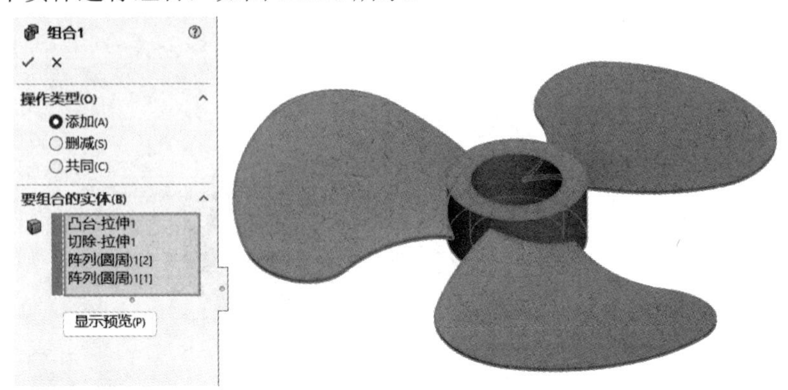

图 8.2.16　组合实体

步骤 9　更改零件材料。在材质上右击编辑材料，在【材料属性】中选择碳素结构钢 Q235，则完成材质添加。

步骤 10　添加或修改文件属性。单击菜单栏上的【文件】→【自定义属性】按钮或单击标准工具栏上的【自定义属性】按钮，根据用户需要添加或修改相关属性值，以便输出工程图时这些属性能链接在图纸上。

步骤 11　保存文档。单击【保存】按钮，选择目录并输入保存名称“叶轮”。再单击【保存】按钮，保存文件。

第9章 装配体设计

本章要点

- ☑ 装配体设计规范
- ☑ 配合关系
- ☑ 装配体工具栏
- ☑ 装配体分析
- ☑ 装配体爆炸/分解
- ☑ 运动算例
- ☑ 装配体设计实例

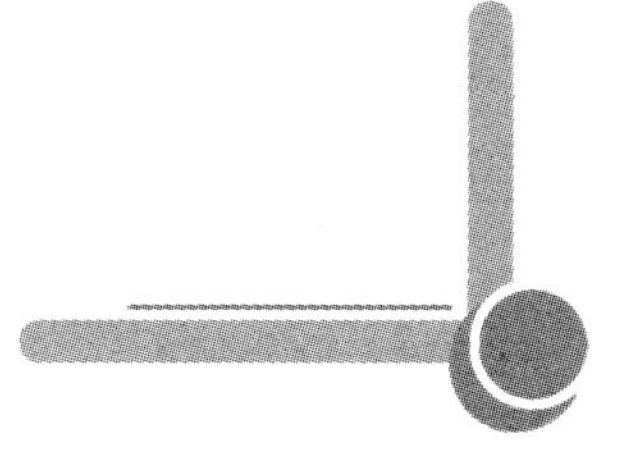

9.1 装配体设计规范

9.1.1 设计思路

装配体的设计思路为：

(1) 第一个装入的零部件不要轻易在绘图区单击确定，可以单击左上角的确定，这会使得第一个零部件的坐标原点和装配体的原点坐标重合。

(2) 第一个装入的零部件最好是固定的机架、底座等安装平台的零部件。

(3) 如果第一个装入的零部件不是处于工作位置，则要将其更改为浮动，并重新配合至工作位置。

(4) 标准件的约束最好是完全约束，这样在输出工程图时就不会显得凌乱。

(5) 配合关系按实际配合约束，比如齿轮组就使用齿轮配合等。

9.1.2 设计方法

装配体的设计方法主要有自底向上设计方法、自顶向下设计方法和混合设计方法。

1. 自底向上设计方法

自底向上设计法是比较传统的方法。在自底向上设计中，先生成零件并将之插入装配体，然后根据设计要求配合零件。

自底向上设计法的优点是因为零部件是独立设计的，与自顶向下设计法相比，它们的相互关系及重建行为更为简单。使用自底向上设计法可以让用户专注于单个零件的设计工作。当不需要建立控制零件大小和尺寸的参考关系时(相对于其他零件)，则此方法较为适用。

2. 自顶向下设计方法

自顶向下设计法是从装配体就开始设计工作，这是与自底向上设计方法的不同之处。自顶向下设计法可以使用一个零件的几何体来帮助定义另一个零件，或生成组装零件后才添加的加工特征。也可以将布局草图作为设计的开端，定义固定的零件位置、基准面等，然后参考这些定义来设计零件。例如，可以将一个零件插入到装配体中，然后根据此零件生成一个夹具。而使用自顶向下设计法则在关联中生成夹具，这样可参考模型的几何体，通过与原零件建立几何关系来控制夹具的尺寸。如果改变了零件的尺寸，参照的夹具会自动更新。

3. 混合设计方法

混合设计方法是将自底向上设计方法和自顶向下设计方法混合使用，这也是常用的设计方法。

9.2 配合关系

SolidWorks 2023 配合关系分为标准配合、高级配合和机械配合。表 9-1 为配合关系功能表。

表 9-1 配合关系功能

名称		图标	功能作用
标准配合	重合		将所选面、边线及基准面定位(相互组合或与单一顶点组合)，这样它们共享同一个无限基准面。定位两个顶点使它们彼此接触
	平行		放置所选项，这样它们彼此间保持等间距
	垂直		将所选项以彼此间 90° 角度放置
	相切		将所选项以彼此间相切放置(至少有一选择项必须为圆柱面、圆锥面或球面)
	同轴心		将所选项放置于共享同一中心线
	锁定		保持两个零部件之间的相对位置和方向
	距离		将所选项以彼此间指定的距离放置
	角度		将所选项以彼此间指定的角度放置

续表

名称		图标	功能作用
高级配合	对称		迫使两个相同的实体绕基准面或平面对称
	宽度		将标签置于凹槽宽度内
	路径配合		将零部件上所选的点约束到路径
	线性/线性耦合		在一个零部件的平移和另一个零部件的平移之间建立几何关系
	限制距离		允许零部件在距离配合的一定数值范围内移动
	限制角度		允许零部件在角度配合的一定数值范围内移动
机械配合	凸轮		迫使圆柱、基准面或点与一系列相切的拉伸面重合或相切
	铰链		强迫两个零部件绕所选轴彼此相对旋转
	齿轮		将两个零部件之间的移动限制在一定的旋转范围内
	齿条小齿轮		一个零件(齿条)的线性平移引起另一个零件(齿轮)的周转，反之亦然
	螺旋		将两个零部件约束为同心，并在一个零部件的旋转和另一个零部件的平移之间添加纵向几何关系
	万向节		一个零部件(输出轴)绕自身轴的旋转是由另一个零部件(输入轴)绕其轴旋转驱动的
同向对齐			配合同向对齐，可根据需要切换
反向对齐			配合反向对齐，可根据需要切换

9.3 装配体工具栏

SolidWorks 2023 装配体工具栏主要有【编辑零部件】、【插入零部件】、【新零件】、【新装配体】、【随配合复制】、【配合】、【线性零部件阵列】、【圆周零部件阵列】、【特征驱动零部件阵列】、【镜像零部件】、【智能扣件】、【移动零部件】、【旋转零部件】、【显示隐藏的零部件】、【装配体特征】(孔系列、异型孔向导、简单直孔、拉伸切除、旋转切除、圆角、倒角、焊缝、皮带/链)、【参考几何体】、【新建运动算例】、【材料明细表】、【爆炸视图】和【爆炸直线视图】等，如图 9.3.1 所示。同时还包括【干涉检查】、【间隙验证】、【孔对齐】、【装配体可视化】以及【性能评估】等功能，如图 9.3.2 所示。

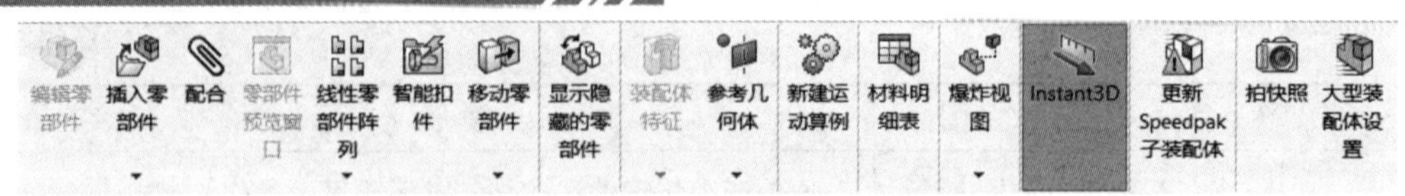

图 9.3.1　装配体命令管理器工具栏

调出装配体工具栏的方法如下：

◆ 右击界面空白处，从调出的工具栏中选择【装配体】，如图 9.3.2 所示。
◆ 选择下拉菜单【视图】→【工具栏】→【装配体】。

图 9.3.2　装配体工具栏

9.4　装配体分析

装配体的分析工具栏主要包括【干涉检查】、【间隙验证】、【孔对齐】、【装配体可视化】和【性能评估】(装配体)，如图 9.4.1 所示。

图 9.4.1　分析工具栏

9.4.1　干涉检查

【干涉检查】：检查零部件之间的干涉。

- 单击评估选项卡上的【干涉检查】。
- 单击装配体工具栏上的【干涉检查】。主要对所选零部件是否干涉进行分析，如图 9.4.2 所示。

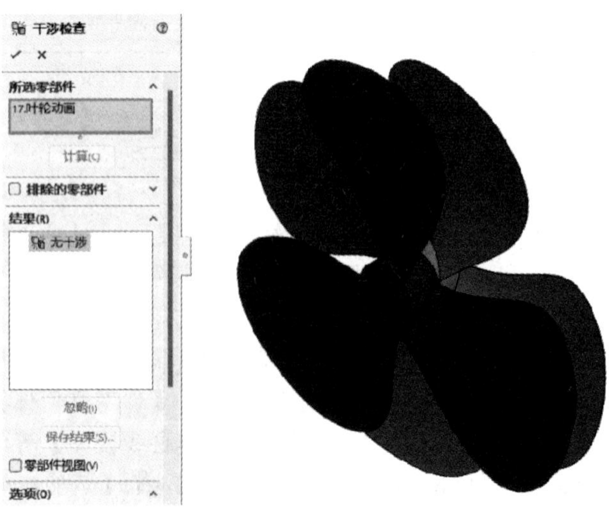

图 9.4.2　干涉检查

9.4.2　间隙验证

【间隙验证】：验证零部件之间的间隙。

- 单击评估选项卡上的【间隙验证】。
- 单击装配体工具栏上的【间隙验证】，两叶轮之间间距为 5 mm，只有设置检查间隙大于实际间隙时才能被显示出来，如图 9.4.3 所示。

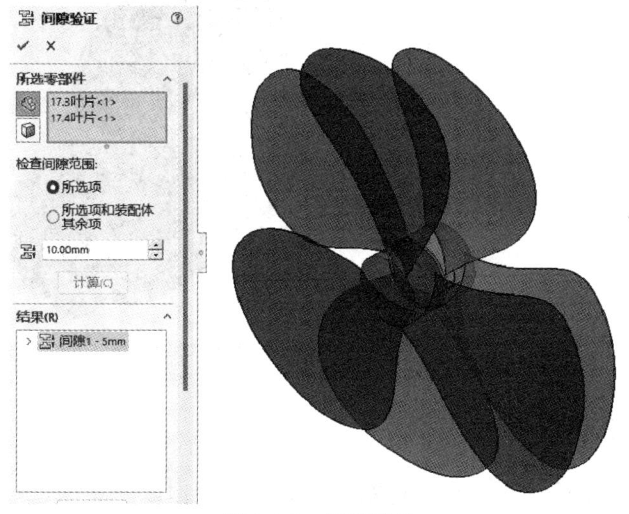

图 9.4.3　间隙验证

9.4.3　孔对齐

【孔对齐】：检查装配体的孔对齐。

- 评估选项卡上的【孔对齐】。
- 单击装配体工具栏上的【孔对齐】，主要对选定的零部件孔中心之间是否对齐进行分析，如图 9.4.4 所示。

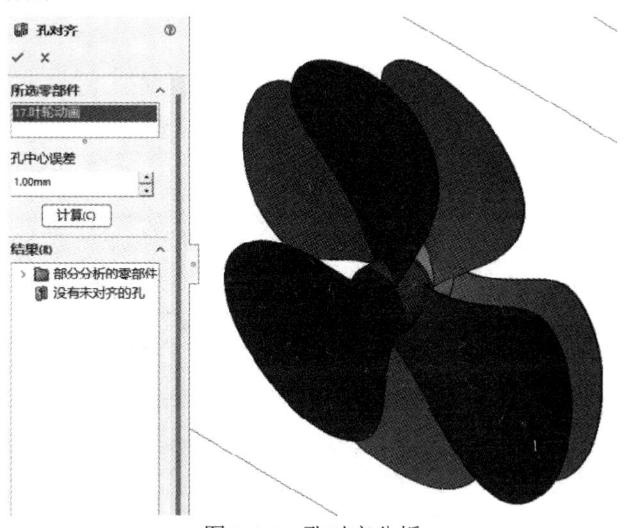

图 9.4.4　孔对齐分析

9.4.4　装配体可视化

【装配体可视化】：按自定义属性直观装配体零部件。

- 单击下拉菜单的【工具】→【评估】→【装配体可视化】。
- 单击装配体工具栏上的【装配体可视化】，如图 9.4.5 所示。

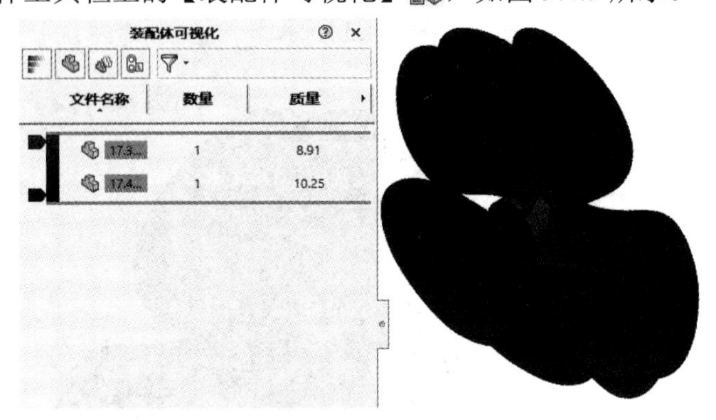

图 9.4.5　装配体可视化

9.4.5　性能评估(装配体)

【性能评估(装配体)】：显示当前装配体性能统计数据以及状况。

- 单击装配体工具栏上的【性能评估(装配体)】，将显示当前装配体的零部件统计数据，如图 9.4.6 所示。

图 9.4.6　装配体性能报表

9.5 装配体爆炸/分解

【爆炸视图】：将零部件分离成爆炸视图或者为装配体添加爆炸视图。如图 9.5.1 所示，可以在模型树的配置中右击进行动画爆炸或动画解除爆炸，同时还可以通过动画控制器进行回退、保存等操作。

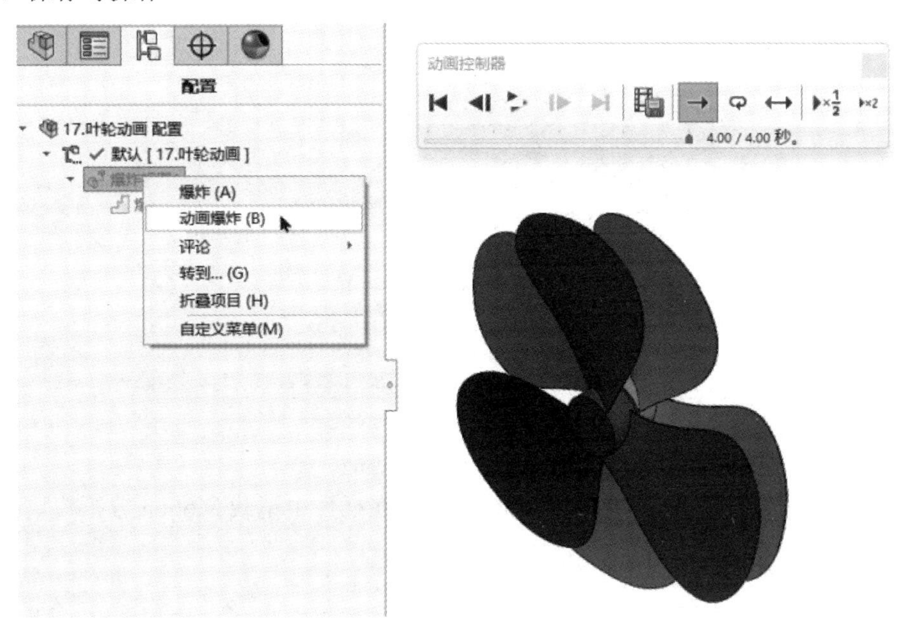

图 9.5.1 装配体动画爆炸视图

9.6 运动算例

运动算例分为动画、基本运动和 Motion 分析，如图 9.6.1 所示。

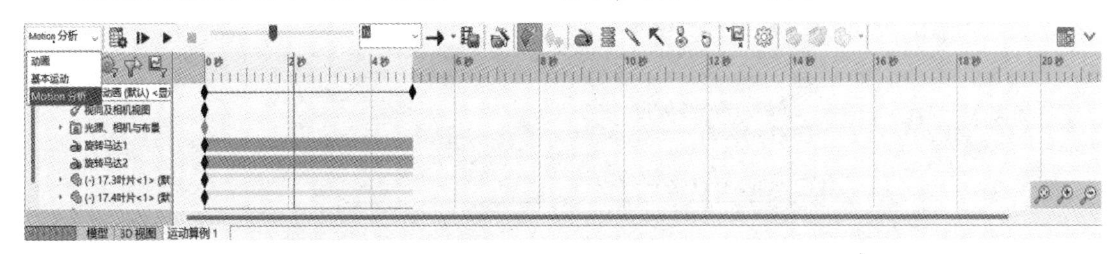

图 9.6.1 运动算例

动画和基本运动仅对模型分析动画，不考虑自身重量、重力等因素，是简单的动作模拟。而 Motion 则是精确地分析模型的运动状态，考虑重力、材料、速度等因素，经过 Motion 分析后的运动可以与 Adams 进行联合分析，如图 9.6.2 所示。

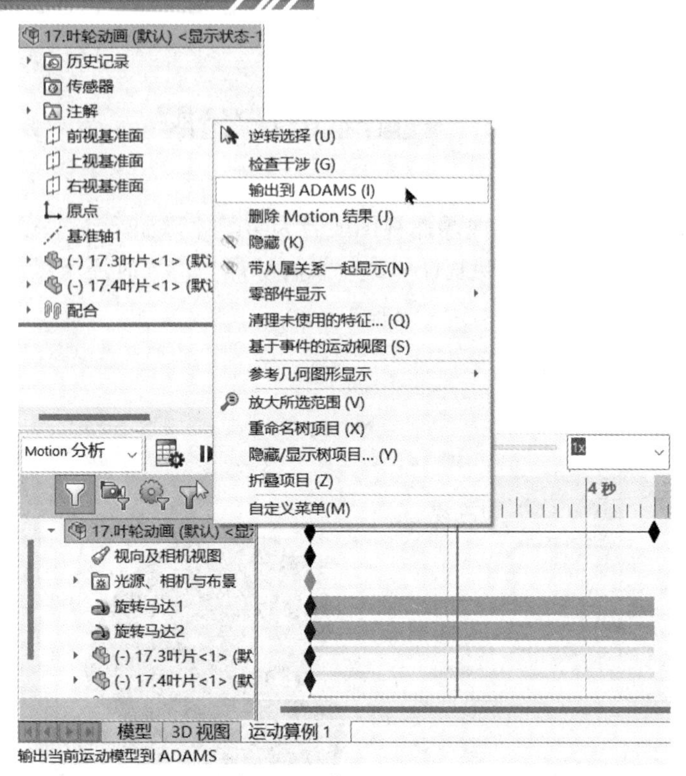

图 9.6.2　输出到 Adams

如图 9.6.3 所示，若要进行 Motion 分析，则需要在插件中记载 Motion 分析模块。图 9.6.4 所示为进行 Motion 分析的叶轮风扇运动算例。

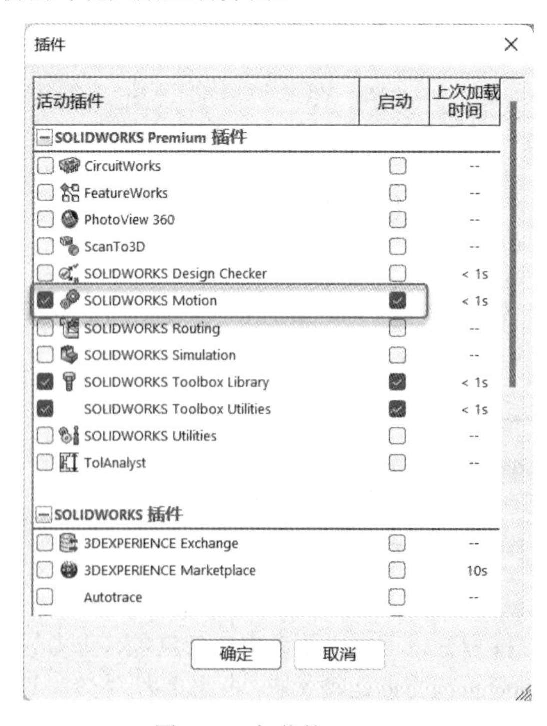

图 9.6.3　加载的 Motion

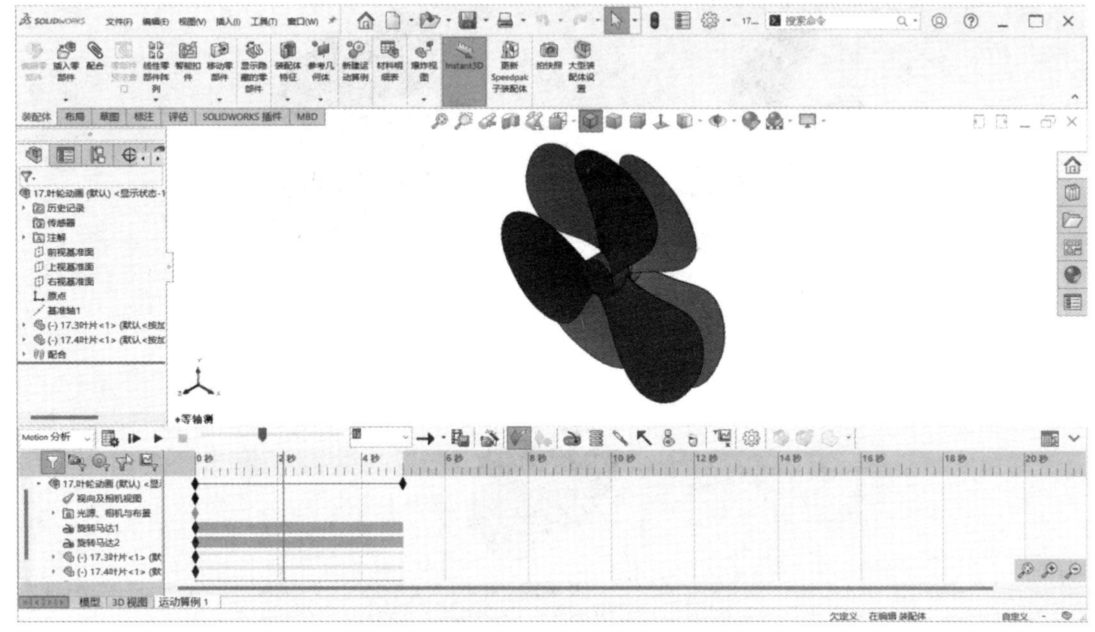

图 9.6.4　叶轮运动算例

9.7　装配体设计实例

实例 9-1

【实例 9-1】 叶轮装配体动画实例

建立如图 9.7.1 所示的叶轮装配体。

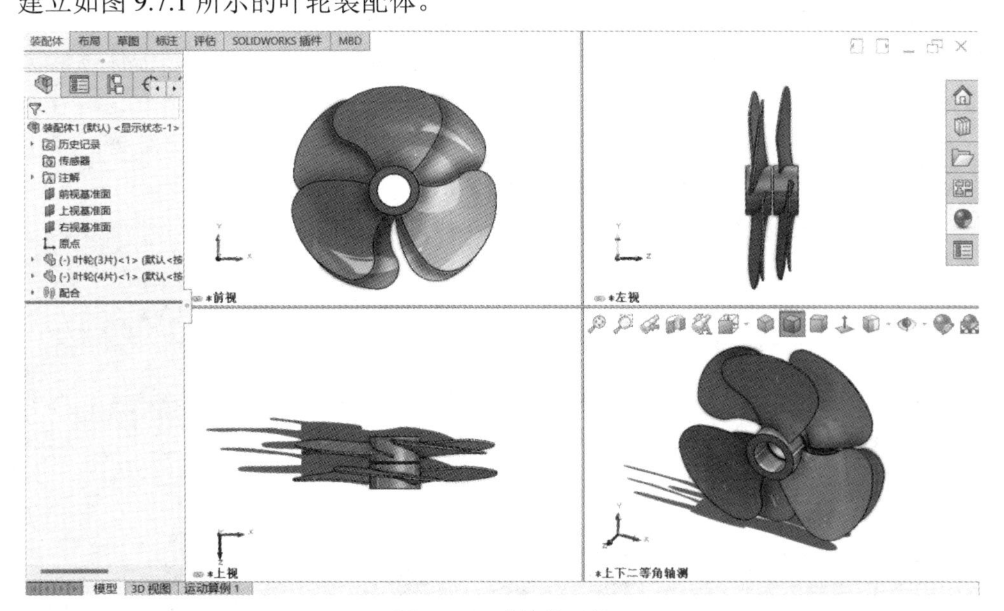

图 9.7.1　叶轮装配体

装配体设计流程分为 3 个部分，分别为装配第一个零件、装配其余零件以及添加动画并输出动画，如图 9.7.2 所示。

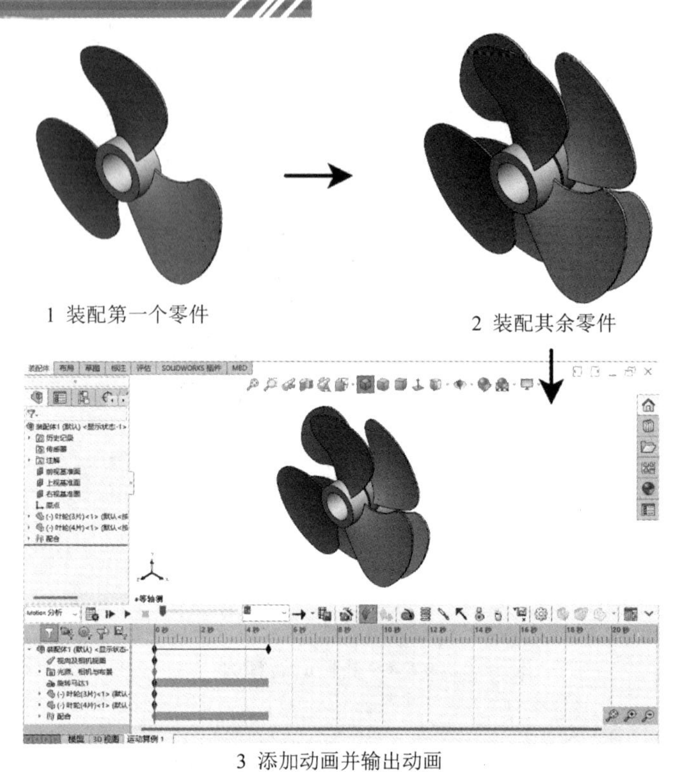

图 9.7.2　叶轮动画设计流程

具体操作步骤如下：

步骤 1　新建零件。单击标准工具栏上的【新建】按钮，在【新建 SOLIDWORKS 文件】对话框中选择模板【装配体】作为装配体设计模板。

步骤 2　创建第一部分——装配第一个零件。如图 9.7.3 所示，新建装配体时默认自动弹出【插入零部件】对话框。

图 9.7.3　弹出的插入零部件对话框

如果需要装配的零件已经打开，单击【插入零部件】时，对话框中会显示打开的文档，此时单击零件即可插入装配体中，如图 9.7.4 所示。

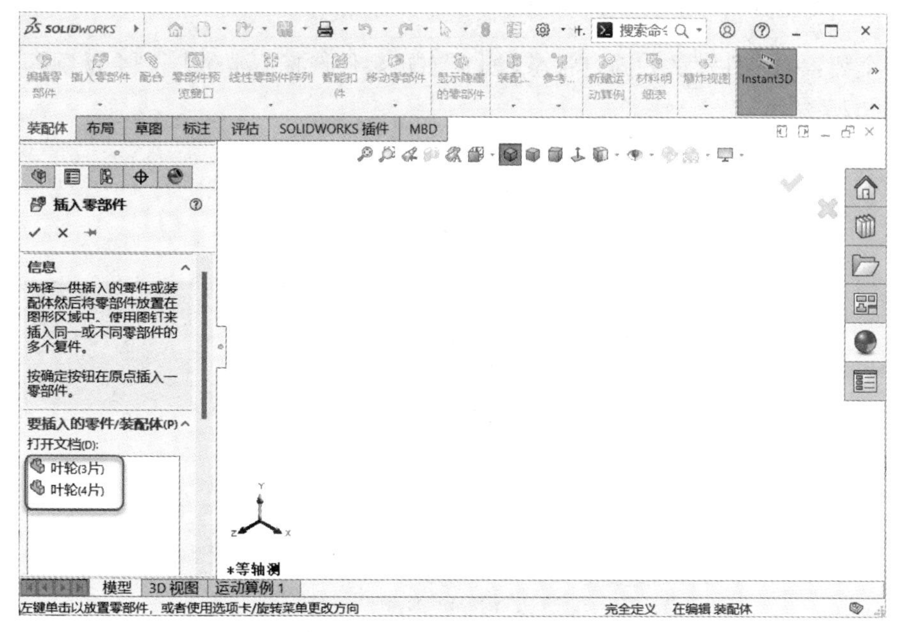

图 9.7.4 【插入零部件】对话框

在左侧打开的文档中点选【叶轮(3 片)】，此时可以通过弹出的方向控制器快捷菜单栏进行方向调整，如图 9.7.5 所示。单击围绕 X 轴旋转 90°，然后单击左上角的“确定”按钮，结果如图 9.7.6 所示。

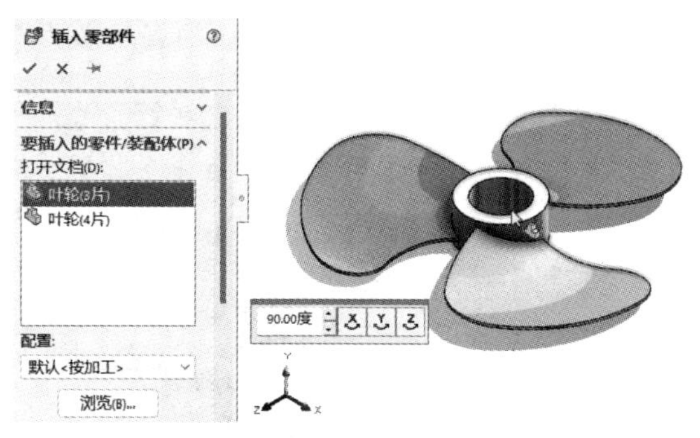

图 9.7.5　插入零部件

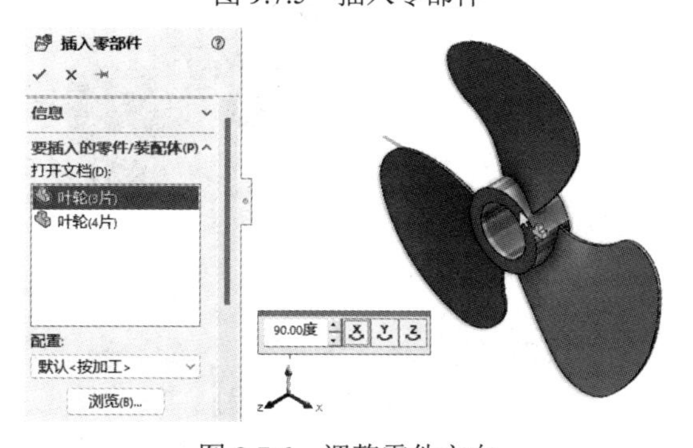

图 9.7.6　调整零件方向

> 第一个插入的零部件不要随意在界面上单击。单击左上角的“确定”按钮可以确保第一个零件的原点与装配体的原点重合。

第一个装入的零件默认为固定状态。此时右击零件选择【浮动】，则会解除零件固定状态，如图 9.7.7 所示。

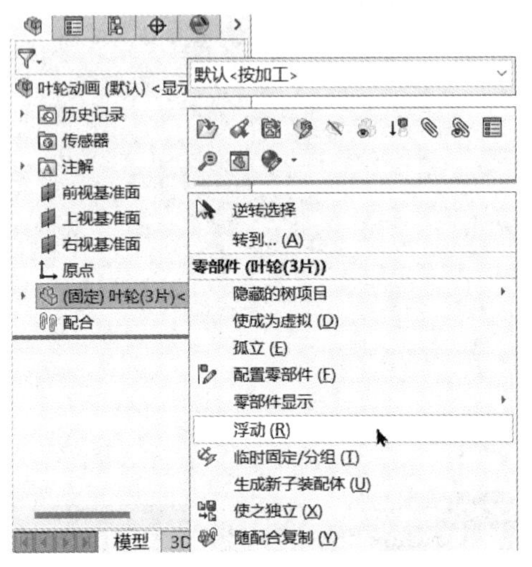

图 9.7.7　更改零件浮动

为了确保叶轮能够旋转，也就是要有自由度，需要在装配体中创建一个基准轴(旋转轴)，如图 9.7.8 所示。按住 Ctrl 键选择【上视基准面】和【右视基准面】，在装配体选项卡的参考中选择【基准轴】，确定后完成创建。

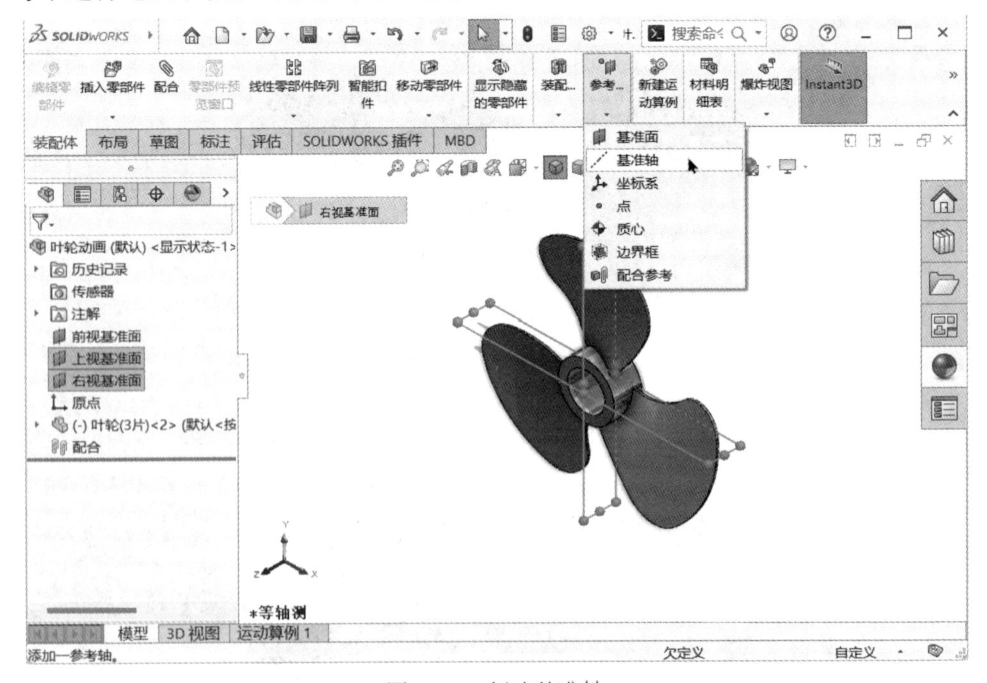

图 9.7.8　创建基准轴

单击前导视图中的显示和隐藏，单击【观阅基准轴】按钮，即可在视图中看见创建的基准轴，如图 9.7.9 所示。

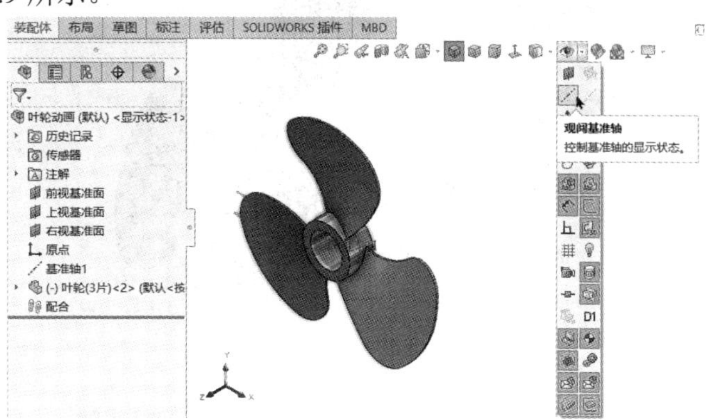

图 9.7.9　查看基准轴

为了快速地进行装配，可以提前将需要进行装配的两个元素点选，在快捷菜单栏中选择即可，如图 9.7.10 所示。按住 Ctrl 键选择装配体整体的【前视基准面】和叶轮零件的【上视基准面】，松开 Ctrl 键后单击快捷菜单栏中的【重合】按钮，即完成了两面的重合约束。

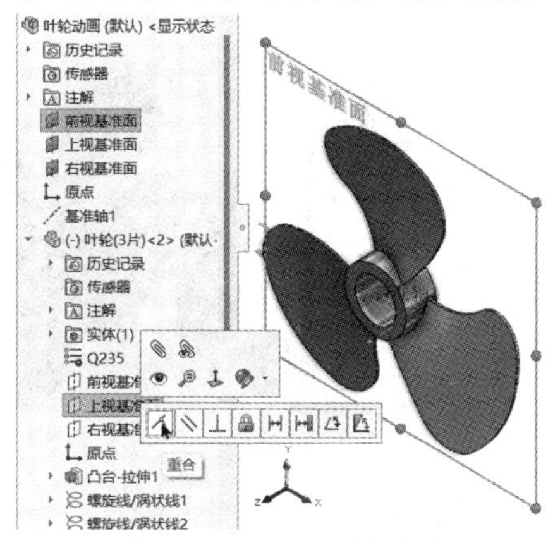

图 9.7.10　两面重合约束

按住 Ctrl 键选择创建的基准轴和叶轮凸台圆弧面，松开 Ctrl 键后单击快捷菜单栏中的【同轴心】按钮，即完成两面的同心约束，如图 9.7.11 所示。此时叶轮已经可以旋转了，用左键拖动叶片即可进行旋转，说明约束符合设计要求，即完成叶轮(3 片)第一个零件的装配，如图 9.7.12 所示。

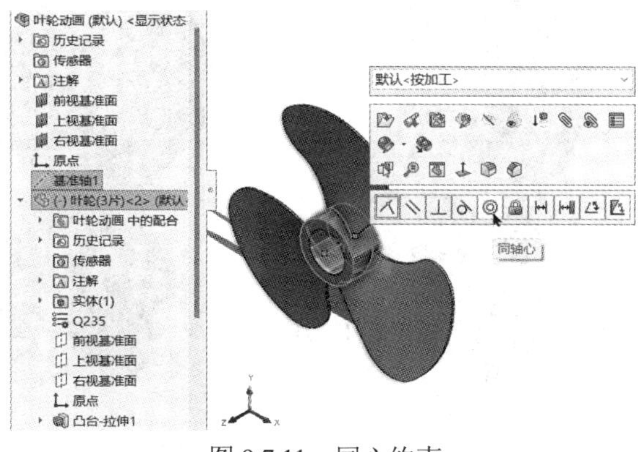

图 9.7.11　同心约束

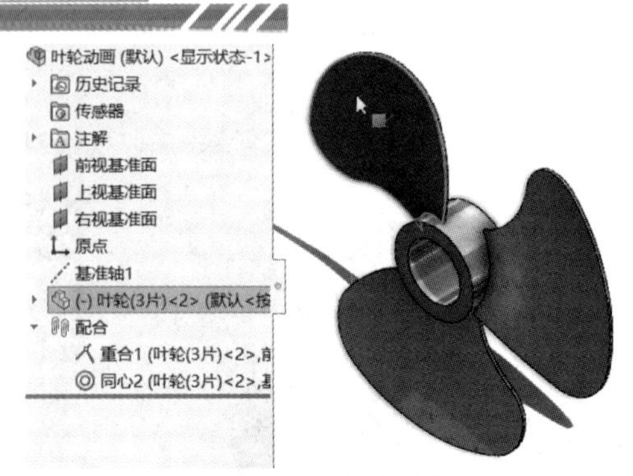

图 9.7.12　约束旋转

> 实际操作中将参考轴等参考进行隐藏，以确保界面清晰整洁。

步骤 3　创建第二部分——装配第二个零件。单击装配体选项卡【插入零部件】，在左侧打开的文档中点选【叶轮(4 片)】，此时可以在方向控制器的快捷菜单栏进行方向调整，如图 9.7.13 所示，然后在屏幕大致位置单击即可。

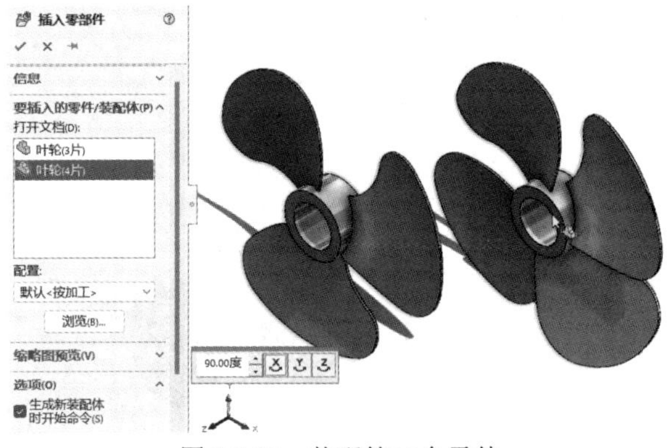

图 9.7.13　装配第二个零件

> 第二个零件装配时如果没有特殊要求，可以直接单击屏幕确定放置位置。

点选一个叶轮端面平面，使用鼠标中键旋转图形，按住 Ctrl 键选择另一个叶轮端面，松开 Ctrl 键后单击快捷菜单栏中的【距离】约束，约束距离为 5 mm，如图 9.7.14 所示。

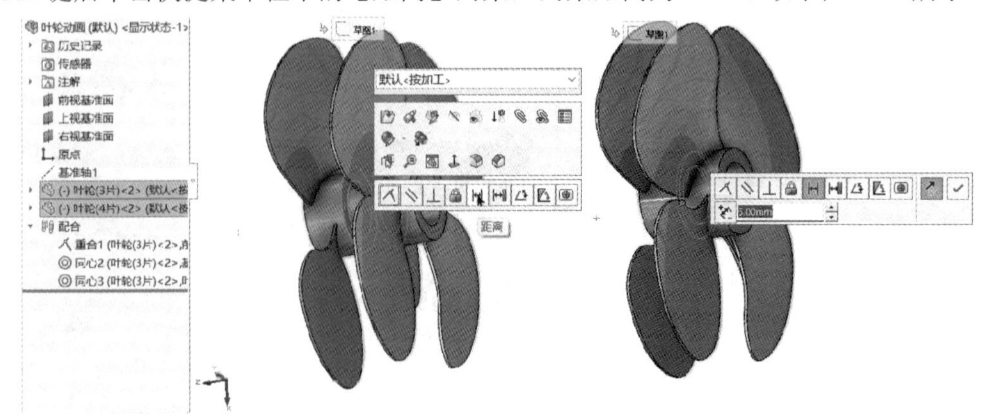

图 9.7.14　约束两叶轮距离为 5 mm

步骤 4　创建第三部分——叶轮动画。调整好叶轮装配体在界面中的合适位置后，单击【新建运动算例】，如图 9.7.15 所示。

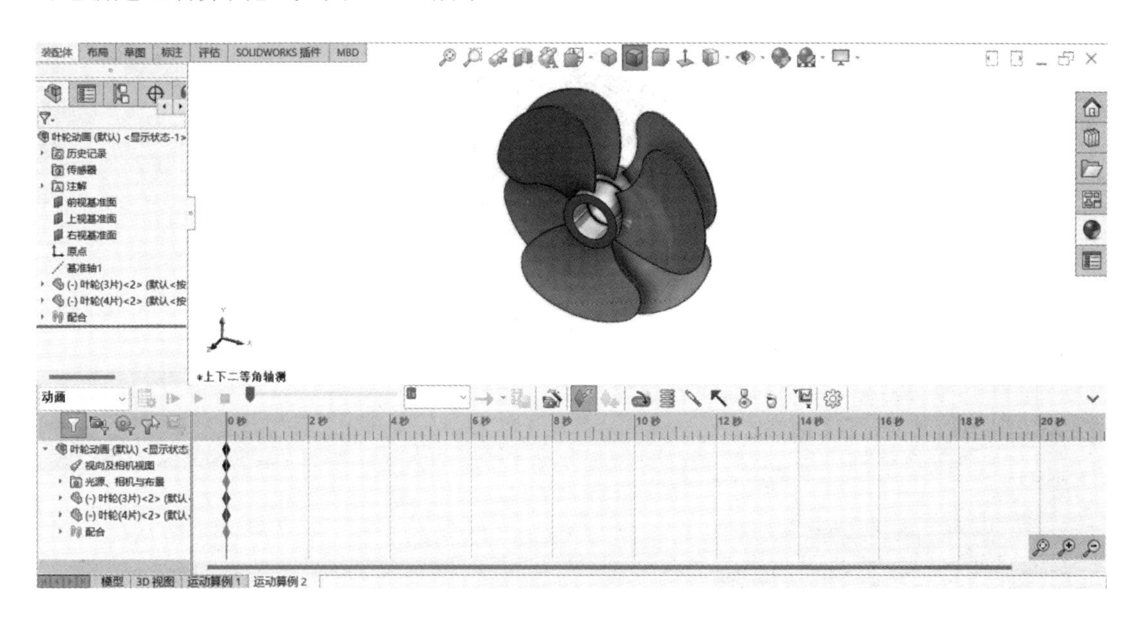

图 9.7.15　新建运动算例

单击运动算例菜单栏上的【马达】，如图 9.7.16 所示，马达类型为【旋转马达】，点选 3 片叶轮表面，转速为 15 r/min。

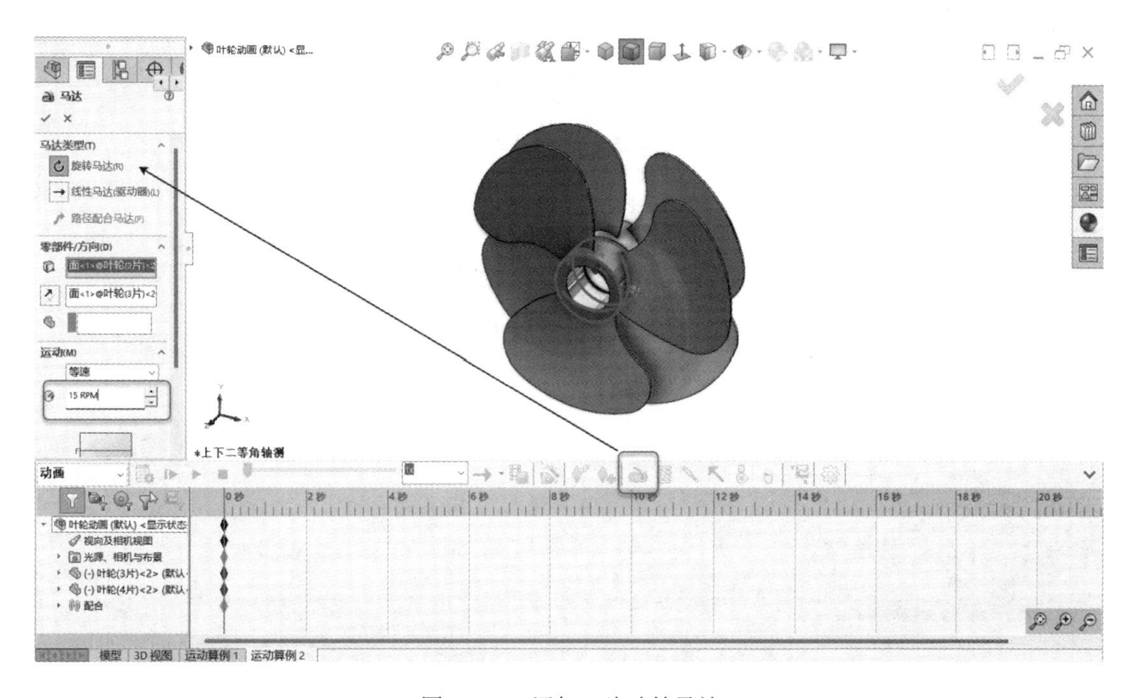

图 9.7.16　添加 3 片叶轮马达

再次单击运动算例菜单栏上的【马达】，如图 9.7.17 所示，马达类型为【旋转马达】，点选 4 片叶轮表面，并单击方向反转，转速为 25 r/min。

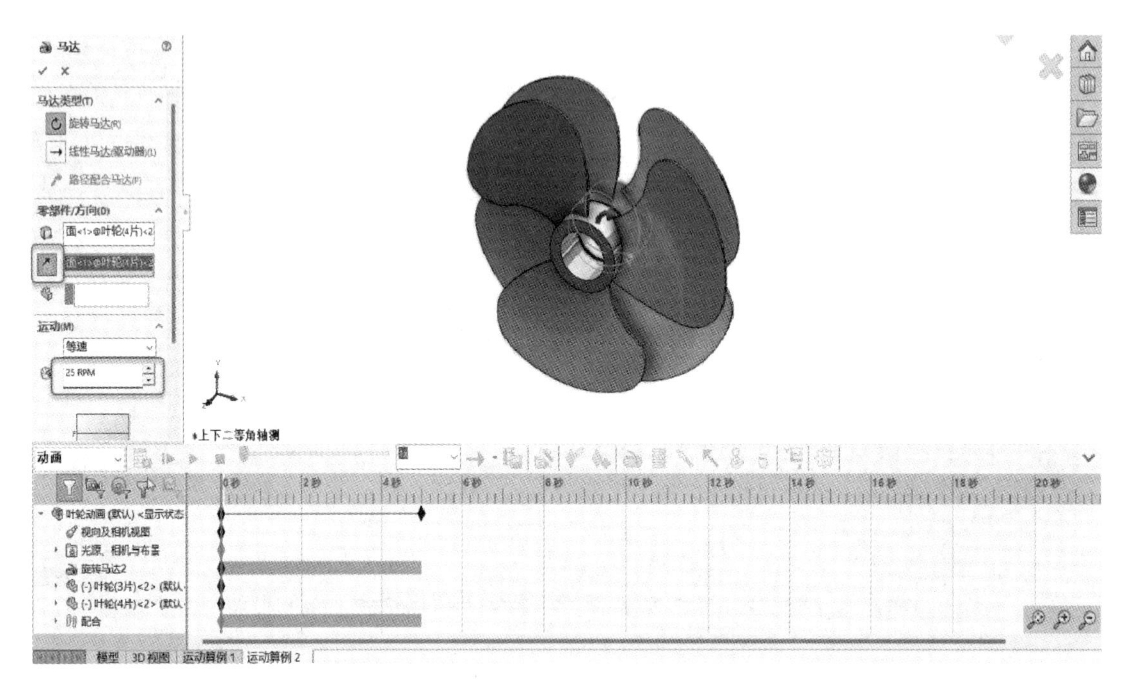

图 9.7.17　添加 4 片叶轮马达

单击【计算】按钮，进行算例计算，如图 9.7.18 所示。

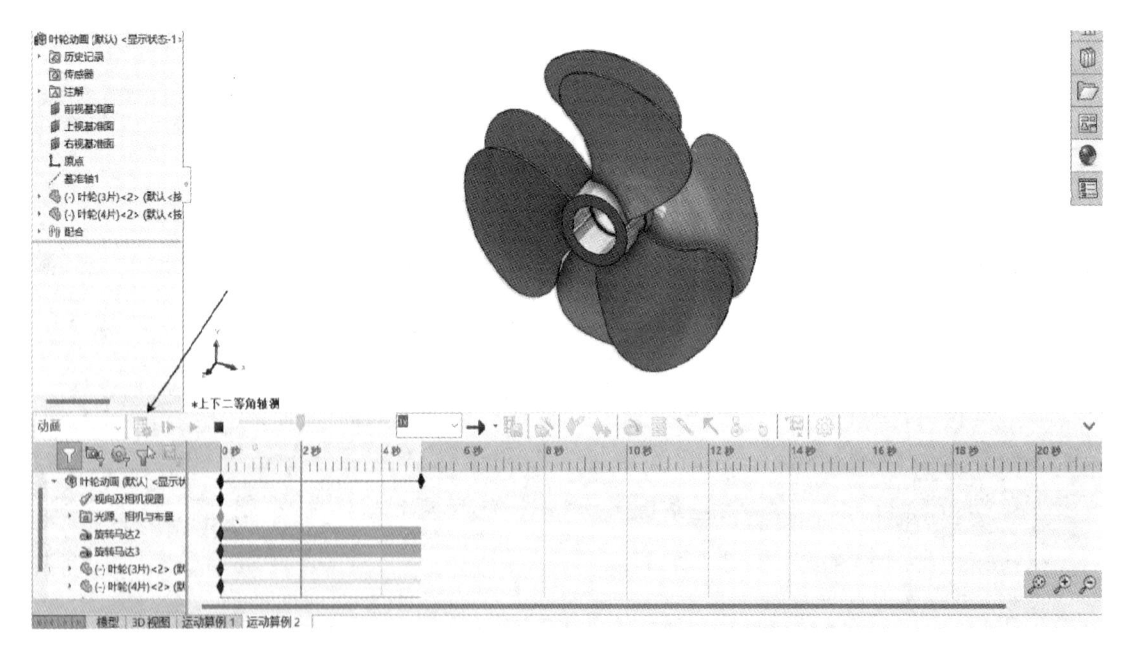

图 9.7.18　计算运动算例

为了保证动画的高质量，可以在【运动算例属性】中将每秒帧数设为 100，如图 9.7.19 所示。帧数越大越清晰流畅，但运算量也随之增加。

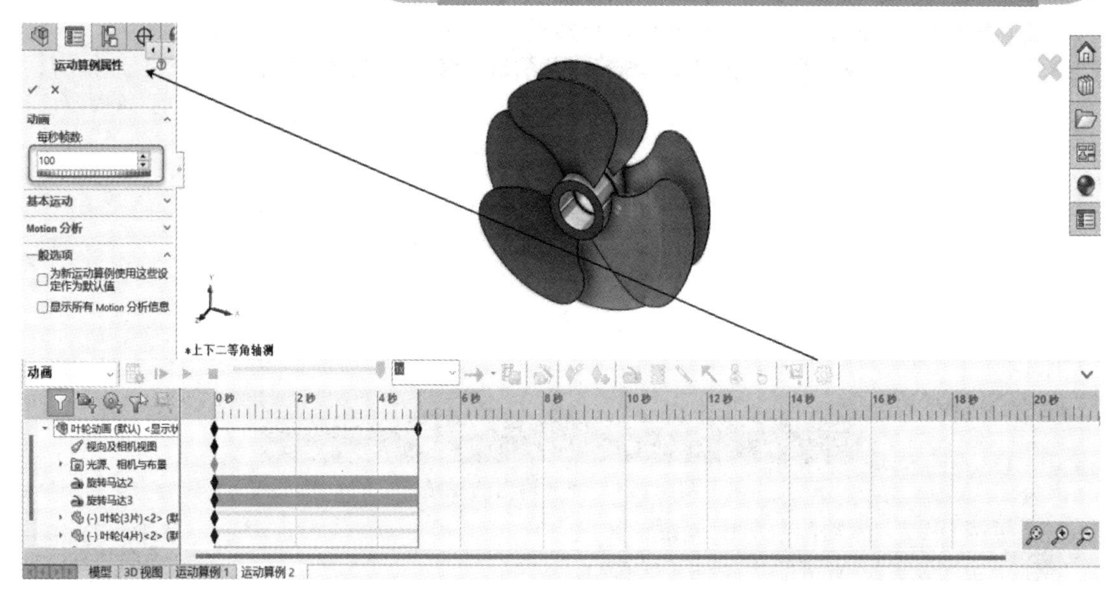

图 9.7.19　更改运动算例属性

再次单击【计算】按钮，进行算例计算。单击【播放】▶即可观看细腻流畅的动画效果。

单击【保存动画】，将动画进行输出，如图 9.7.20 所示，设置视频参数。注意每秒的画面(帧数)设为 100。

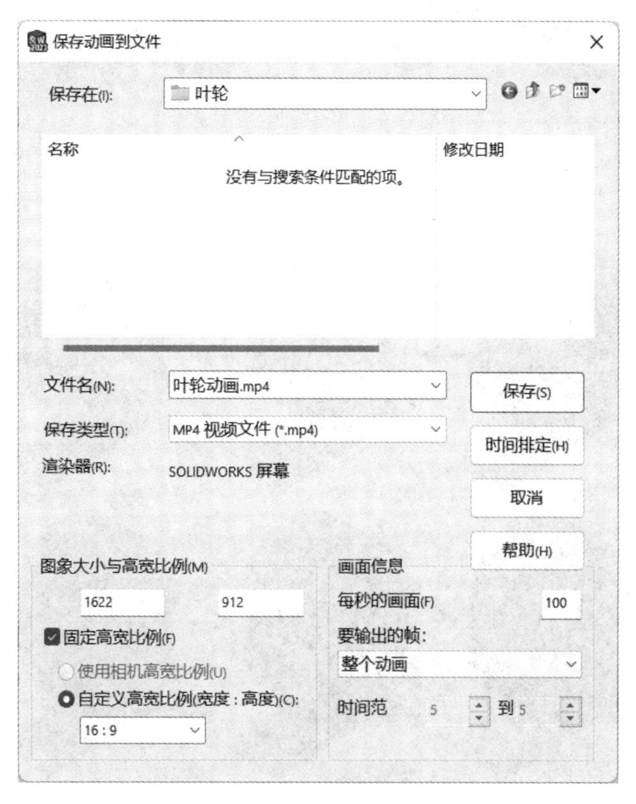

图 9.7.20　输出视频参数设置

将输出的动画在播放器中进行播放，播放效果非常好，如图 9.7.21 所示。

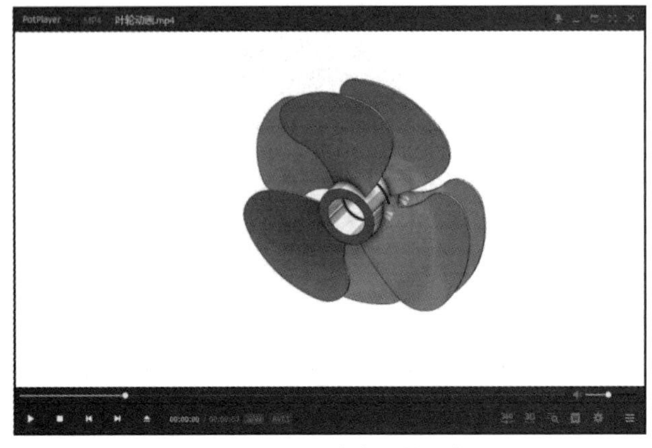

图 9.7.21 播放输出的视频

【实例 9-2】 齿轮油泵装配体设计实例

建立如图 9.7.22 所示的齿轮油泵装配体。

实例 9-2

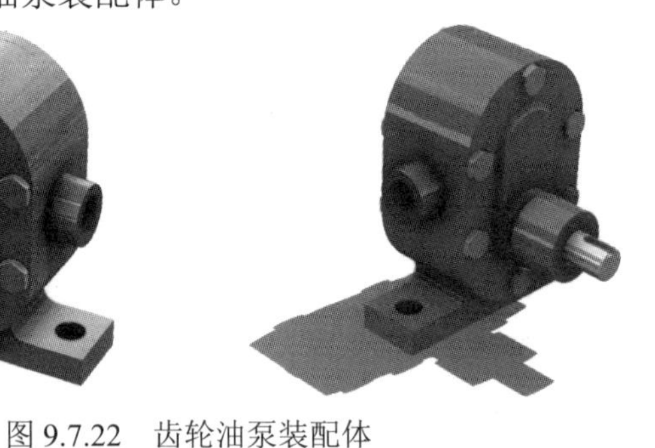

图 9.7.22 齿轮油泵装配体

齿轮油泵装配体设计流程分为 6 个部分，分别为装配泵体、装配从动齿轮、装配主动齿轮、装配左泵盖、装配右泵盖和装配标准件，如图 9.7.23 所示。

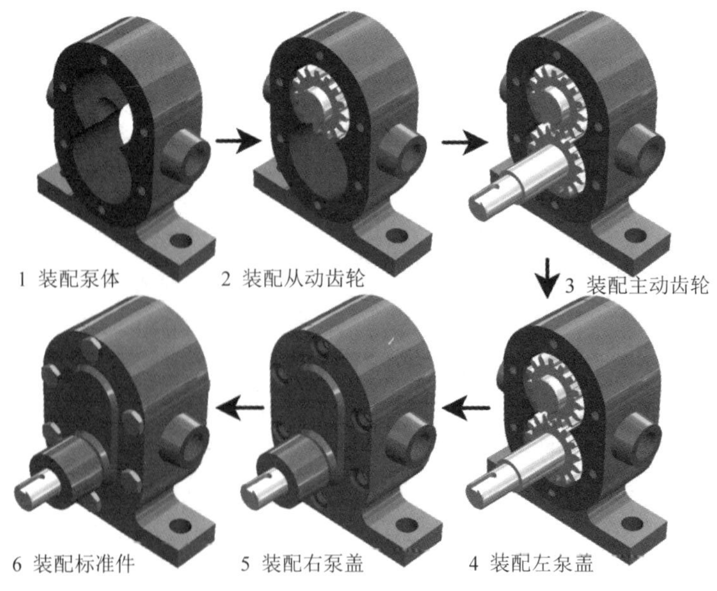

图 9.7.23 齿轮油泵装配体设计流程

具体操作步骤如下：

步骤 1　新建装配体。单击标准工具栏上的【新建】按钮，在【新建 SOLIDWORKS 文件】对话框中选择模板【装配体】作为装配体设计模板。

步骤 2　创建第一部分——装配泵体。如图 9.7.24 所示，新建装配体时默认自动弹出【插入零部件】对话框。此时装配的泵体为第一个零件，并为固定状态，确认时不要在屏幕上单击左键，而是单击左上角的“确定”按钮即可。如图 9.7.25 所示。

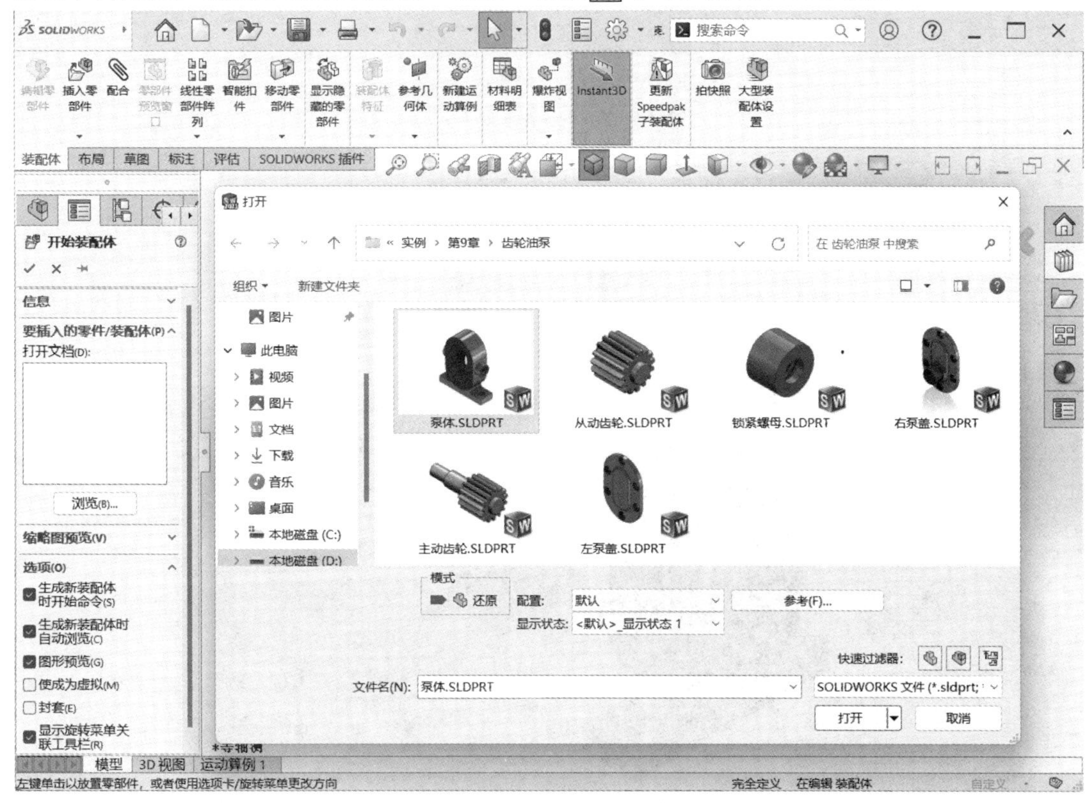

图 9.7.24　插入泵体零件

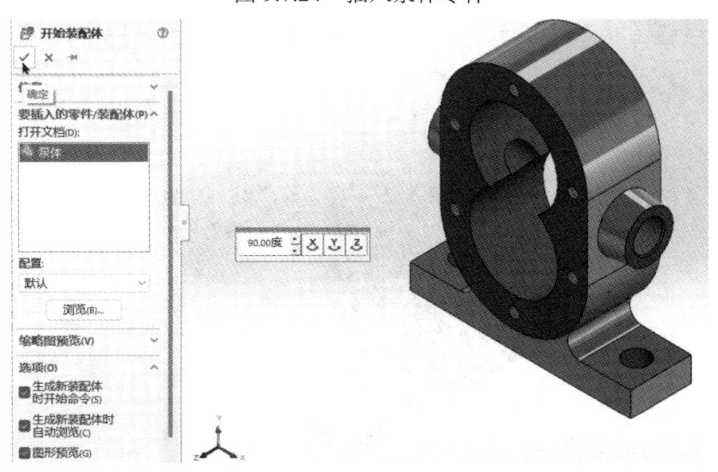

图 9.7.25　装配第一个零件

步骤 3　创建第二部分——装配从动齿轮。为了更加便捷地添加零部件到装配体，可以通过添加文件位置的方式直接进行拖拽。在任务窗口的【设计库】中选择【添加文件位置】，选择装配体零件所在的文件夹，如图 9.7.26 所示。

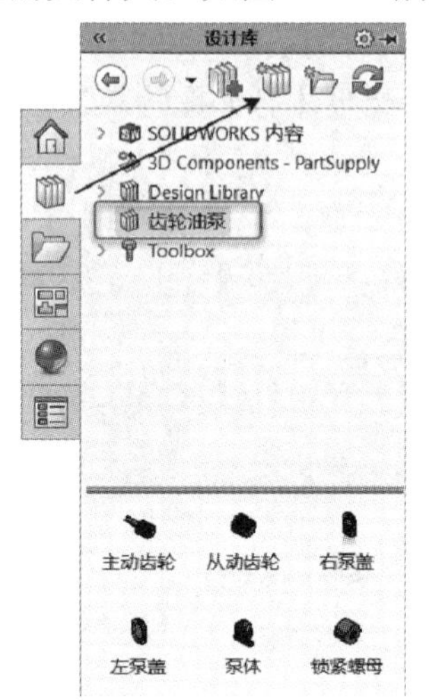

图 9.7.26　添加文件位置

打开【设计库】，直接将从动齿轮零件拖拽至图形区，如图 9.7.27 所示。

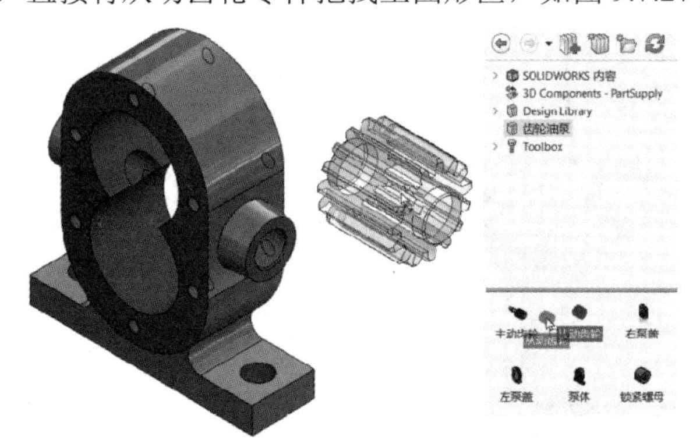

图 9.7.27　添加从动齿轮

按住 Ctrl 键点选图 9.7.28 所示的两个面，在弹出的快捷菜单栏中选择【同轴心】约束。

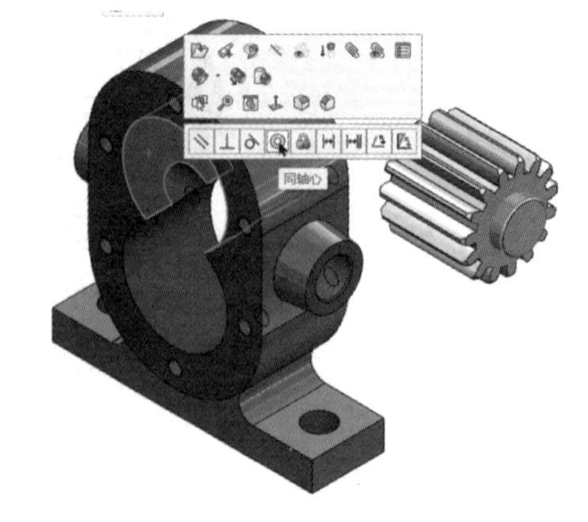

图 9.7.28　添加同心约束

按住 Ctrl 键点选图 9.7.29 所示的两个面，在弹出的快捷菜单栏中选择【重合】约束。

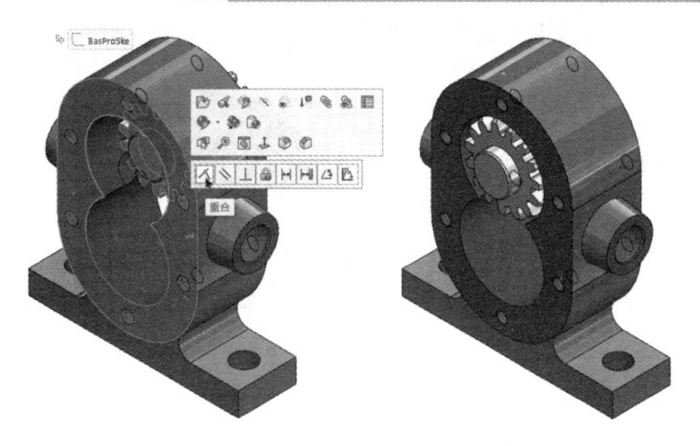

图 9.7.29　完成从动齿轮装配

步骤 4　创建第三部分——装配主动齿轮。打开【设计库】，将主动齿轮零件拖拽至图形区，如图 9.7.30 所示。

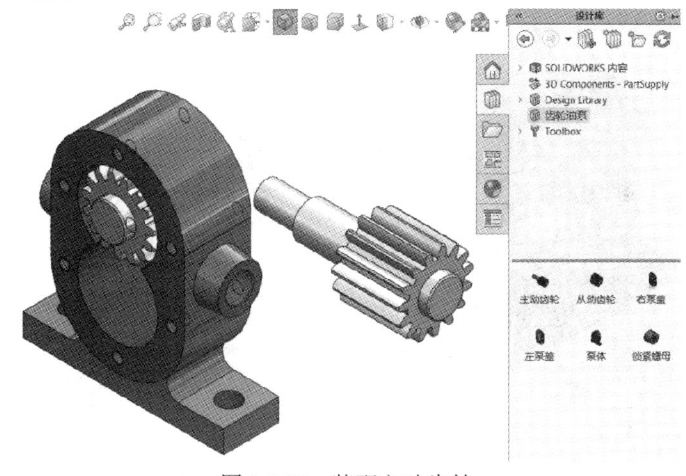

图 9.7.30　装配主动齿轮

按住 Ctrl 键点选图 9.7.31 所示的两个面，在弹出的快捷菜单栏中选择【同轴心】约束。

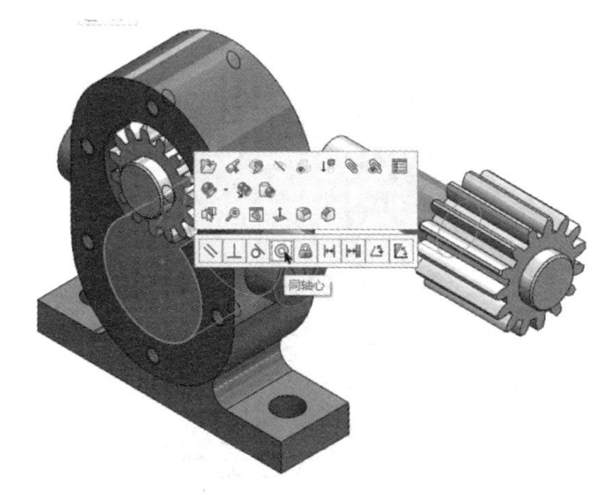

图 9.7.31　约束同轴心

如果装配的方向不符合设计意图，在单击完成【同轴心】配合时，可以在弹出的快捷菜单栏中选择【反转配合对齐】，如图 9.7.32 所示。

图 9.7.32　反转配合对齐约束

单击主动齿轮上的任意位置，拖动主动齿轮至合适位置，如图 9.7.33 所示。

图 9.7.33　调整零件位置

按住 Ctrl 键点选主动齿轮和从动齿轮的两个端面，在弹出的快捷菜单栏中选择【重合】约束，如图 9.7.34 所示。

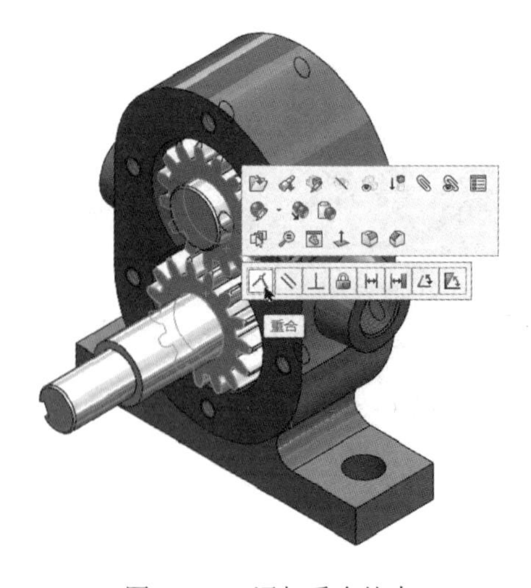

图 9.7.34　添加重合约束

单击泵体上的一个端面，在弹出的快捷菜单栏中选择【正视于】，如图 9.7.35 所示。

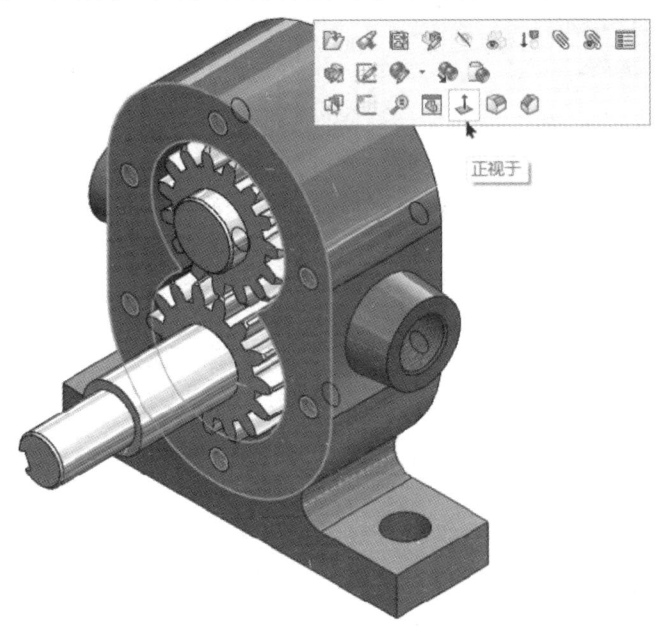

图 9.7.35　使图形垂直于屏幕

在进行齿轮装配前，先进行齿轮零件的对齐约束。依次展开主动、从动齿轮，按住 Ctrl 键点选主动、从动齿轮的基准面【Plane1】和【Plane2】，并约束为【重合】，如图 9.7.36 所示。

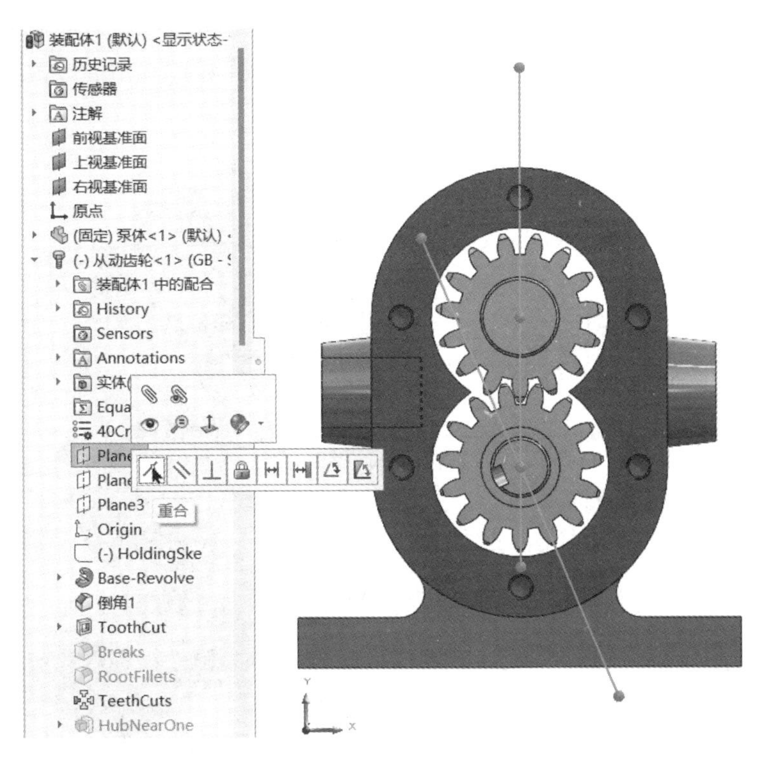

图 9.7.36　约束两平面重合

主动、从动齿轮的重合约束是为了确保齿轮轮齿对齐，约束完成后再将重合约束进行【压缩】，如图 9.7.37 所示。

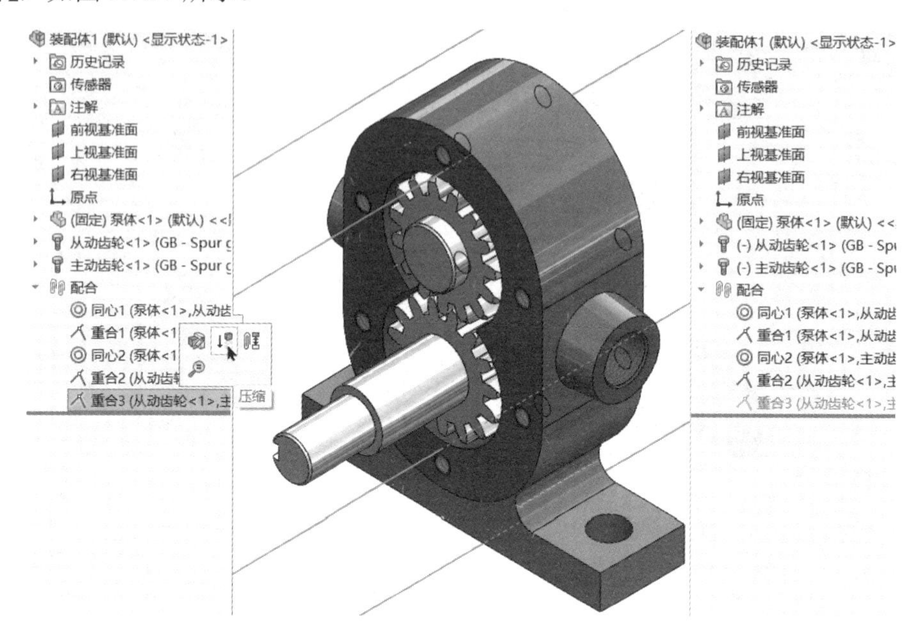

图 9.7.37 压缩重合约束

单击装配体选项卡上的【齿轮配合】，选择机械配合的齿轮配合，点选齿轮上的两个圆弧面，此时齿轮传动比由圆弧面的直径之比决定，可以修改传动比。如图 9.7.38 所示的齿轮配合，由于两齿轮的直径相同，因此传动比是 1∶1 无须修改。完成后的齿轮配合，可以直接拖动一个齿轮，而另一个齿轮会按照传动比随动。

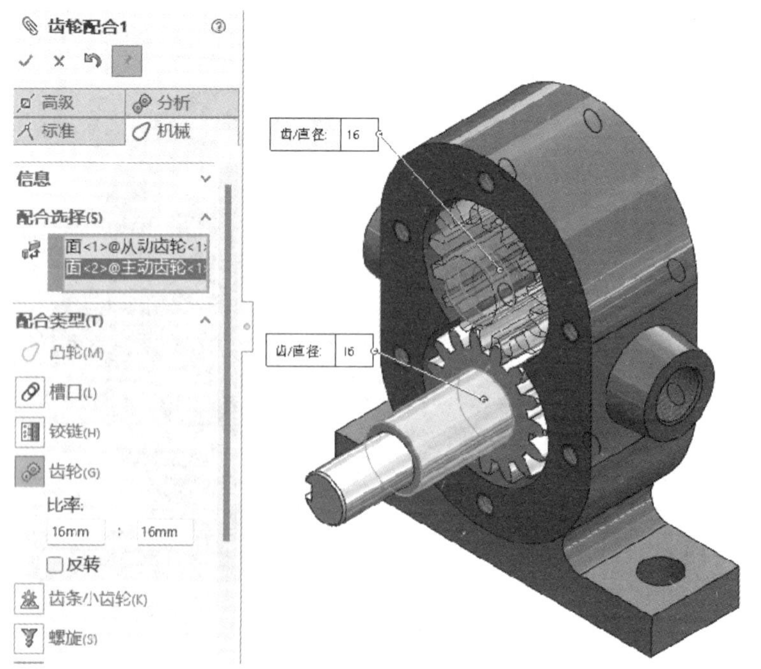

图 9.7.38 添加齿轮传动

步骤5 创建第四部分——装配左泵盖。打开【设计库】，将左泵盖零件拖拽至图形区并旋转视图，如图9.7.39所示。

图9.7.39 拖拽左泵盖零件至图形区

按住Ctrl键点选泵体零件上端圆弧面和左泵盖零件上端圆弧面，在弹出的快捷菜单栏中选择【同轴心】约束，如图9.7.40所示。

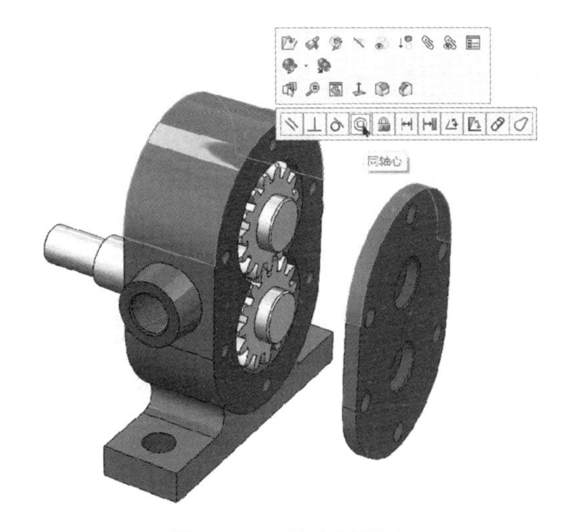

图9.7.40 约束同轴心

装配的左泵盖需要单击【反转配合对齐】来调整装配位置，如图9.7.41所示。

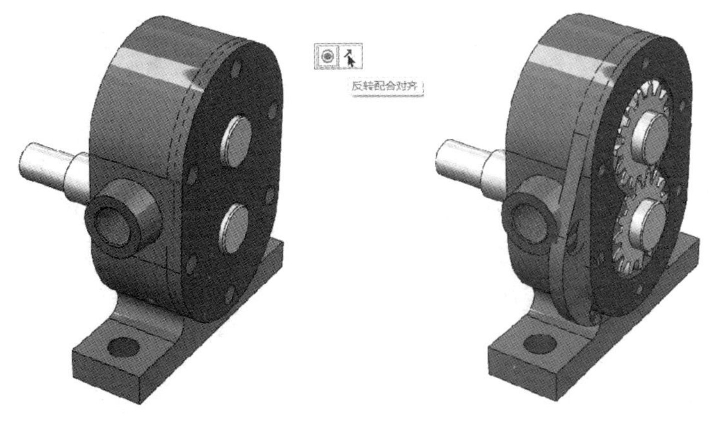

图9.7.41 反转配合对齐

由于左泵盖零件与泵体重合，需要拖动左泵盖零件至合适位置再进行同轴心约束。按住 Ctrl 键点选泵体零件下端圆弧面和左泵盖零件下端圆弧面，在弹出的快捷菜单栏中选择【同轴心】约束，如图 9.7.42 所示。

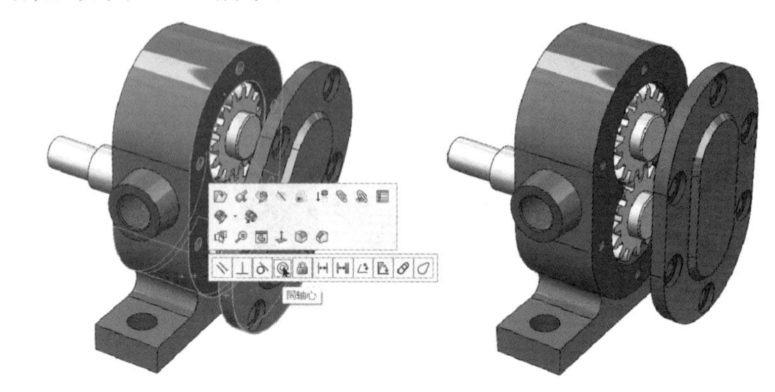

图 9.7.42　约束同轴心配合

在不旋转视图的情况下可以单击需要选择的背面，在弹出的快捷菜单栏中选择【选择其他】，直接单击即可选择背面，如图 9.7.43 所示。

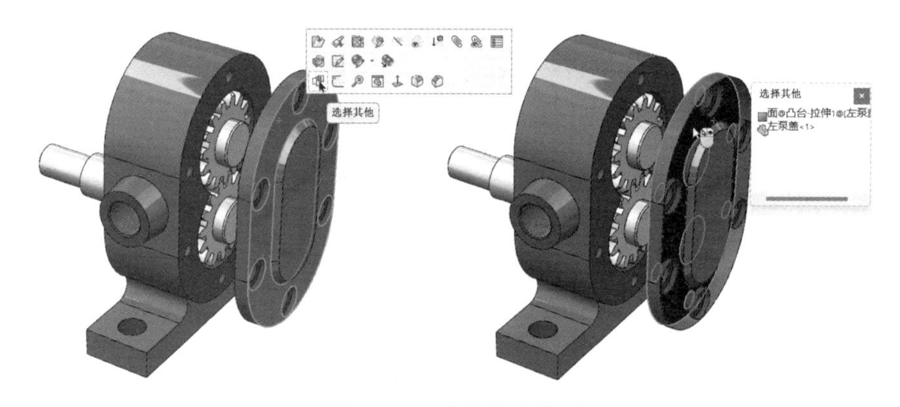

图 9.7.43　选择约束背面

在选择左泵盖背面时，不要单击其他位置，只需按住 Ctrl 键点选泵体零件端面，在弹出的快捷菜单栏中选择【重合】约束，如图 9.7.44 所示。

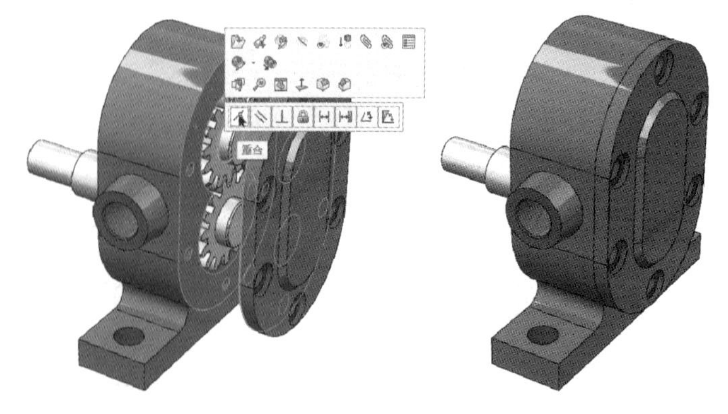

图 9.7.44　约束重合

步骤 6　创建第五部分——装配右泵盖。单击前导视图上的【上下二等角等轴测】，调整图形位置。打开【设计库】，将右泵盖零件拖拽至图形区，旋转视图，如图 9.7.45 所示。

图 9.7.45 添加右泵盖零件

如果拖入的图形和现有的实体零件有交叉干涉，此时可以通过单击装配体选项卡上的【移动零部件】，对零件进行移动调整，如图 9.7.46 所示。选择移动的方式为【沿装配体 XYZ】移动，图形界面上鼠标变为移动符号，点选需要移动的右泵盖零件，按住进行前后左右上下的移动操作。

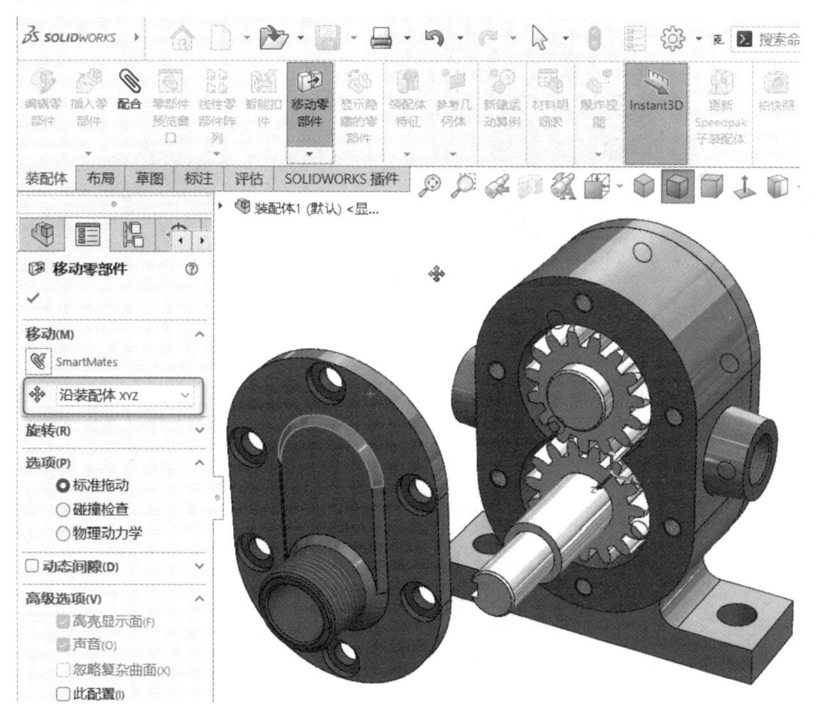

图 9.7.46 移动零部件

> 也可以对零件进行旋转操作。在【移动零部件】下拉三角中选择【旋转零部件】，操作方法同移动零部件。

按住 Ctrl 键点选泵体零件上端圆弧面和右泵盖零件上端圆弧面，在弹出的快捷菜单栏中选择【同轴心】约束，如图 9.7.47 所示。

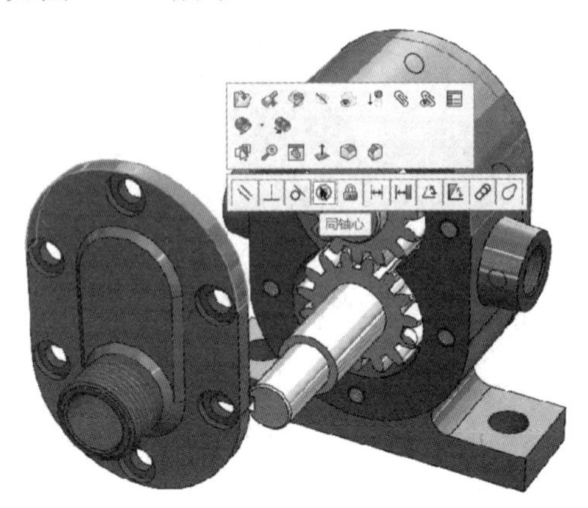

图 9.7.47　约束同轴心

按住 Ctrl 键点选泵体零件下端圆弧面和右泵盖零件下端圆弧面，在弹出的快捷菜单栏中选择【同轴心】约束，如图 9.7.48 所示。

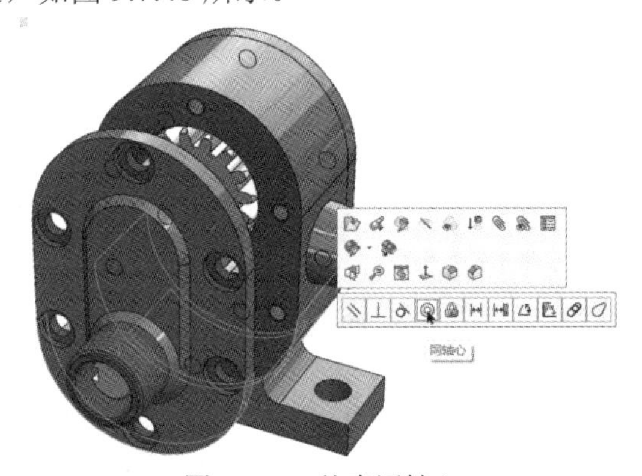

图 9.7.48　约束同轴心

单击图 9.7.49 中箭头所示的位置，在弹出的快捷菜单栏中选择【选择其他】，并在【选择其他】的菜单栏中找到右泵盖零件的背面单击。

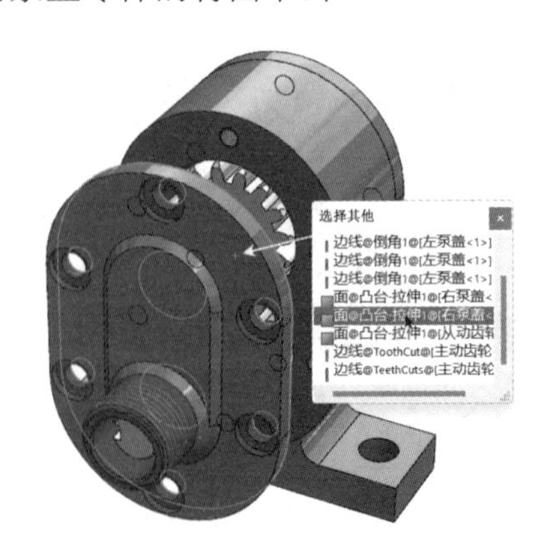

图 9.7.49　选择零件背面

在选择右泵盖零件的背面时，不要单击其他位置，按住 Ctrl 键点选泵盖的端面，在弹出的快捷菜单栏中选择【重合】约束，如图 9.7.50 所示。

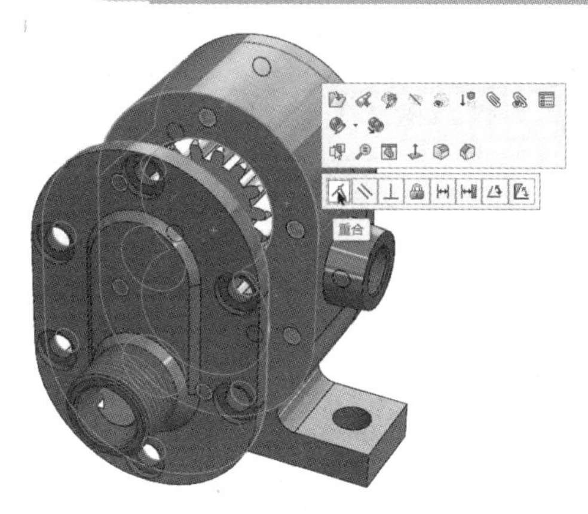

图 9.7.50　重合约束

步骤 7　创建第六部分——装配锁紧螺母。打开【设计库】，将锁紧螺母零件拖拽至图形区，如图 9.7.51 所示。

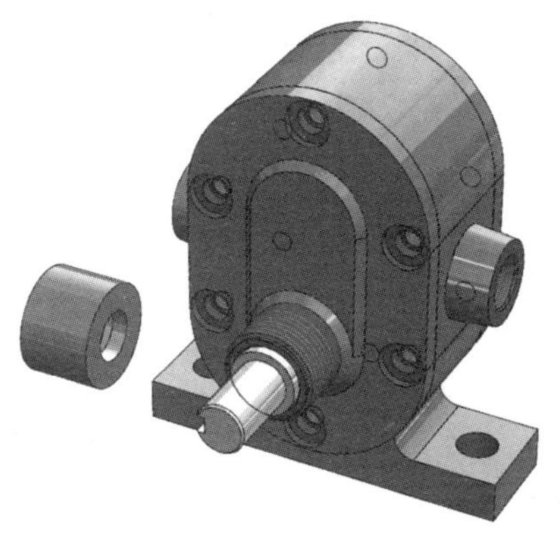

图 9.7.51　调入锁紧螺母

按住 Ctrl 键点选锁紧螺母外表面和主动齿轮键槽圆弧表面，松开 Ctrl 键在弹出的快捷菜单栏中选择【同轴心】约束，如图 9.7.52 所示。再单击【反转配合对齐】，完成后如图 9.7.53 所示。

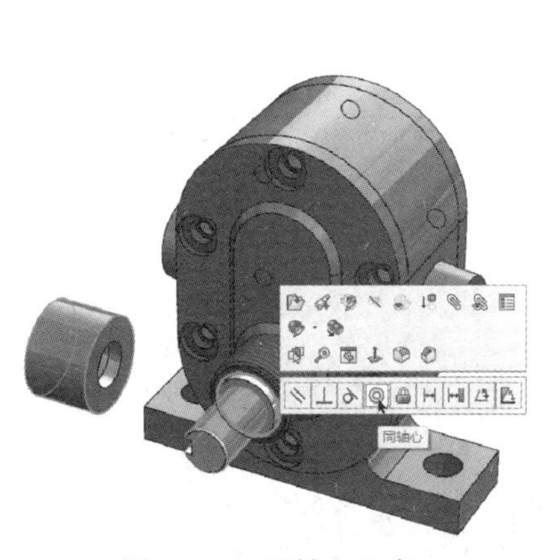

图 9.7.52　同轴心约束

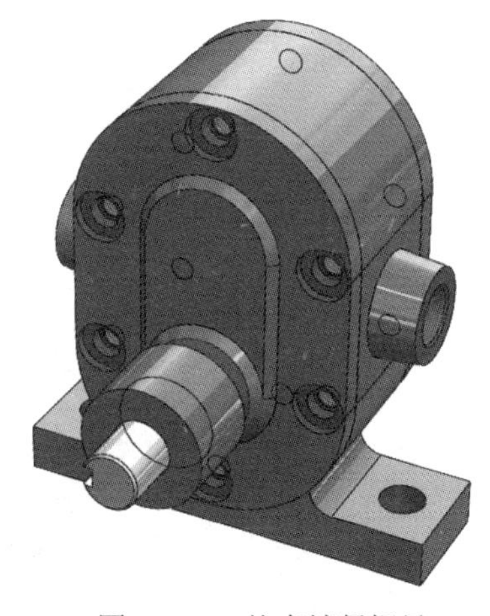

图 9.7.53　约束锁紧螺母

为了清晰地看到锁紧螺母与轴肩配合，单击前导视图中的【剖面视图】，如图 9.7.54

所示。设置后单击“确定”按钮✔。

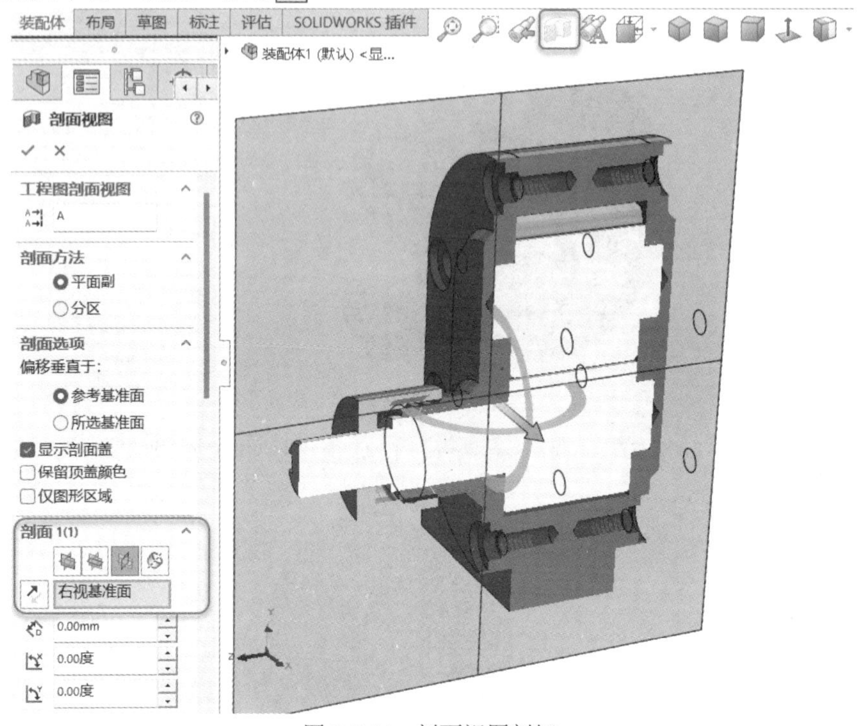

图 9.7.54 剖面视图剖切

按住鼠标中键旋转图形，点选锁紧螺母外表面，通过【选择其他】或旋转选择后按住 Ctrl 键选择主动齿轮轴肩位置，松开 Ctrl 键在弹出的快捷菜单栏中选择【重合】约束，如图 9.7.55 所示。再次单击【剖面视图】按钮，关闭视图剖切。

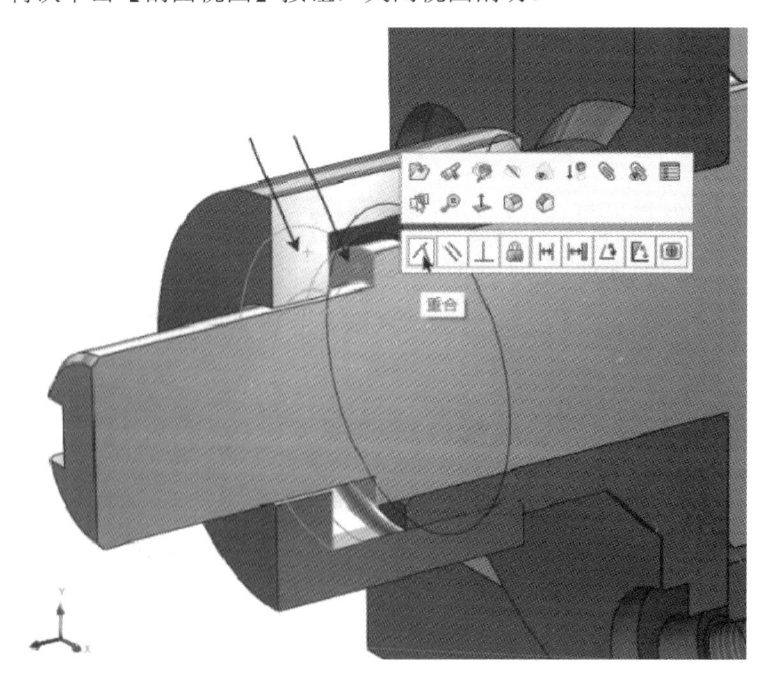

图 9.7.55 重合约束

步骤8　创建第七部分——装配螺栓标准件。打开【设计库】，依次展开找到【六角头螺栓】，标准为 GB/T 5781—2000，如图 9.7.56 所示。

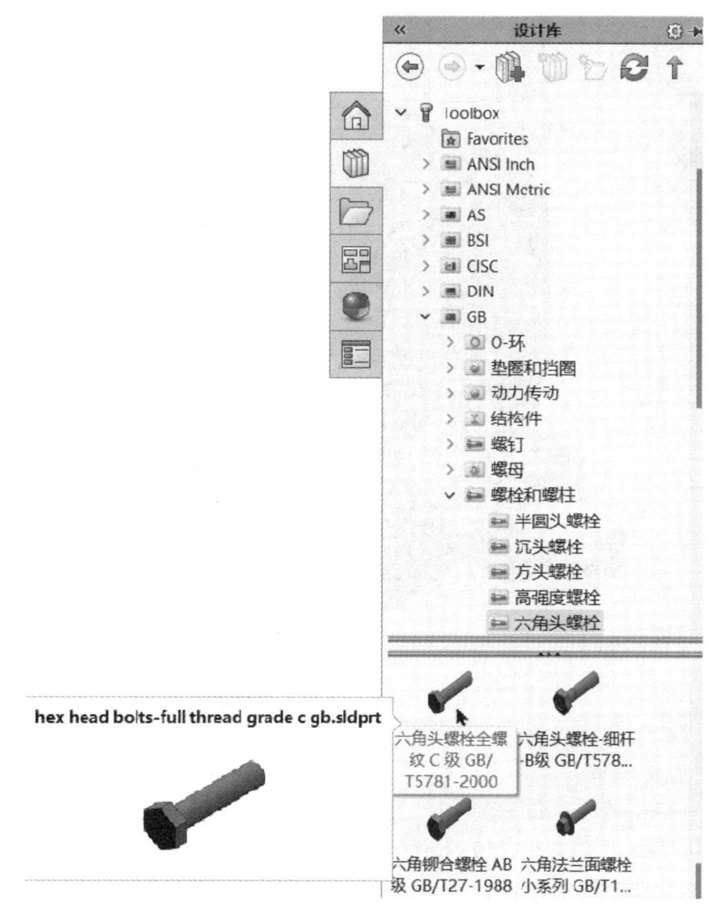

图 9.7.56　找出六角头螺栓

将选择的六角头螺栓拖拽至安装孔中，并在图 9.7.57 所示位置上稍作停留，以便 SolidWorks 进行大小识别。待观察零件自动识别大小合适时，松开鼠标左键，此时会自动弹出标准件配置，如图 9.7.58 所示，左侧为系统自动识别结果，右侧为修改的参数。

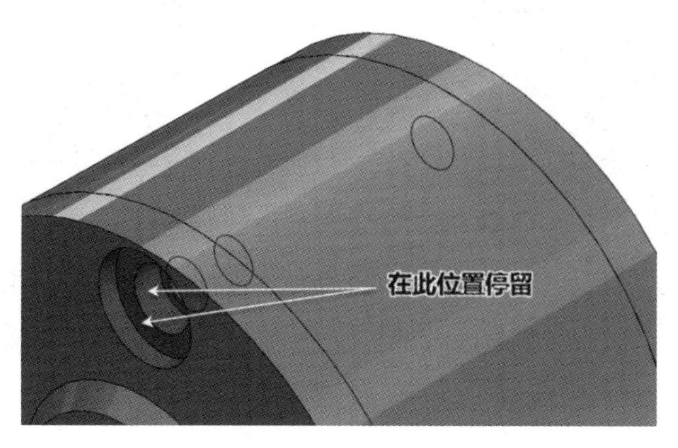

图 9.7.57　拖动至孔停留位置

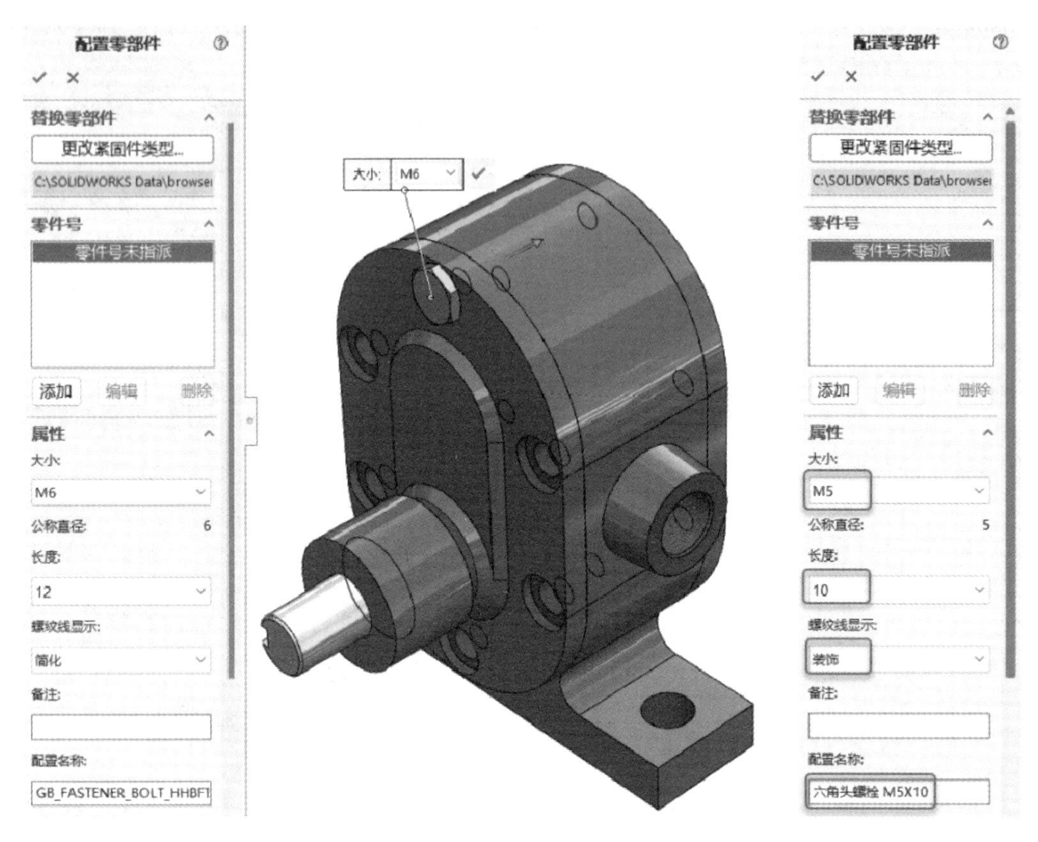

图 9.7.58　设置六角头螺栓参数

单击“确定”按钮✔后，即完成第一个标准件六角头螺栓的装配，同时在界面中显示设置合适的六角头螺栓，如图 9.7.59 所示。此时只需要将鼠标移至每一个孔，确认位置合适时单击鼠标左键放置六角头螺栓，如图 9.7.60 所示。完成一边的 6 个六角头螺栓后，旋转零件添加另一边 6 个六角头螺栓，装配完成后如图 9.7.61 所示。

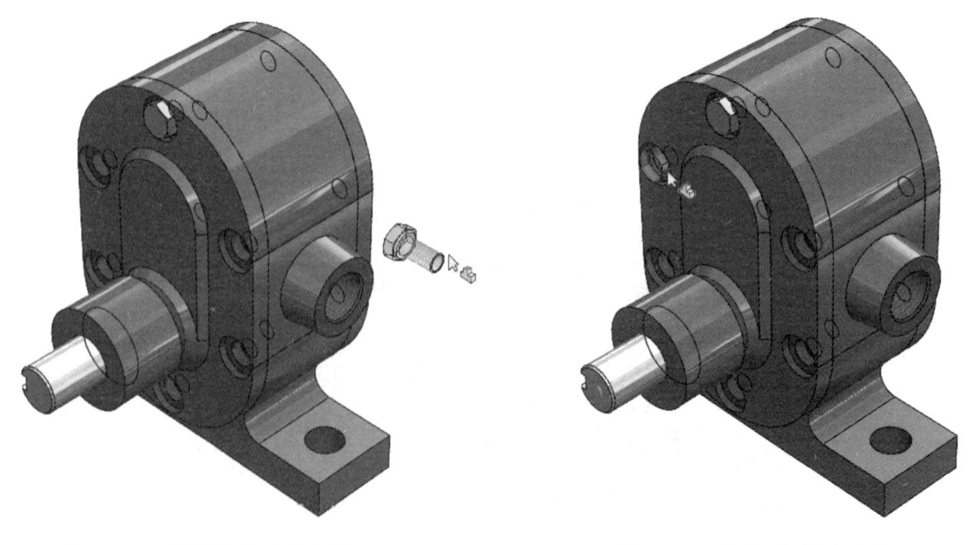

图 9.7.59　预览的六角头螺栓

图 9.7.60　添加六角头螺栓

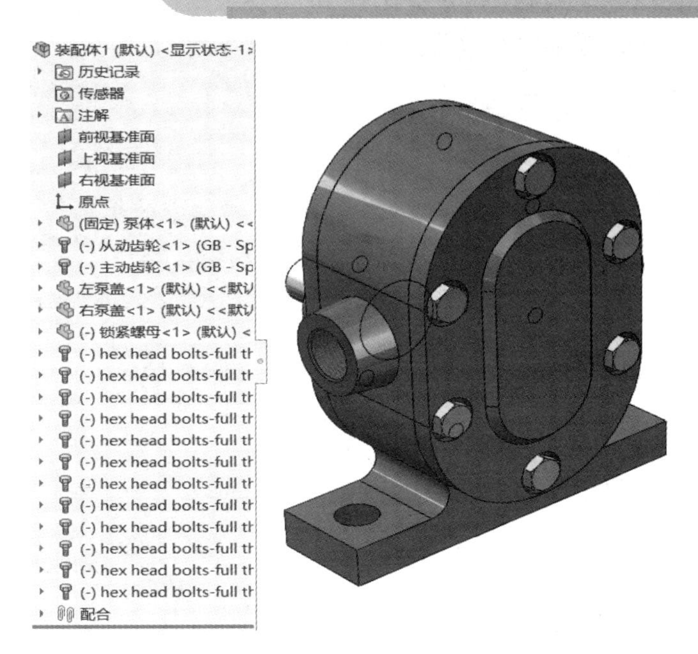

图 9.7.61　完成 12 个六角头螺栓装配

步骤 9　保存文档。单击【保存】按钮，选择目录并输入保存名称“齿轮油泵”。再单击【保存】按钮，保存文件。

步骤 10　打包零部件。由于用户在计算机中对标准件安装位置的不同，如果只将以上装配的零部件复制，则会造成标准件的丢失，如果所装配的零部件保存在不同的文件夹下也会造成零部件丢失现象。为了避免此现象的发生，SolidWorks 为用户提供了【打包】设置，如图 9.7.62 所示。

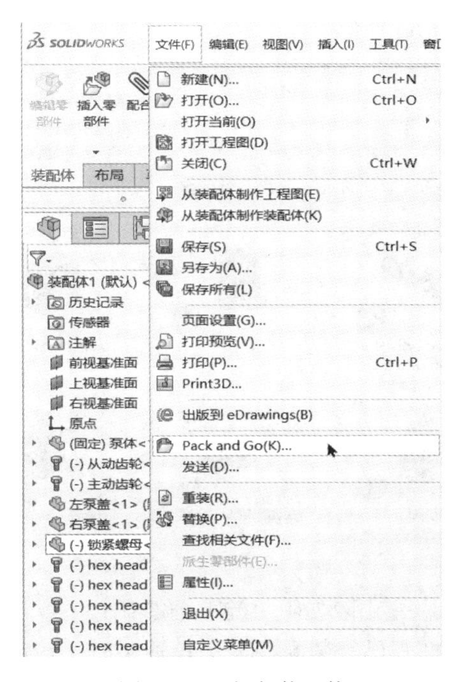

图 9.7.62　打包装配体

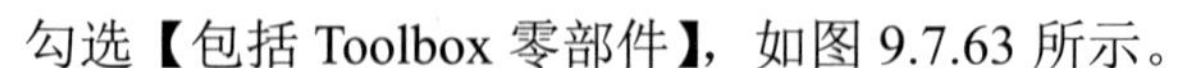

勾选【包括 Toolbox 零部件】，如图 9.7.63 所示。

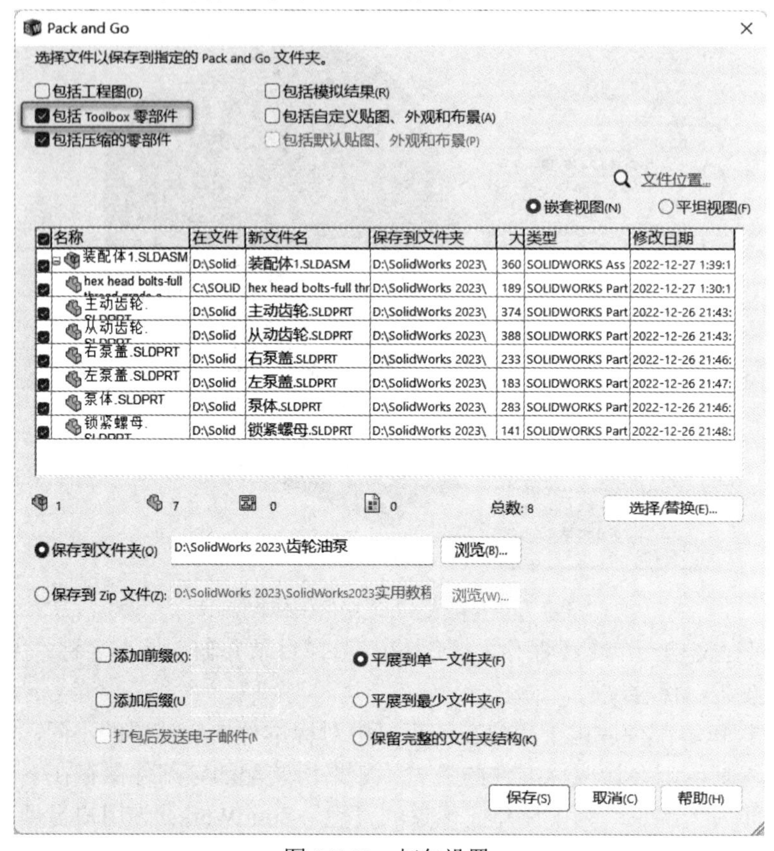

图 9.7.63　打包设置

打包后的文件夹如图 9.7.64 所示。

图 9.7.64　打包后的零部件

当复制到另一台电脑上打开已经装配好的齿轮油泵时，可能会出现图 9.7.65 所示的错误信息。

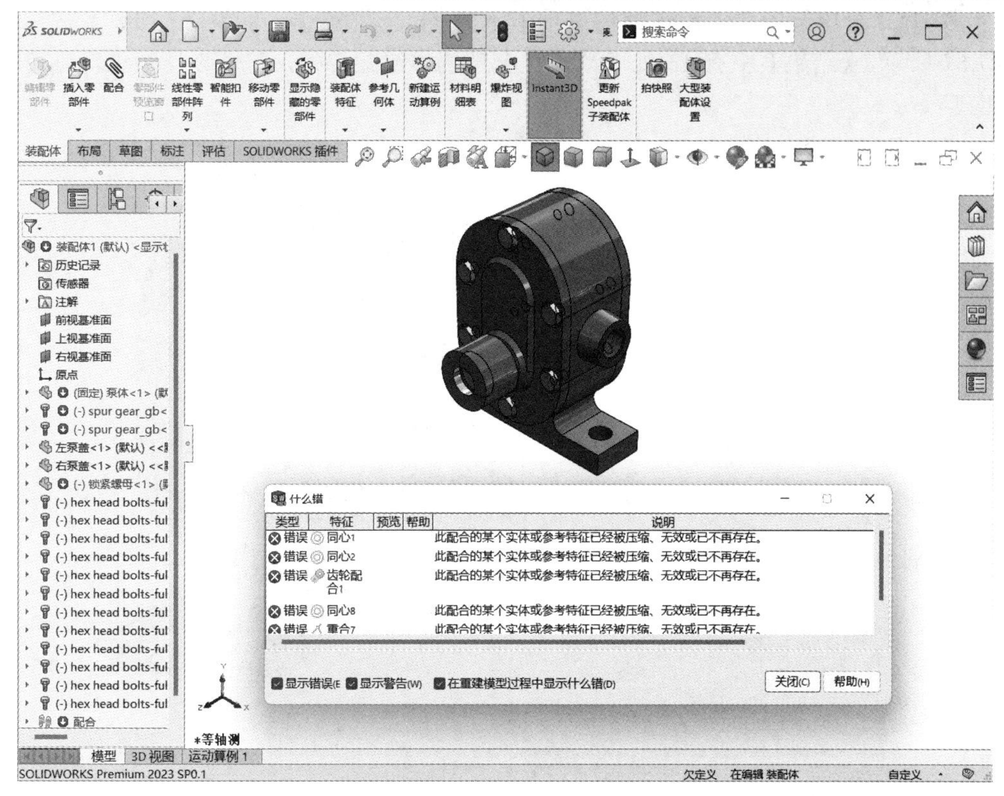

图 9.7.65 打开装配体报错

以上的报错是因为 SolidWorks 勾选了 Toolbox 默认的搜索位置，因此，只需要在【系统选项】的【异型孔向导/Toolbox】取消【将此文件夹设为 Toolbox 零部件的默认搜索位置】的复选框，再次打开零件时就不会报错，如图 9.7.66 所示。

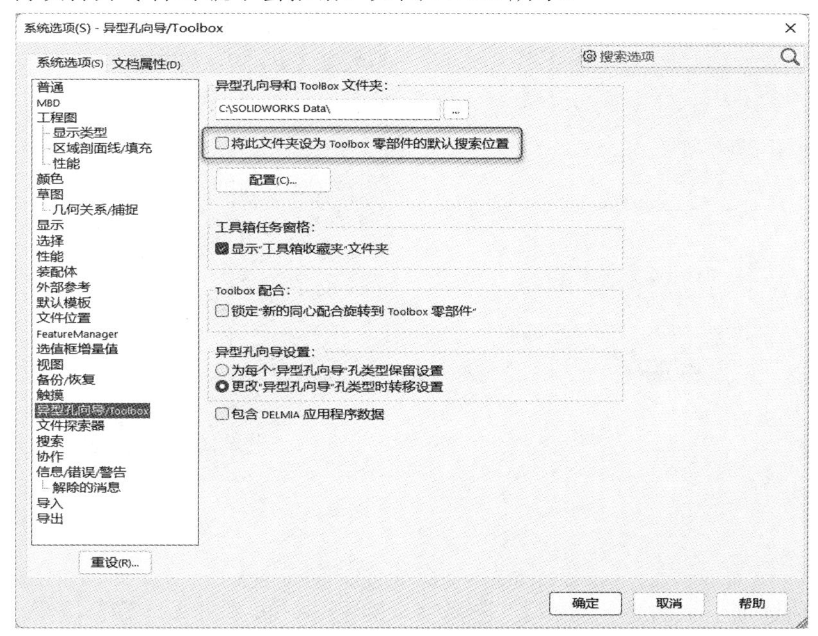

图 9.7.66 设置零件默认搜索位置

步骤 11 分析装配体。单击评估选项卡上的【干涉检查】，再单击【计算】按钮，如图 9.7.67 所示，【结果】中有 13 处干涉，且全部为螺纹配合处，符合设计要求，则可以选择【忽略】。

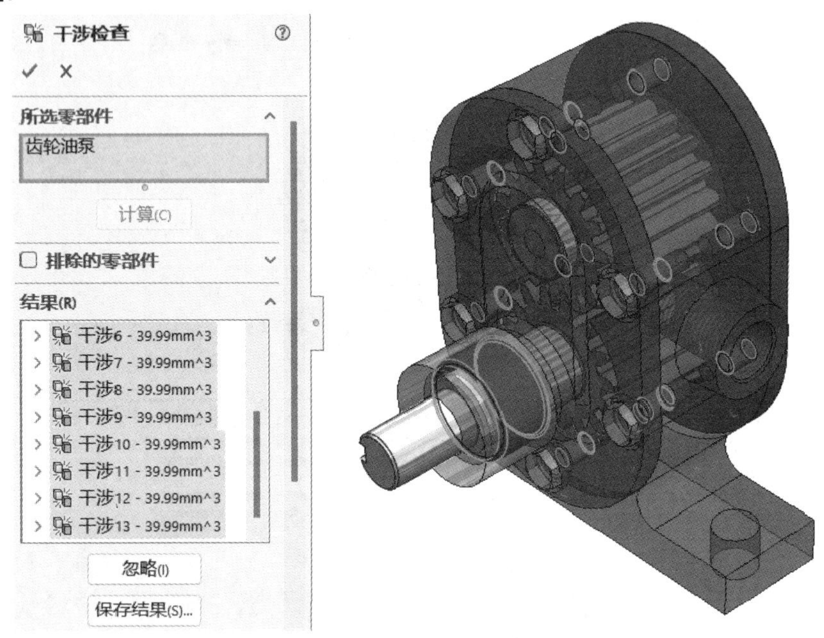

图 9.7.67 干涉检查

单击评估选项卡上的【间隙验证】，选择泵体和主动齿轮，输入间隙为 5 mm，再单击【计算】按钮，如图 9.7.68 所示，系统检查结果显示两零件的间隙为 1 mm。

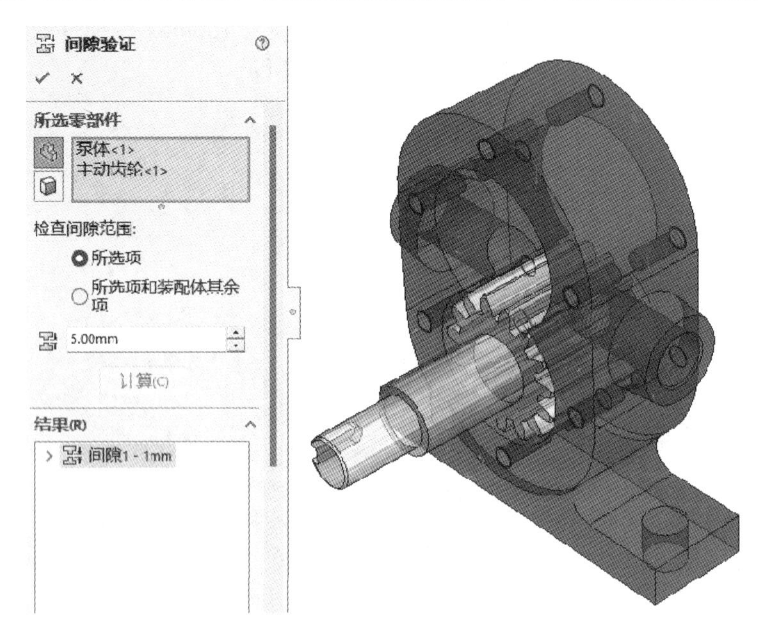

图 9.7.68 干涉检查

单击评估选项卡上的【孔对齐】，选择整个装配体，再单击【计算】按钮，如图 9.7.69 所示，分析结果为没有未对齐的孔，也就是全部都对齐。

单击评估选项卡上的【装配体可视化】，SolidWorks 则会显示数量、重量等直观参数，如图 9.7.70 所示，若有必要也可以添加需要显示的参数。

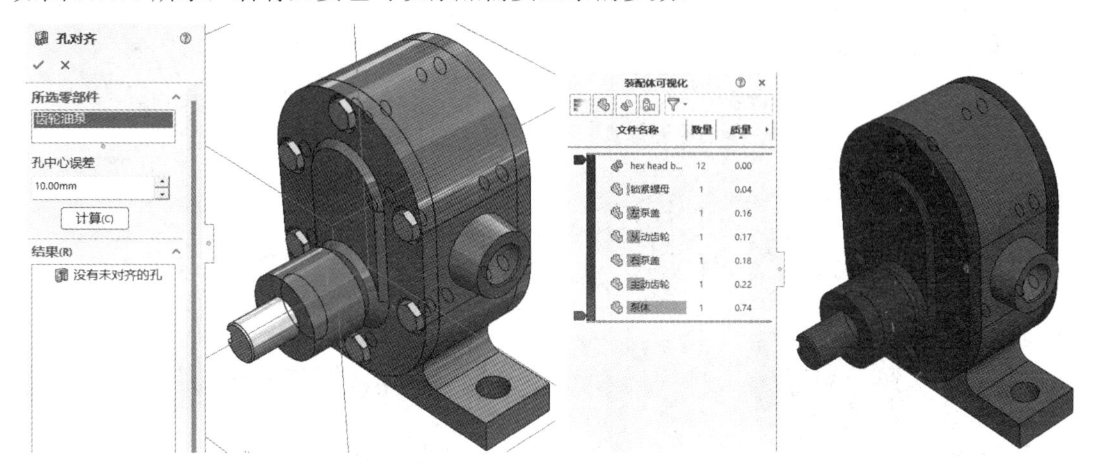

图 9.7.69　孔对齐　　　　图 9.7.70　装配体可视化

单击评估选项卡上的【性能评估(装配体)】，SolidWorks 则会显示和统计相关数据，如图 9.7.71 所示。此功能与左下角显示的装配体可视化配合使用。

图 9.7.71　性能评估(装配体)

步骤 12　装配体爆炸/分解。为了使界面清晰，可以将零部件的注解(装饰螺纹线)显示关闭，如图 9.7.72 所示。

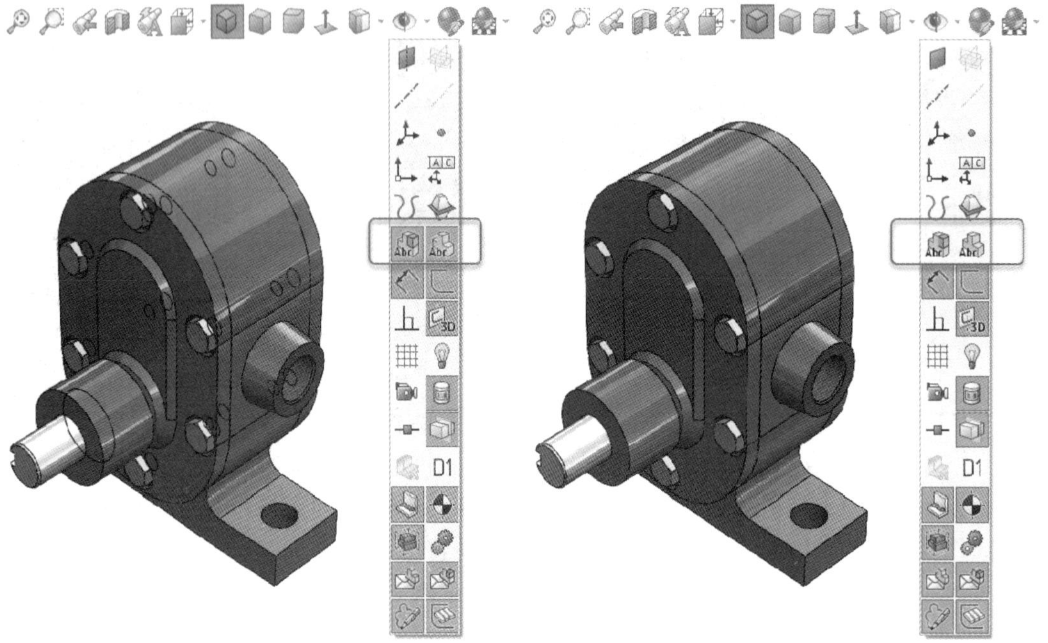

图 9.7.72　隐藏注解显示

单击装配体选项卡上的【爆炸视图】，选择锁紧螺母作为第一个爆炸的零件，如图 9.7.73 所示。

选择 Z 轴并按住鼠标左键向左拖动，如图 9.7.74 所示。

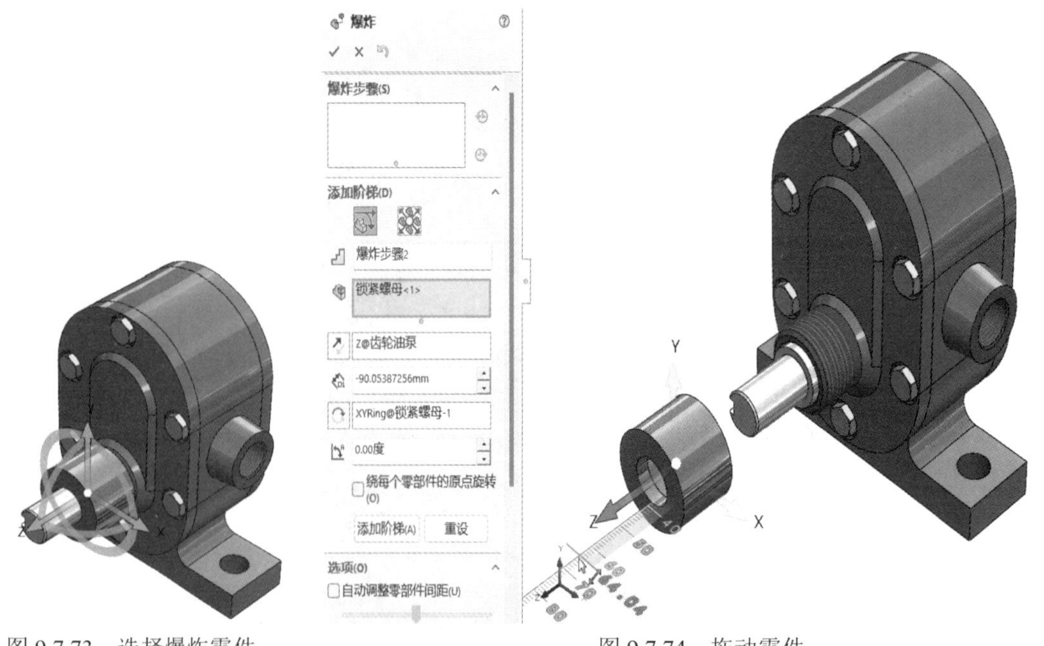

图 9.7.73　选择爆炸零件　　图 9.7.74　拖动零件

松开鼠标后可以设置移动的距离和角度，如图 9.7.75 所示。设置后单击【完成】按钮。

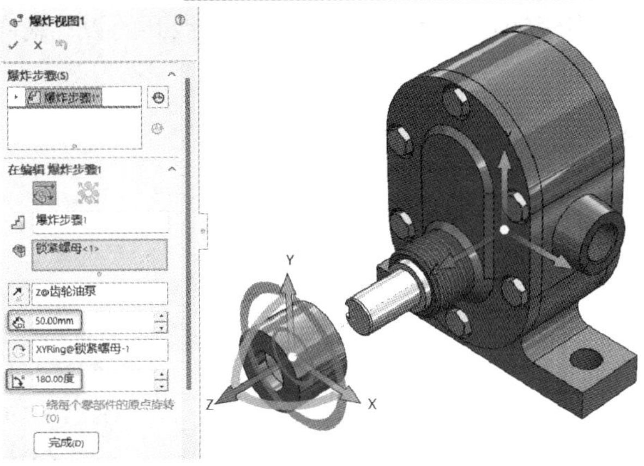

图 9.7.75　设置爆炸参数

点选左侧 6 个螺栓，为了制作螺栓旋转动画，需勾选【绕每个零部件的原点旋转】，如图 9.7.76 所示。

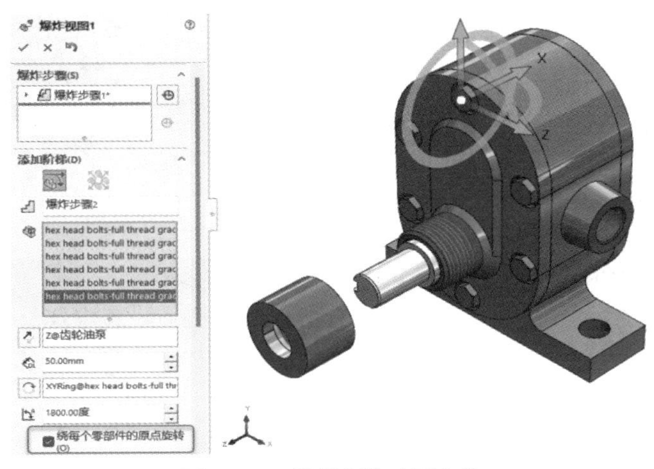

图 9.7.76　设置螺栓动画参数

选择 Z 轴进行拖动，松开左键后输入参数如图 9.7.77 所示。

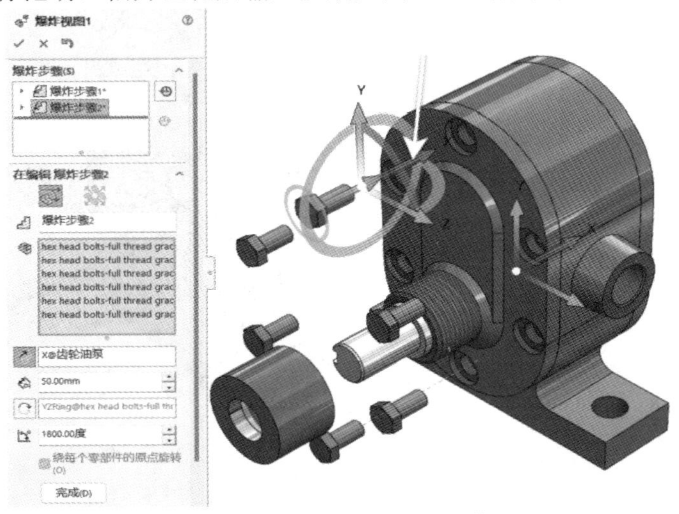

图 9.7.77　设置螺栓动画参数

旋转视图，点选或单击装配体图标或图标下拉三角展开的设计树零件列表，如图 9.7.78 所示。

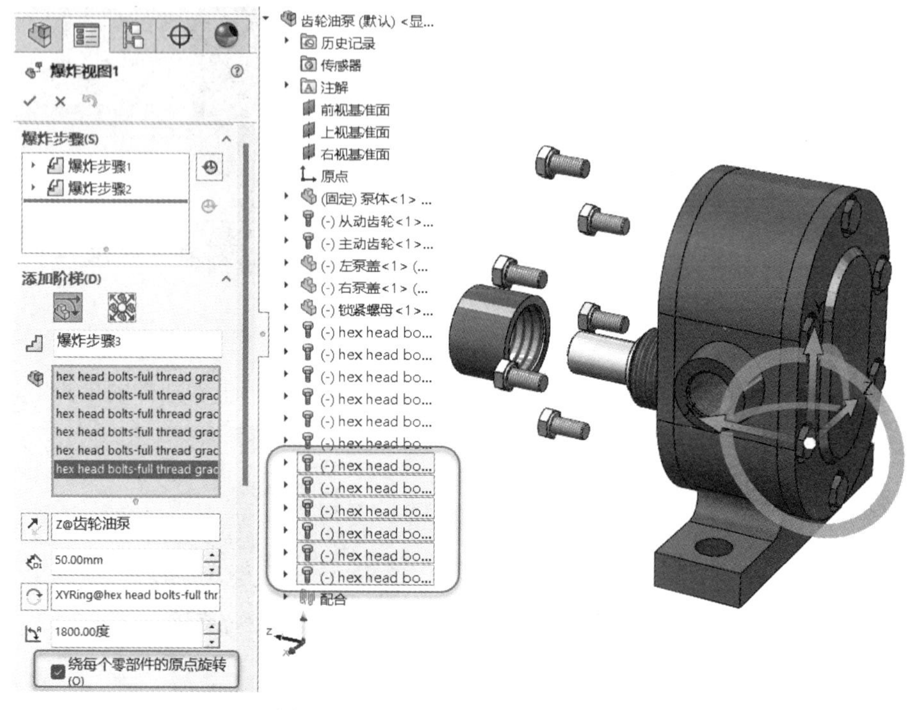

图 9.7.78　设置另一端螺栓动画参数

选择 Z 轴方向的控制轴手柄进行拖动，松开鼠标左键后设置爆炸长度为 50 mm，角度为 1800°，如图 9.7.79 所示。

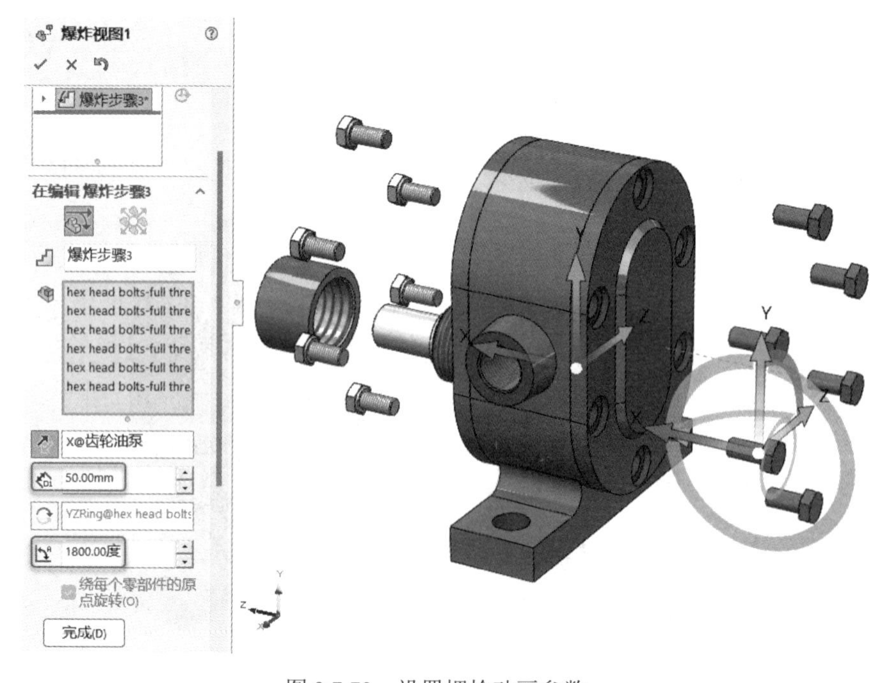

图 9.7.79　设置螺栓动画参数

如果制作过程中退出了爆炸编辑，则可以在零件配置中右击【编辑特征】，如图 9.7.80 所示。

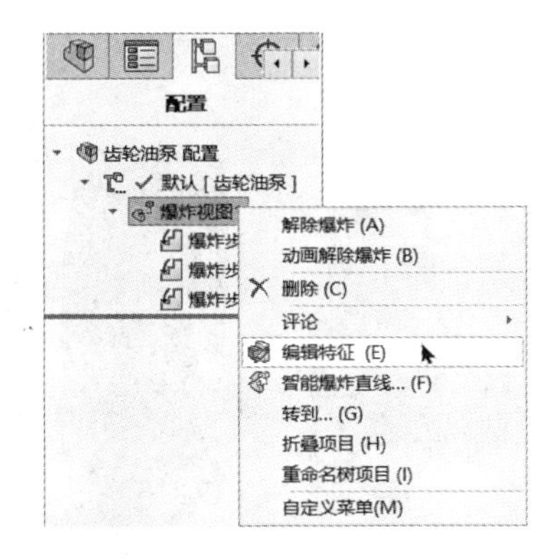

图 9.7.80　编辑爆炸动画特征

点选左泵盖沿 Z 轴拖动，并设置爆炸尺寸为 30 mm，然后单击【完成】按钮，如图 9.7.81 所示。

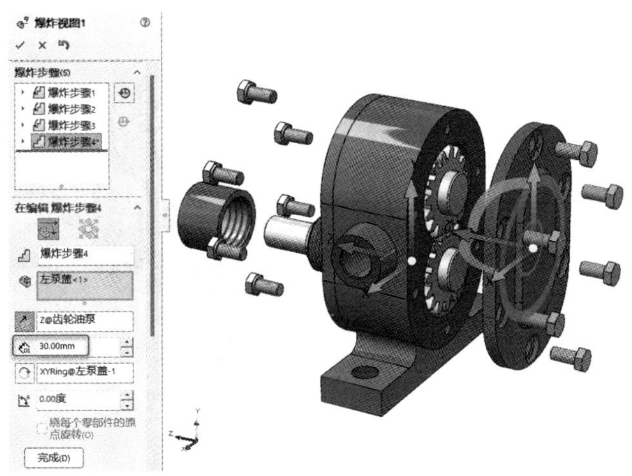

图 9.7.81　编辑左泵盖爆炸动画

再次选择左泵盖沿 X 轴移动 30 mm，如图 9.7.82 所示。

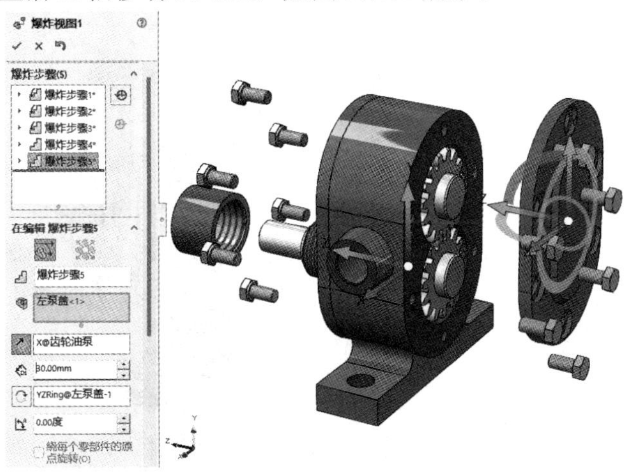

图 9.7.82　编辑左泵盖爆炸动画

选择右泵盖，将其沿 Z 轴移动 35 mm，再沿 X 轴移动 40 mm，如图 9.7.83 和图 9.7.84 所示。完成爆炸/分解的装配体如图 9.7.85 所示。

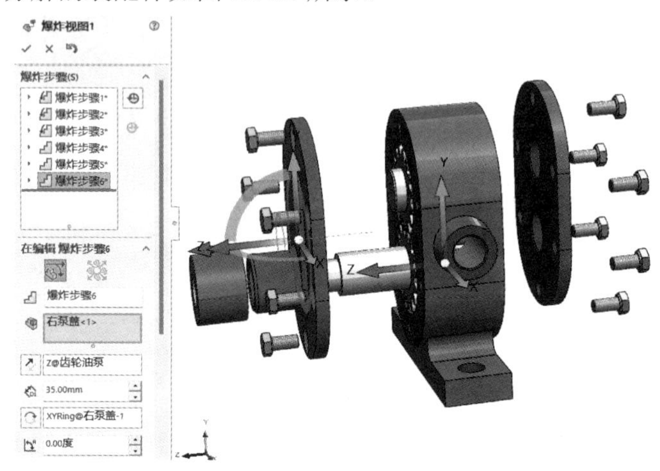

图 9.7.83　编辑右泵盖爆炸动画

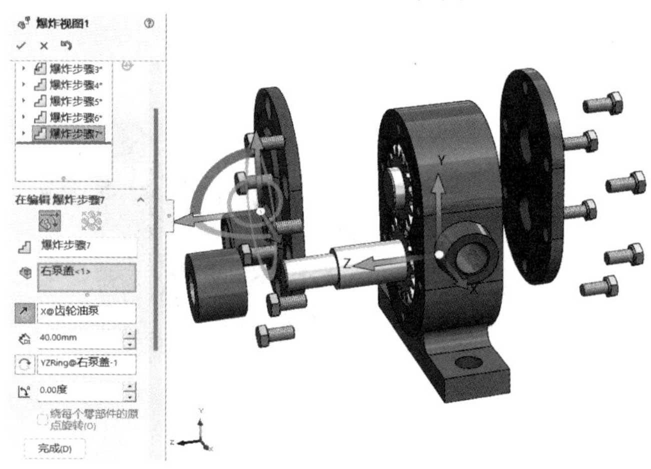

图 9.7.84　编辑右泵盖爆炸动画

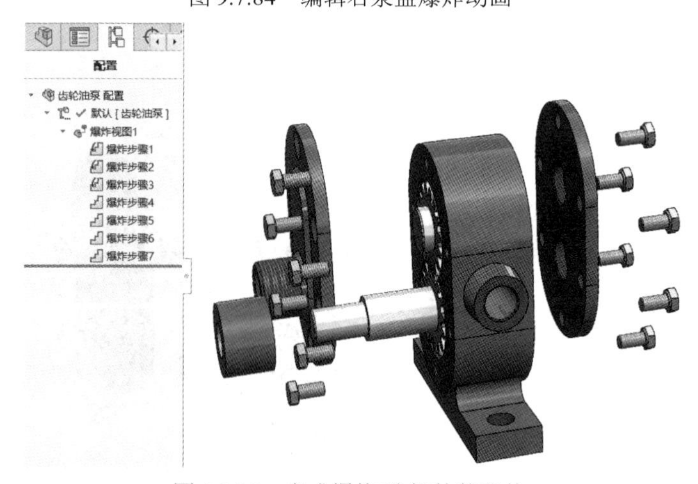

图 9.7.85　完成爆炸/分解的装配体

步骤 13　创建装配体爆炸/分解动画。单击界面下方的【运动算例 1】，添加马达，转速为 30 r/min，如图 9.7.86 所示。

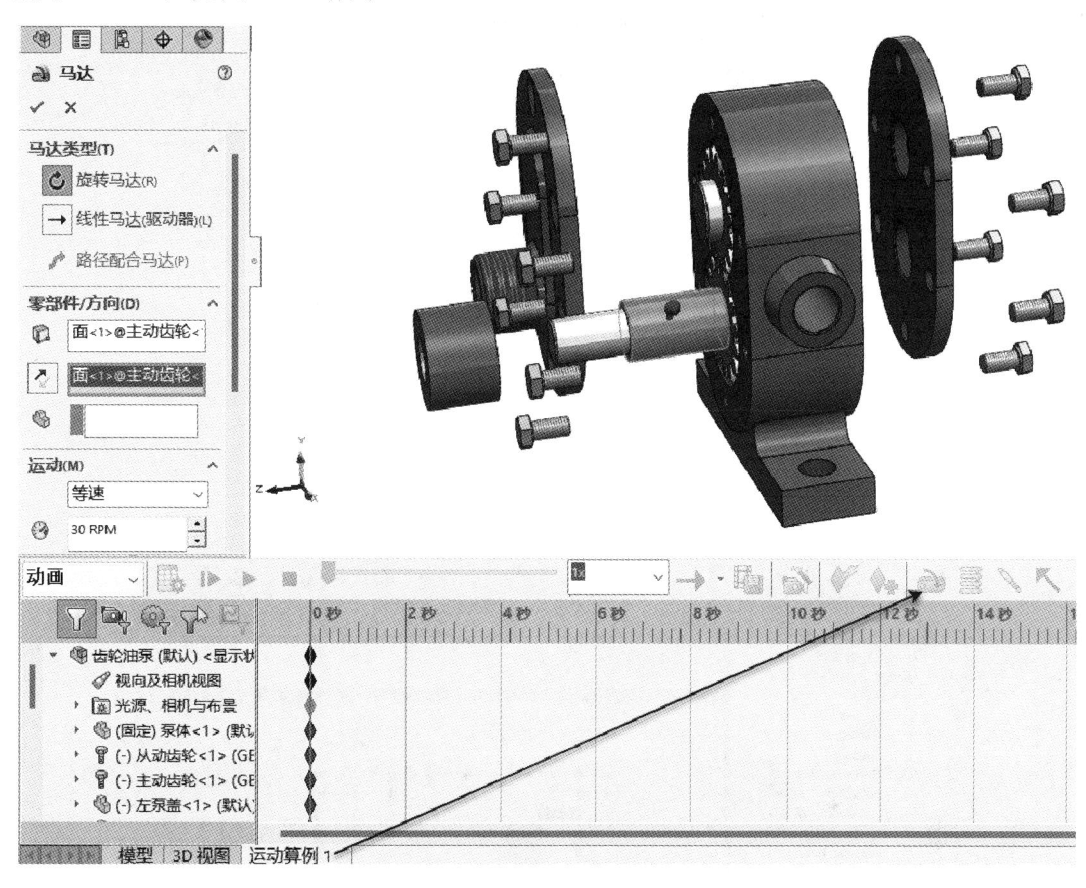

图 9.7.86 添加齿轮马达

在时间关键帧上右击，设置【编辑时间】为 15 s，如图 9.7.87 所示。

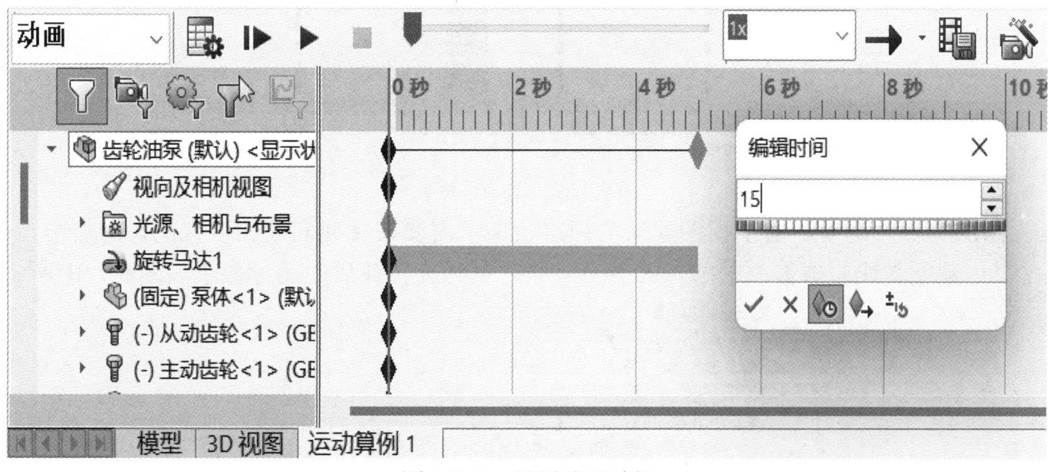

图 9.7.87 设置动画时长

单击运动算例工具栏上的【动画向导】，在选择类别中选择【爆炸】，下一步在动画控制选项中设置动画时长为 7 s，开始时间为 4 s，如图 9.7.88 所示。完成后的动画关键帧如图 9.7.89 所示。

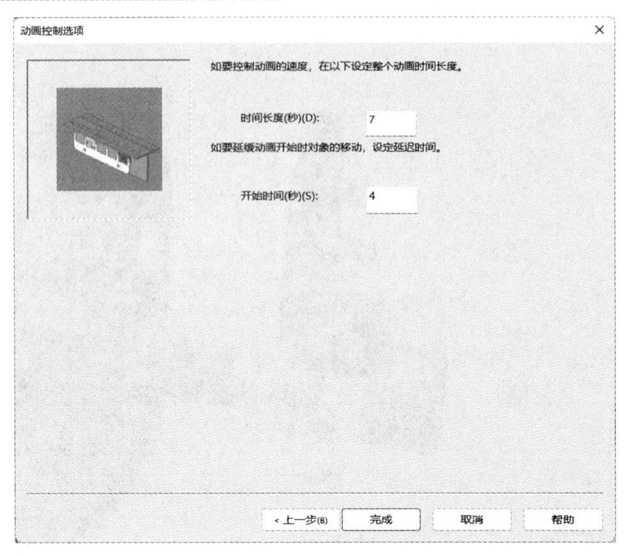

图 9.7.88　设置动画控制选项

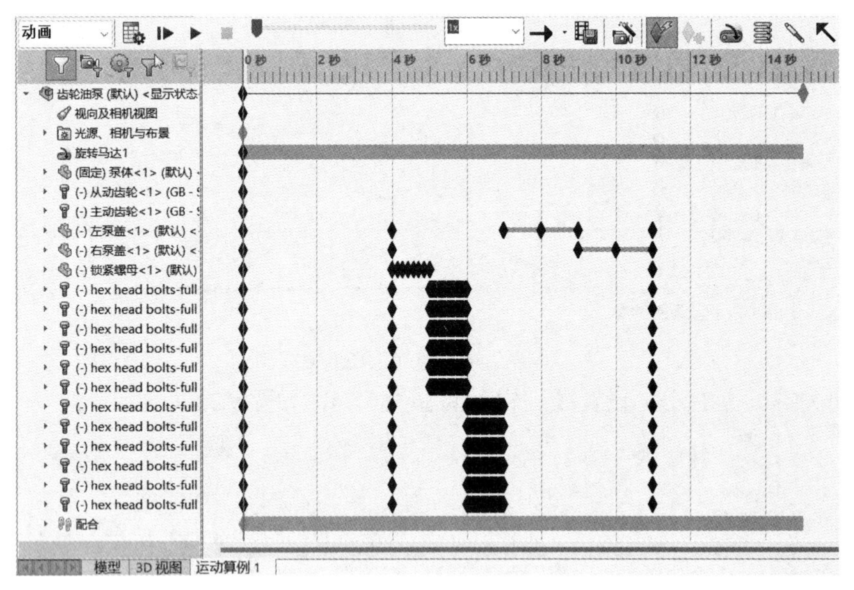

图 9.7.89　动画关键帧

添加旋转关键帧。由于视图默认为锁定状态，需要在【视向及相机视图】上右击，去除【禁用观阅键码生成】，如图 9.7.90 所示，此时鼠标旋转前后的图标显示如图 9.7.91 所示。

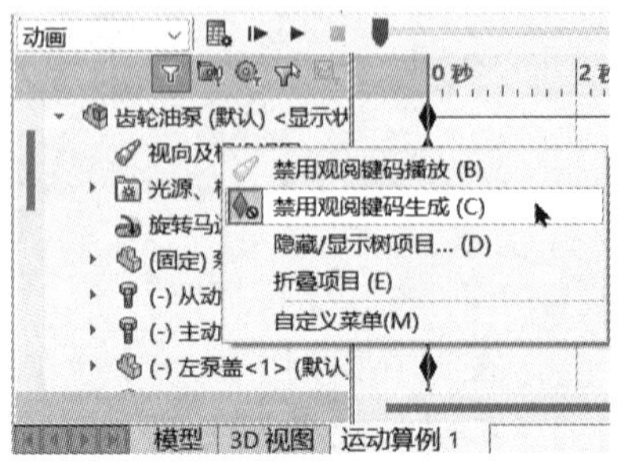

图 9.7.90　去除【禁用观阅键码生成】

图 9.7.91　鼠标旋转变化

时间轴在 0 s 时，右击【解除爆炸】，如图 9.7.92 所示。

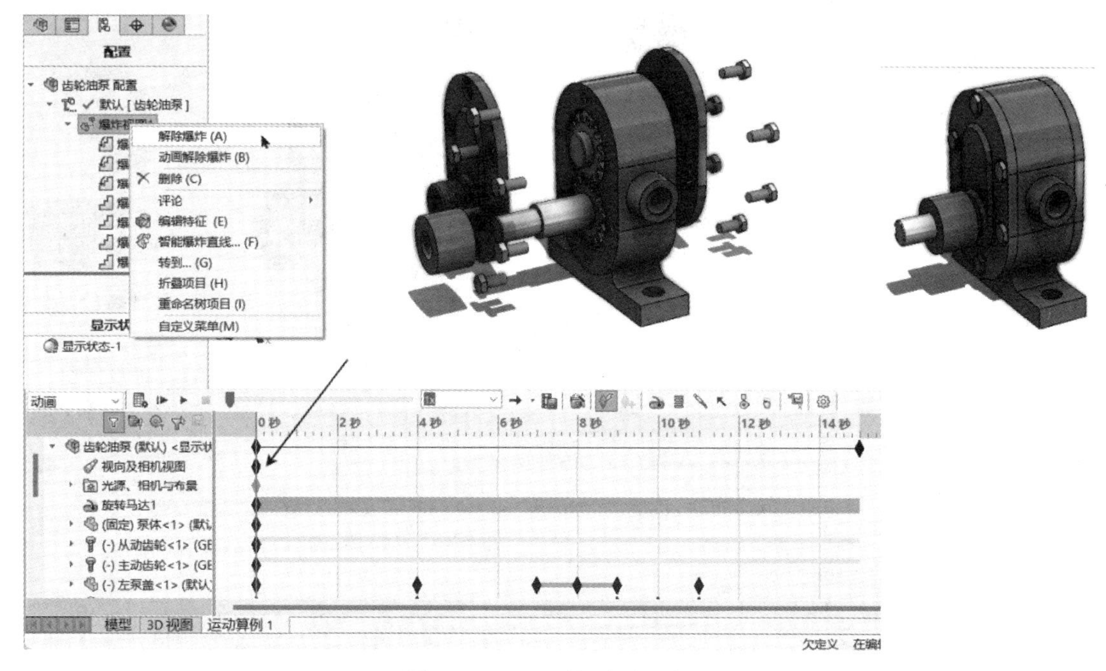

图 9.7.92　0 s 时解除动画位置

拖动时间轴到 4 s 位置，按住鼠标中键将图形大致旋转至图示位置，如图 9.7.93 所示。图 9.7.94～图 9.7.96 所示分别为在 8 s、12 s 和 15 s 位置上旋转的大致位置。

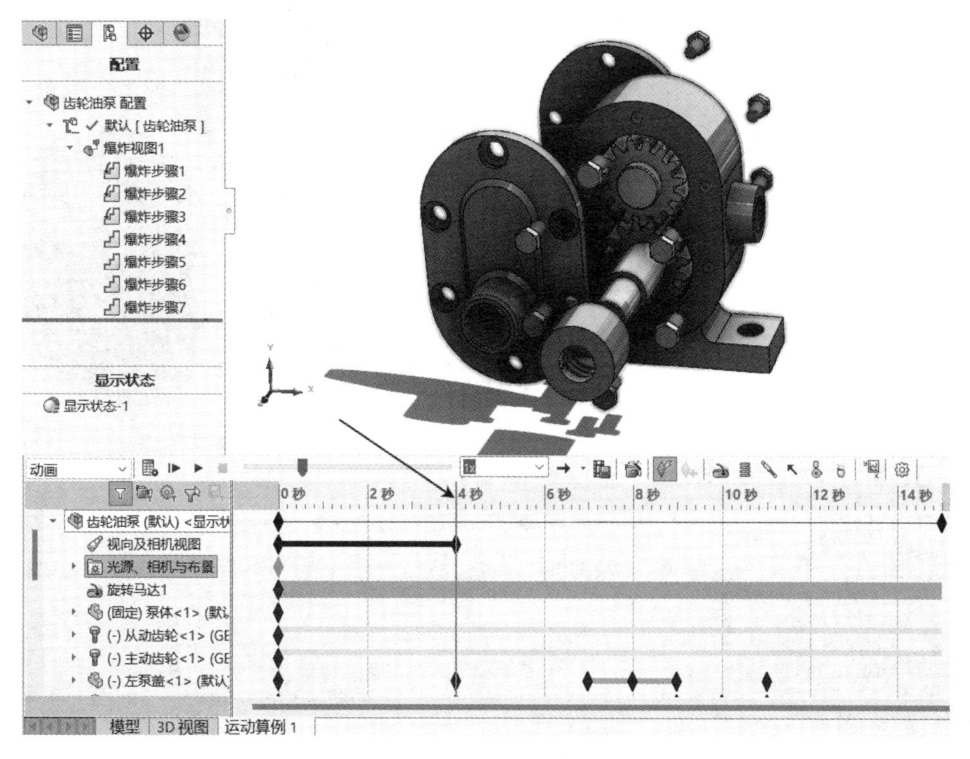

图 9.7.93　4 s 时旋转位置

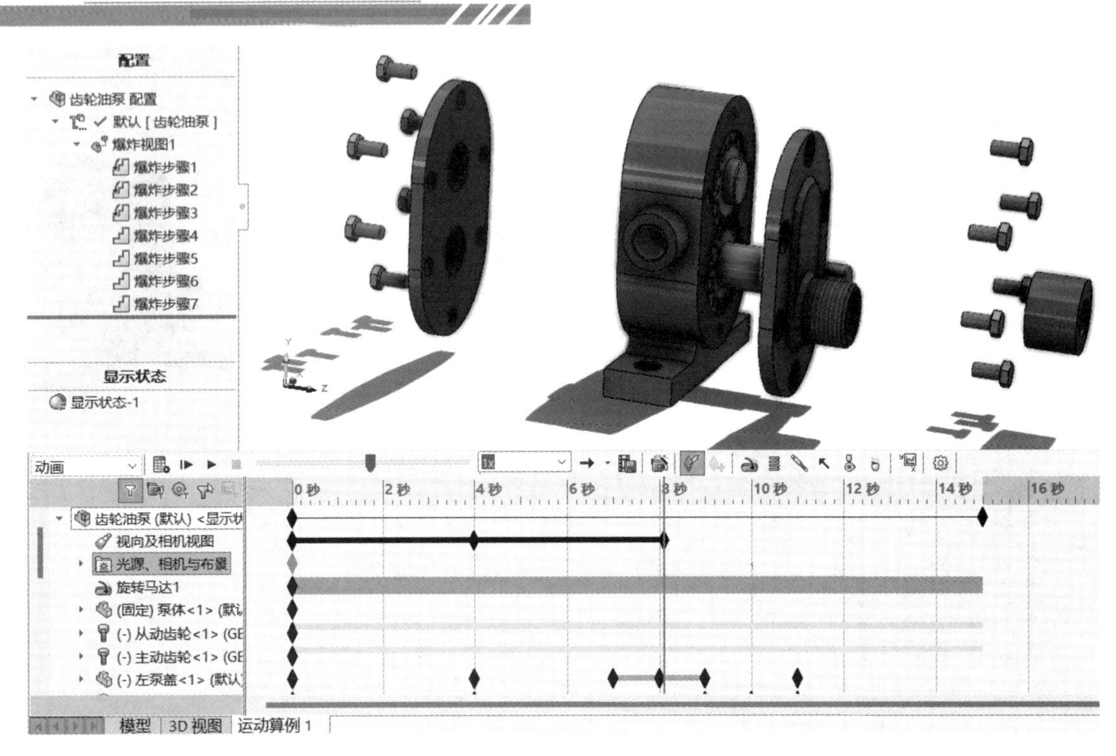

图 9.7.94　8 s 时旋转位置

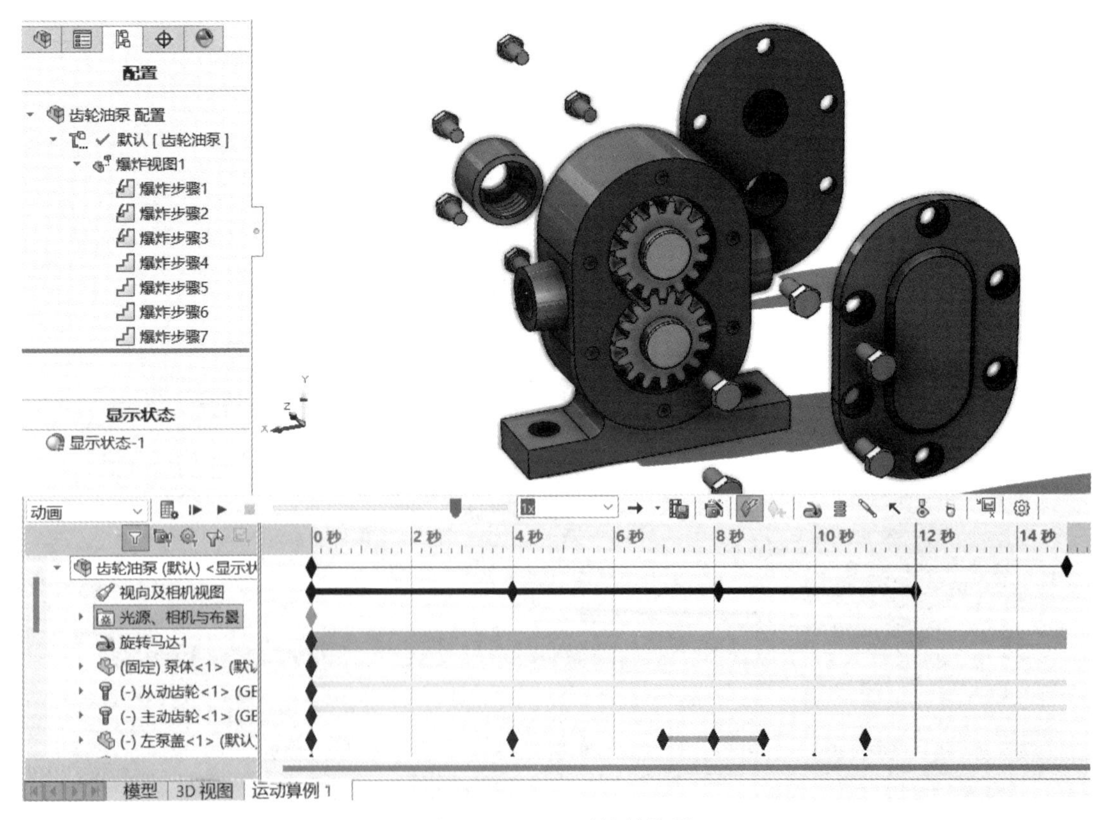

图 9.7.95　12 s 时旋转位置

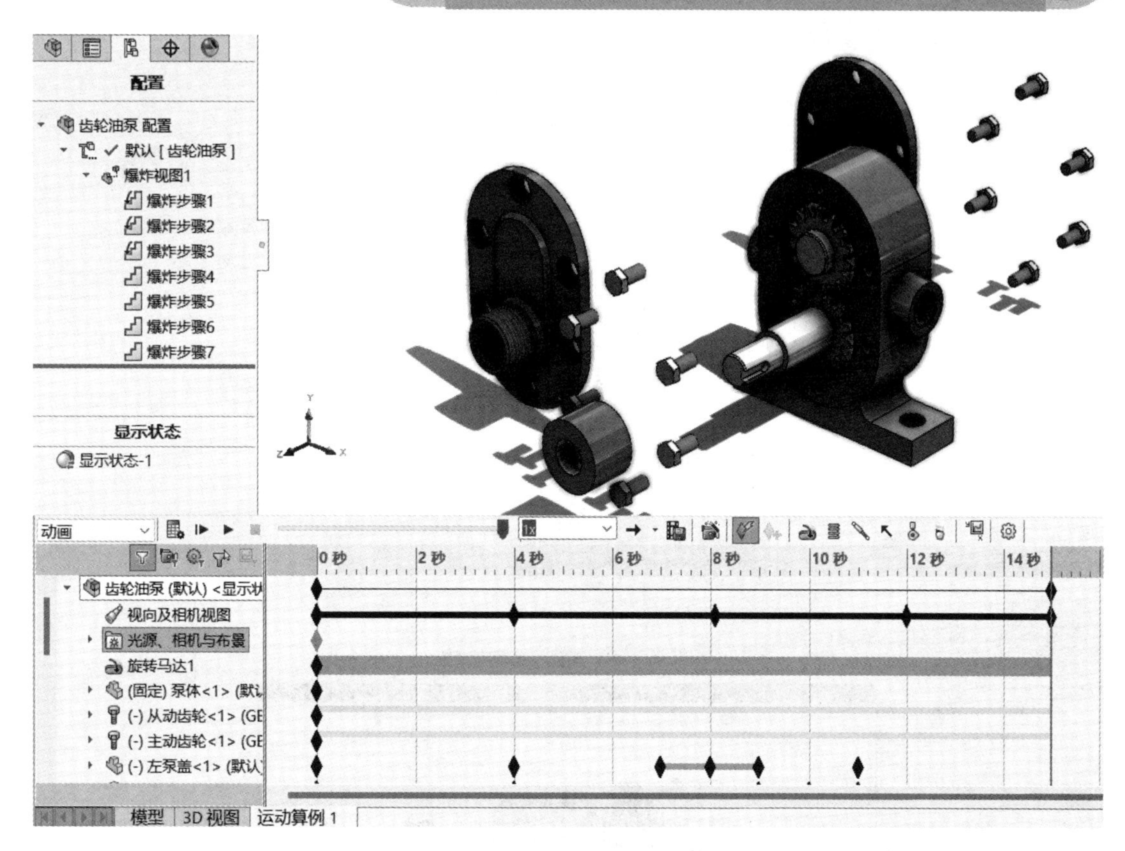

图 9.7.96　15 s 时旋转位置

完成后，在【视向及相机视图】上右击选择【禁用观阅键码生成】，如图 9.7.97 所示。

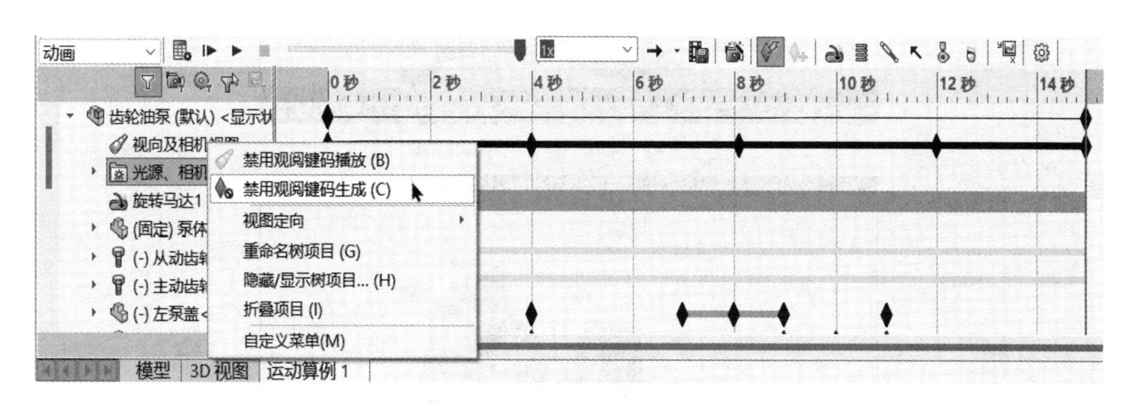

图 9.7.97　禁用观阅键码生成

单击【运动算例属性】，设置每秒帧数为 100，再单击【计算】进行算例计算。单击保存视频，设置参数如图 9.7.98 所示。使用播放器播放制作的齿轮油泵动画，画面清晰逼真，如图 9.7.99、图 9.7.100 所示。

对于动画中的细节还需多加练习掌握，只有这样才能做出逼真、流畅、清晰的动画效果。

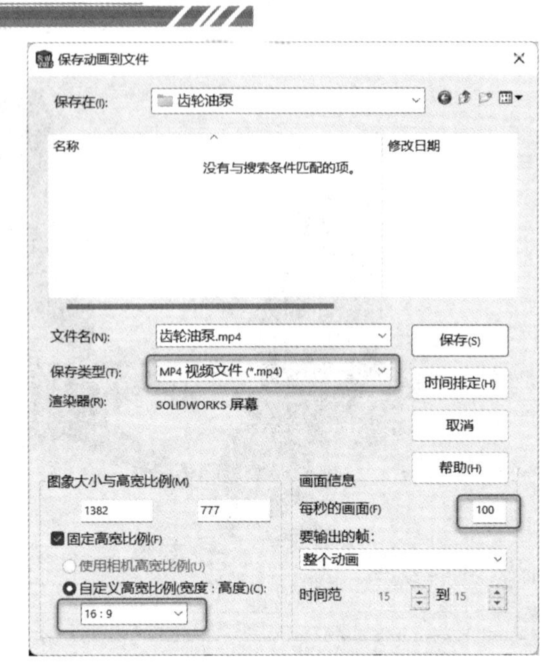

图 9.7.98 输出视频参数

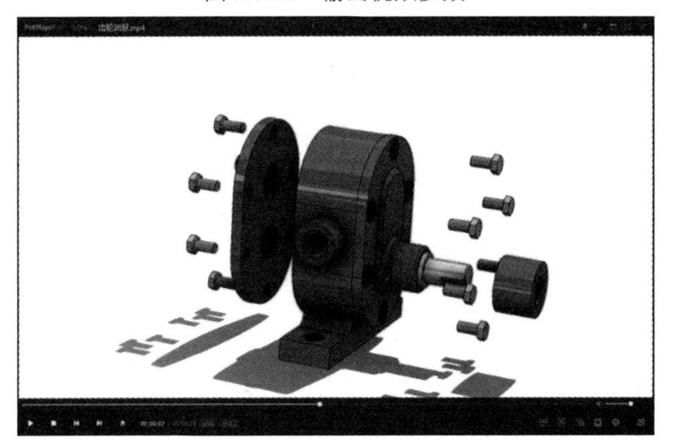

图 9.7.99 播放输出的中间动画

图 9.7.100 播放输出的末尾动画

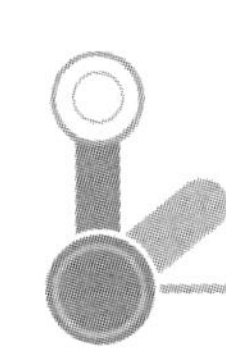

第10章　工程图设计

本章要点

- ☑ 工程图工具栏
- ☑ 视图布局工具栏
- ☑ 注解工具栏
- ☑ 工程图设计实例

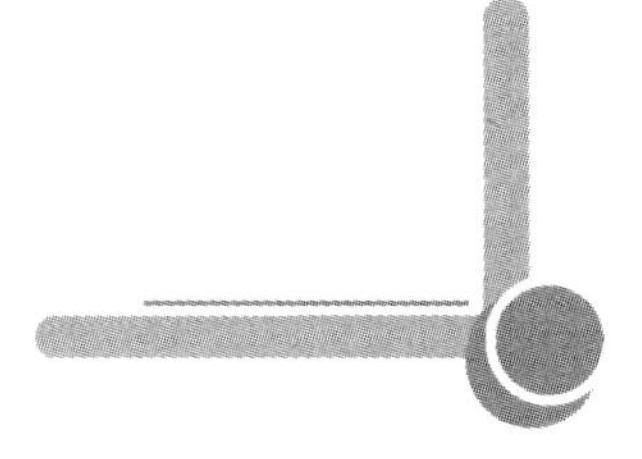

10.1　工程图工具栏

SolidWorks 2023 工程图与零件和装配体是全关联的。工程图的工具栏主要包括视图布局工具栏和注解工具栏，分别如图 10.1.1 和图 10.1.2 所示。

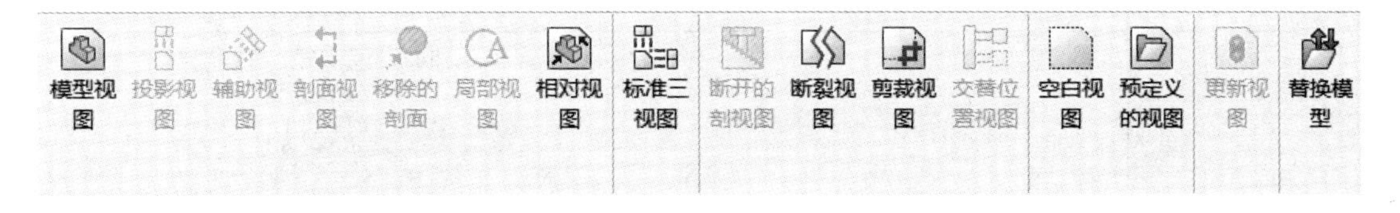

图 10.1.1　视图布局工具栏

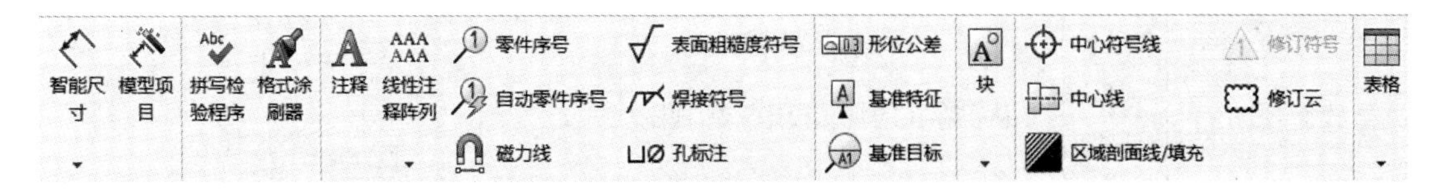

图 10.1.2　注解工具栏

10.2　视图布局工具栏

视图布局工具栏的功能见表 10-1。

表 10-1 视图布局工具栏的功能

名 称	图标	功 能	示 例
标准三视图		添加三个标准，正交视图的方向可以为第一视角(国标)或第三视角(国外标准)	第一视角 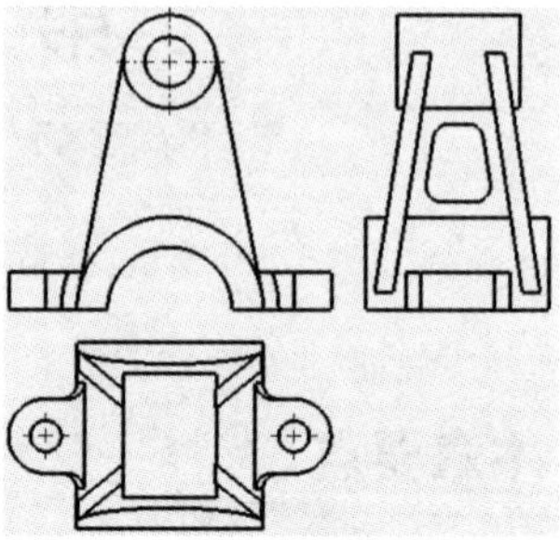 第三视角 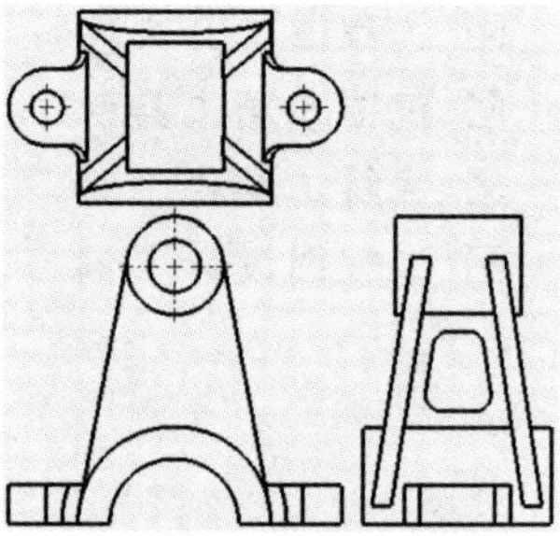
模型视图		根据现有的零件或装配体添加正交或命名视图	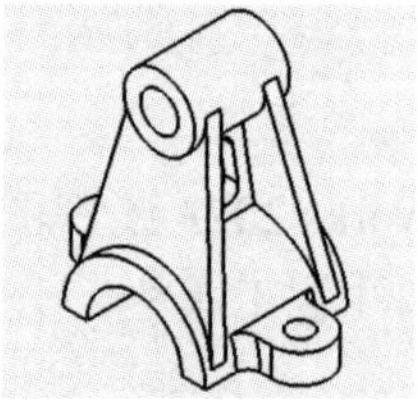
投影视图		从已存在的视图投影一新视图	向下投影(第一视角) 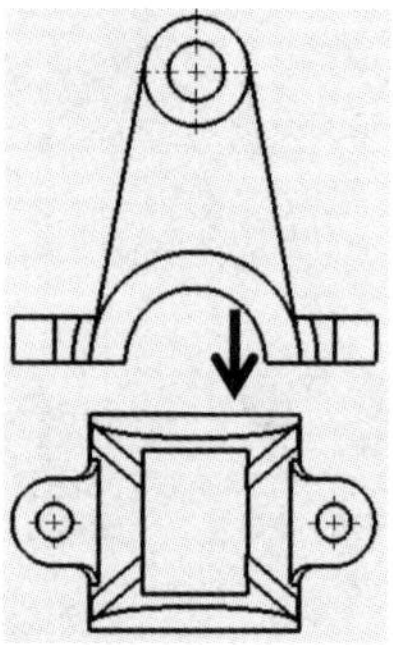 向右投影(第一视角) 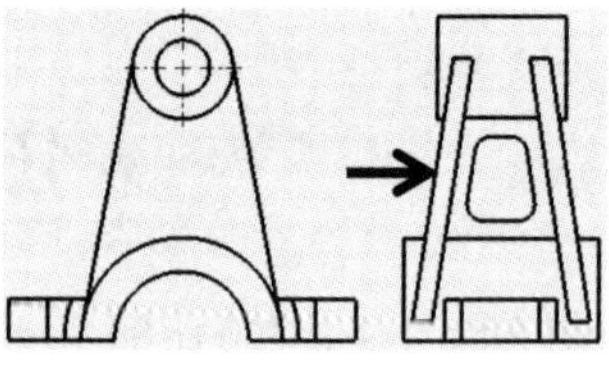

续表

名　称	图标	功　能	示　例
辅助视图		从实体边线投影出一新视图	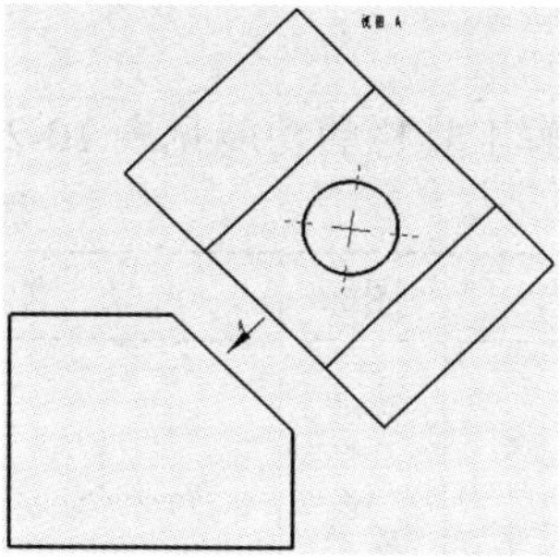
剖面视图		以剖面线形式剖切俯视图来形成一新视图	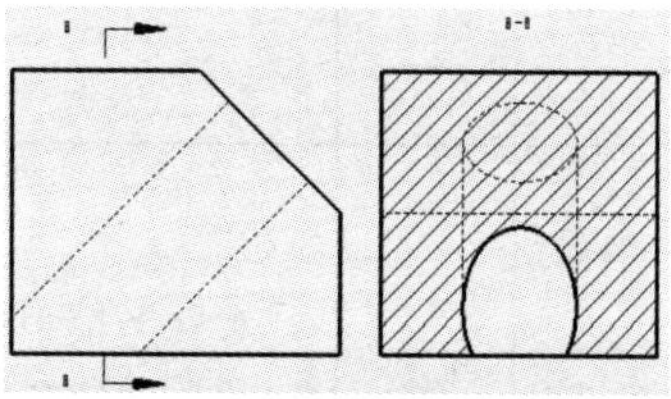
旋转剖视图		使用连接的带有角度的直线来形成新的剖切视图	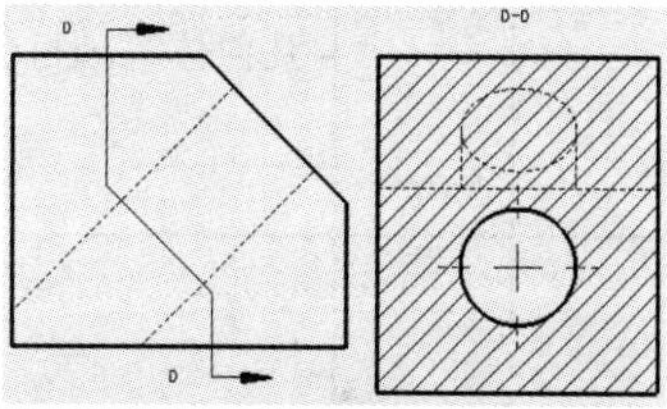
局部视图		添加某一部分的放大视图	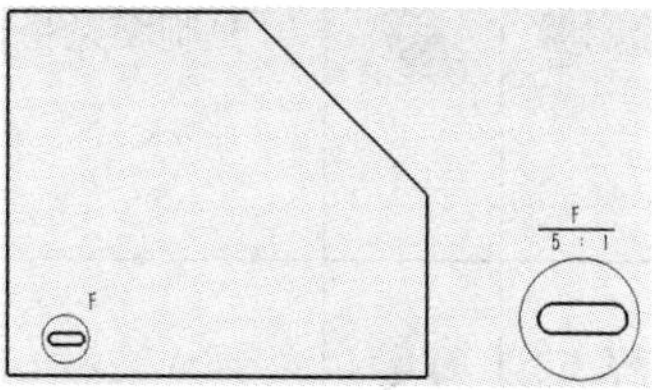
断开的剖视图		将一断开的剖视图添加到显示模型内部的细节上	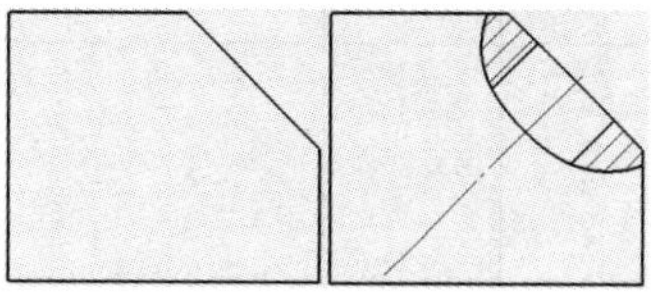
断裂视图		给所选视图添加断裂线	
剪裁视图		剪裁现有视图以显示模型的一部分	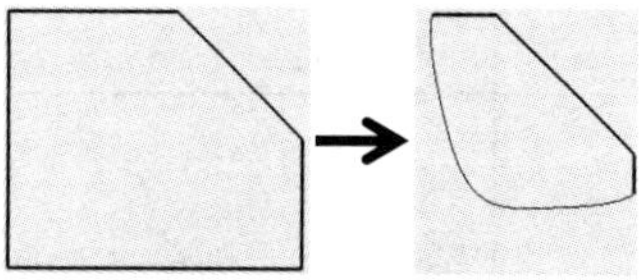
交替位置		添加模型新配置至原配置上	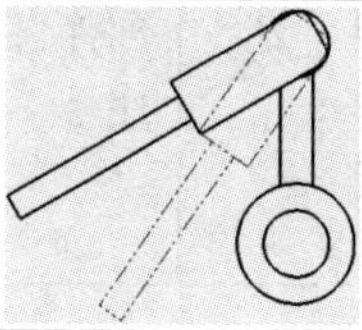

10.3 注解工具栏

注解工具栏的功能见表 10-2。

表 10-2 注解工具栏的功能

名称	图标	功 能	示 例
智能尺寸		为一个或多个所选实体添加尺寸	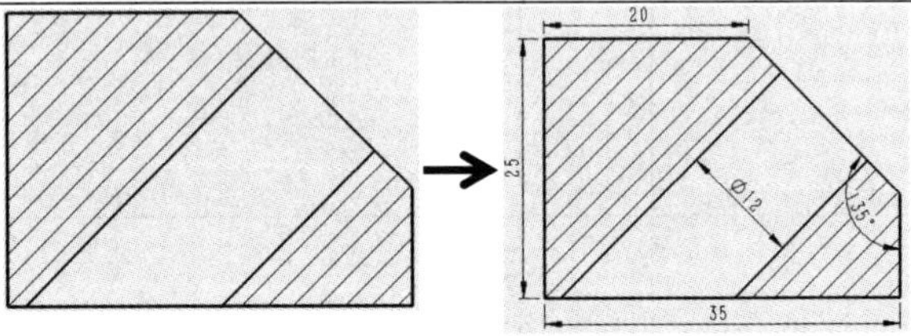
模型项目		对参考模型输入尺寸、注解和参考几何体等项目	自动生成尺寸 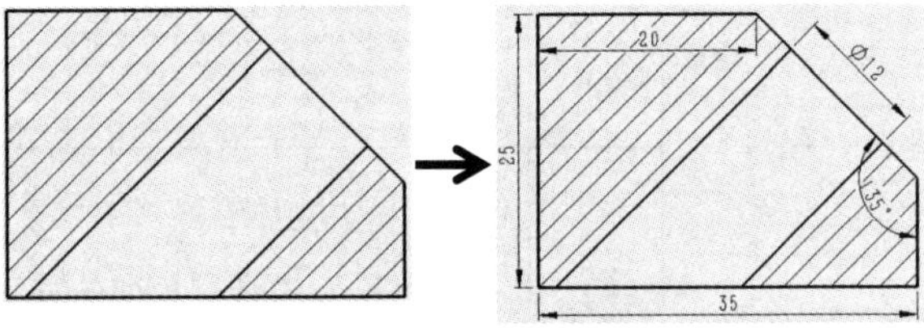
格式涂刷器		复制粘贴格式	格式刷 格式刷 → 格式刷 格式刷
注解		插入注解	注解文字与技术要求
零件序号		添加零件序号	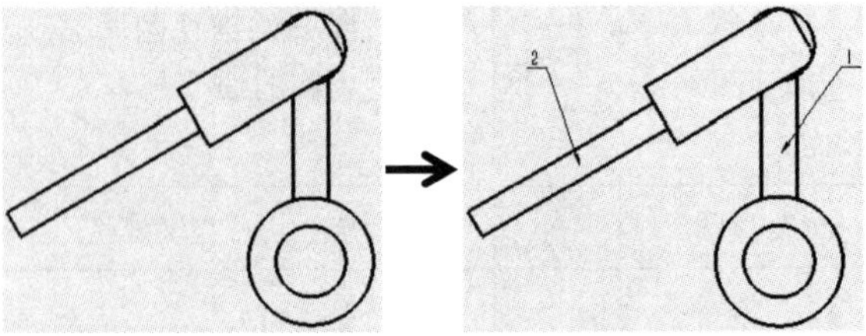
自动零件序号		为所选的所有零部件自动添加零件序号	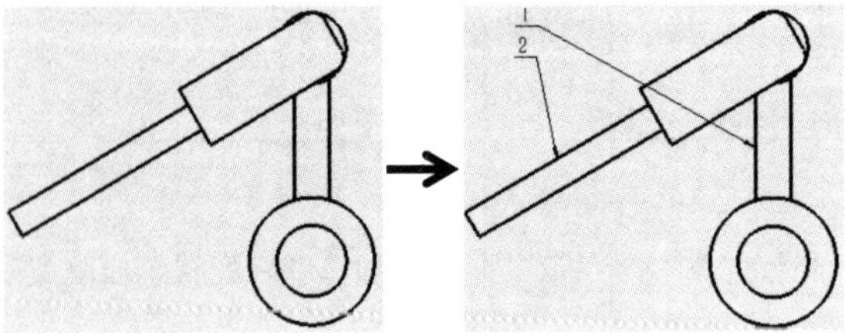

续表一

名称	图标	功 能	示 例
表面粗糙度符号		添加表面粗糙度符号	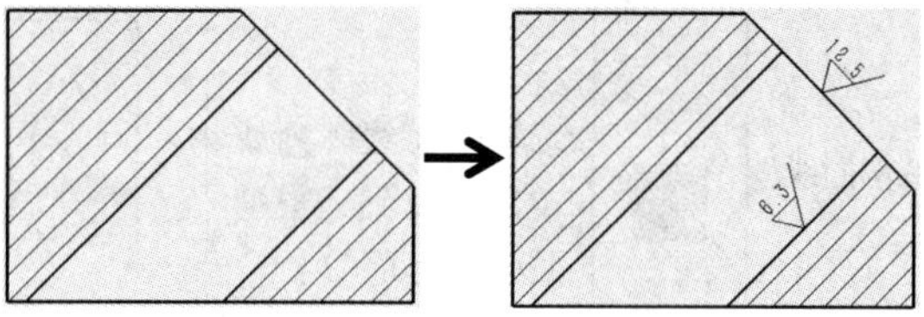
焊接符号		在所选实体上添加一焊接符号	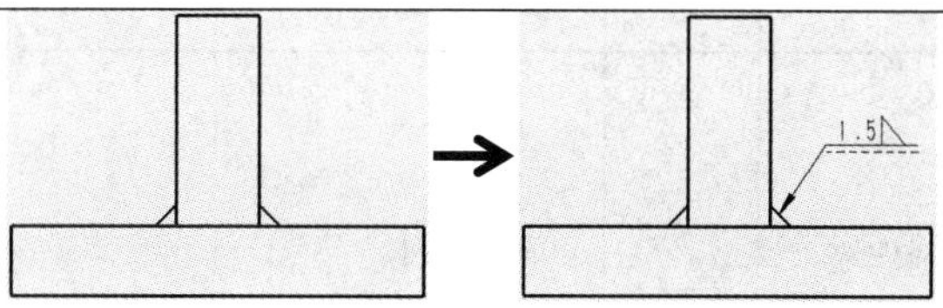
孔标注		添加一孔或槽标注	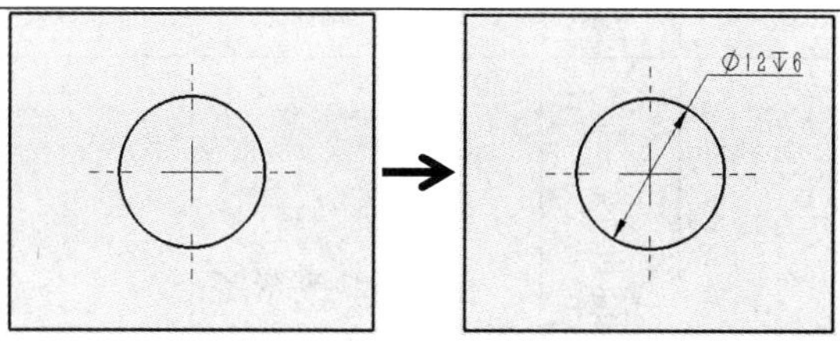
形位公差		添加一形位公差	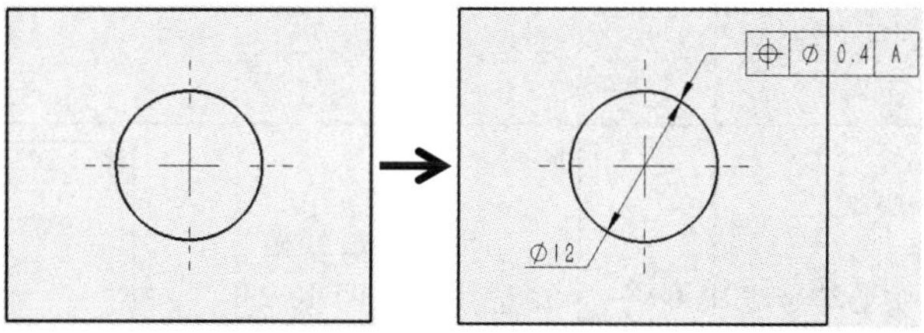
基准特征		添加一基准特征	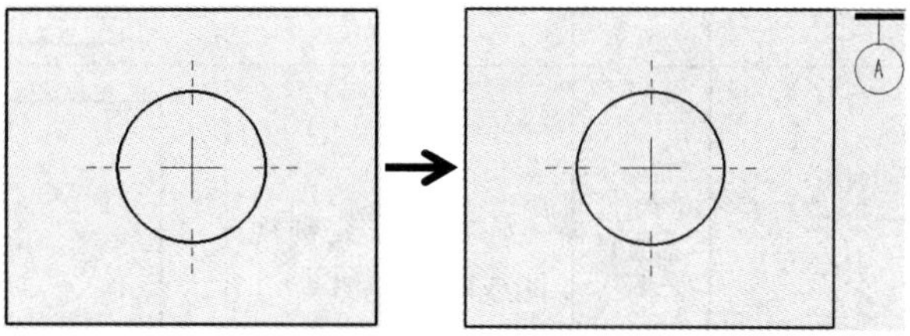
基准目标		添加一基准目标	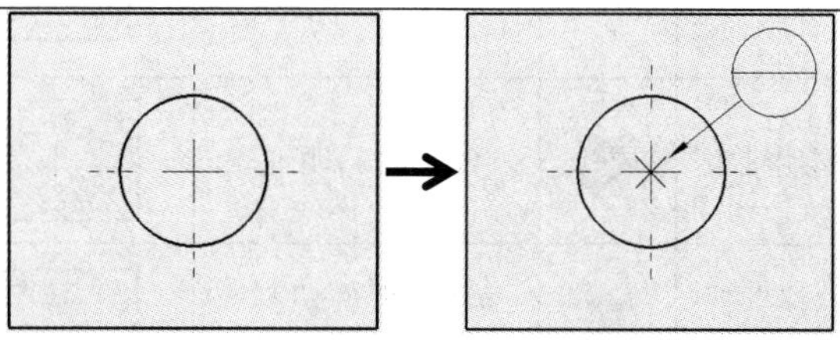

续表二

名称	图标	功　能	示　例
区域剖面线/填充		将剖面线阵列或实体填充到一模型面或封闭草图上	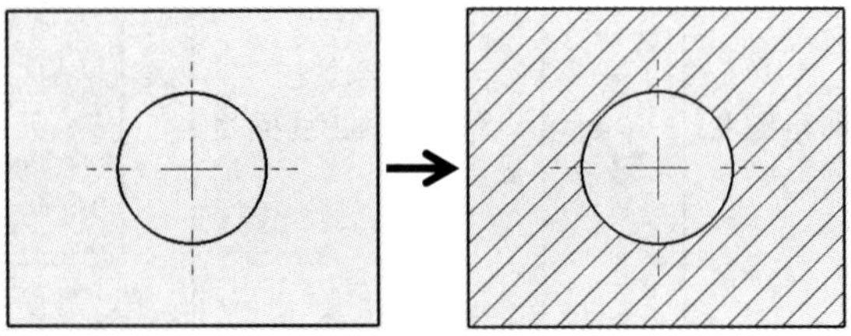
制作块		制作新块	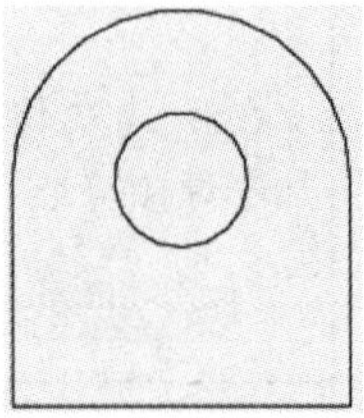
插入块		插入新块到草图或工程图中	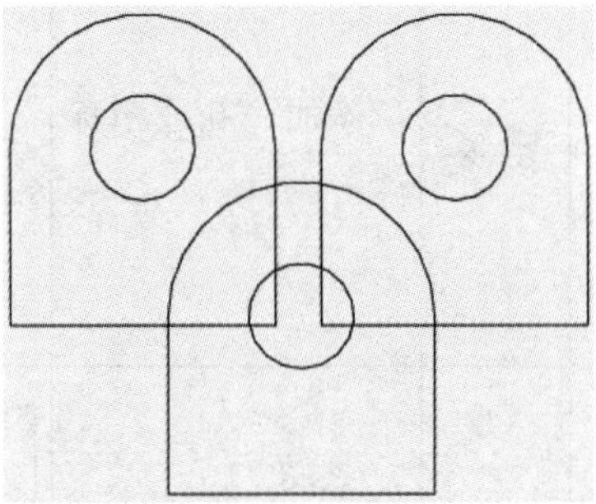
中心符号线		在圆形边线或槽口边线的草图实体上添加中心符号线	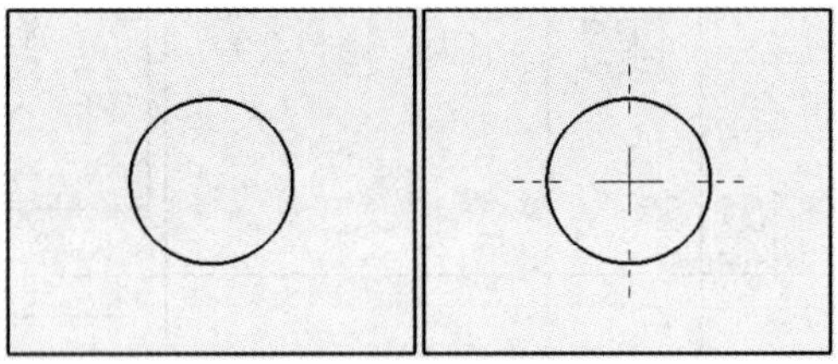
中心线		添加中心线到视图或所选实体	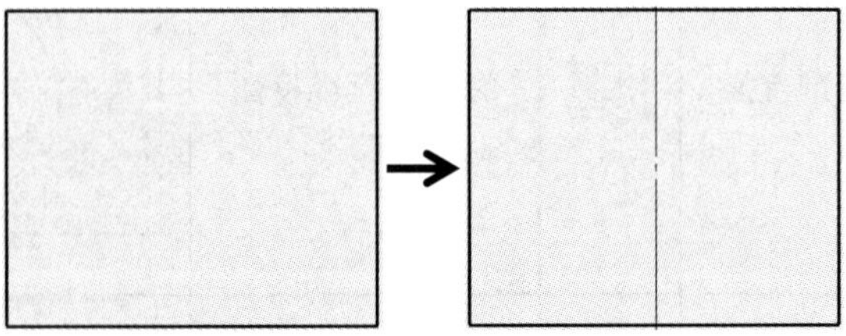
材料明细表		添加材料明细表	2 SW-002 02 1 Q235 0.01 0.01 1 SW-001 01 1 Q235 0.02 0.02 序号 代号 名称 数量 材料 单量 总重 备注
焊件切割清单		添加焊件切割清单	2 JC-002 支架 1 Q235 0.01 0.01 1 JC-001 底座 2 45 0.06 0.12 序号 代号 名称 数量 材料 重量 总重 备注

10.4　工程图设计实例

实例 10-1

【实例 10-1】 支架工程图设计实例

建立如图 10.4.1 所示的支架工程图。

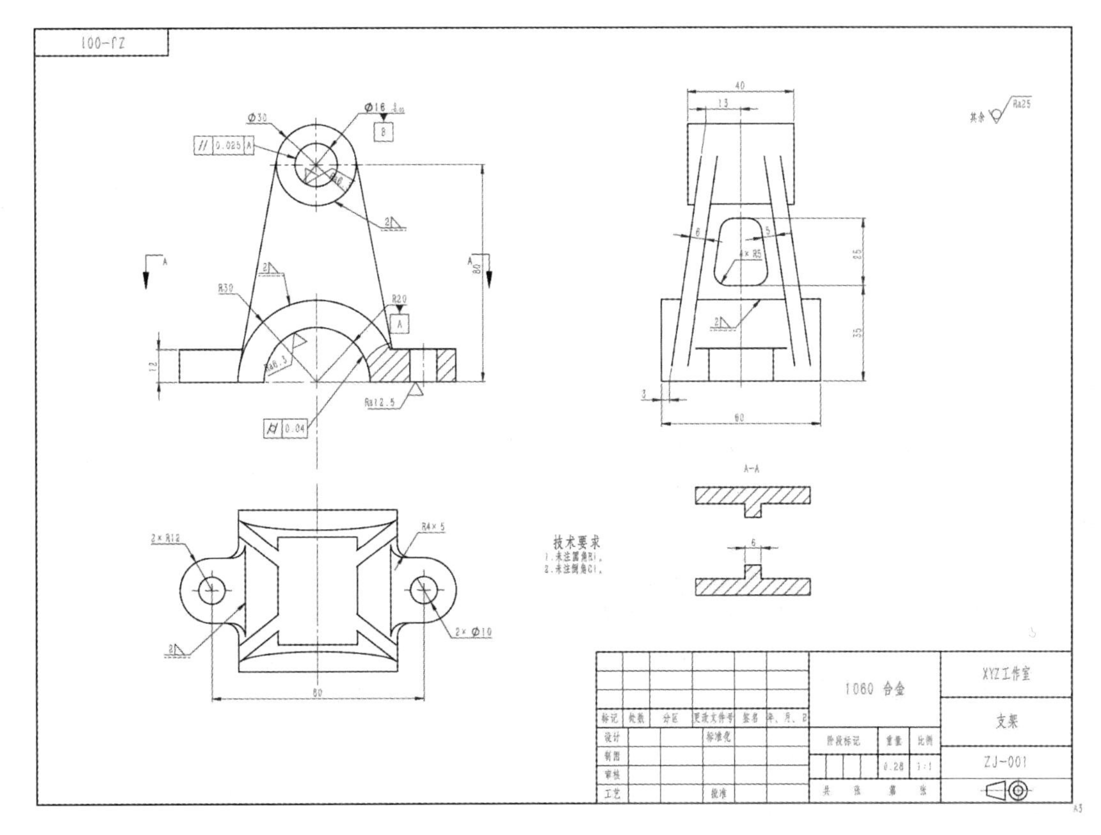

图 10.4.1　支架工程图

支架工程图的绘制流程分为 7 个部分，分别为新建/创建工程图，投影三视图，添加中心线和中心符号线，剖切/局部视图，标注尺寸，添加基准、形位公差、表面粗糙度、焊接符号等以及完善图纸信息。

具体操作步骤如下：

步骤 1　打开 SolidWorks 2023 软件，再打开支架零件，单击【新建】下拉三角中的【从零件/装配体制作工程图】，如图 10.4.2 所示。

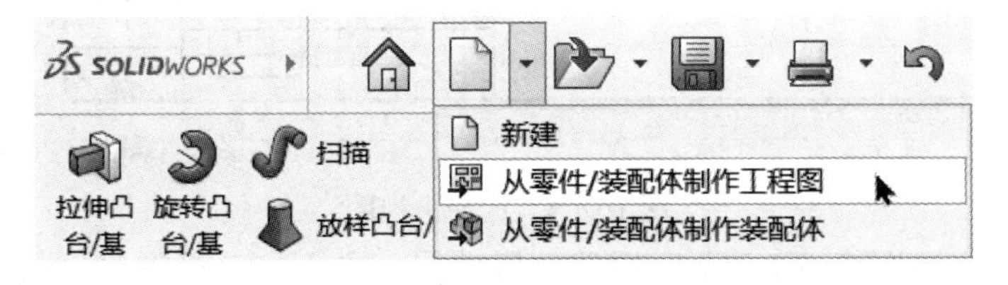

图 10.4.2　从零件制作工程图

弹出选择工程图模板的对话框，选择【GB_A3】，如图 10.4.3 所示。

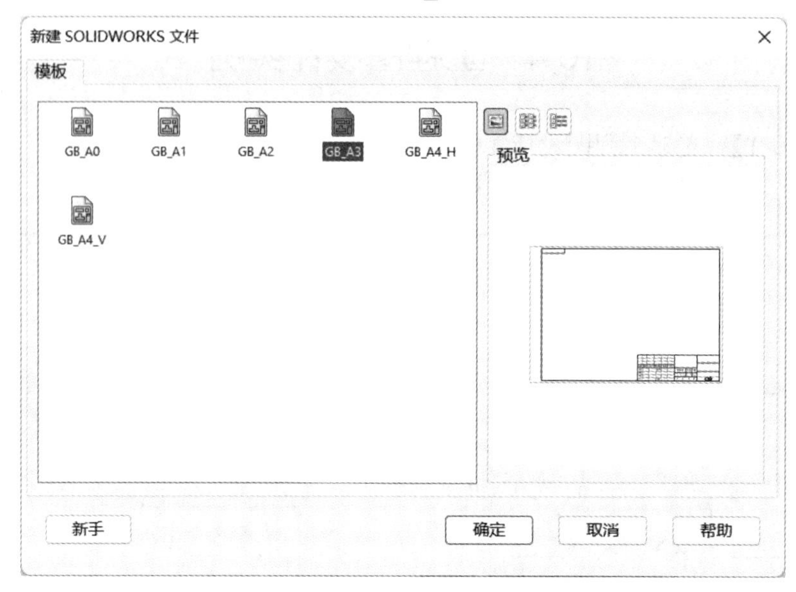

图 10.4.3　选择工程图模板

步骤 2　在【查看调色板】中将需要的视图拖至绘图区作为主视图，如将【前视】拖至绘图区合适的位置放置，如图 10.4.4 所示。放置后，将零件的各种文件信息带入工程图中。

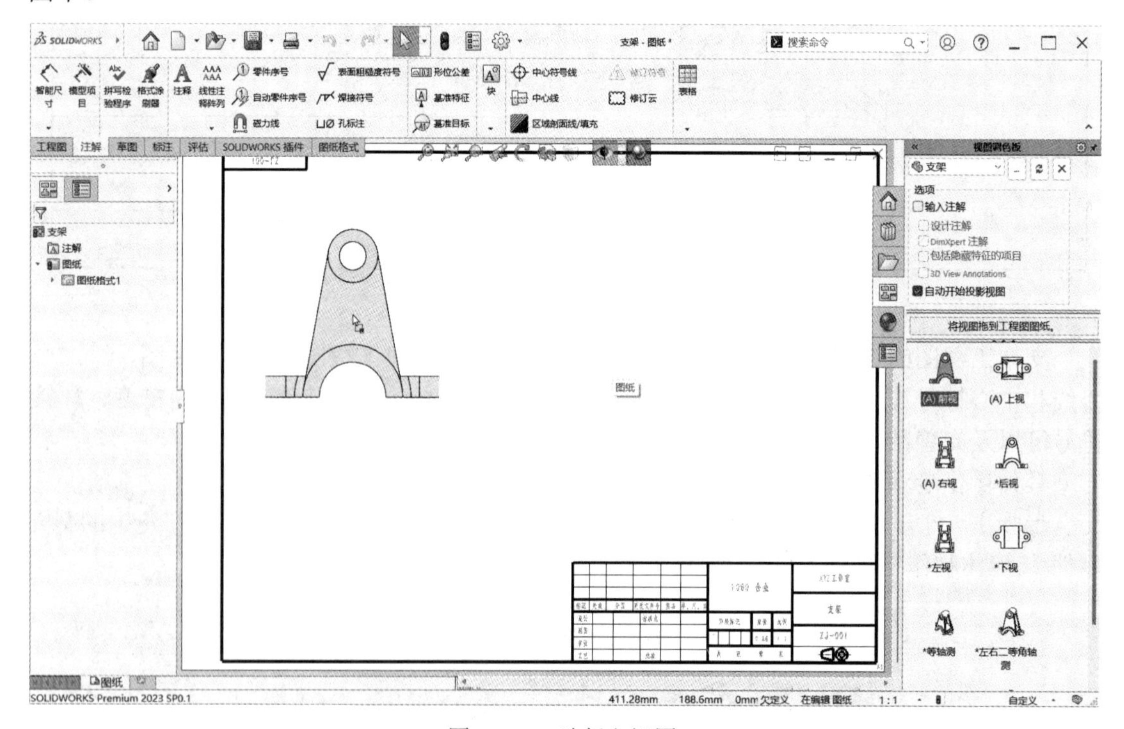

图 10.4.4　选择主视图

向右移动投影右视图，移动至合适的位置放置，向下移动投影俯视图，移动至合适的位置放置，如图 10.4.5 所示。

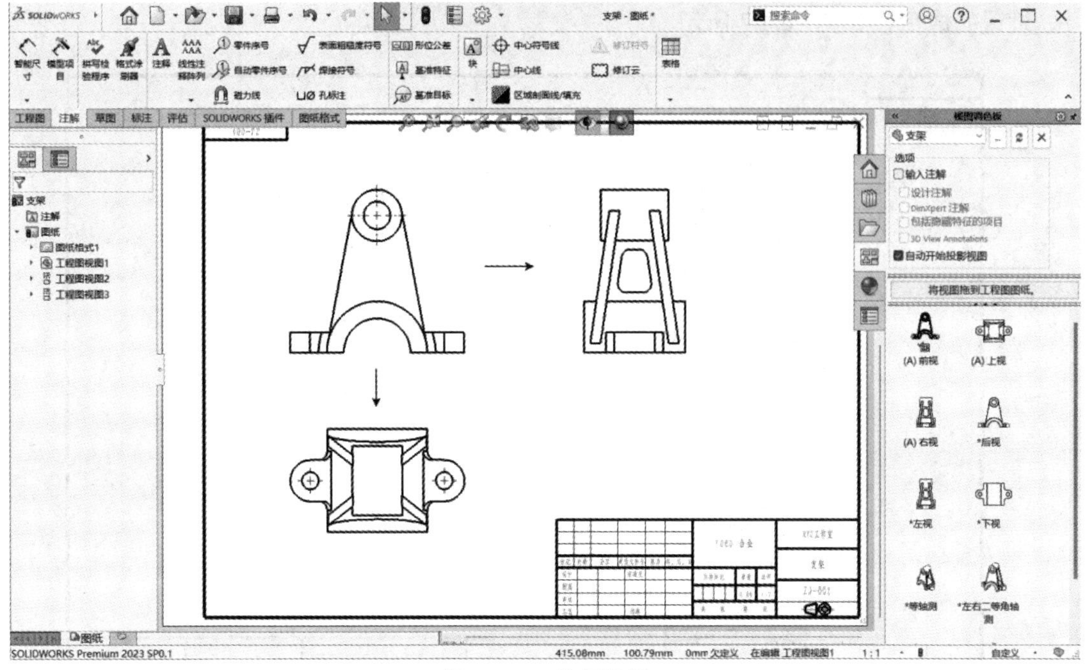

图 10.4.5　放置视图

单击【文件】→【保存】，或直接单击标准工具栏上的【保存】按钮，不要更改保存路径，也不要修改文件名称，直接保存工程图为“支架.SLDDRW”，并确保工程图和零件保存在同一个文件夹下。

> 绘制过程中提前保存文件避免文件丢失。

步骤 3　分别在三视图上右击，选择【切边】→【切边不可见】，如图 10.4.6 所示。

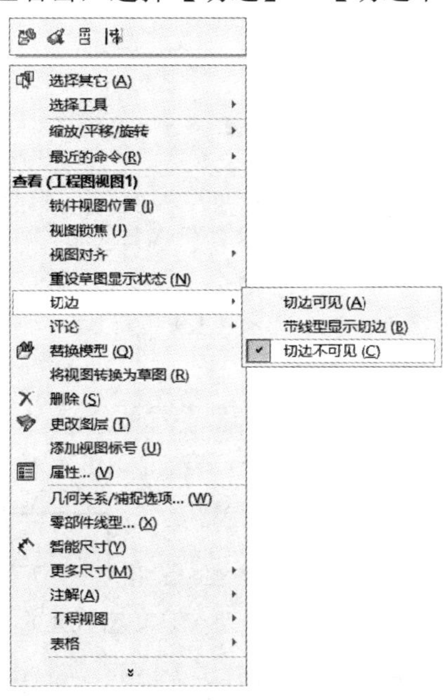

图 10.4.6　设置切边不可见

设置完成后，如图 10.4.7 所示。

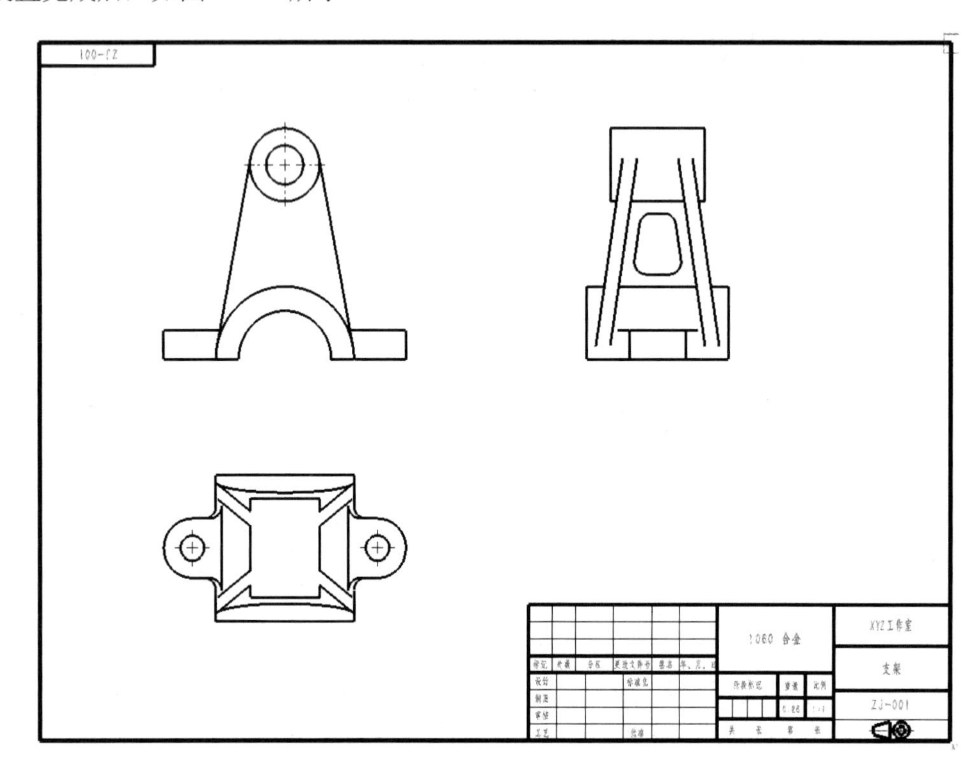

图 10.4.7　切边不可见状态

步骤 4　标注尺寸。单击【智能尺寸】，标注尺寸$\phi16$，如图 10.4.8 所示。不要退出界面，在左侧尺寸配置栏中的【公差/精度】中选择【双边】，在上偏差输入“0”，下偏差输入“−0.025”，如图 10.4.9 所示。

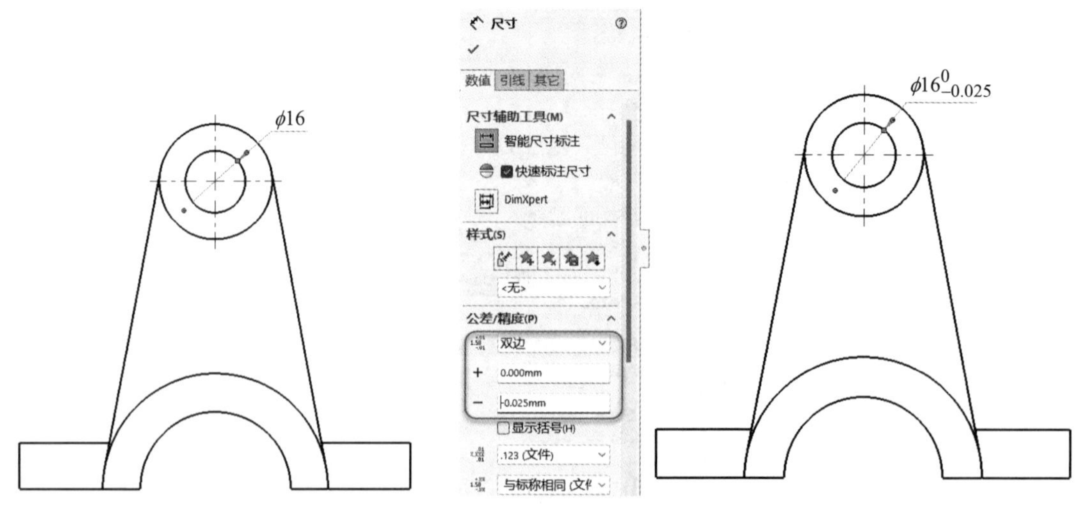

图 10.4.8　标注直径 16 的尺寸　　图 10.4.9　标注公差

其他尺寸的标注方法和在 2D 草图中的一致，标注完尺寸后如图 10.4.10 所示。

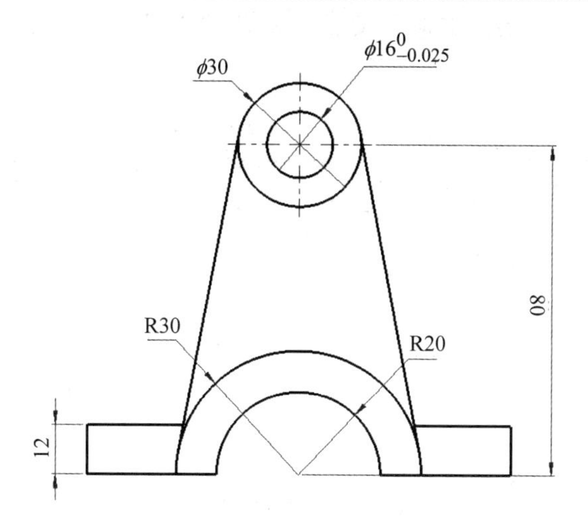

图 10.4.10　标注尺寸

如图 10.4.11 所示，标注半径 R12 时，在【标注尺寸文字】对话框中的 R<DIM>前面输入“2 ×”，达到标注多个孔的目的。

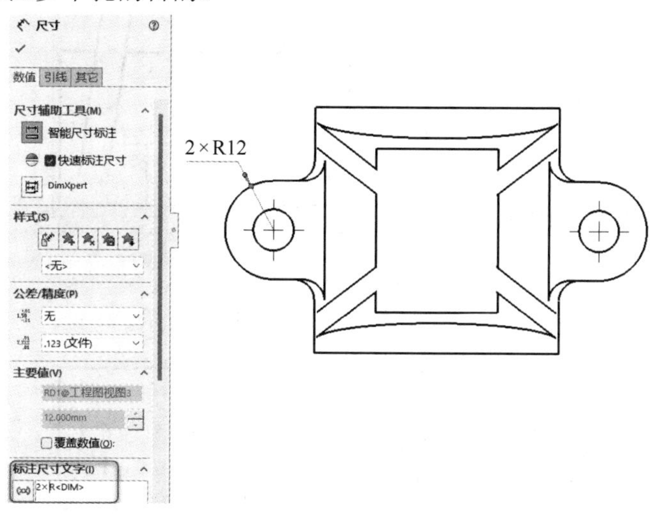

图 10.4.11　标注 2×R12 尺寸

用同样的方法标注 4 × R5、2 × ϕ10 以及尺寸 80，最终完成尺寸标注，如图 10.4.12 所示。

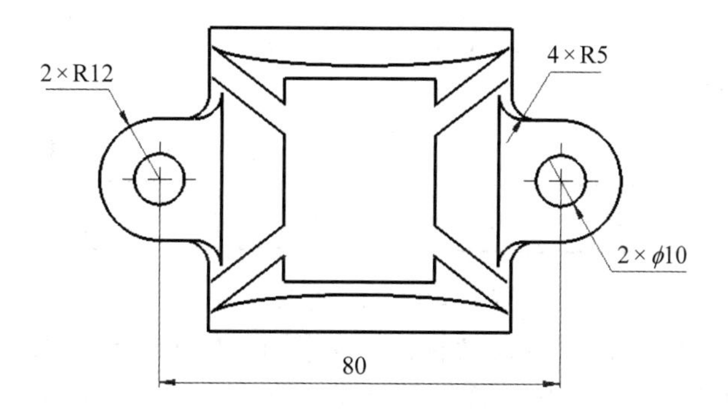

图 10.4.12　完成俯视图尺寸标注

为了便于标注尺寸，需要做虚拟交叉点，如图 10.4.13 所示。按住 Ctrl 键点选图示的 2 条线段，松开后单击【点】。

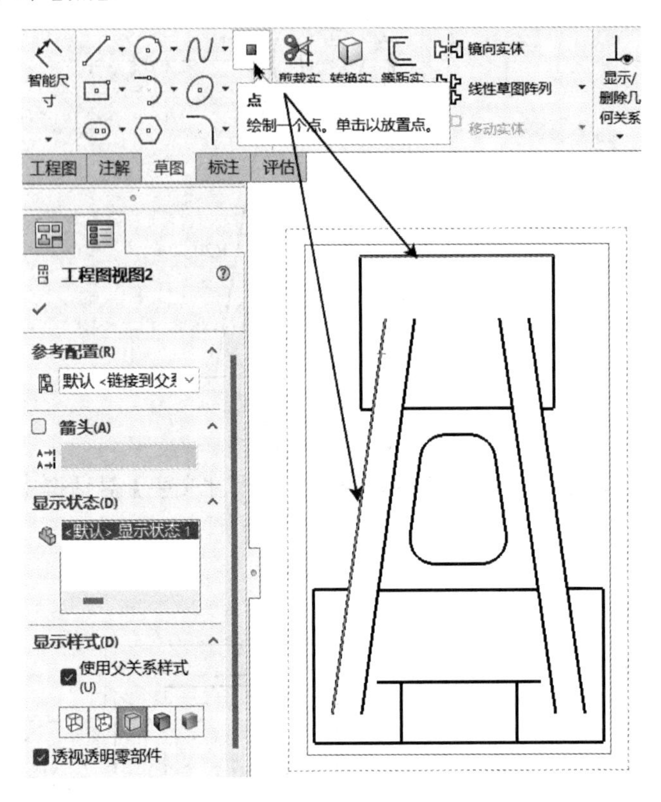

图 10.4.13　创建虚拟交点

用同样的方法完成下部分的虚拟交点，如图 10.4.14 所示。

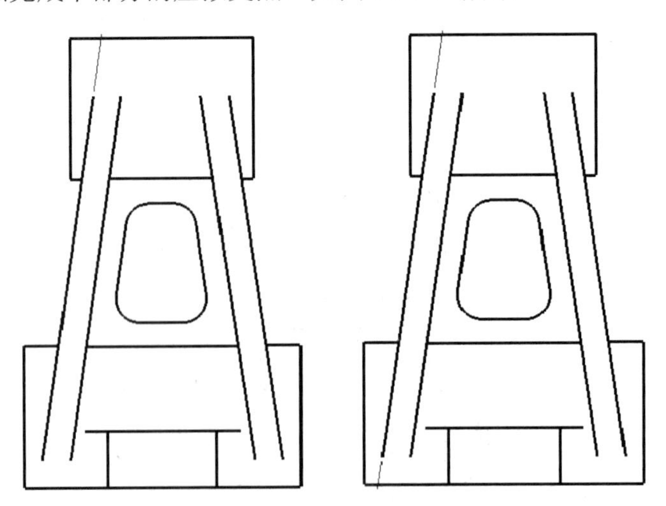

图 10.4.14　创建虚拟交点

单击【智能尺寸】，完成尺寸标注。如图 10.4.15 所示，选择尺寸后，在放置箭头的位置上出现符号时，单击后即可变换箭头方向。完成箭头方向变换后如图 10.4.16 所示。

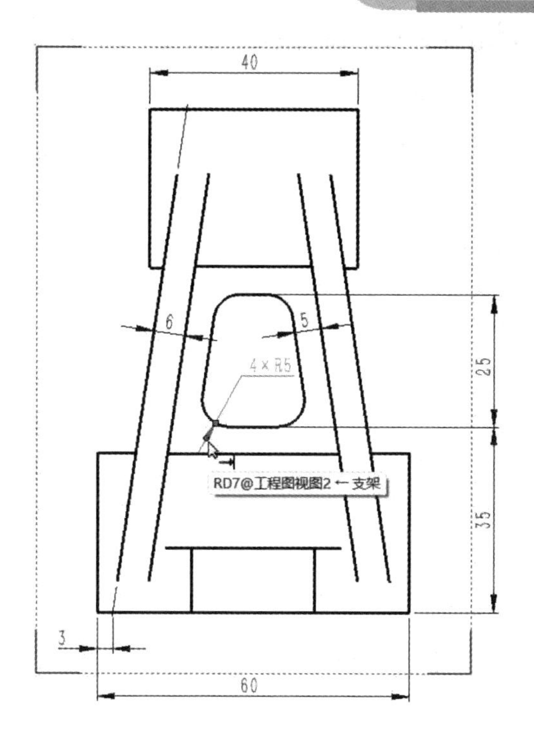

图 10.4.15　变换箭头方向

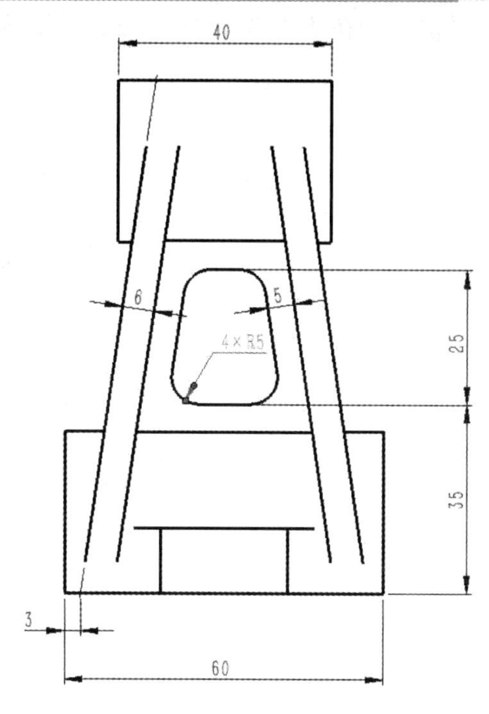

图 10.4.16　完成箭头方向变换

步骤 5　剖面视图。单击【剖面视图】，选择如图 10.4.17 所示的剖切位置。

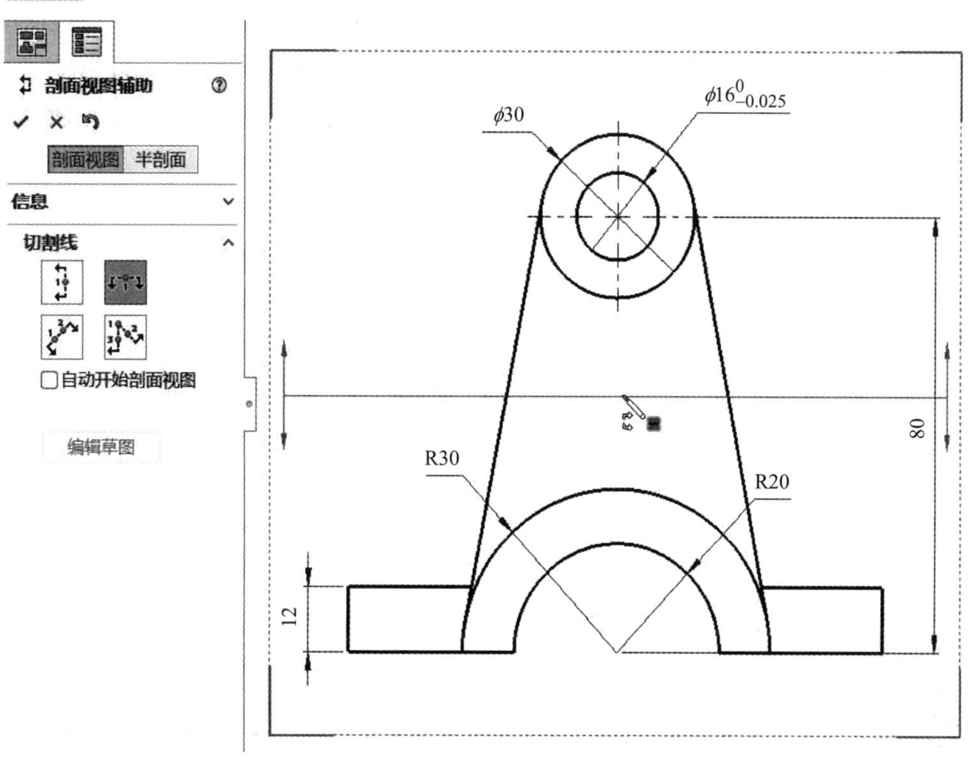

图 10.4.17　剖切位置

在弹出的快捷菜单栏中单击【确定】按钮，如图 10.4.18 所示。

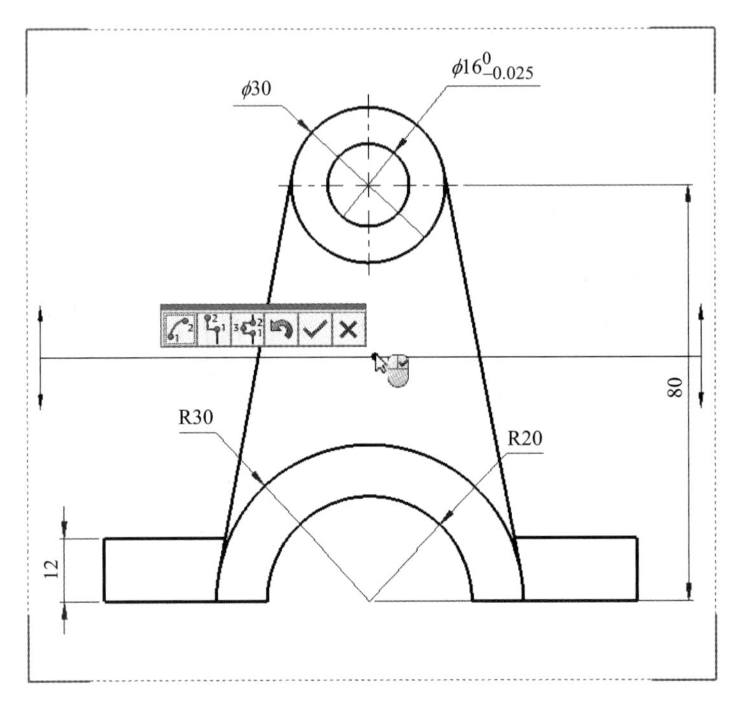

图 10.4.18　确定剖切位置

在左侧的剖面视图配置中反转方向。在【横截剖面】前面的复选框中勾选，如图 10.4.19 所示。按住 Ctrl 键将剖切视图移至左视图下方的位置上。完成后如图 10.4.20 所示。

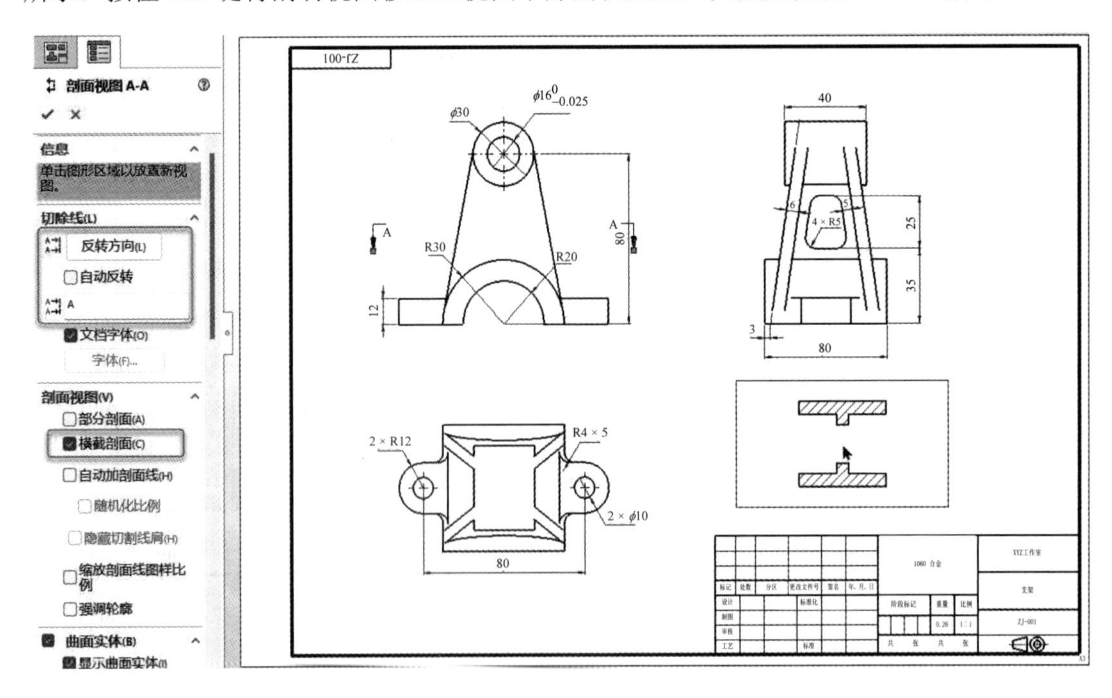

图 10.4.19　移动剖切位置

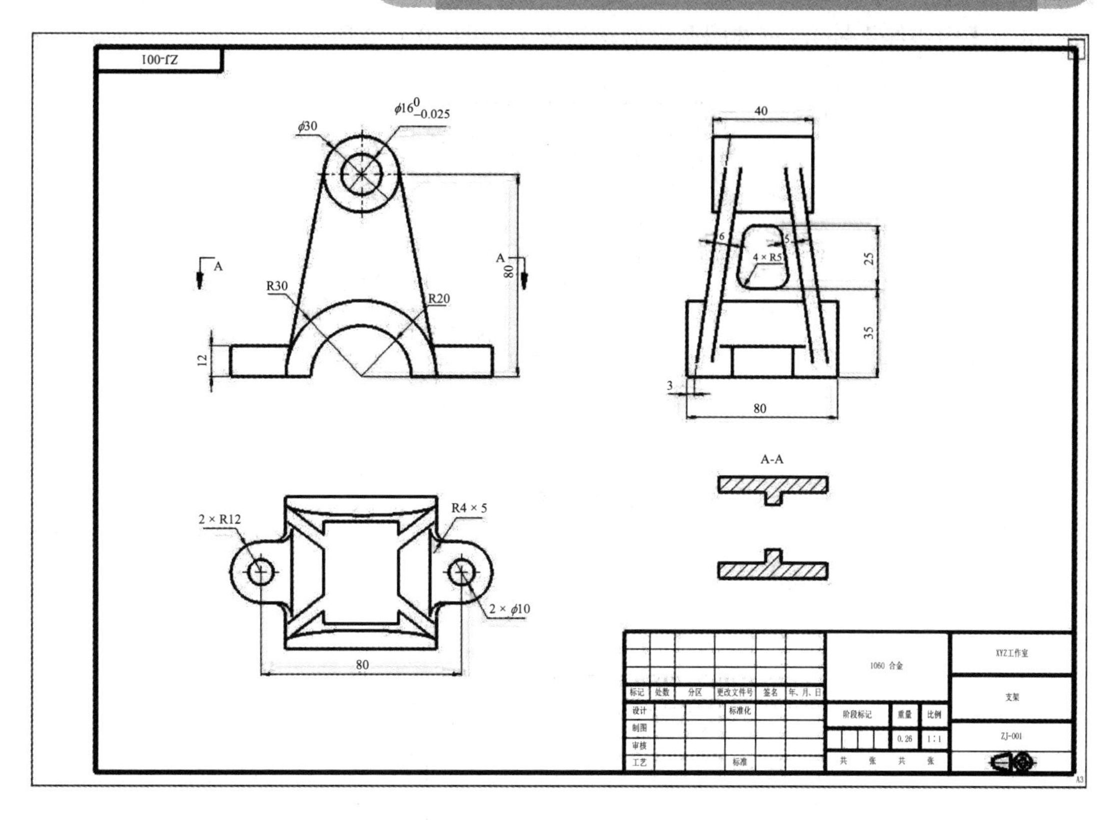

图 10.4.20　放置剖切视图

步骤 6　添加中心线和中心符号线。单击【中心符号线】，点选如图 10.4.21 所示的 R30 圆弧。

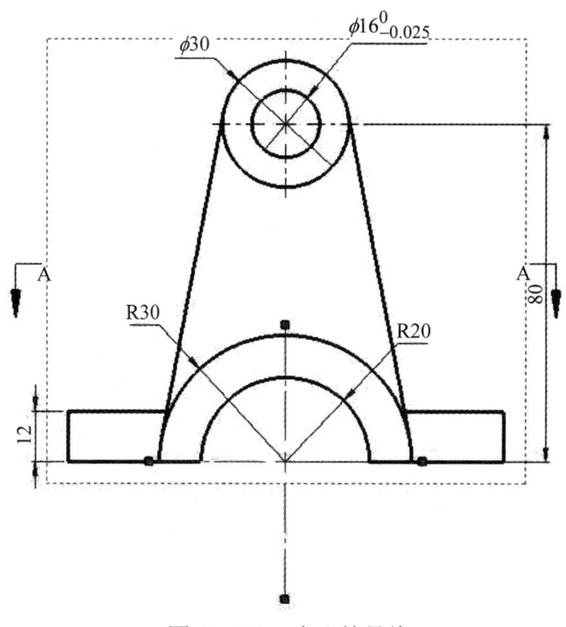

图 10.4.21　中心符号线

单击【中心线】，点选圆凸台的两边线，如图 10.4.22 所示。

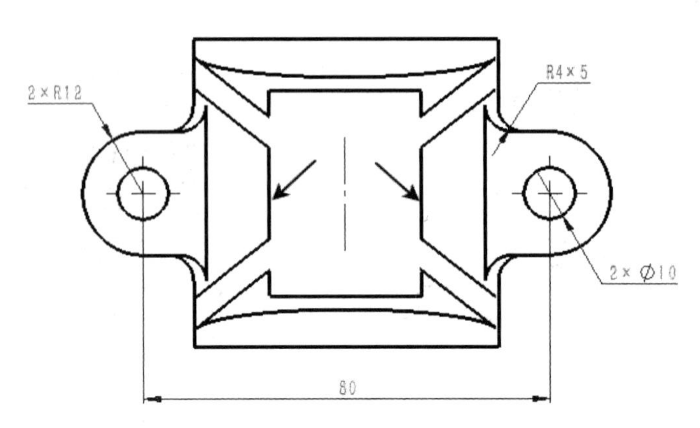

图 10.4.22　添加中心线

单击创建的中心线，按住顶点并拖动，如图 10.4.23 所示。用同样的方法延长另一端中心线，结果如图 10.4.24 所示。

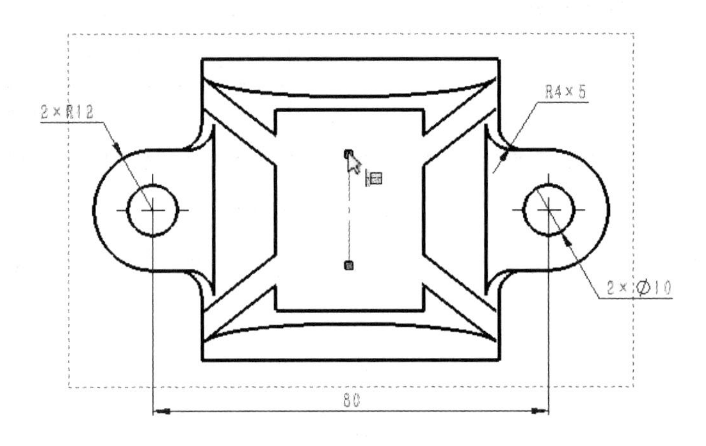

图 10.4.23　延长中心线

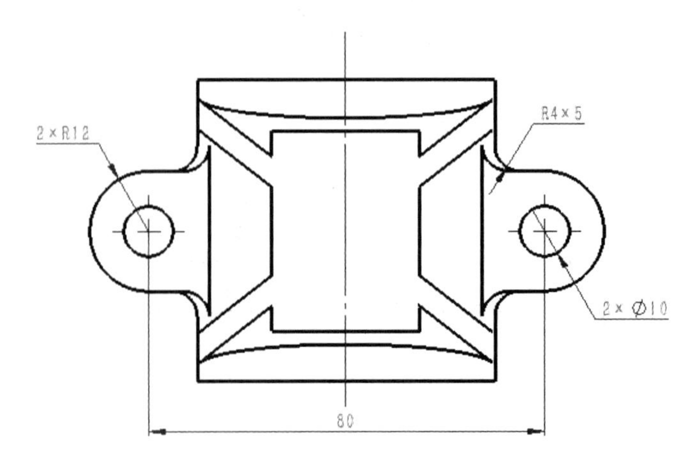

图 10.4.24　完成中心线延长

步骤 7　添加表面粗糙度。单击【表面粗糙度】，选择符号【要求切削加工】，输入“Ra6.3”，在需要添加的位置上直接单击，如图 10.4.25 所示。

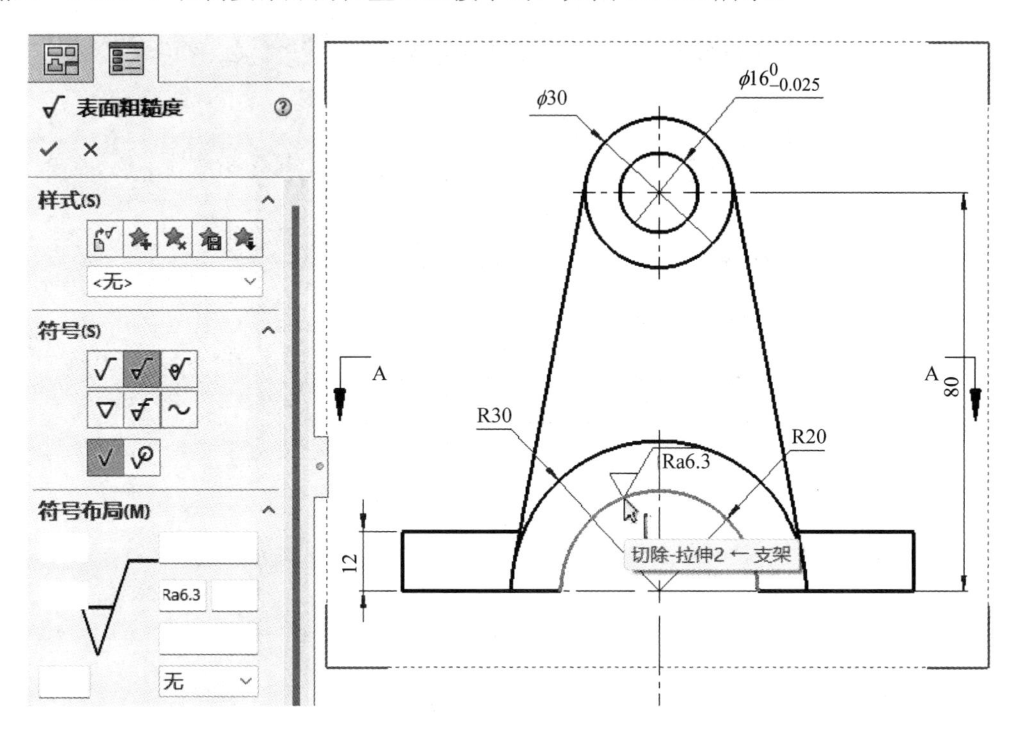

图 10.4.25　添加表面粗糙度

选择符号【禁止切削加工】，输入“Ra25”，在绘图区右上角单击，如图 10.4.26 所示。用同样的方法完成其他的表面粗糙度标注。

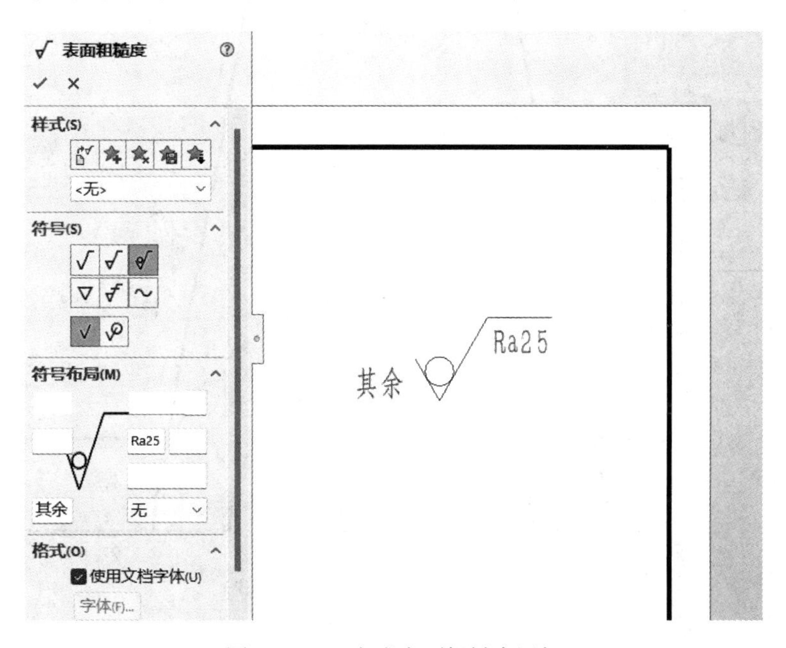

图 10.4.26　完成表面粗糙度添加

步骤 8　添加基准特征。单击【基准特征】，先将引线样式设为水平，再选择方形图标中的实三角形符号，如图 10.4.27 所示。

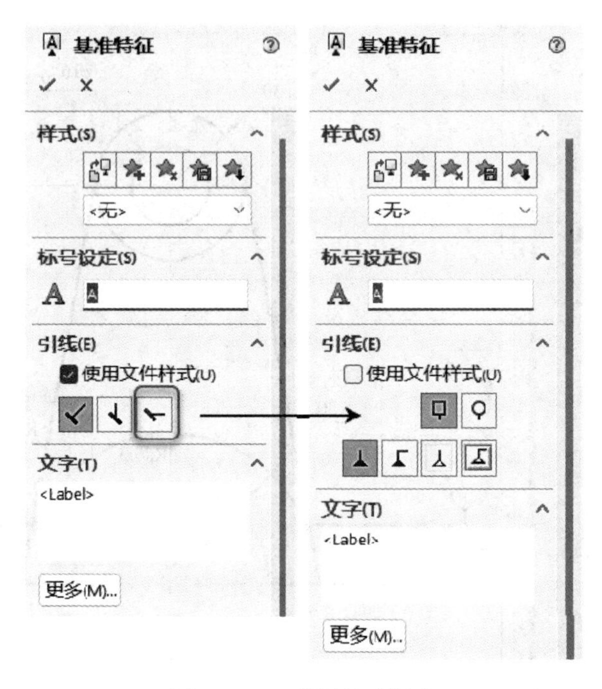

图 10.4.27　设置基准样式

如图 10.4.28 所示，选择尺寸 R20，单击后创建效果如图 10.4.29 所示。用同样的方法完成基准 B 的添加。

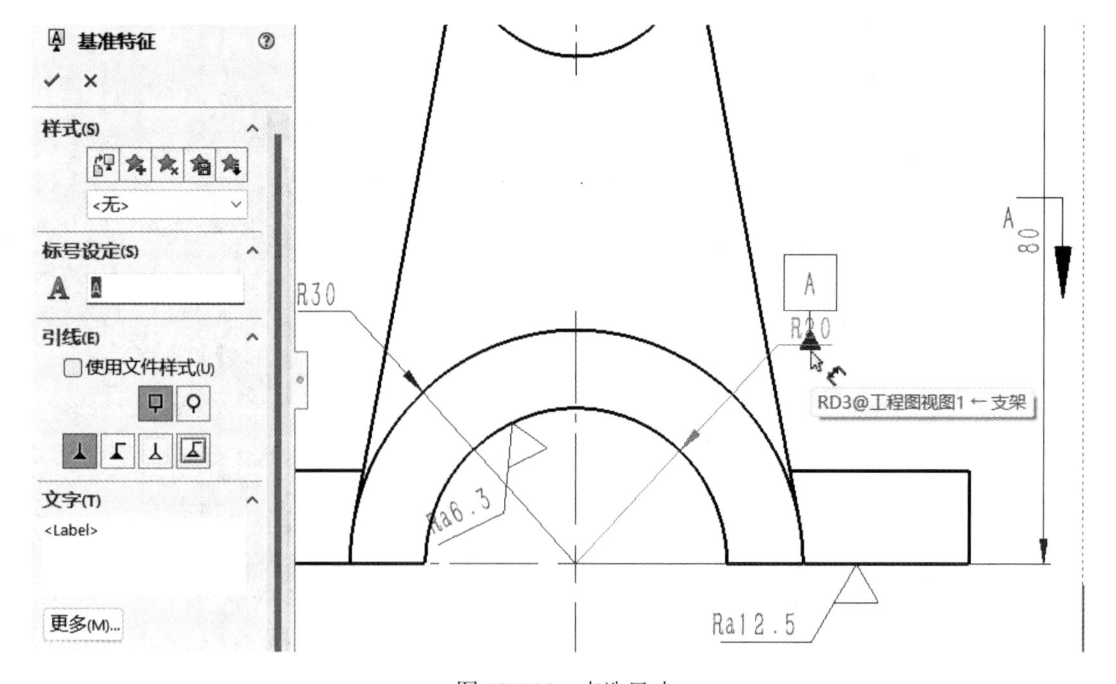

图 10.4.28　点选尺寸

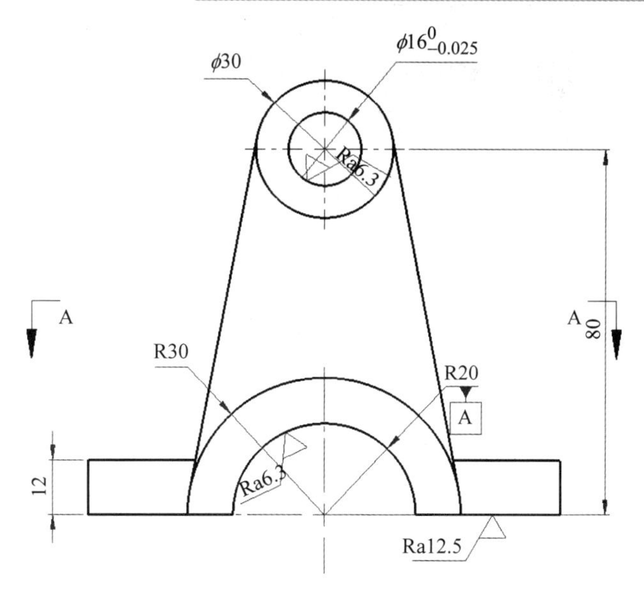

图 10.4.29　完成基准特征

步骤 9　添加形位公差。单击【形位公差】，设置的引线样式在图 10.4.30 所示左侧的配置栏。单击ϕ16 的圆，在弹出的公差对话框中选择【平行】//，弹出如图 10.4.31 所示的对话框，输入范围值“0.025”，再单击下方的【添加基准】弹出【Datum】对话框，选择【A】，如图 10.4.32 所示。同理完成圆柱度的添加，如图 10.4.33 所示。

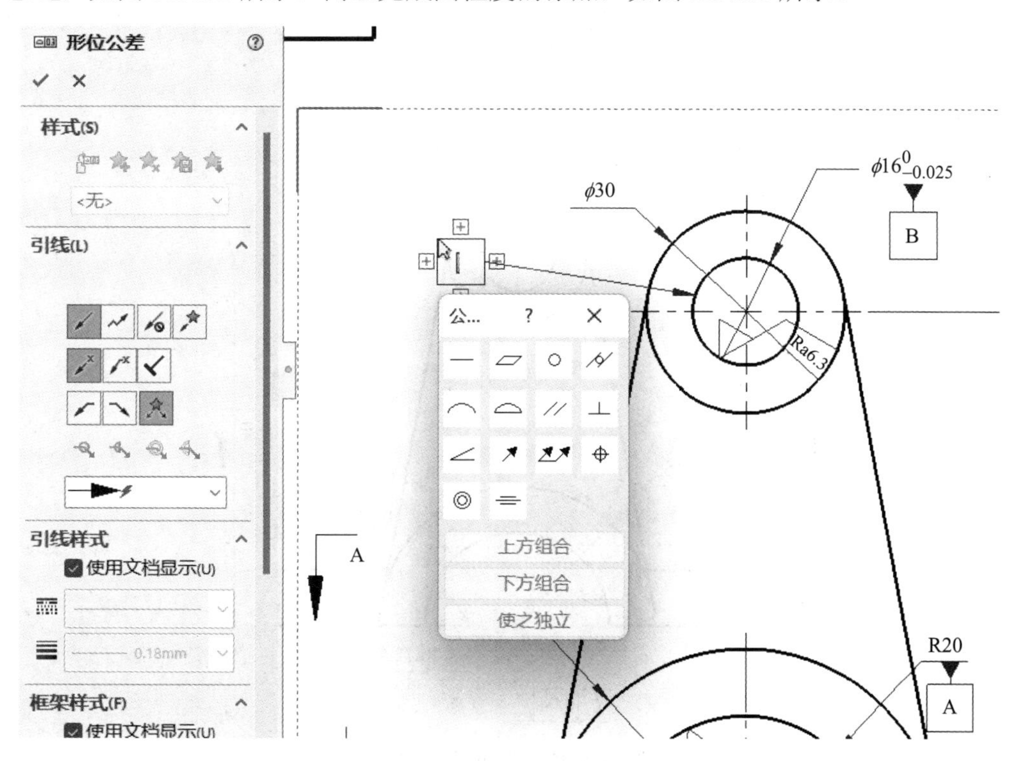

图 10.4.30　形位公差设置

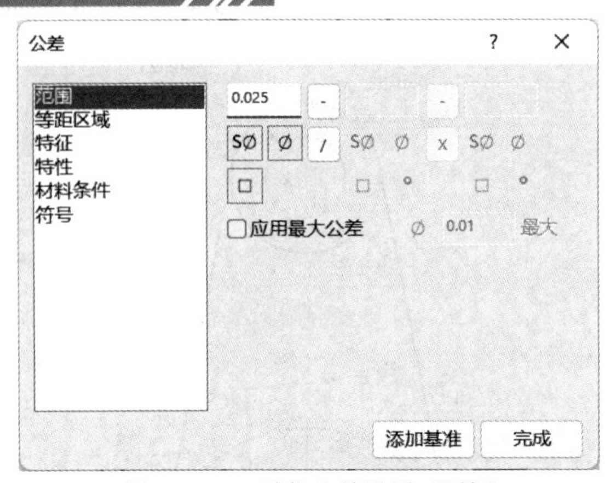

图 10.4.31　形位公差设置对话框

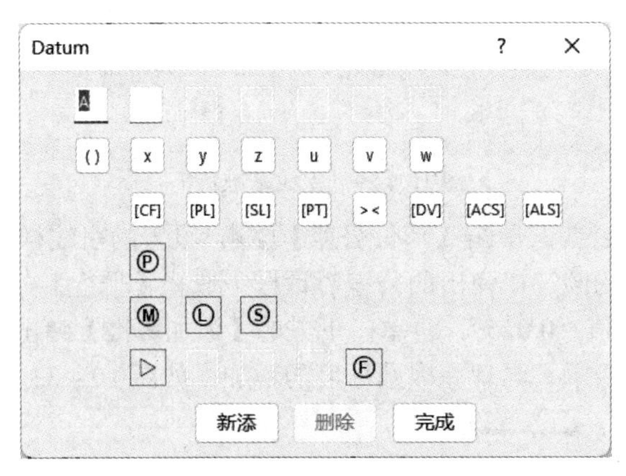

图 10.4.32　形位公差设置对话框

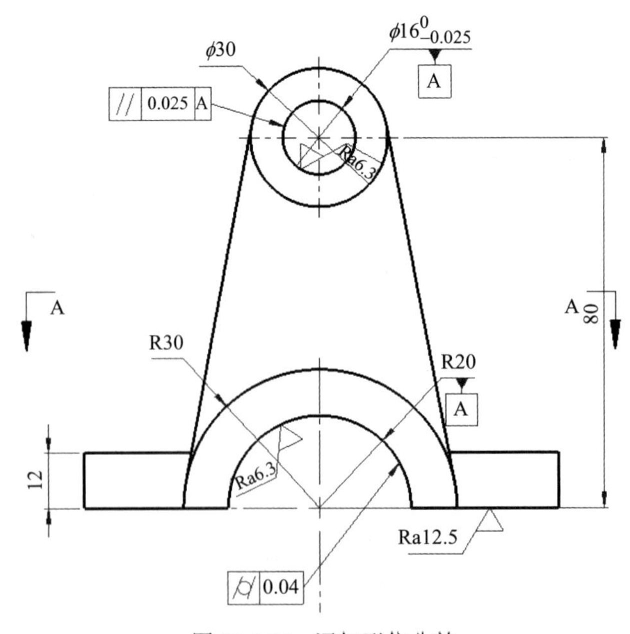

图 10.4.33　添加形位公差

步骤 10　添加焊接符号。单击【焊接符号】，在焊接符号中选择【填角焊接】，并输入高度值“2”，如图 10.4.34 所示。然后在合适的位置上单击，不要关闭设置属性窗口，直至完成标注焊接符号，再单击【确定】按钮，关闭窗口，如图 10.4.35 所示。

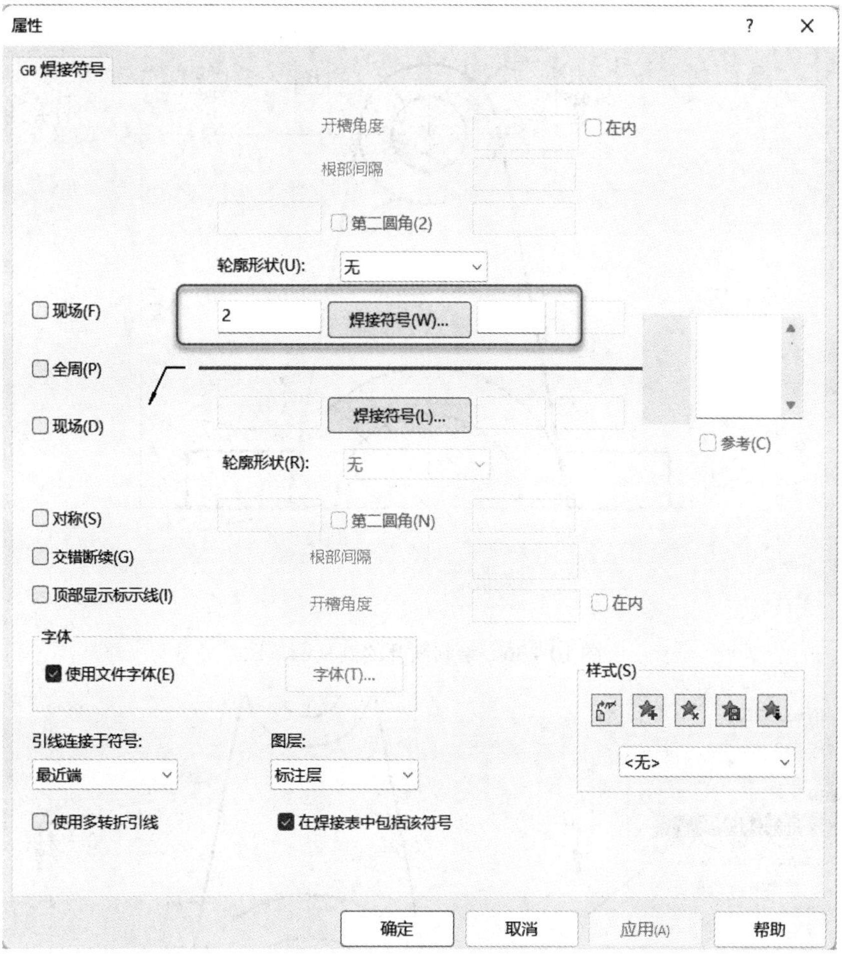

图 10.4.34　添加焊接符号

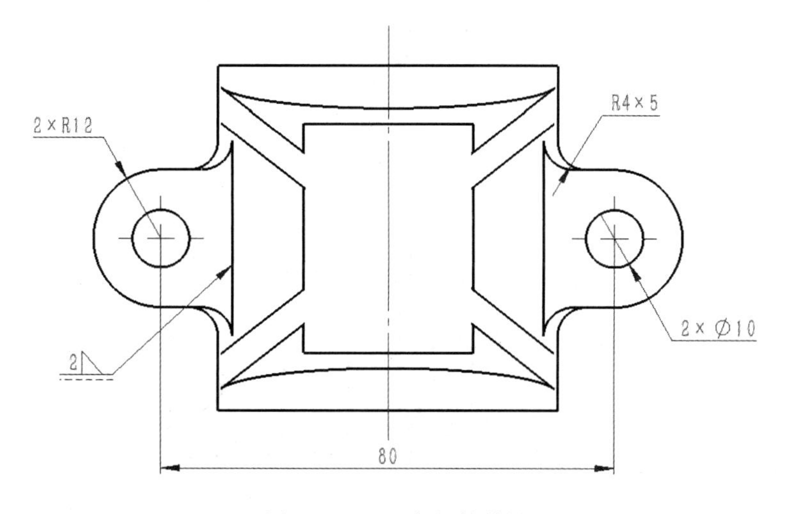

图 10.4.35　添加焊接符号

步骤 11　添加断开的剖视图。单击【断开的剖视图】，绘制如图 10.4.36 所示的样条曲线草图，在【深度】中直接选择俯视图中的圆边线，并单击【预览】，如图 10.4.37 所示。

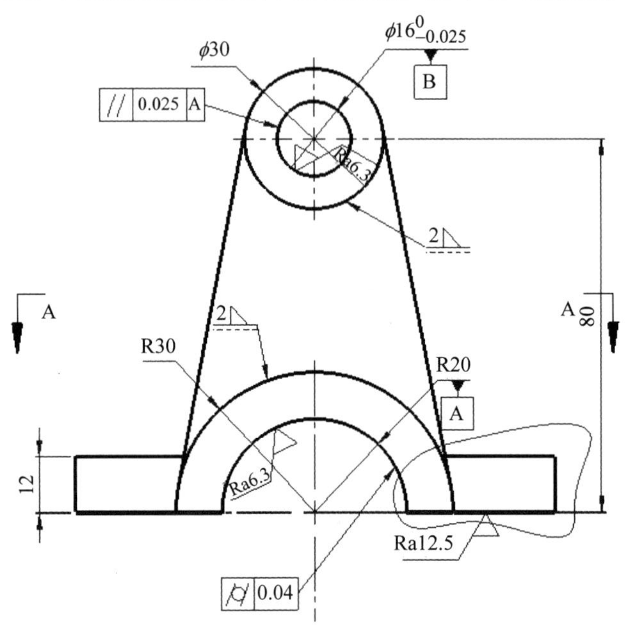

图 10.4.36　绘制断开的剖视图草图

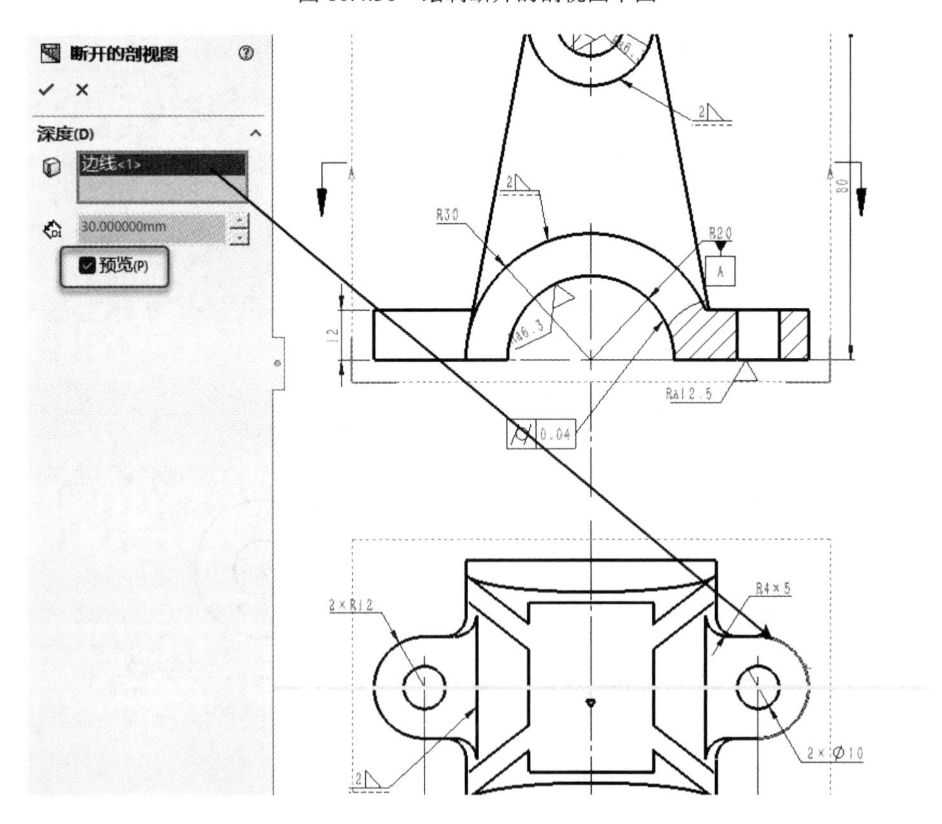

图 10.4.37　预览断开的剖视图

步骤 12　添加技术要求。单击【注解】**A**，在合适的位置上单击，输入文字，修改“技术要求”文字的高度为 5 mm，其他字体的高度为 3.5 mm，如图 10.4.38 所示。

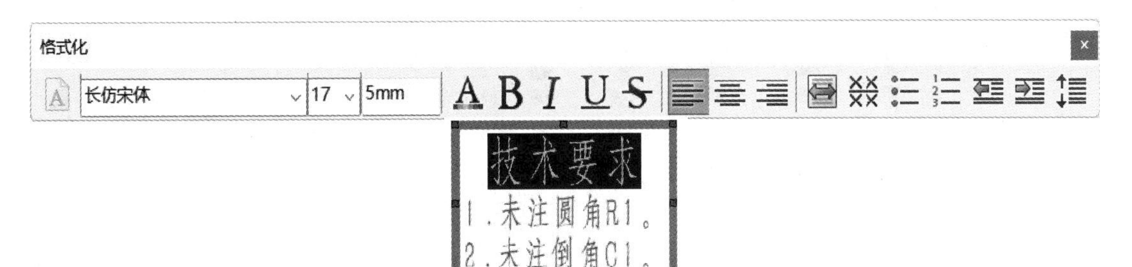

图 10.4.38　添加注解

实例 10-2

完善其他标注，最终效果如图 10.4.1 所示。至此，完成支架工程图的绘制。

【实例 10-2】　机架焊接件工程图设计实例

建立如图 10.4.39 所示的机架焊接件工程图。

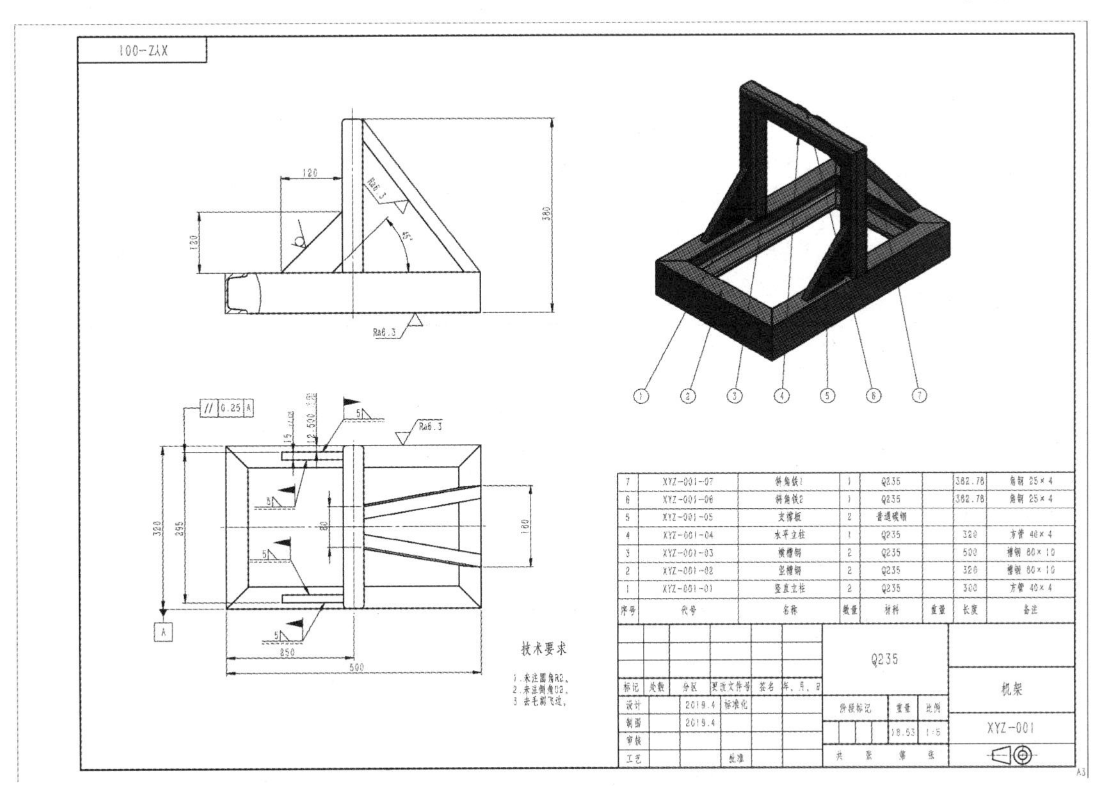

图 10.4.39　机架工程图

机架焊接件工程图的绘制流程分为 9 个部分，分别为新建/创建工程图，投影三视图和等轴测视图，添加焊接切割清单，添加序号，添加中心线和中心符号线，剖切/局部视图，标注尺寸，添加基准、形位公差、表面粗糙度、焊接符号和技术要求等以及完善图纸信息。

具体操作步骤如下：

步骤 1　打开 SolidWorks 2023 软件，在【新建 SOLIDWORKS 文件】对话框中选择

【GB_A3】图幅作为绘制模板，如图 10.4.40 所示。

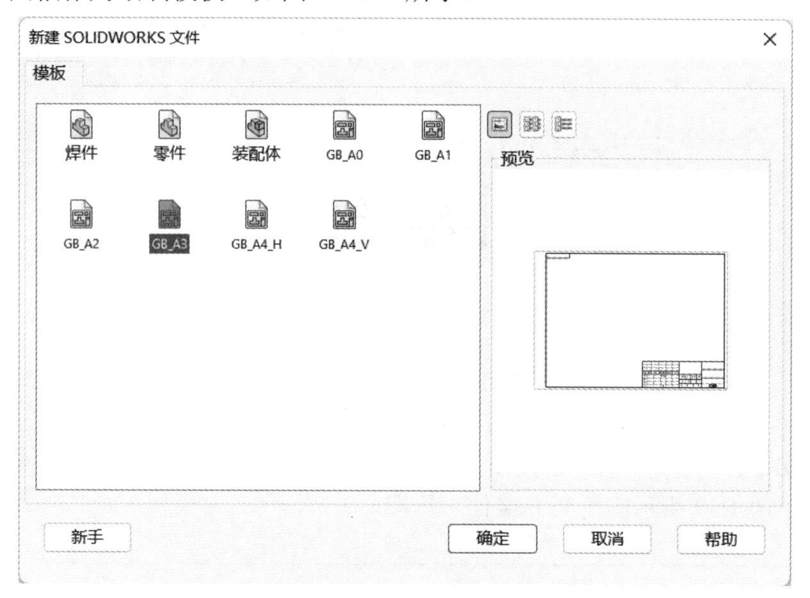

图 10.4.40　A3 图幅工程图模板

在弹出的选择模型视图中找到机架零件，如图 10.4.41 所示。

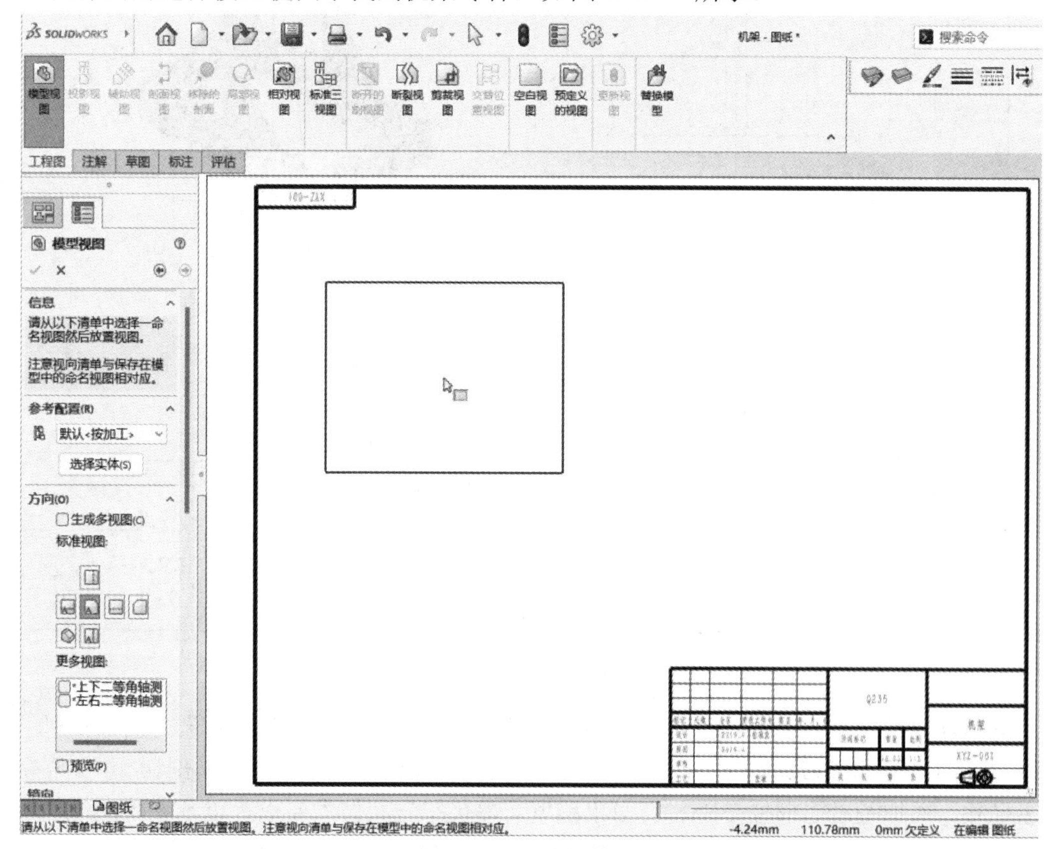

图 10.4.41　选择模型

在左侧的【方向】中选择合适的主视图并在屏幕上单击生成主视图。向下放置俯视图后如图 10.4.42 所示。

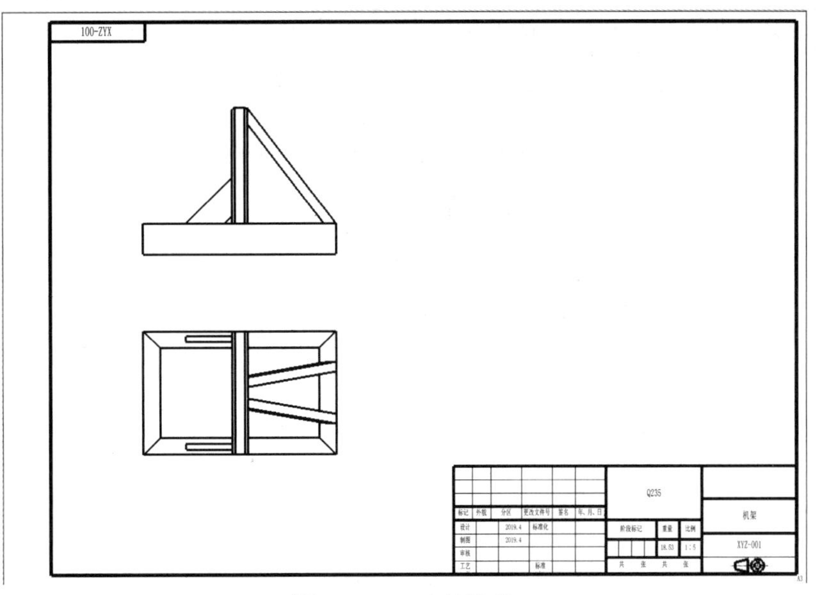

图 10.4.42　选择模型

在视图上右击选择【切边不可见】，完成后如图 10.4.43 所示。

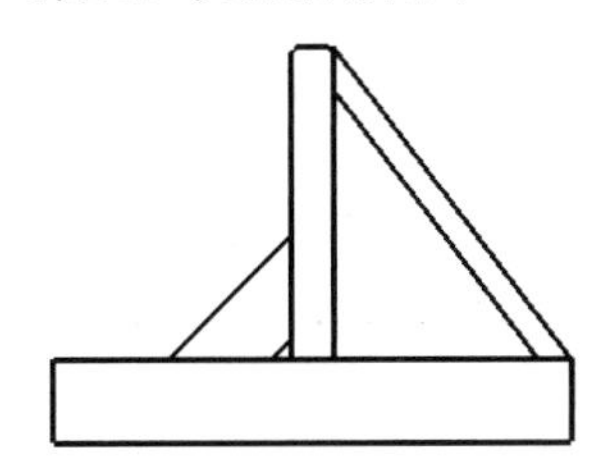

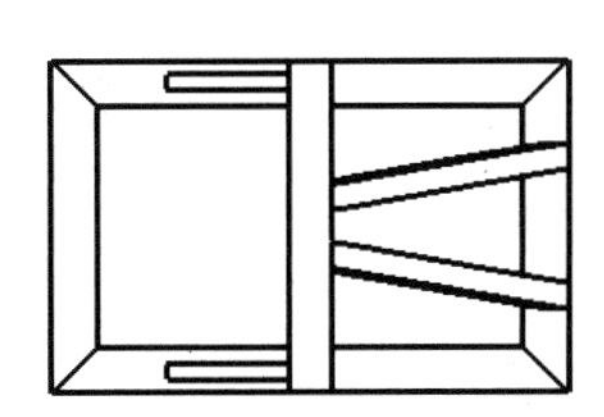

图 10.4.43　切边不可见

步骤 2　在主视图上单击，弹出快捷工具栏，选择【投影视图】，如图 10.4.44 所示。

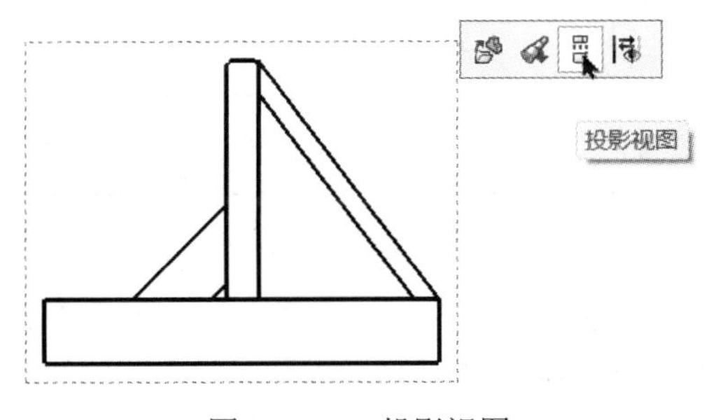

图 10.4.44　投影视图

将鼠标向左上方移动，投影等轴测图，如图 10.4.45 所示。此时不要移动鼠标，按住 Ctrl 键将投影等轴测图放置于左视图的位置上，如图 10.4.46 所示。

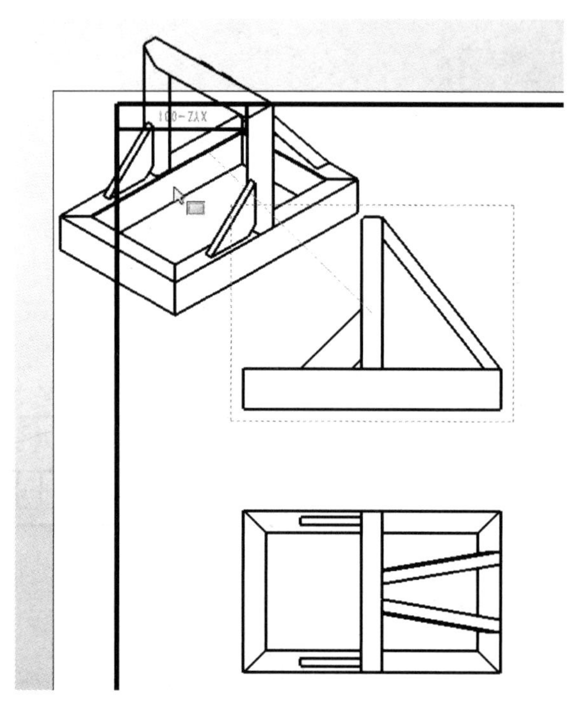

图 10.4.45　投影等轴测视图

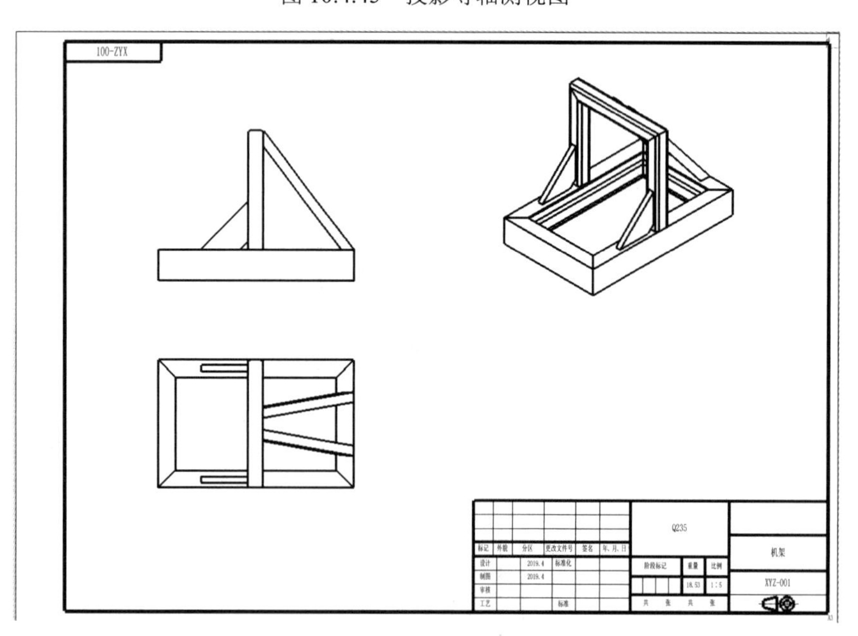

图 10.4.46　放置等轴测视图

选择等轴测图，并将其【显示样式】设置为【带边线上色】模式，如图 10.4.47 所示。单击“确定”按钮✔，将默认名称保存工程图。

步骤 3　添加焊件切割清单。在注释选项卡的表格下拉菜单中选择【焊件切割清单】，如图 10.4.48 所示。

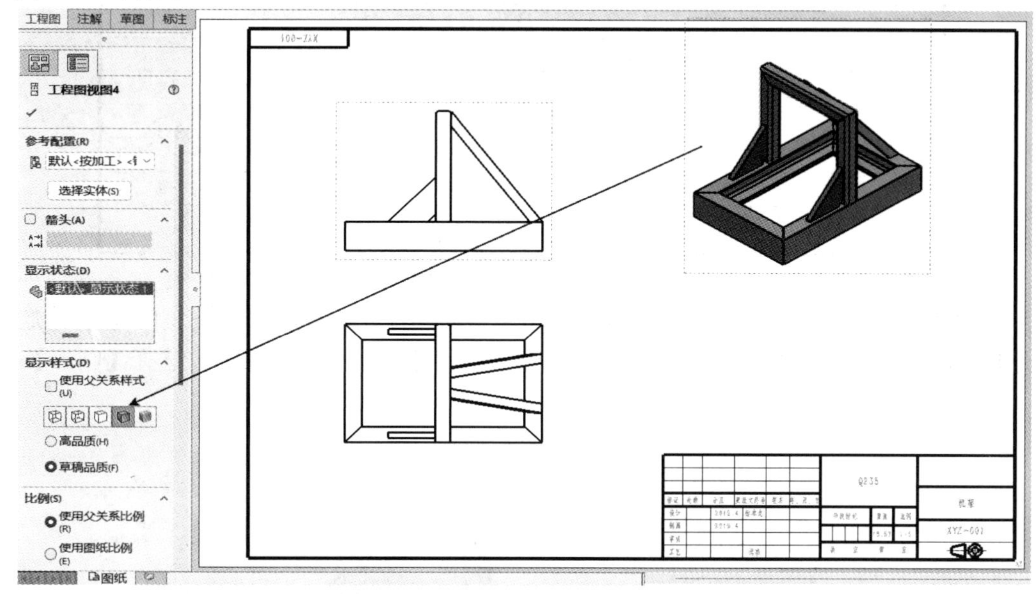

图 10.4.47　带边线上色

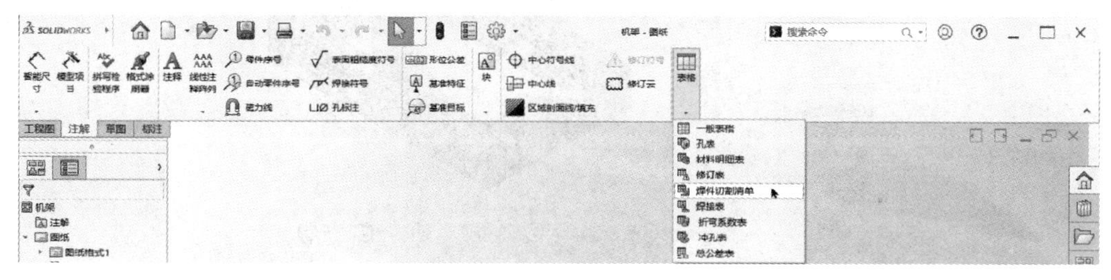

图 10.4.48　焊接切割清单

选择等轴测图，在弹出的选择【焊件切割清单】模板中，将本书配套资源模板文件夹中的【焊件切割清单_GB.sldwldtbt】复制至文件夹中并粘贴，如图 10.4.49 所示。确定后生成如图 10.4.50 所示的焊件切割清单明细表。

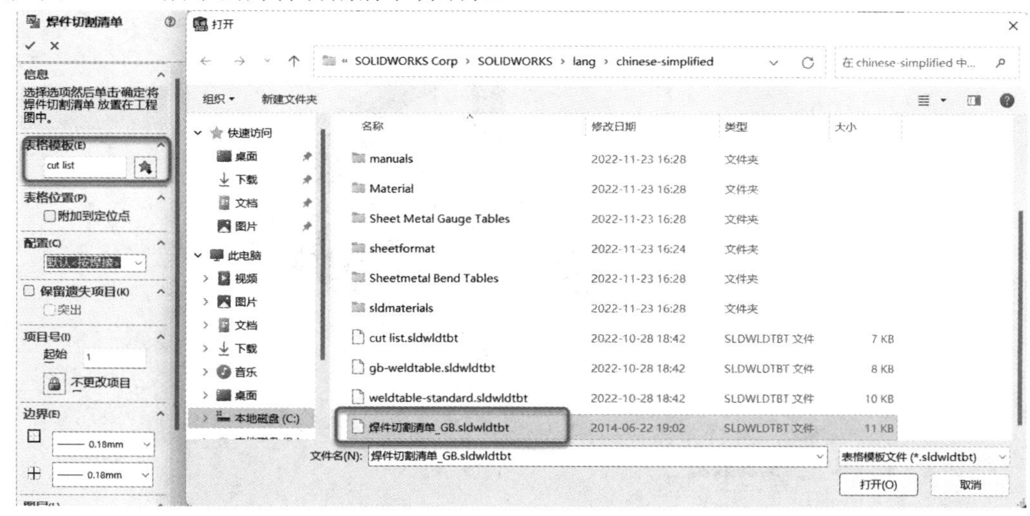

图 10.4.49　复制焊件切割清单

7		斜角铁2	1	Q235		382.78	2X3
6		支撑板	2	普通碳钢			
5		斜角铁1	1	Q235		382.78	2X3
4		竖直立柱	2	Q235		300	TUBE, SQUARE 40 X 40 X 4
3		水平立柱	1	Q235		320	TUBE, SQUARE 40 X 40 X 4
2		竖槽钢	2	Q235		320	C CHANNEL 80 X 10
1		横槽钢	2	Q235		500	C CHANNEL 80 X 10
序号	代号	名称	数量	材料	重量	长度	备注

图 10.4.50　焊接切割清单明细表

步骤 4　生成序号。在注释选项卡上单击【自动零件序号】，在左侧的【阵列类型】中选择【阵列零件在下】，【引线附加点】选择【面】，【零件序号设定】选择【圆形】，如图 10.4.51 所示。

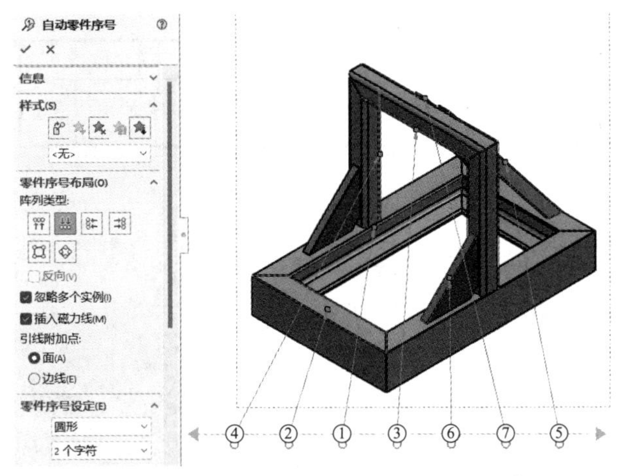

图 10.4.51　添加零件序号

自动生成的零件序号不一定按照顺序排列，为了美观，单击第一个零件序号将其修改为 1，如图 10.4.52 所示。依次类推，修改完成后如图 10.4.53 所示。

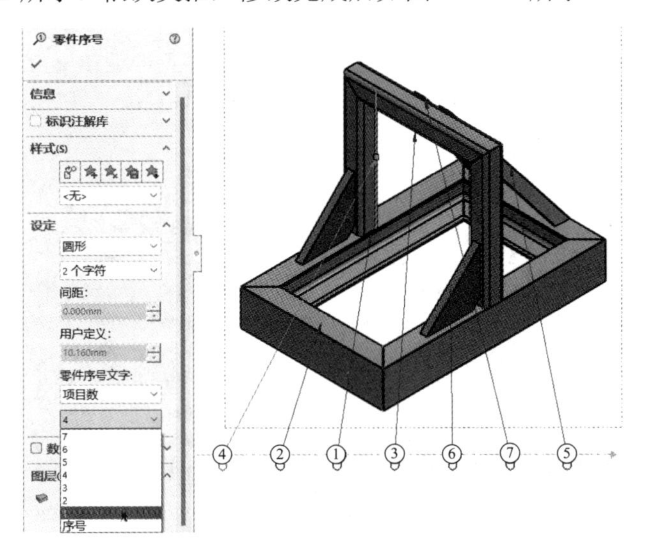

图 10.4.52　修改零件序号

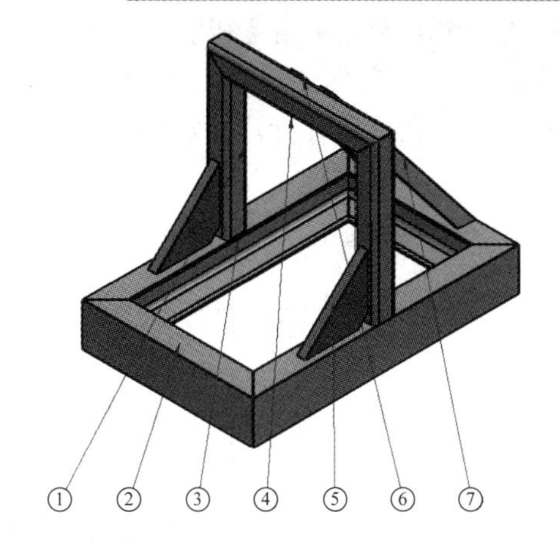

图 10.4.53　修改完成的零件序号

步骤 5　添加中心线。在主视图和俯视图上添加中心线，完成后如图 10.4.54 所示。

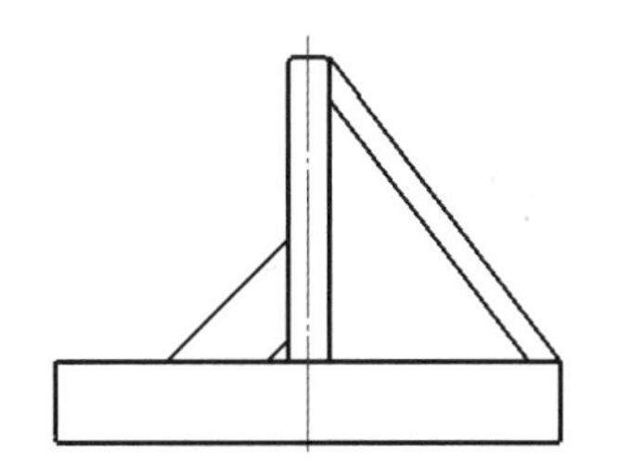

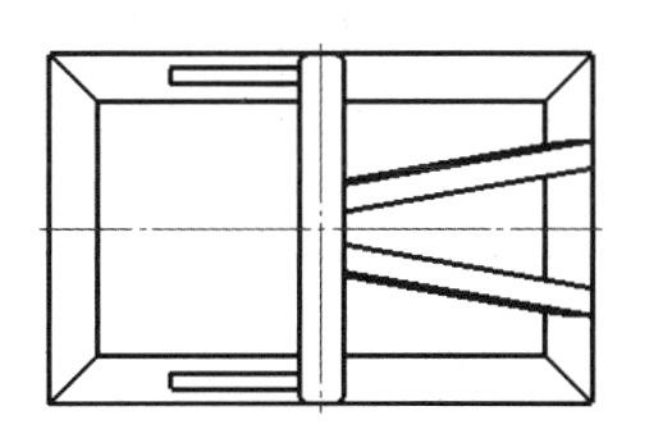

图 10.4.54　完成中心线添加

步骤 6　创建局部视图。在工程图选项卡上单击【断开的剖视图】，绘制一个区域，在【深度】中输入“50 mm”，单击【预览】，如图 10.4.55 所示。确定后生成剖面视图。

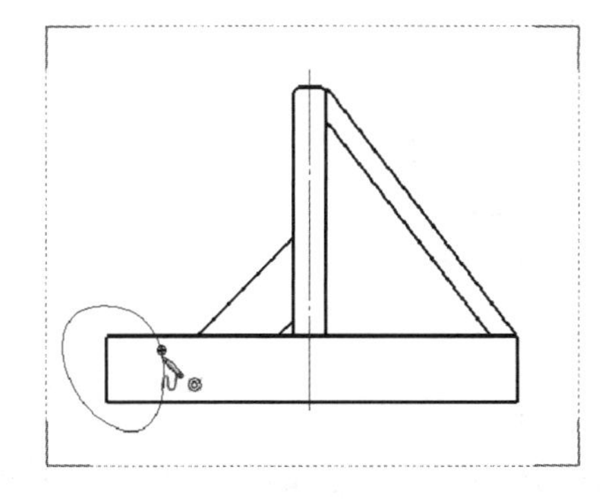

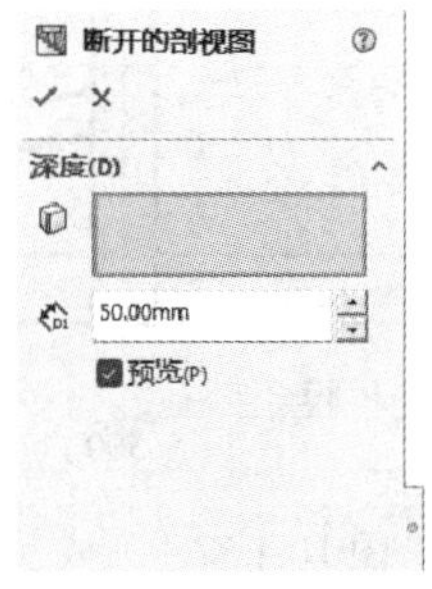

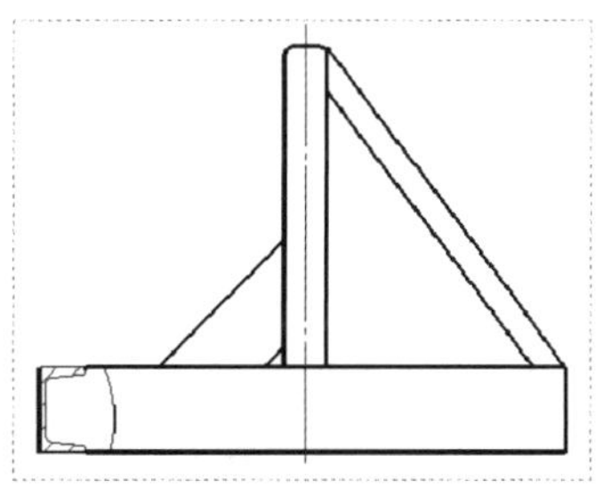

图 10.4.55　完成剖面视图

步骤 7　标注尺寸。在注释选项卡上单击【智能尺寸】，进行尺寸标注。在标注尺寸 15 时在公差中选择对称，并输入“0.5”，在标注尺寸 12.5 时在公差中选择对称，输入“+0.025”和“-0.030”，如图 10.4.56 所示。完成尺寸标注后如图 10.4.57 所示。

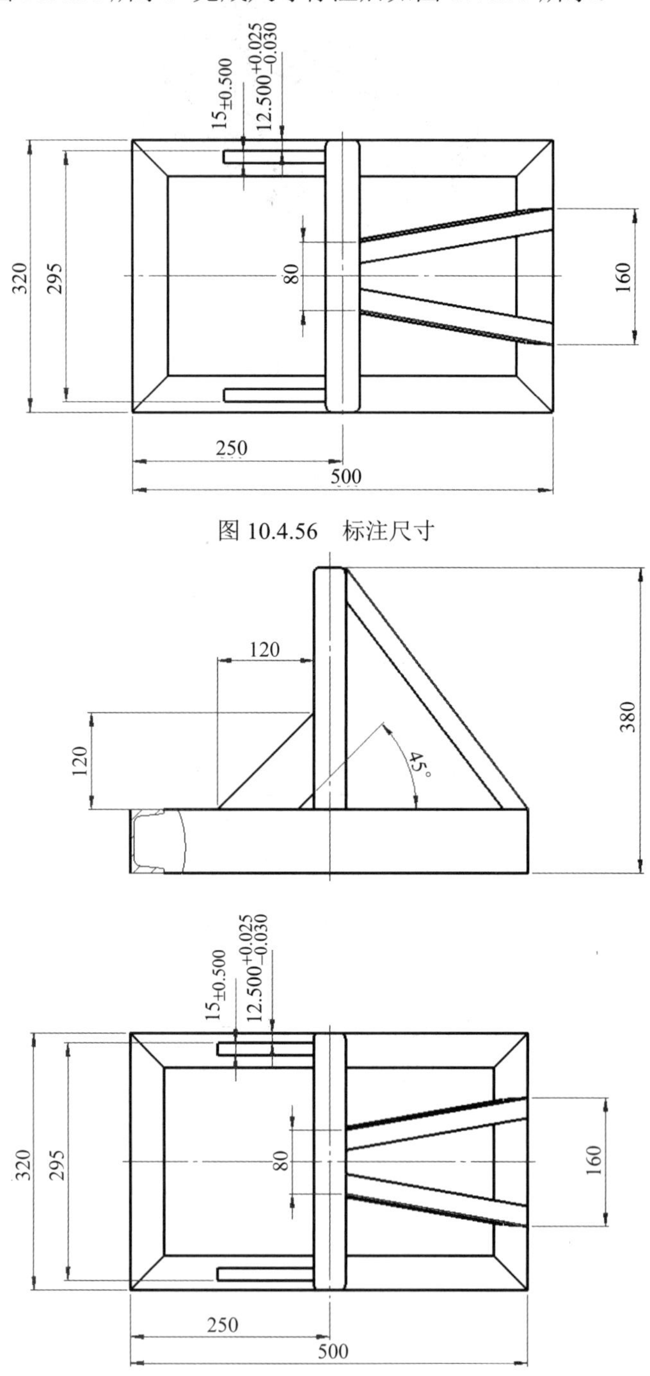

图 10.4.56　标注尺寸

图 10.4.57　完成尺寸标注

步骤 8　标注基准符号。单击【基准特征】，先将引线样式设为水平，再选择方形图标中的实三角形符号，点选 320 尺寸下端，确认后放置位置如图 10.4.58 所示。

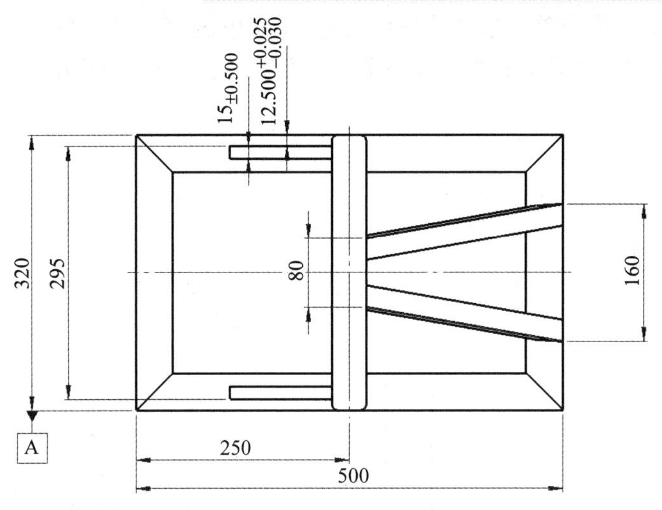

图 10.4.58 完成基准符号添加

步骤 9 添加表面粗糙度符号。单击【表面粗糙度】，选择符号【要求切削加工】，输入“Ra6.3”，在需要添加的位置上直接单击，完成后如图 10.4.59 所示。

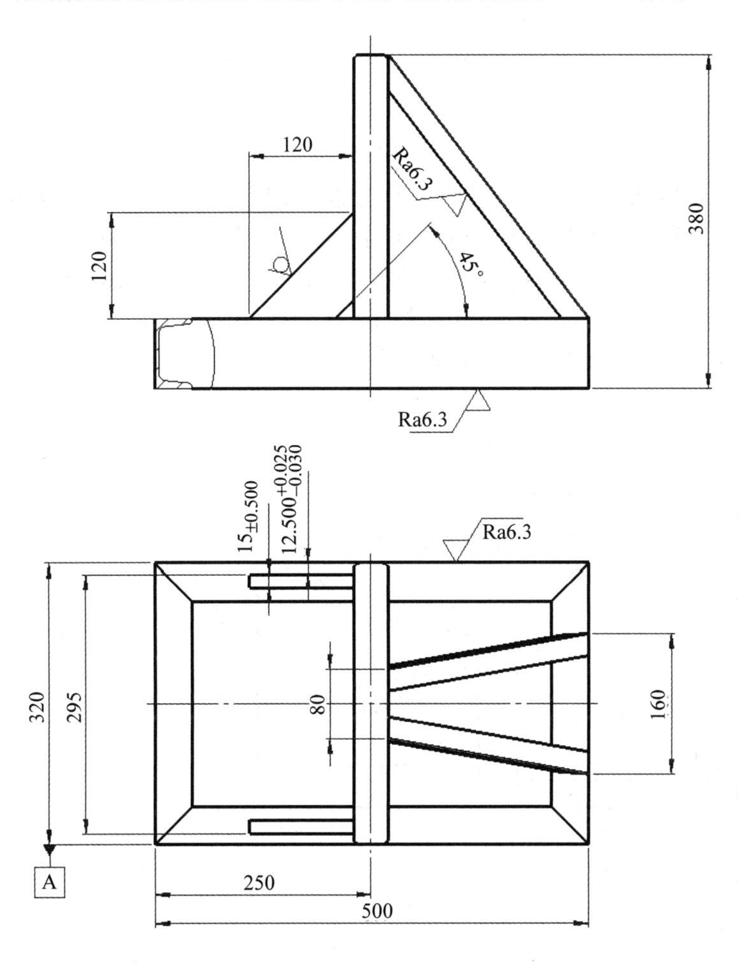

图 10.4.59 完成表面粗糙度符号添加

步骤 10　添加形位公差。单击【形位公差】，再单击 295 尺寸的上端，选择引线，如图 10.4.60 所示。在弹出的公差对话框中选择【平行】//，在弹出的对话框中输入范围值“0.25”，单击添加基准【A】。

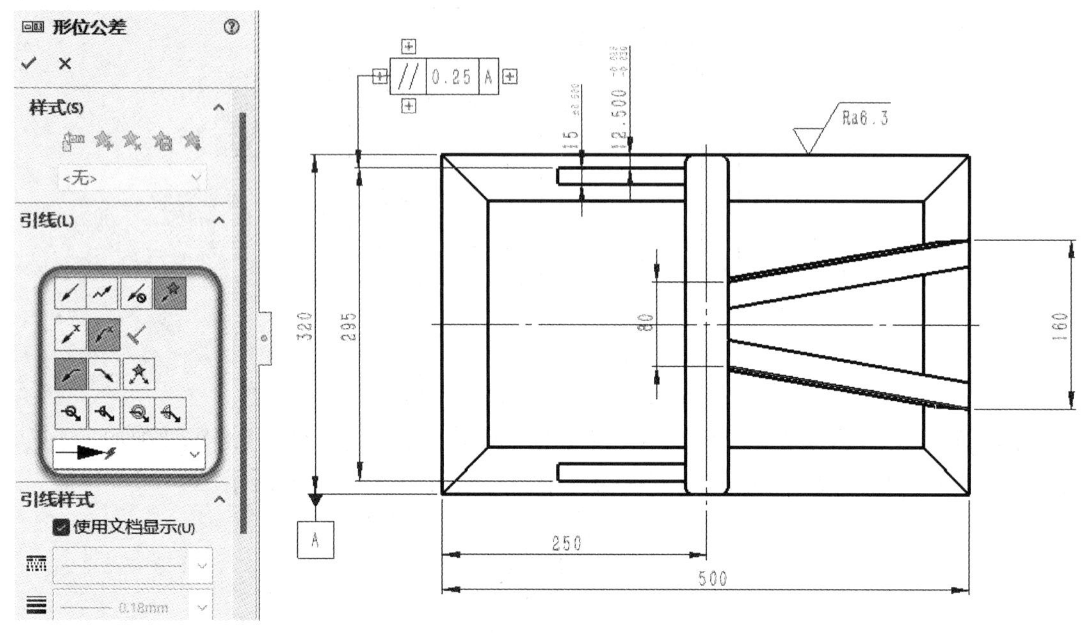

图 10.4.60　完成形位公差添加

步骤 11　添加焊接符号。单击【焊接符号】，在焊接符号中选择【填角焊接】，输入高度值为“5”，勾选现场焊接符号。然后在合适的位置上直接单击，不要关闭设置属性窗口，直至完成焊接符号标注，再单击【确定】按钮，关闭窗口，如图 10.4.61 所示。

步骤 12　添加技术要求。单击【注解】，在合适的位置上直接单击，输入文字，修改“技术要求”的文字高度为 5 mm，其他字体的高度为 3.5 mm，如图 10.4.62 所示。

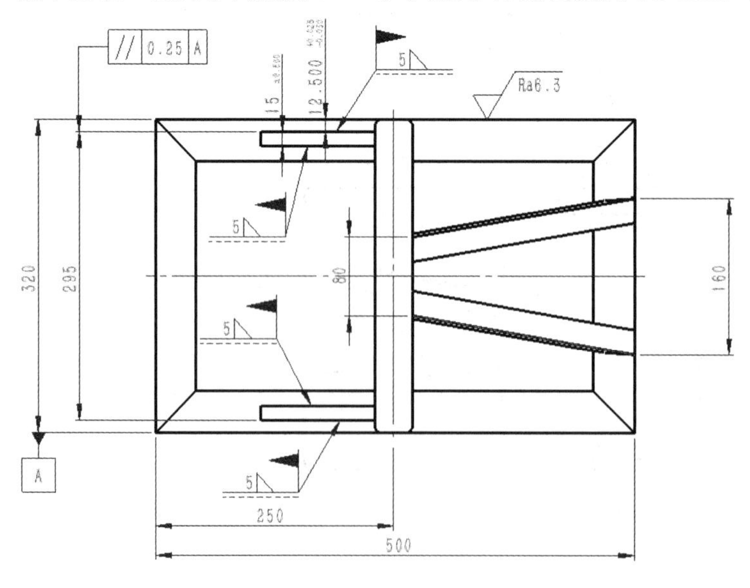

图 10.4.61　完成焊接符号添加

技术要求

1.未注圆角R2。
2.未注倒角C2。
3.去毛刺飞边。

图 10.4.62　完成技术要求

步骤 13　完善工程图。再次核对工程图标注是否齐全，及时补充添加和完善。

如需要完善明细表中的代号，则直接双击修改添加，如图 10.4.63 所示。完成代号修改后如图 10.4.64 所示。

序号	代号	名称	数量	材料	重量	长度	备注
7		斜角铁1	1	Q235		382.78	2X3
6		斜角铁2	1	Q235		382.78	2X3
5		支撑板	2	普通碳钢			
4		水平立柱	1	Q235		320	TUBE, SQUARE 40 X 40 X 4
3		横槽钢	2	Q235		500	C CHANNEL 80 X 10
2		竖槽钢	2	Q235		320	C CHANNEL 80 X 10
1	XYZ-001-01	竖直立柱	2	Q235		300	TUBE, SQUARE 40 X 40 X 4

图 10.4.63　修改代号

序号	代号	名称	数量	材料	重量	长度	备注
7	XYZ-001-07	斜角铁1	1	Q235		382.78	2X3
6	XYZ-001-06	斜角铁2	1	Q235		382.78	2X3
5	XYZ-001-05	支撑板	2	普通碳钢			
4	XYZ-001-04	水平立柱	1	Q235		320	TUBE, SQUARE 40 X 40 X 4
3	XYZ-001-03	横槽钢	2	Q235		500	C CHANNEL 80 X 10
2	XYZ-001-02	竖槽钢	2	Q235		320	C CHANNEL 80 X 10
1	XYZ-001-01	竖直立柱	2	Q235		300	TUBE, SQUARE 40 X 40 X 4

图 10.4.64　完成代号修改

再比如需要将明细表中的备注全修改为中文，则右击打开零件，打开焊件切割清单，在属性中修改说明即可，图 10.4.65 所示为修改槽钢 80 × 10。修改完所有明细表的备注如图 10.4.66 所示。

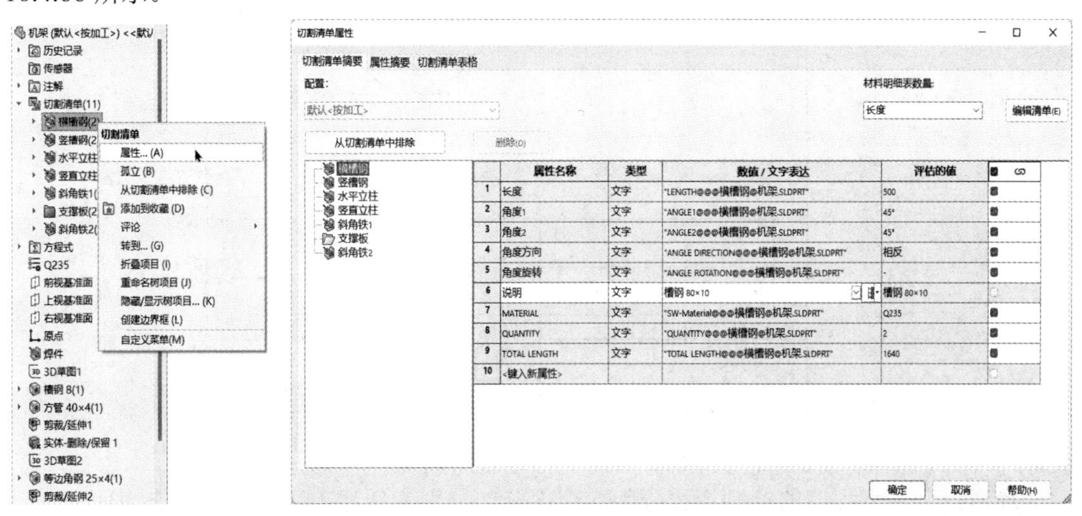

图 10.4.65　完成槽钢的修改

序号	代号	名称	数量	材料	重量	长度	备注
7	XYZ-001-07	斜角铁1	1	Q235		382.78	角钢 25×4
6	XYZ-001-06	斜角铁2	1	Q235		382.78	角钢 25×4
5	XYZ-001-05	支撑板	2	普通碳钢			
4	XYZ-001-04	水平立柱	1	Q235		320	方管 40×4
3	XYZ-001-03	横槽钢	2	Q235		500	槽钢 80×10
2	XYZ-001-02	竖槽钢	2	Q235		320	槽钢 80×10
1	XYZ-001-01	竖直立柱	2	Q235		300	方管 40×4

图 10.4.66　完成备注修改

至此，完成机架工程图的绘制。

实例 10-3

【实例 10-3】 蹄形钣金件工程图设计实例

建立如图 10.4.67 所示的蹄形钣金件工程图。

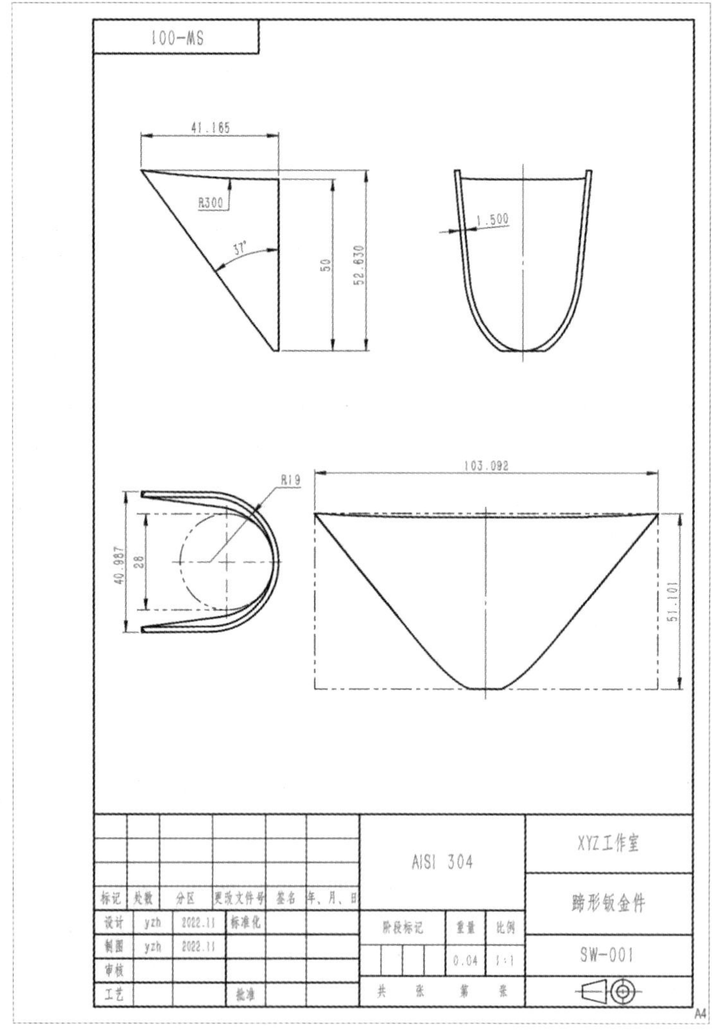

图 10.4.67　蹄形钣金件工程图

蹄形钣金件工程图的绘制流程分为 5 个部分，分别为新建/创建工程图、投影三视图、标注尺寸、添加钣金件展开图和完善图纸信息。

具体操作步骤如下：

步骤 1　打开 SolidWorks 2023 软件，单击【新建】下拉三角中的【从零件/装配体制作工程图】，如图 10.4.68 所示。

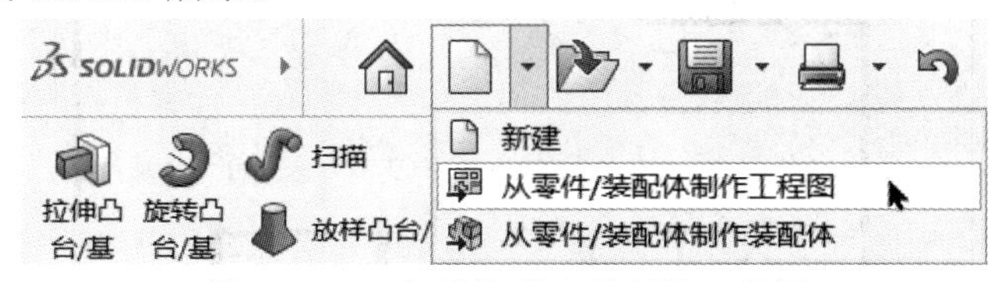

图 10.4.68　从零件/装配体制作工程图

在【新建 SOLIDWORKS 文件】选择工程图模板对话框中选择【GB_A4_V】(A4 竖向图幅)，如图 10.4.69 所示。

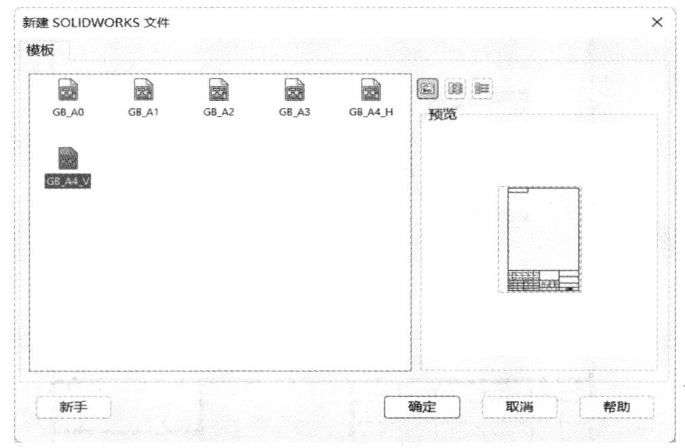

图 10.4.69　选择工程图模板

步骤 2　在【查看调色板】中将需要的视图拖至绘图区作为主视图，将【前视】拖至绘图区合适位置放置，如图 10.4.70 所示。放置后，将零件的各种文件信息带入工程图中。

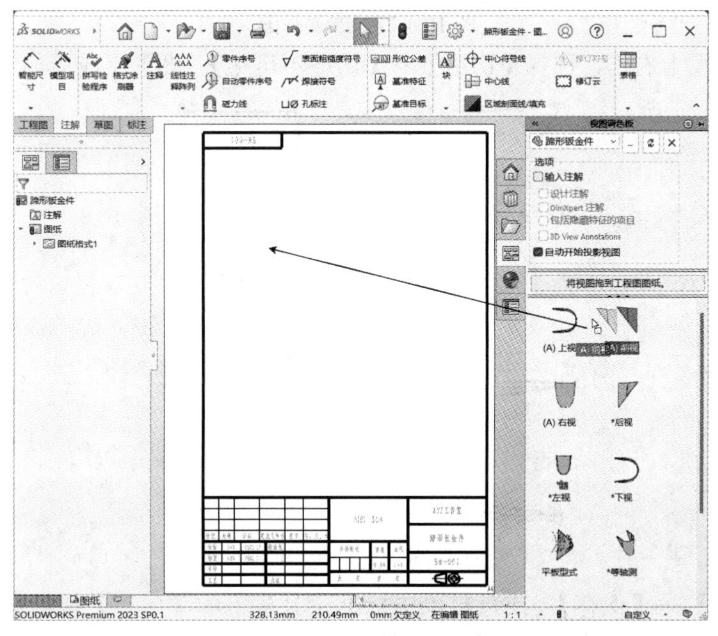

图 10.4.70　选择主视图

向右移动投影右视图，移至合适的位置放置，向下移动投影俯视图，移至合适的位置放置，如图 10.4.71 所示。

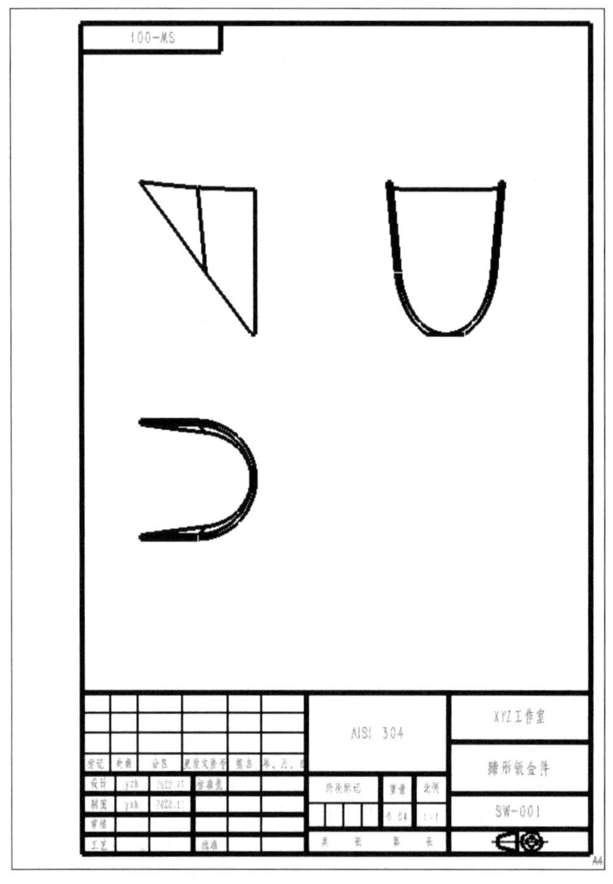

图 10.4.71　放置视图

分别在三视图上右击，选择【切边】→【切边不可见】。设置完成后如图 10.4.72 所示。

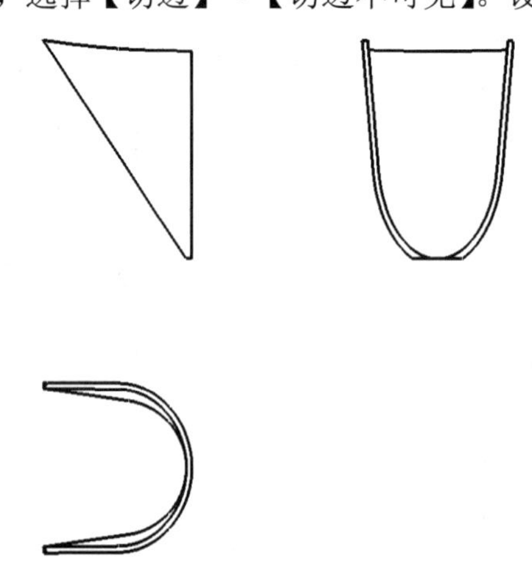

图 10.4.72　完成切边不可见

单击【文件】→【保存】，或直接单击标准工具栏上的【保存】按钮，不要更改保存路径也不要修改文件名称，直接保存工程图为“蹄形钣金件.SLDDRW”，并确保工程图和零件保存在同一个文件夹下。

步骤 3　标注尺寸。在标注 R300 时，尺寸线超出边界，如图 10.4.73 所示。

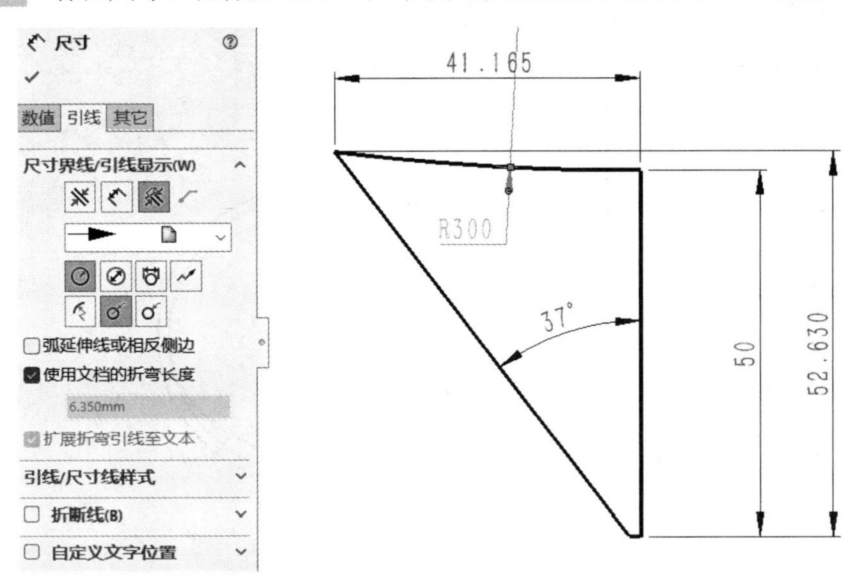

图 10.4.73　标注尺寸线

此时需要将尺寸界限和引线显示调整为如图 10.4.74(a)所示的设置，再适当移动 R300 尺寸线以确保如图 10.4.74(b)所示的效果。

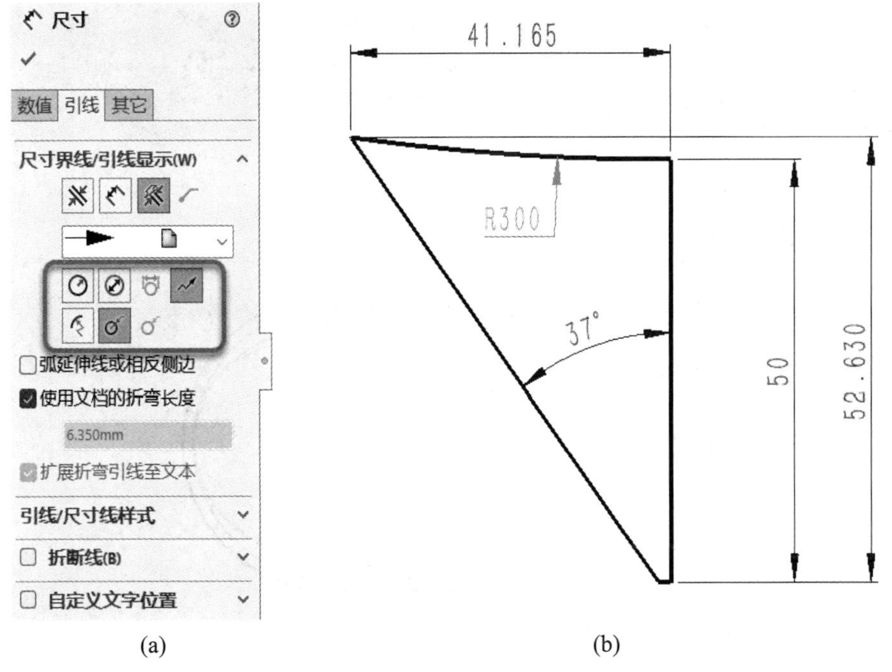

(a)　(b)

图 10.4.74　完成 R300 标注

在俯视图中显示辅助草图。如图 10.4.75 所示，选择工程视图 3 中的【草图 1】并显示。选择草图 1 右击进行显示，以便做辅助草图。再次选择【草图 1】进行【转换实体引用】，如图 10.4.76 所示，完成转换后如图 10.4.77 所示。

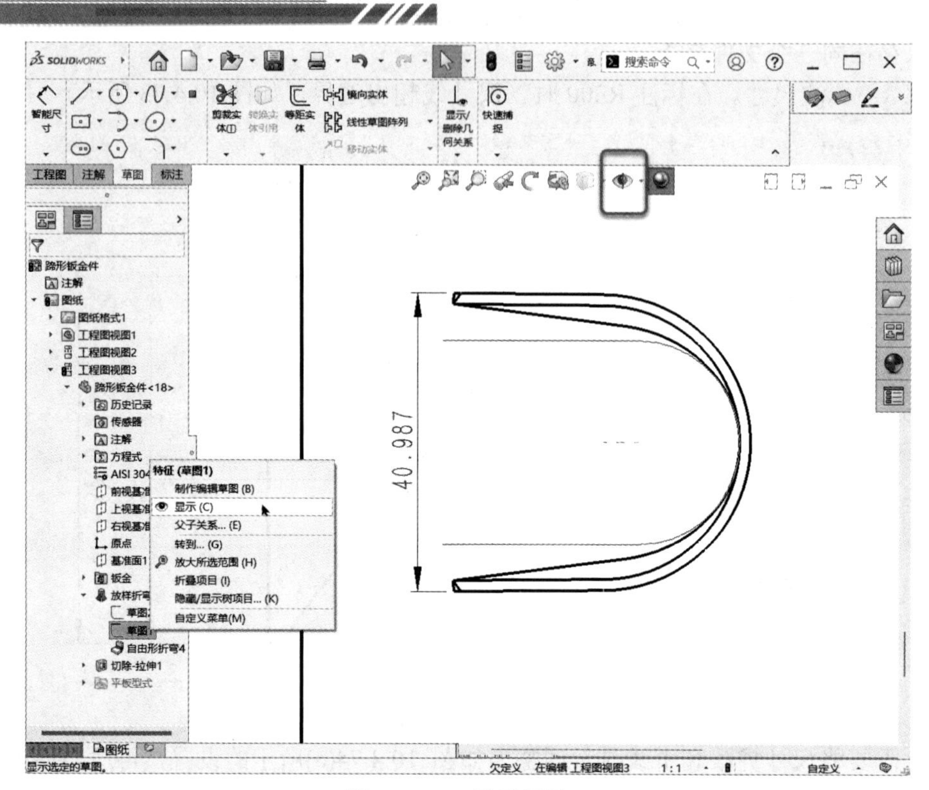

图 10.4.75 显示草图 1

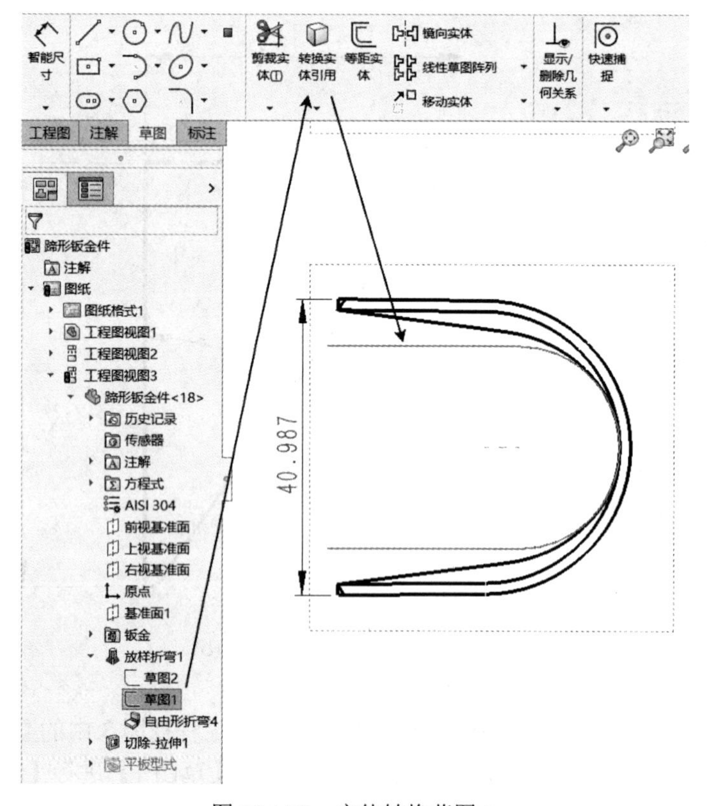

图 10.4.76 实体转换草图 1

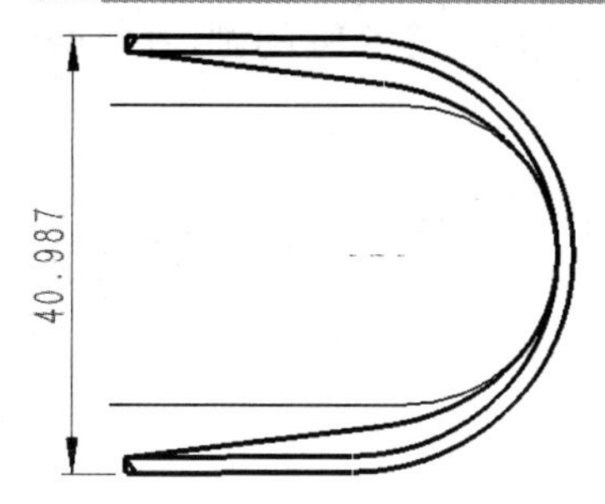

图 10.4.77　实体转换后的草图 1

在命令管理器空白处右击，调出【线型】工具栏，如图 10.4.78 所示。

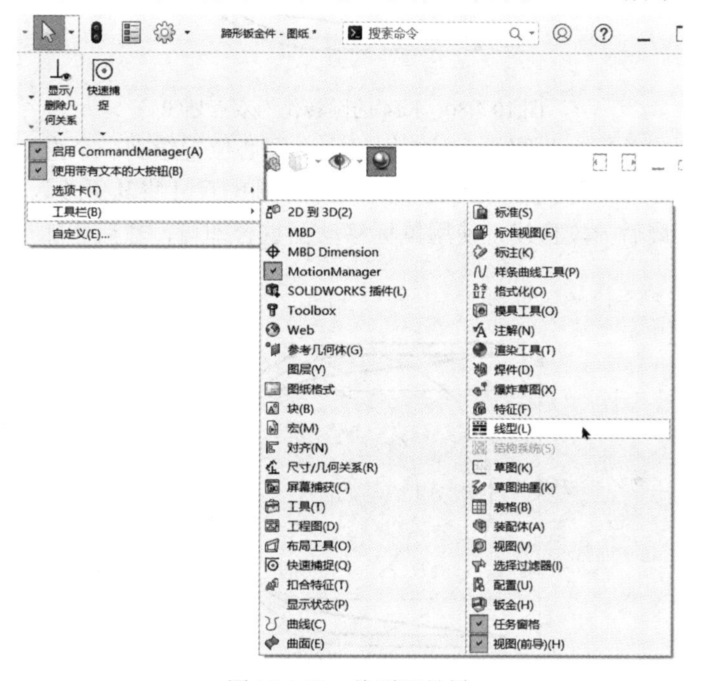

图 10.4.78　线型工具栏

将转换后的草图 1 更改为【双点划线】如图 10.4.79 所示。

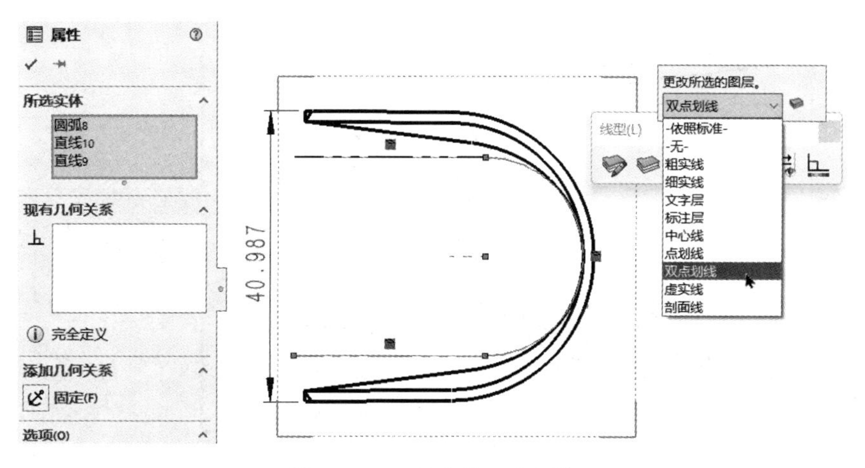

图 10.4.79　转化为双点划线

使用草图工具栏中的圆命令绘制一个R14的圆，并将圆转换为【双点划线】，如图10.4.80所示。

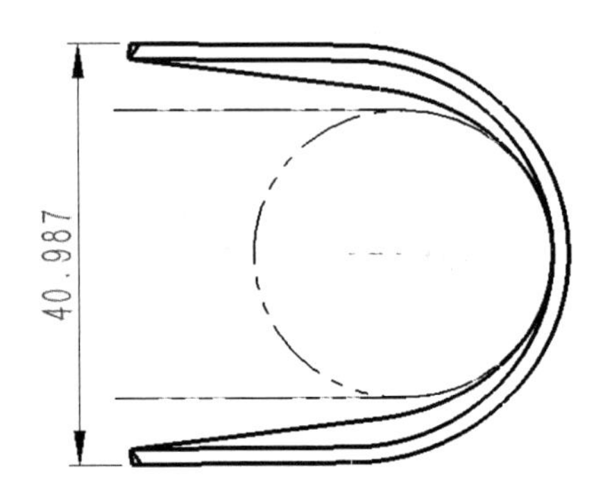

图10.4.80 R14的圆转化为双点划线

再次使用草图工具栏中的圆命令，捕捉另一个圆心位置绘制一个直径为38的圆，如图10.4.81所示，并将圆转换为【双点划线】，再右击ϕ38圆的尺寸将其更改为半径，如图10.4.82所示。修剪剩余的最后一段直线，使用鼠标移动至重合即可，然后添加尺寸28，最终如图10.4.83所示。

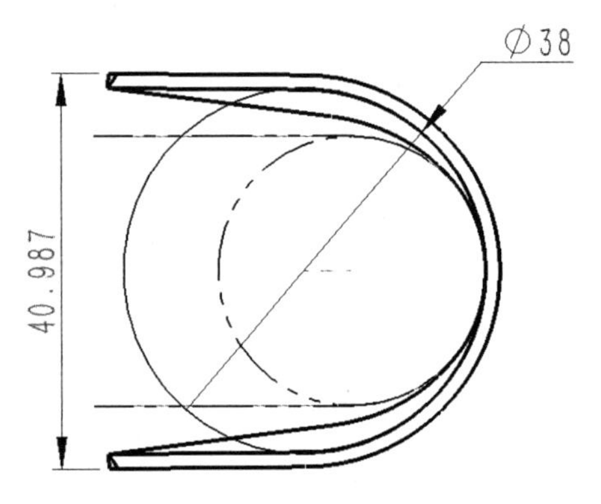

图10.4.81 绘制ϕ38的圆

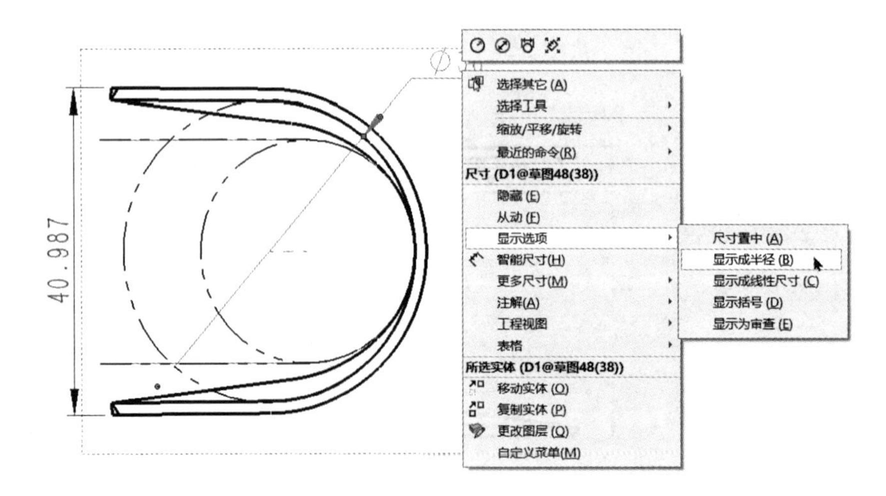

图10.4.82 转换ϕ38的圆为双点划线并转化为半径

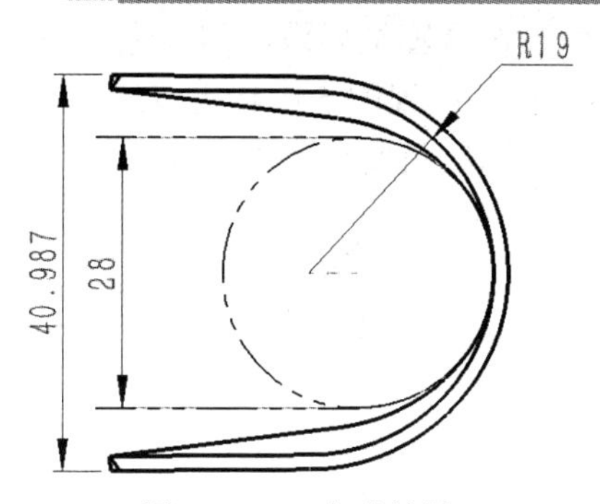

图 10.4.83　完成效果

隐藏了草图 1 并添加中心符号线的俯视图如图 10.4.84 所示。

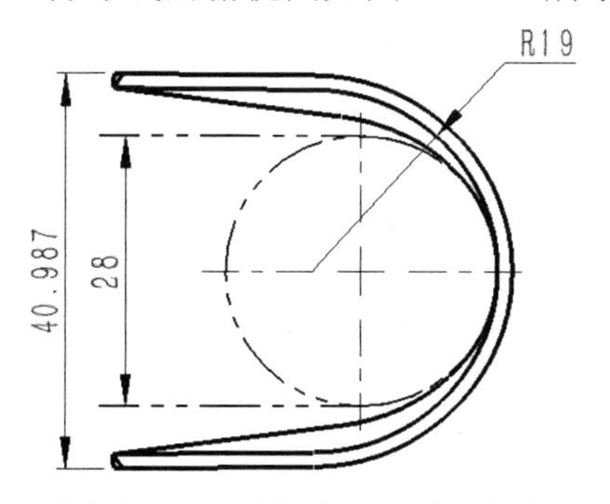

图 10.4.84　添加中心符号线效果

步骤 4　钣金展开图。在【查看调色板】中将【平板型式】拖至图形界面中，如图 10.4.85 所示。

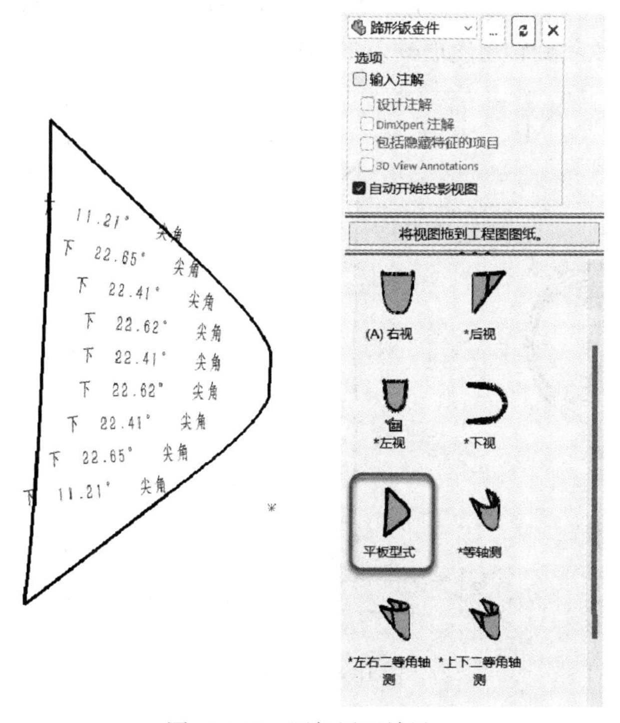

图 10.4.85　添加展开效果

这时展开图的位置和角度不符合图纸要求，需要进行测量摆正。先使用直线命令绘制一段直线，如图 10.4.86 所示。在工程视图 5 中将折弯线隐藏，将边框线显示，并将最下面一条边界线进行转换实体引用，标注角度尺寸为 3.06°。

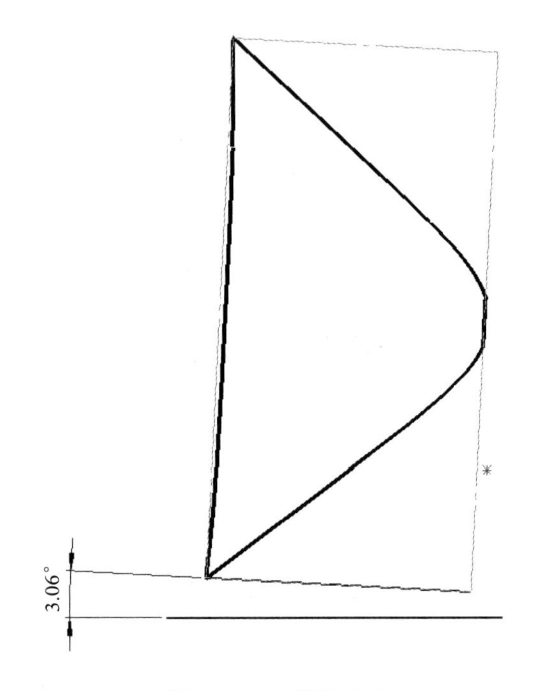

图 10.4.86　测量角度

单击前导视图中的【旋转工程视图】，将角度旋转为 3.06° 后视图就处于竖直状态，如图 10.4.87 所示。再次将旋转角度更改为 273.06°，将图旋转至正常状态，如图 10.4.88 所示。

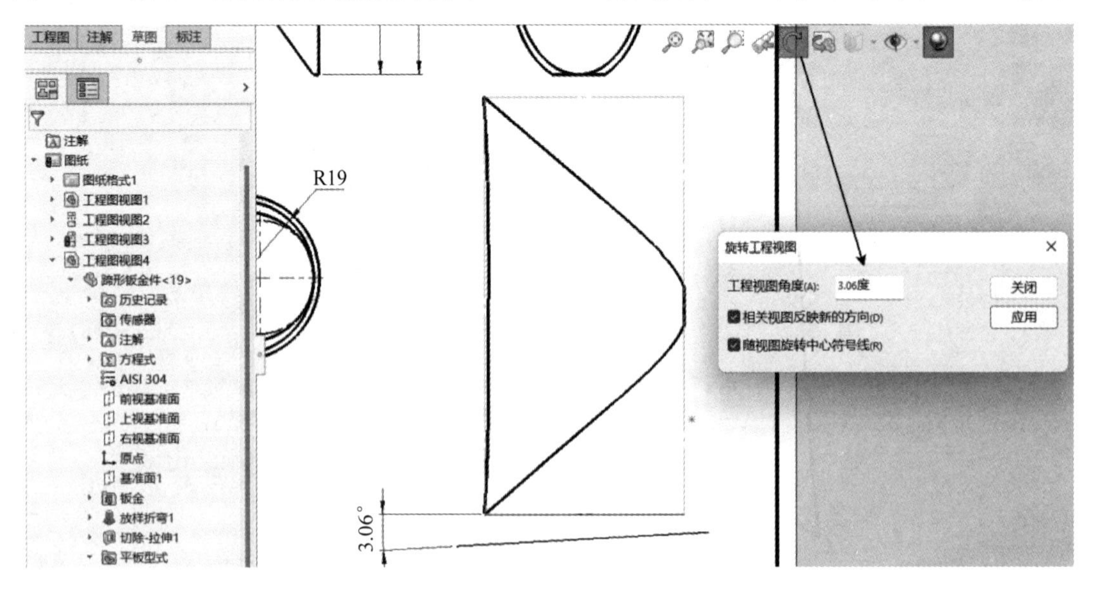

图 10.4.87　旋转角度

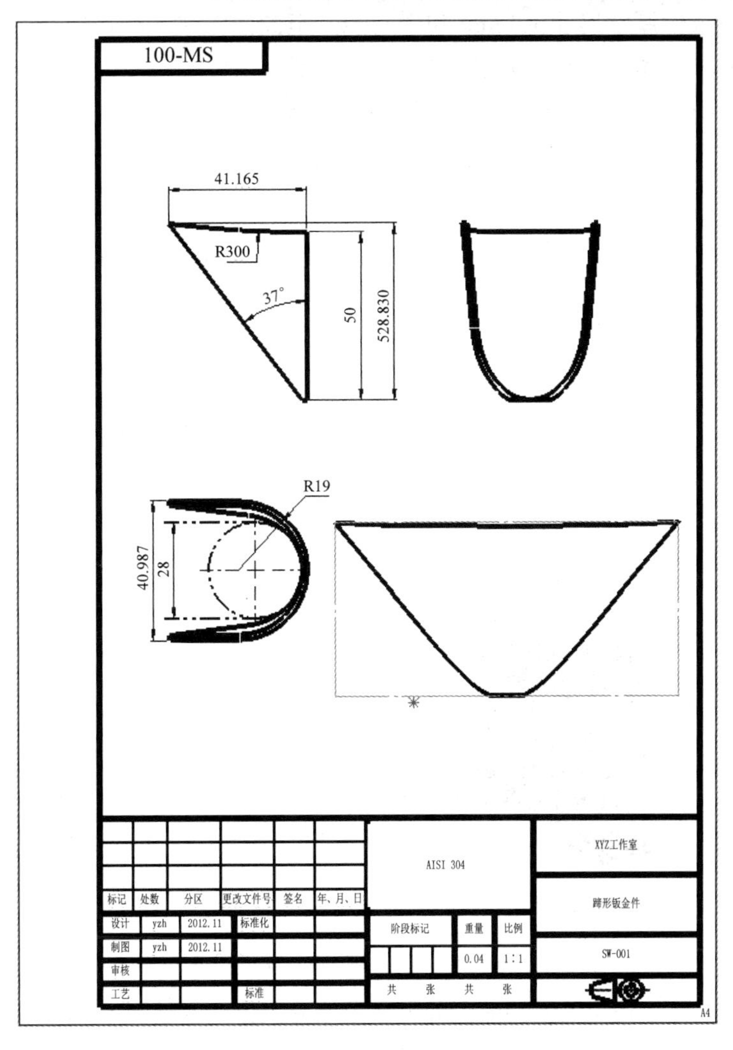

图 10.4.88 旋转 273.06°

选择旋转后的草图边界框，全部进行实体转化，并将图层修改为双点划线层，标注边界线尺寸如图 10.4.89 所示。

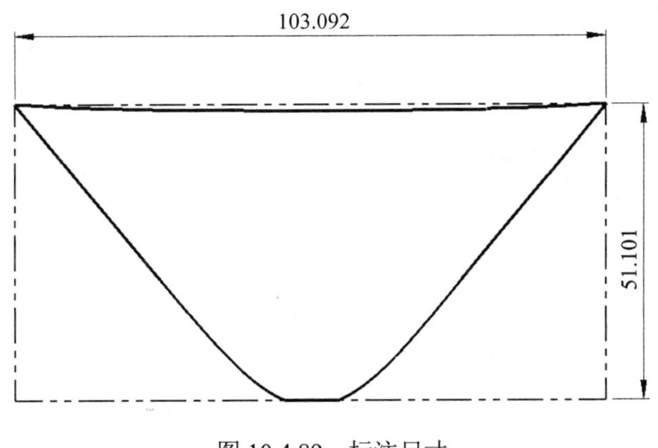

图 10.4.89 标注尺寸

补充完善钣金件厚度尺寸 1.5 mm 和中心线。至此，完成了蹄形钣金件工程图的绘制。

【实例 10-4】 齿轮油泵装配体工程图设计实例

建立如图 10.4.90 所示的齿轮油泵装配体工程图。

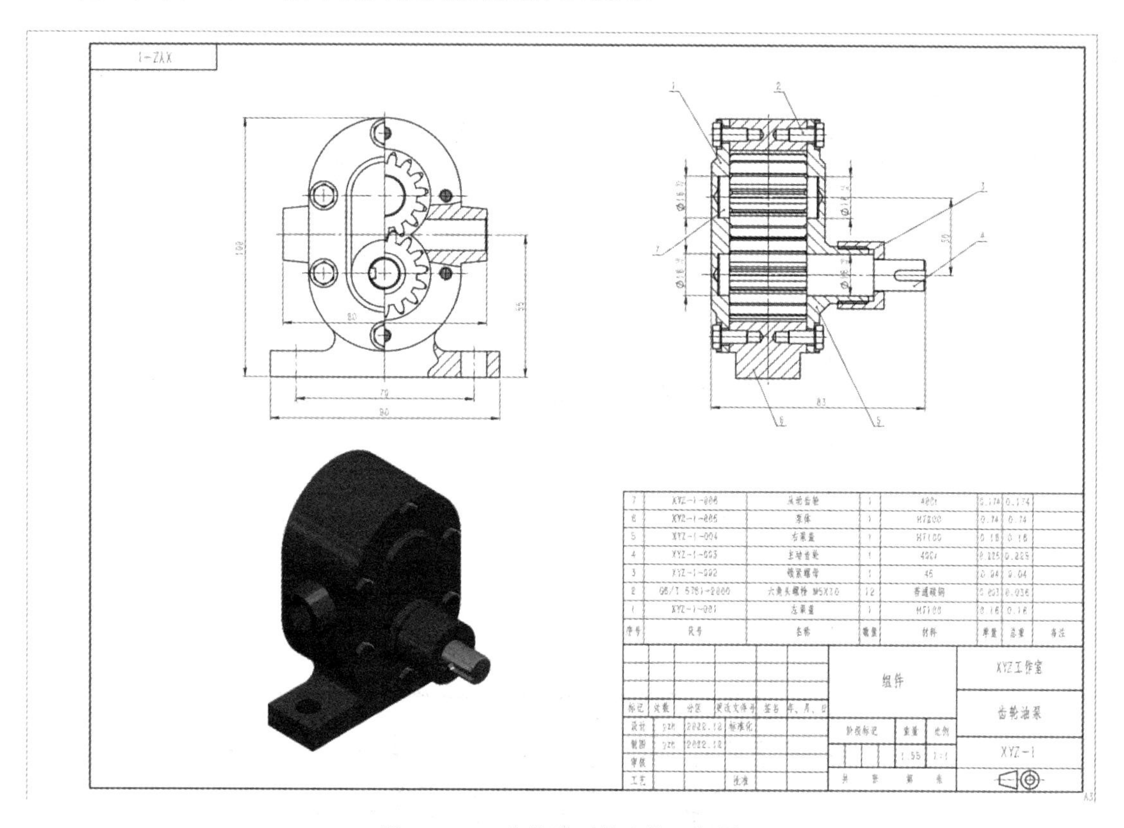

图 10.4.90　齿轮油泵装配体工程图

齿轮油泵装配体工程图的绘制流程分为 8 个部分，分别为新建/创建工程图、投影视图、剖切视图、标注尺寸、添加明细表、添加序号、完善标准件信息以及完善其他图纸信息。

具体操作步骤如下：

步骤 1　打开 SolidWorks 2023 软件，再打开齿轮油泵装配体，单击【新建】下拉三角中的【从零件/装配体制作工程图】，如图 10.4.91 所示。

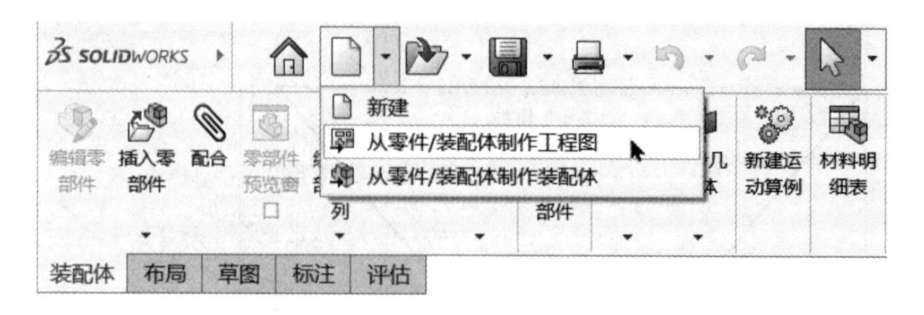

实例 10-4

图 10.4.91　从零件/装配体制作工程图

在【新建 SOLIDWORKS 文件】选择工程图模板对话框中选择【GB_A4_H】(A4 横向图幅)，如图 10.4.92 所示。

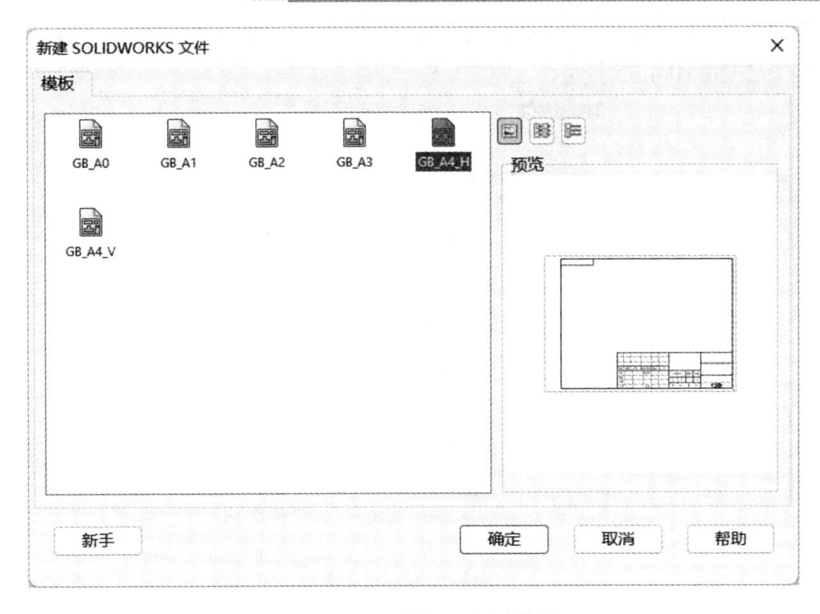

图 10.4.92 选择工程图模板

步骤 2 在【查看调色板】中将需要的视图拖至绘图区作为主视图，将【前视】拖至绘图区合适位置放置，向右投影左视图，如图 10.4.93 所示。放置后，将零件的各种文件信息带入工程图中。

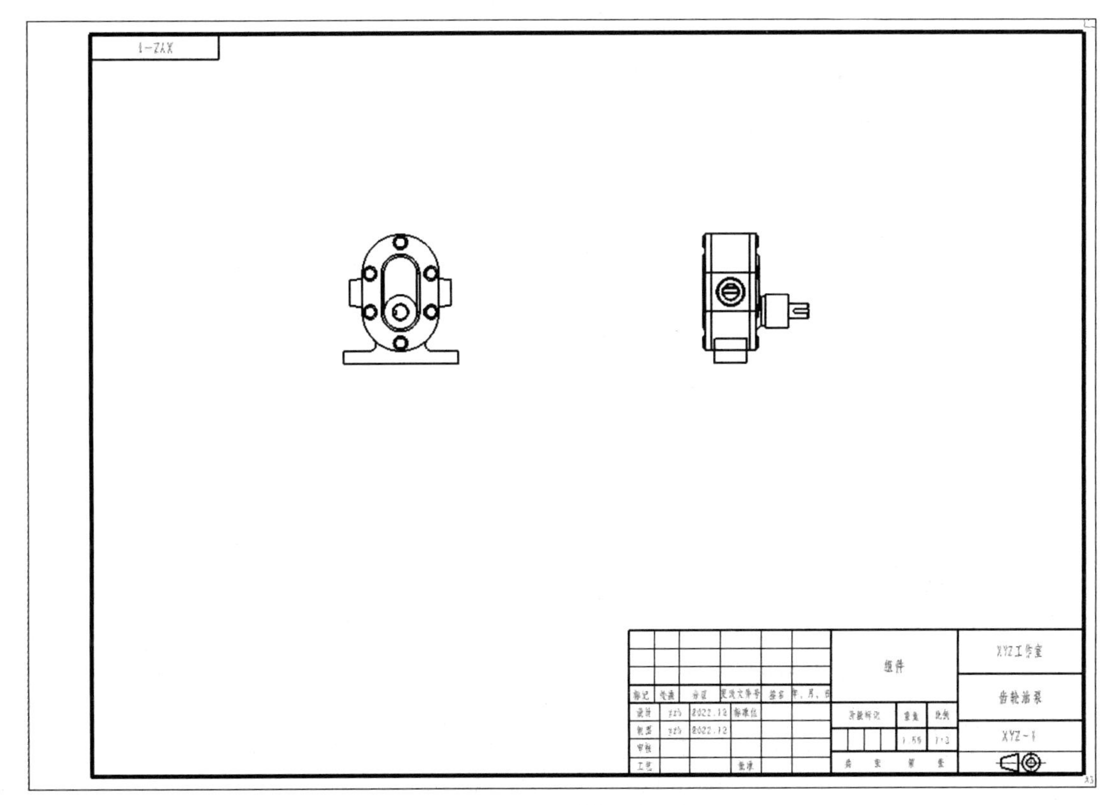

图 10.4.93 选择主视图

此时视图比例不符合要求，需要在【图纸】上右击【属性】，如图 10.4.94 所示。将比例修改为 1：1，如图 10.4.95 所示。

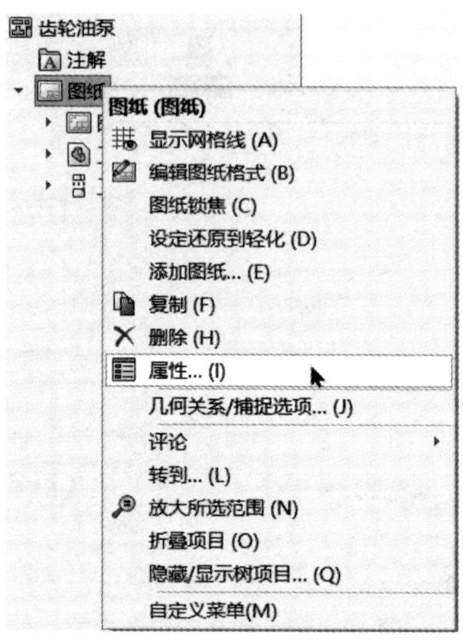

图 10.4.94　图纸属性

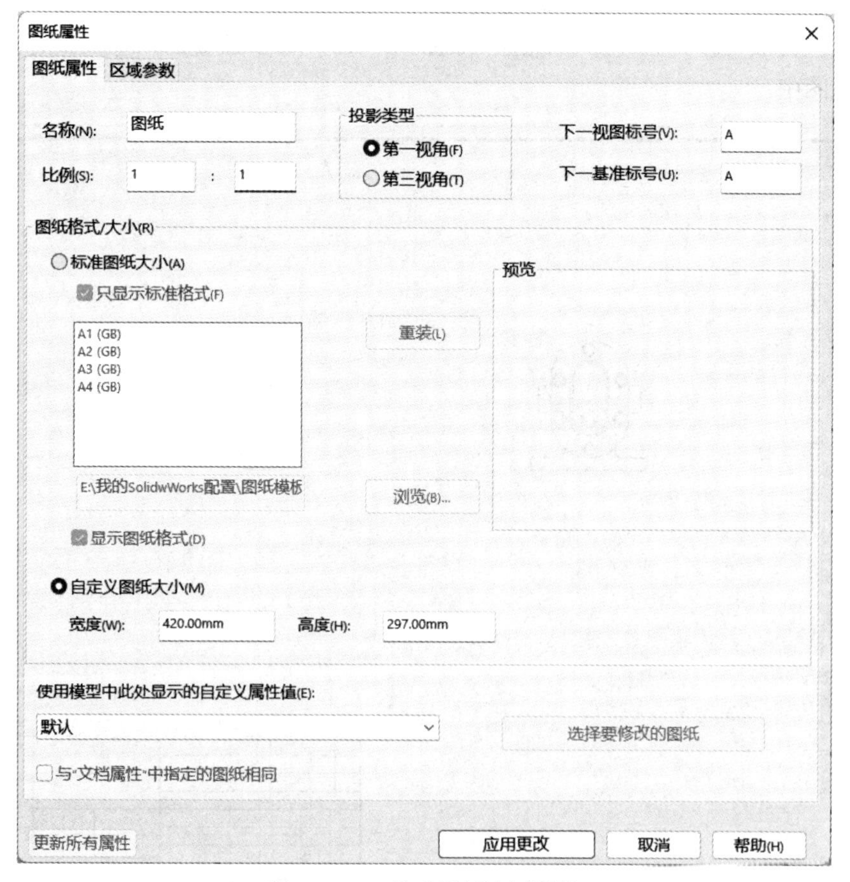

图 10.4.95　修改图纸比例属性

分别在三视图上右击，选择【切边】→【切边不可见】。设置完成后如图 10.4.96 所示。

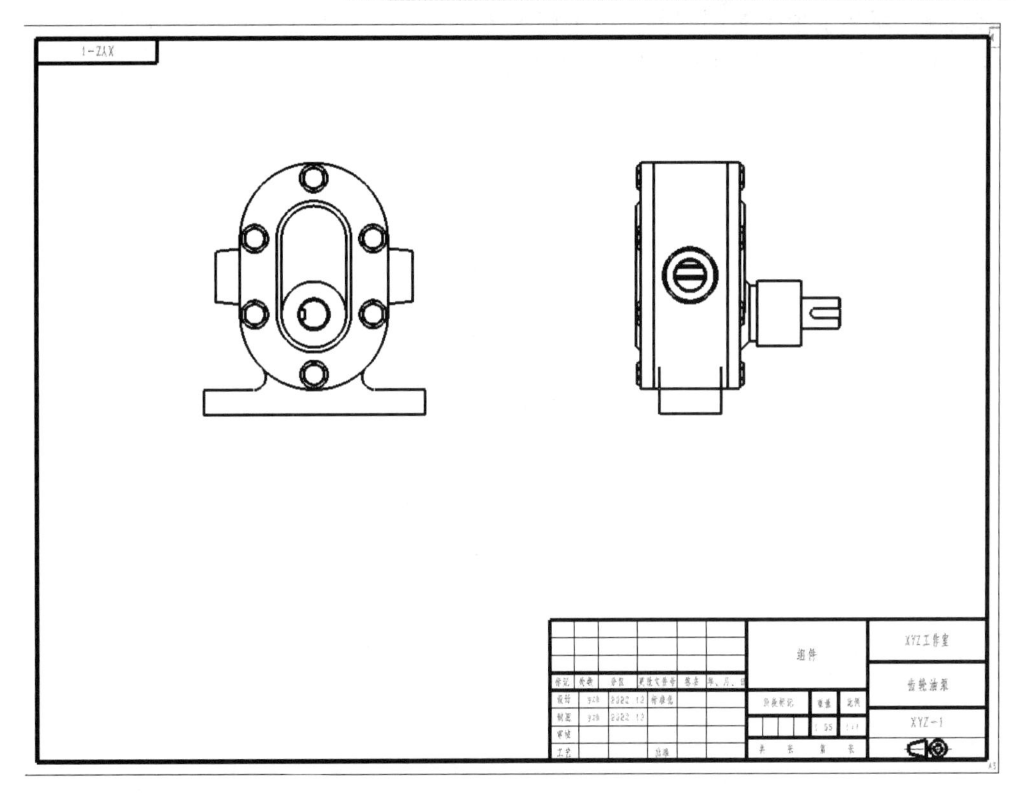

图 10.4.96　完成切边不可见

单击【文件】→【保存】，或直接单击标准工具栏上的【保存】按钮，不要更改保存路径也不要修改文件名称，直接保存工程图为“齿轮油泵.SLDDRW”，并确保工程图和零件保存在同一个文件夹下。

步骤 3　添加中心线和中心符号线。使用中心线和中心符号线对图形进行添加，完成后如图 10.4.97 所示。

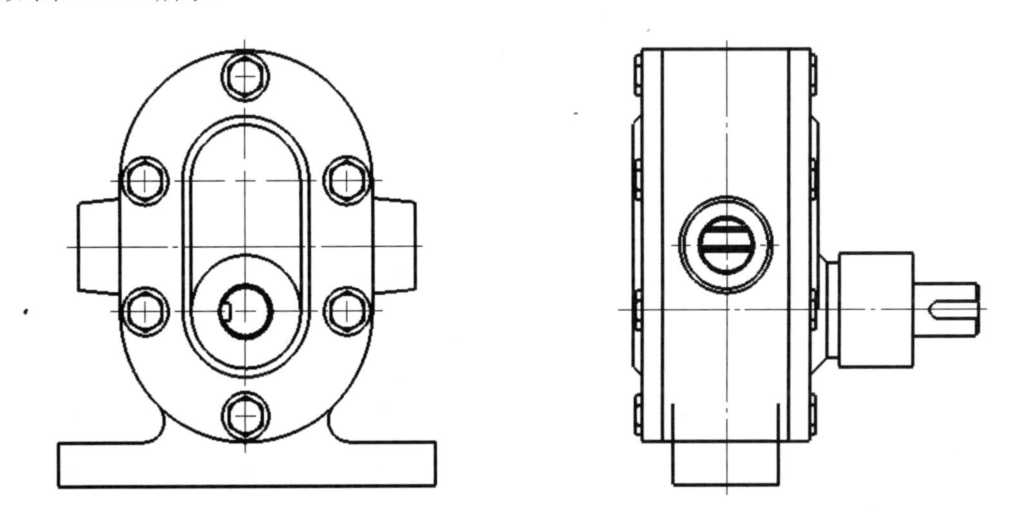

图 10.4.97　添加完成中心线和中心符号线

步骤 4　添加主视图的剖视图。单击草图选项卡上的【两点矩形】，捕捉主视图中心线上的关键点绘制一个矩形，如图 10.4.98 所示。

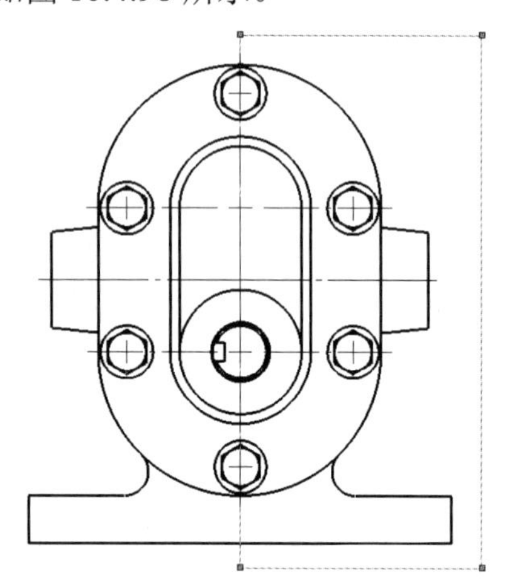

图 10.4.98　绘制矩形

不要进行任何操作，直接单击【断开的剖视图】，在弹出剖面范围对话框时，展开【工程图视图 1】，并将从动齿轮、主动齿轮和泵体一起选择，如图 10.4.99 所示。

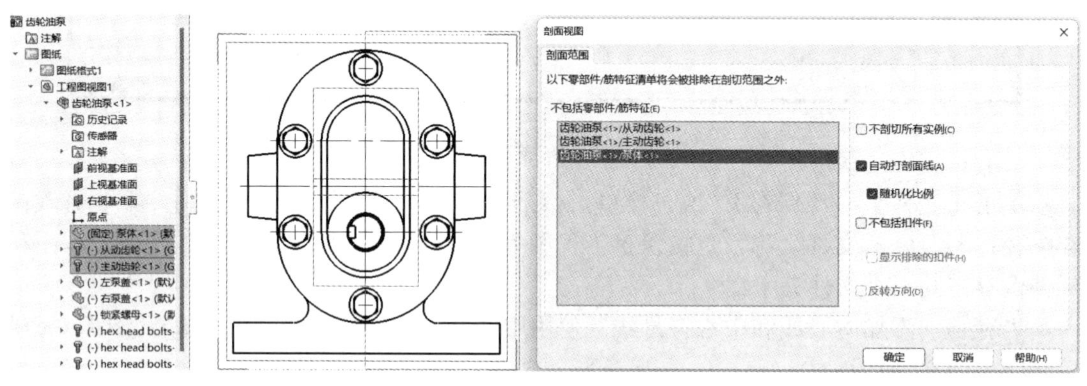

图 10.4.99　选定剖面范围

在【断开的剖视图】对话框中，【深度】输入“50”，并单击【预览】，如图 10.4.100 所示。

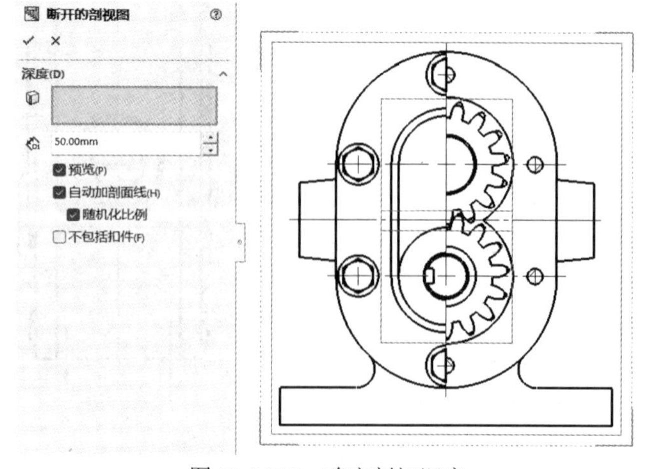

图 10.4.100　确定剖切深度

放大螺栓剖切位置图形，点选【剖面线】，取消【材质剖面线】勾选，选择【ANSI31】，比例输入“6”，角度输入“90.00”，如图 10.4.101 所示。用同样的方法将剩余三个剖面线进行同样的处理，完成后如图 10.4.102 所示。

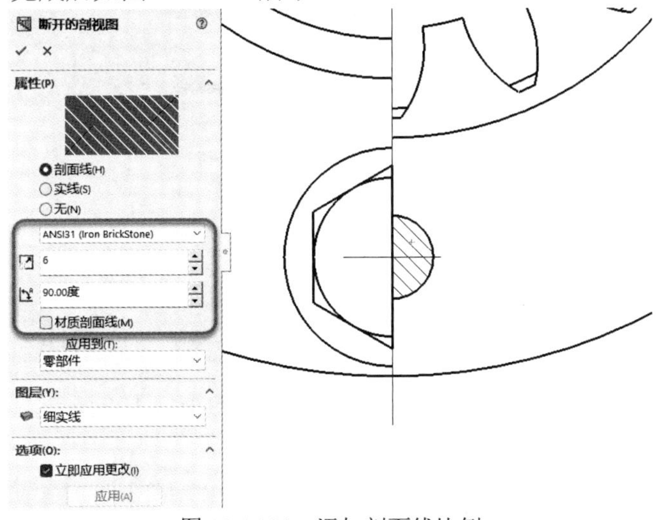

图 10.4.101　添加剖面线比例

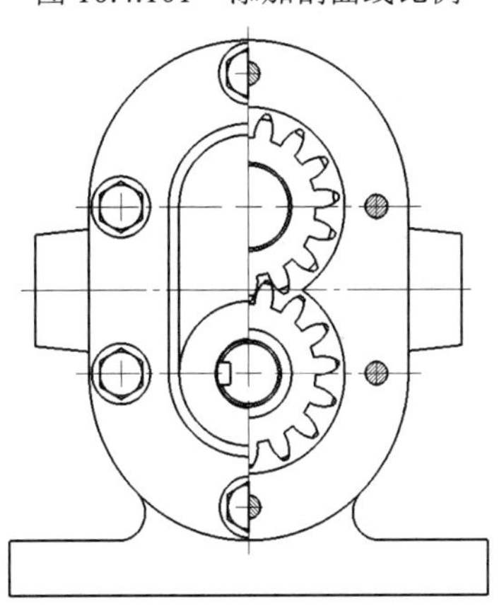

图 10.4.102　完成剖面线设置

再次单击【断开的剖视图】，并使用鼠标绘制一个样条曲线范围，如图 10.4.103 所示。

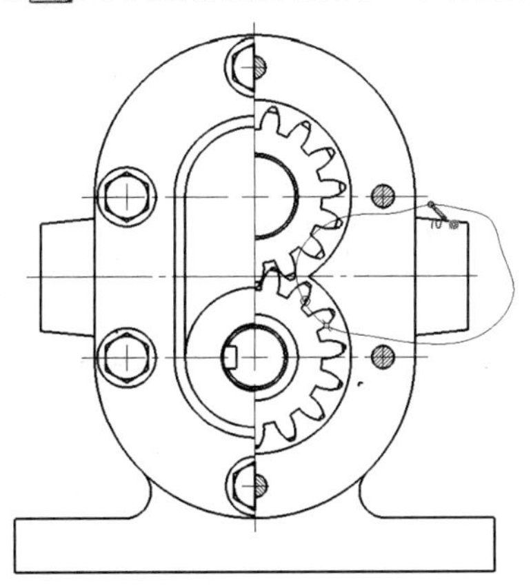

图 10.4.103　确定剖切范围

在【剖面范围】中将主动齿轮和从动齿轮点选【不包括零部件/筋特征】，即将这两个零件排除，如图 10.4.104 所示。

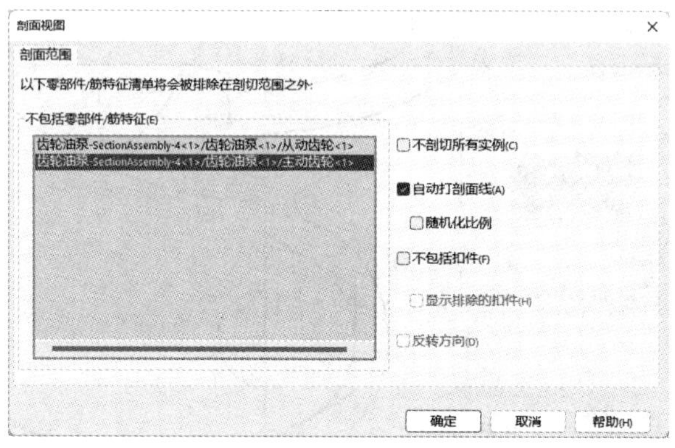

图 10.4.104　不剖切零件

在【深度】中直接选择左视图中的圆的圆线，如图 10.4.105 所示。

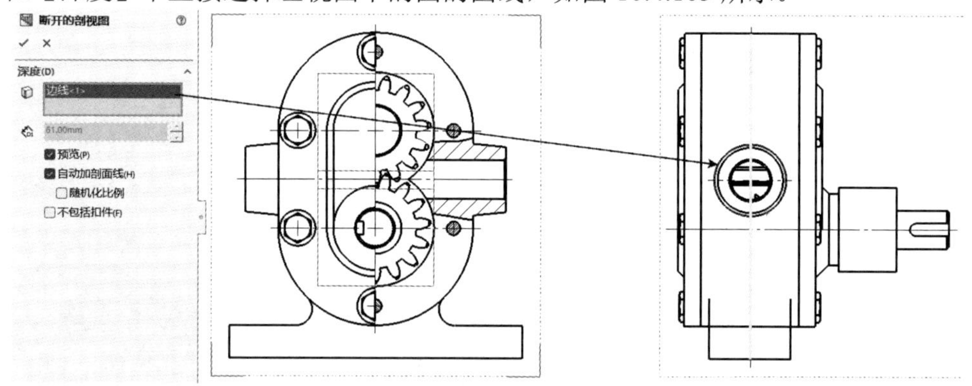

图 10.4.105　确定剖切深度

为确保螺纹线能够正常显示，单击工具栏上的【选项】→【文档属性】→【出详图】，将装饰螺纹线的【高品质】勾选，如图 10.4.106 所示。

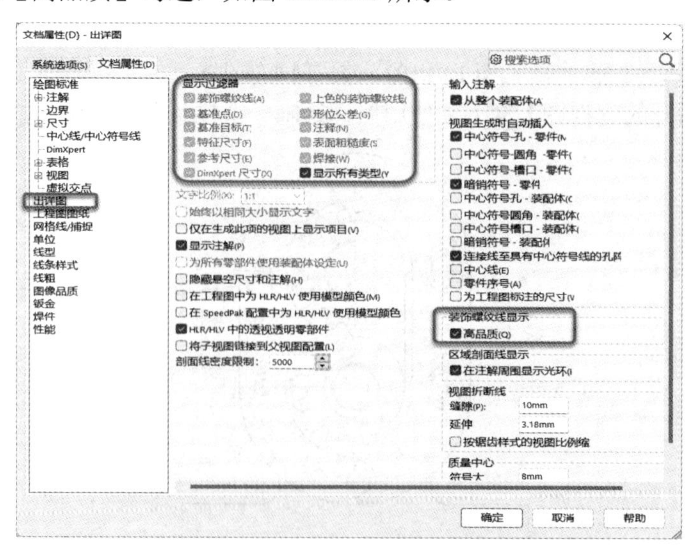

图 10.4.106　高品质装饰螺纹线

再次单击【断开的剖视图】，并使用鼠标绘制一个样条曲线范围，【深度】选择左视图中间的圆，添加完成中心线的效果如图 10.4.107 所示。

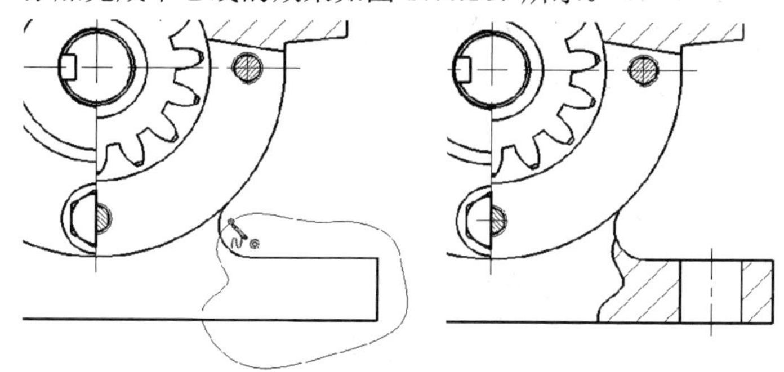

图 10.4.107　完成剖面视图

步骤 5　添加左视图的剖视图。单击草图选项卡上的【两点矩形】，绘制一个剖切框，如图 10.4.108 所示。

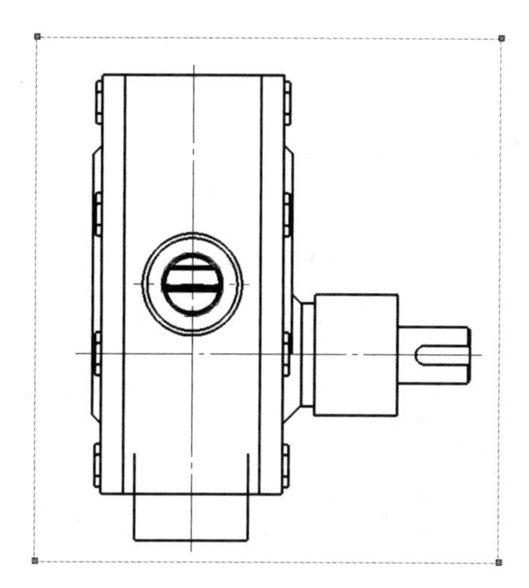

图 10.4.108　剖切框

单击【断开的剖视图】，在弹出的剖切范围对话框中单击【确定】按钮，后面再进行修改。在【深度】中选择主视图中间的圆边线，如图 10.4.109 所示。

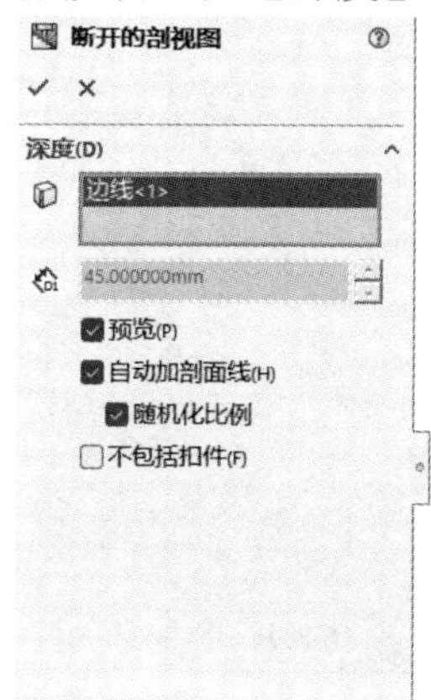

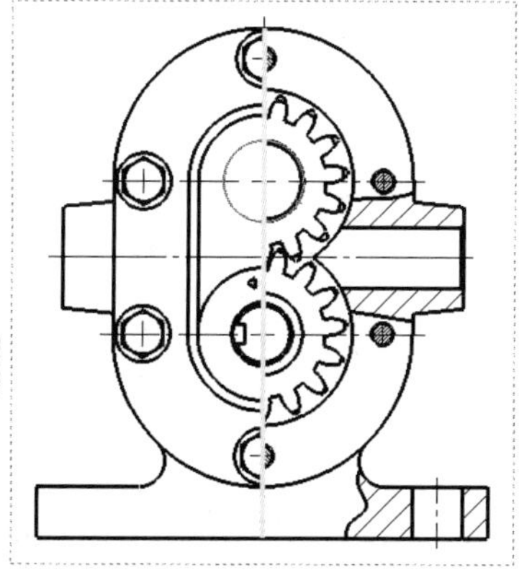

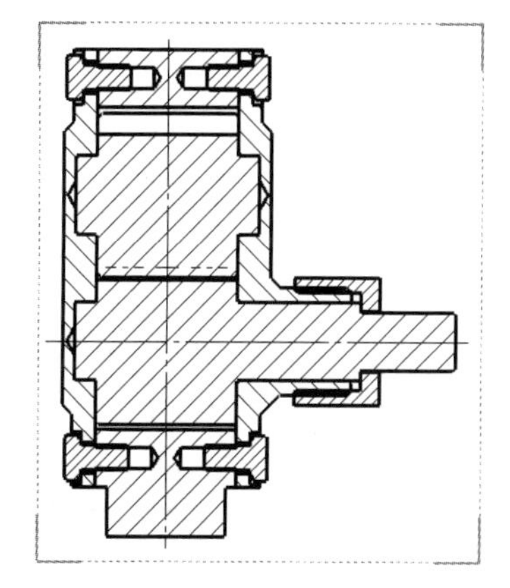

图 10.4.109　剖切左视图

剖切的范围显然不符合要求，此时在展开的【工程图视图 2】中的【断开的剖视图】上右击【属性】，如图 10.4.110 所示。在【剖面范围】中将主动齿轮、从动齿轮和 4 个螺栓点选【不包括零部件/筋特征】，如图 10.4.111 所示。

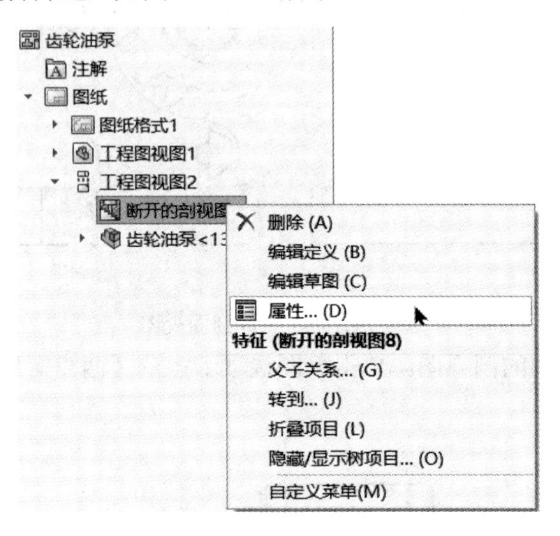

图 10.4.110 剖切属性

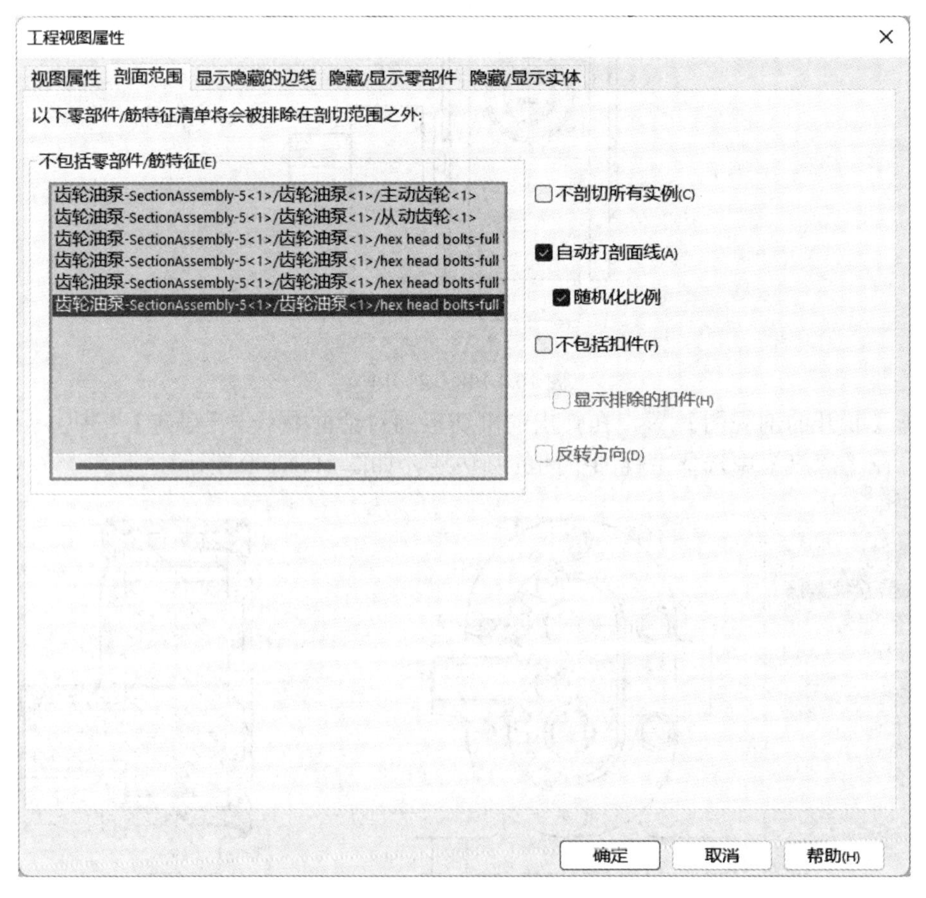

图 10.4.111 不剖切范围

完成螺栓中心线的添加，效果如图 10.4.112 所示。

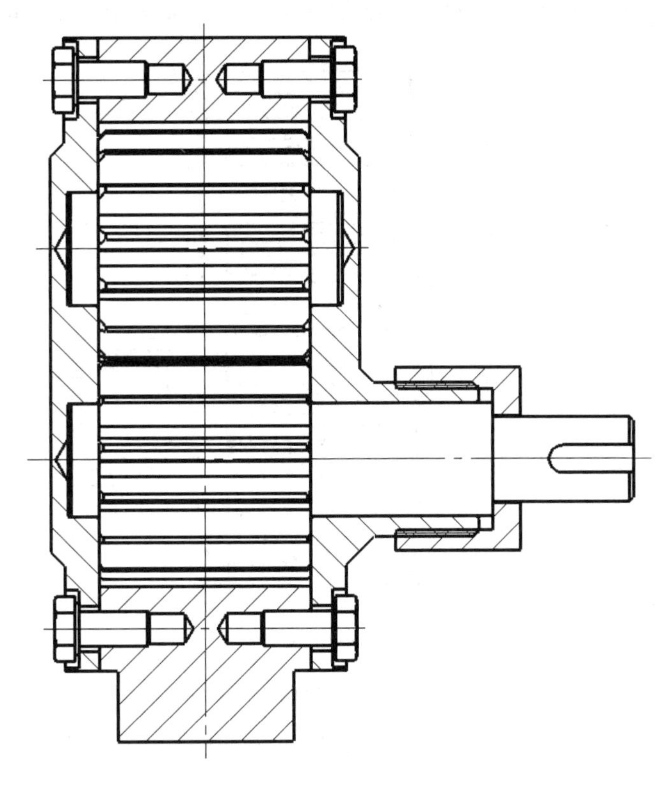

图 10.4.112　完成左视图剖切

步骤 6　标注尺寸。在标注高度尺寸 100 时，需要按住 Shift 键。标注中心孔 70 时需要使用中心线绘制一条竖线，然后标注尺寸 70。完成后如图 10.4.113 所示。

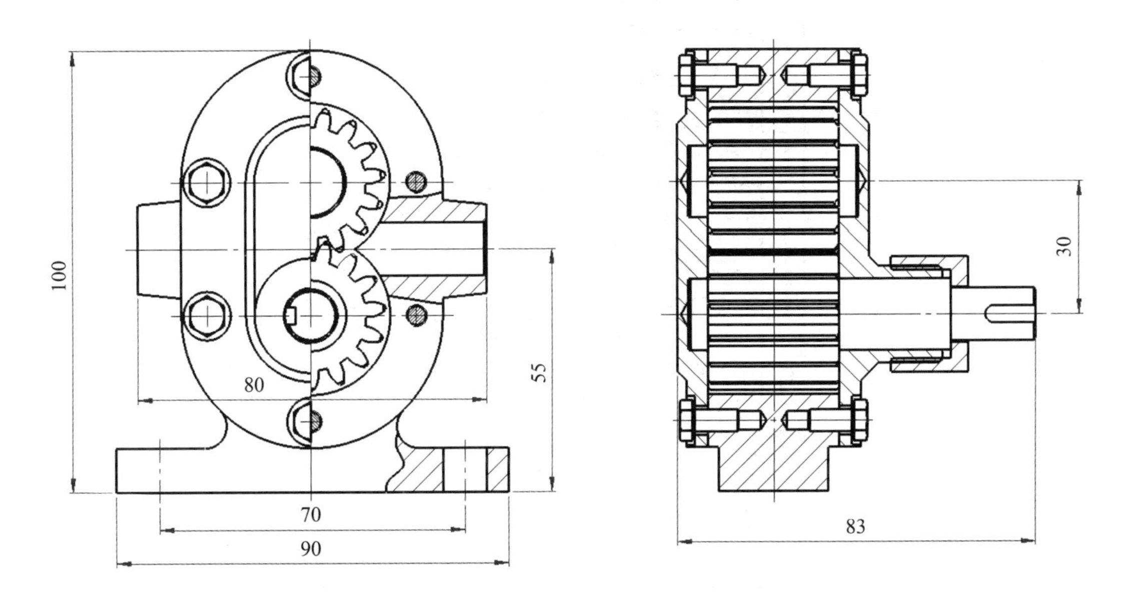

图 10.4.113　完成尺寸标注

步骤 7 添加配合尺寸。在标注直径尺寸 16 时，在左侧【尺寸】属性栏中将【公差/精度】选择为【与公差套合】，孔为 H6，轴为 f5 的配合，如图 10.4.114 所示。

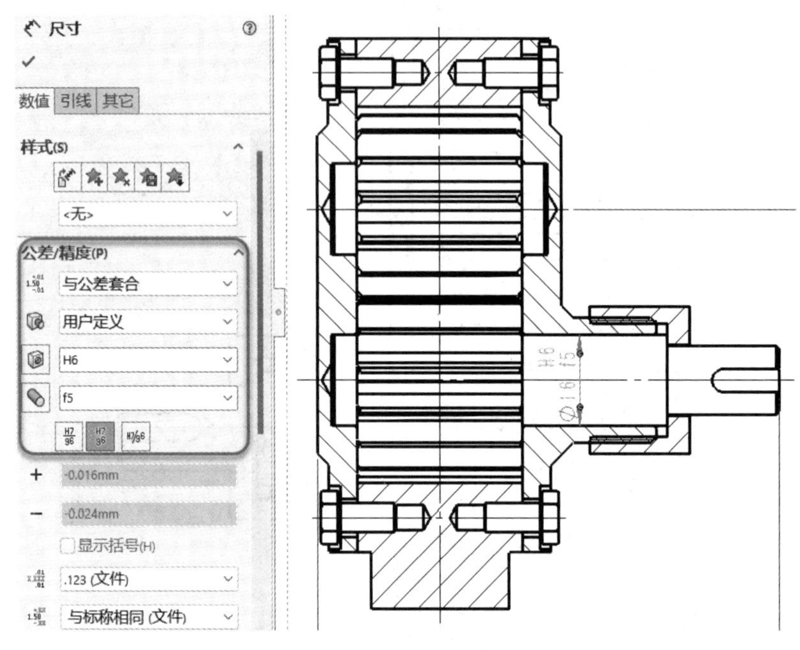

图 10.4.114 添加配合尺寸

用同样的方法添加其余 4 个配合尺寸，添加完成后如图 10.4.115 所示。

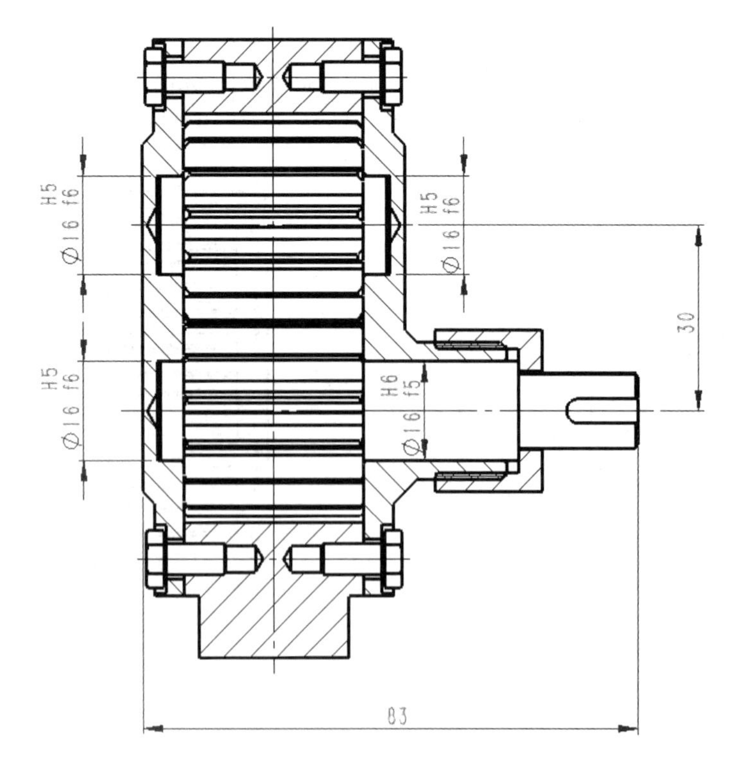

图 10.4.115 完成配合尺寸

为了使标注的配合尺寸美观且比例协调，可以在【选项】的文档属性中将尺寸里的【公差】选项的字体比例设置为0.5，如图10.4.116所示。完成后效果如图10.4.117所示。

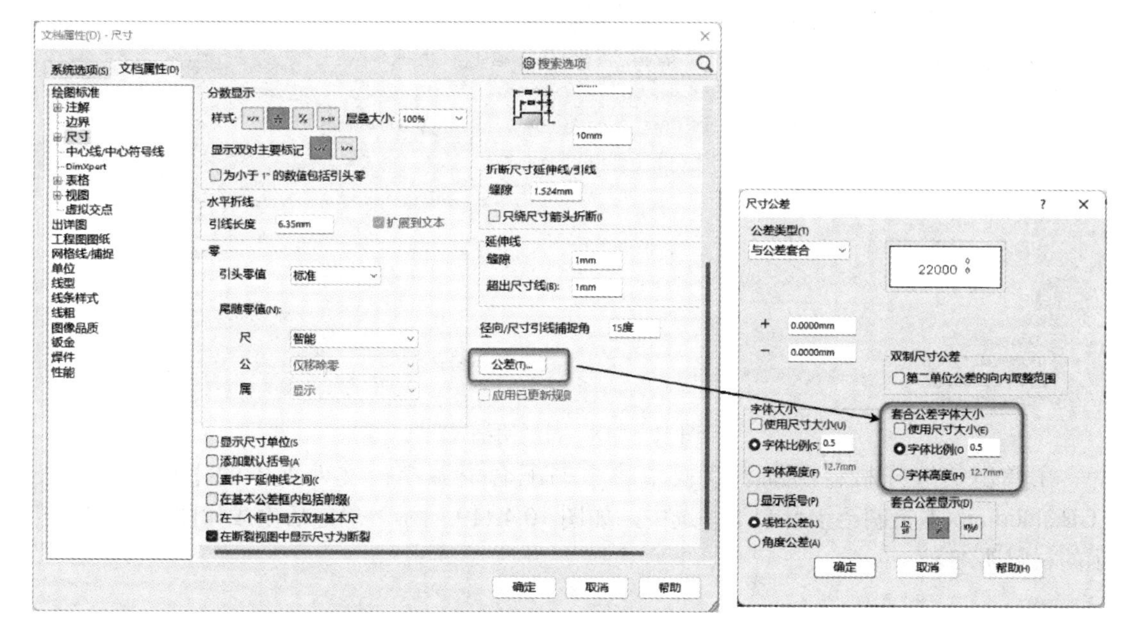

图10.4.116　设置字体比例

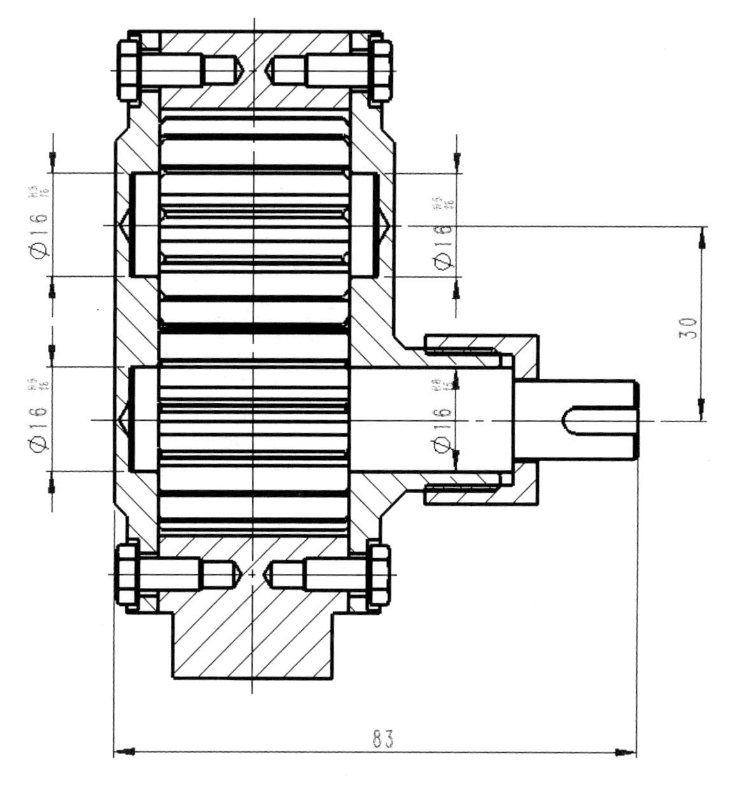

图10.4.117　完成文字比例设置

步骤 8 添加材料明细表。单击注释选项卡上的【表格】选择材料明细表，如图 10.4.118 所示。

图 10.4.118 材料明细表

在弹出的选择材料明细表模板中将本书配套资源模板文件夹中的【材料明细表_GB.sldbomtbt】复制至该目录下并选中，如图 10.4.119 所示。确定后生成如图 10.4.120 所示的材料明细表。

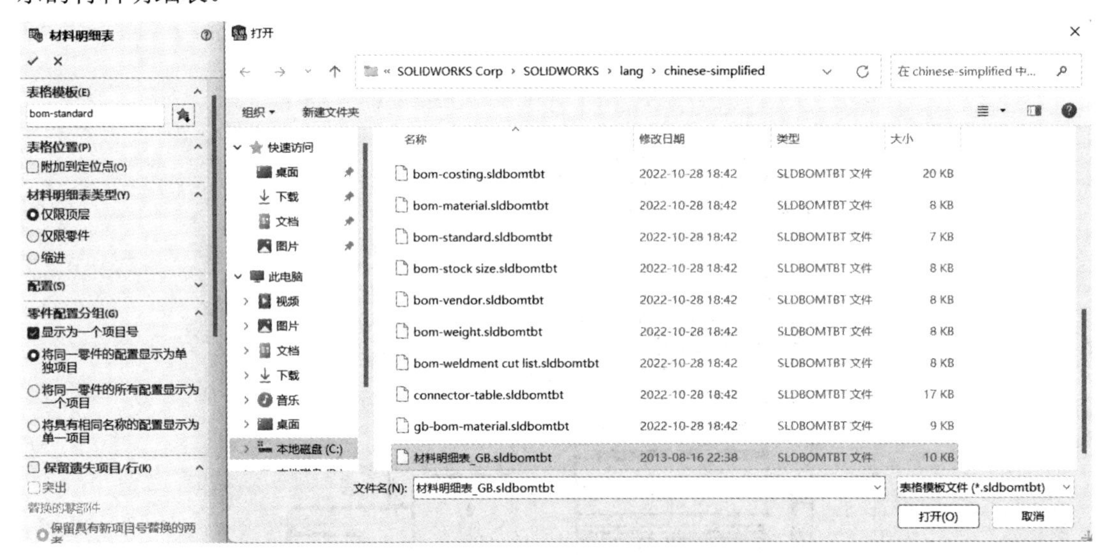

图 10.4.119 选择材料明细表模板

7			12			0	
6	XYZ-001	锁紧螺母	1	45	0.04	0.04	
5	XYZ-001	右泵盖	1	HT100	0.18	0.18	
4	XYZ-001	左泵盖	1	HT100	0.16	0.16	
3			1			0	
2			1			0	
1	XYZ-001	泵体	1	HT200	0.74	0.74	
序号	代号	名称	数量	材料	单量	总重	备注

图 10.4.120 生成的材料明细表

步骤 9　添加序号。单击注释选项卡上的【自动零件序号】，选择左视图，并选择【按序排列】，如图 10.4.121 所示。

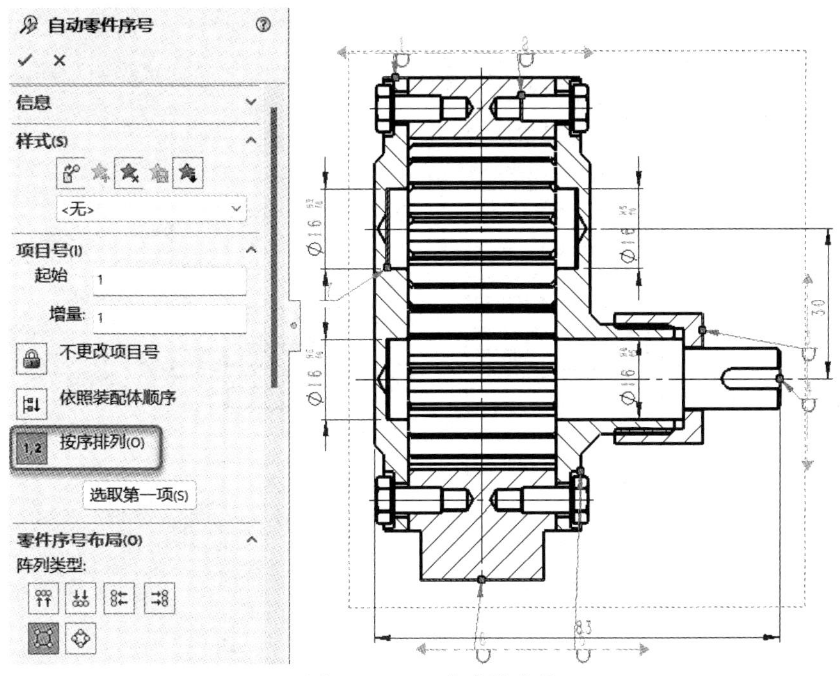

图 10.4.121　生成的序号

点选序号 1，在【更多属性...】中将引线样式修改为小圆点，如图 10.4.122 所示。

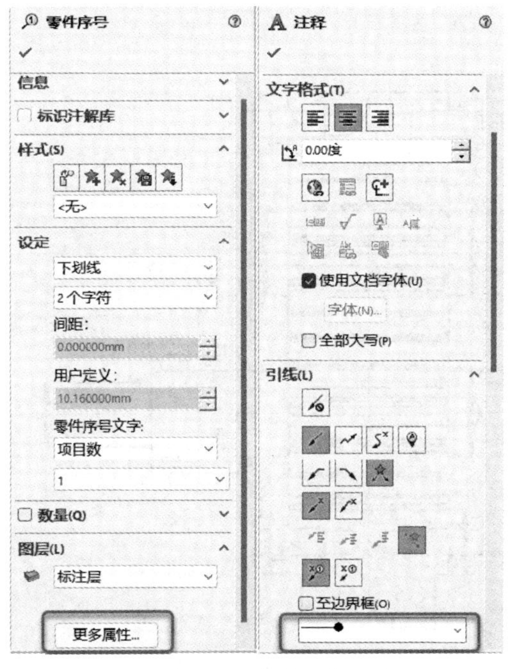

图 10.4.122　序号引线样式

调整序号位置并单击注释选项卡上的【格式刷】，如图 10.4.123 所示。先单击源对象(序号 1)，再单击目标对象(序号 2～7)，选择序号直接拖动小圆点，将位置移至合适位置后如图 10.4.124 所示。

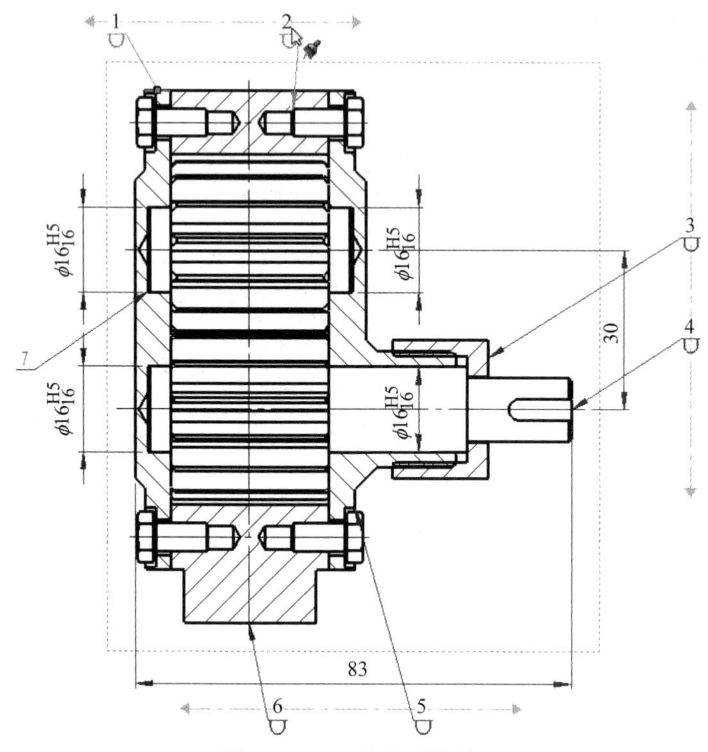

图 10.4.123 格式刷的使用

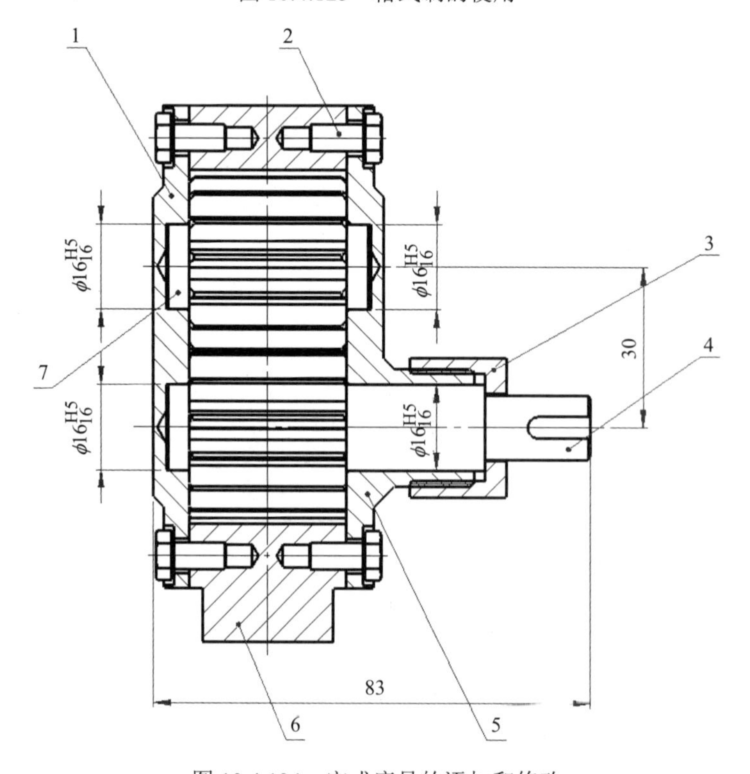

图 10.4.124 完成序号的添加和修改

步骤 10　完善零部件信息。前面生成的明细表中标准件的信息是缺失的。此时打开螺栓零件，在【文件属性】的【配置特定】中将属性全部添加进来，如图 10.4.125 所示。

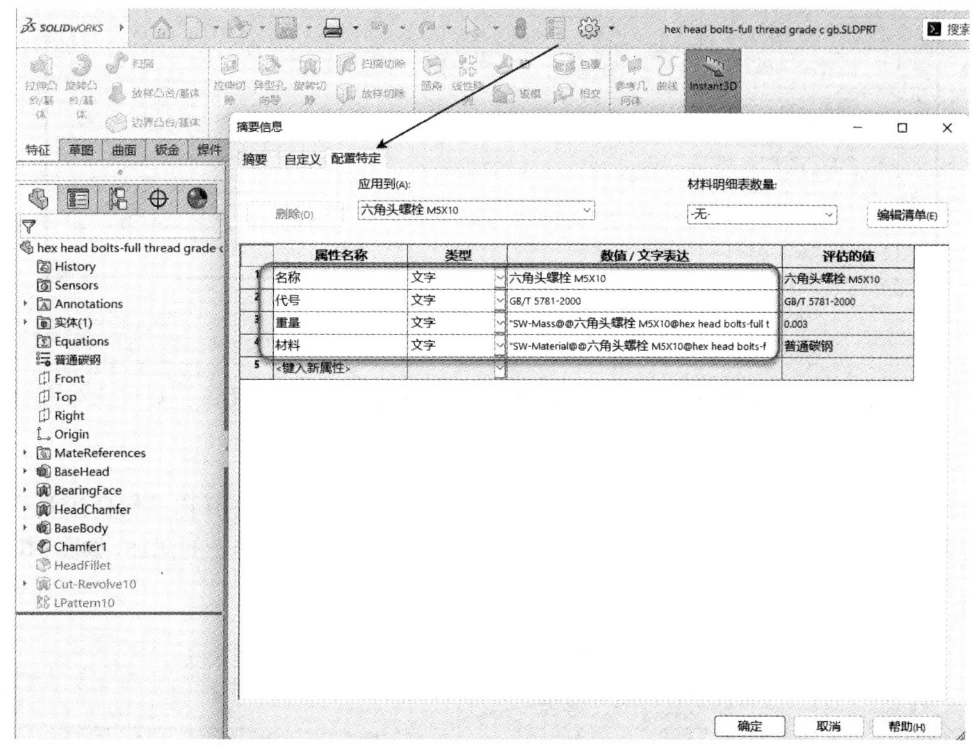

图 10.4.125　添加属性

此时需要确保零件的单位质量为“公斤”。如图 10.4.126 所示，将单位设置为公斤。

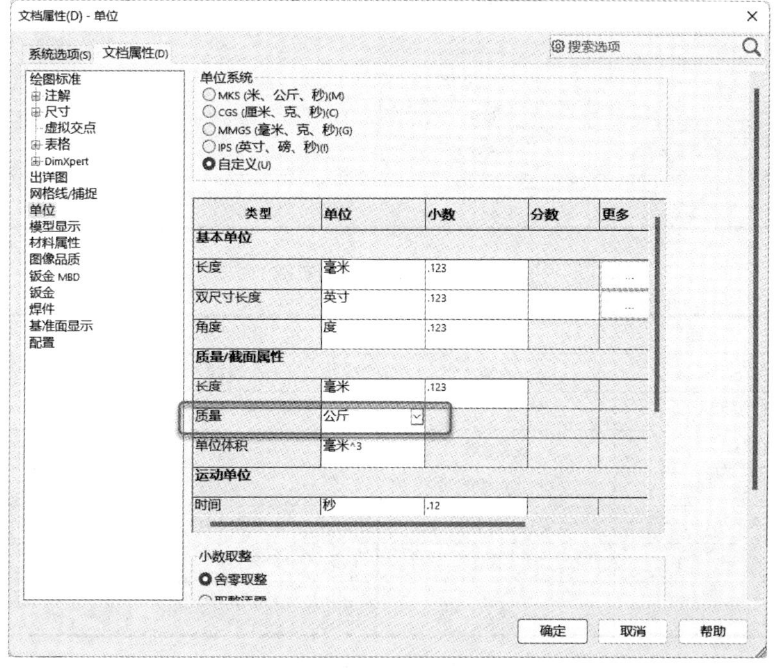

图 10.4.126　设置单位

同理将主动齿轮、从动齿轮打开后添加以上信息，最终明细表如图 10.4.127 所示。

7	XYZ-1-006	从动齿轮	1	40Cr	0.17 4	0.174	
6	XYZ-1-005	泵体	1	HT200	0.74	0.74	
5	XYZ-1-004	右泵盖	1	HT100	0.18	0.18	
4	XYZ-1-003	主动齿轮	1	40Cr	0.22 5	0.225	
3	XYZ-1-002	锁紧螺母	1	45	0.04	0.04	
2	GB/T 5781-2000	六角头螺栓 M5X10	12	普通碳钢	0.00 3	0.036	
1	XYZ-1-001	左泵盖	1	HT100	0.16	0.16	
序号	代号	名称	数量	材料	单量	总重	备注

图 10.4.127　修改后的明细表

> 不是每个零件都需要重新打开添加信息，如果事先使用了模板，则以上信息会自动带入。

局部的文字在文字框中处于叠加状态，此时单击此文本框，在弹出的快捷工具栏中单击【套合文字】(如图 10.4.128 所示)，即可将文字平铺，最终完成明细表的添加，如图 10.4.129 所示。

A	B	C	D	E	F	Σ	H
7	XYZ-1-006	从动齿轮	1	40Cr	0.17 4	0.174	
6	XYZ-1-005	泵体	1	HT200	0.74	0.74	
5	XYZ-1-004	右泵盖	1	HT100	0.18	0.18	
4	XYZ-1-003	主动齿轮	1	40Cr	0.22 5	0.225	
3	XYZ-1-002	锁紧螺母	1	45	0.04	0.04	
2	GB/T 5781-2000	六角头螺栓 M5X10	12	普通碳钢	0.00 3	0.036	
1	XYZ-1-001	左泵盖	1	HT100	0.16	0.16	
序号	代号	名称	数量	材料	单量	总重	备注

图 10.4.128　套合文字

7	XYZ-1-006	从动齿轮	1	40Cr	0.174	0.174	
6	XYZ-1-005	泵体	1	HT200	0.74	0.74	
5	XYZ-1-004	右泵盖	1	HT100	0.18	0.18	
4	XYZ-1-003	主动齿轮	1	40Cr	0.225	0.225	
3	XYZ-1-002	锁紧螺母	1	45	0.04	0.04	
2	GB/T 5781-2000	六角头螺栓 M5X10	12	普通碳钢	0.003	0.036	
1	XYZ-1-001	左泵盖	1	HT100	0.16	0.16	
序号	代号	名称	数量	材料	单量	总重	备注

图 10.4.129　完成明细表的添加

单击主视图，选择投影视图，将视图移至左上角等轴测图，按住 Ctrl 键移至俯视图位置处，确定放置，再将视图样式设置为上色模式，如图 10.4.130 所示。

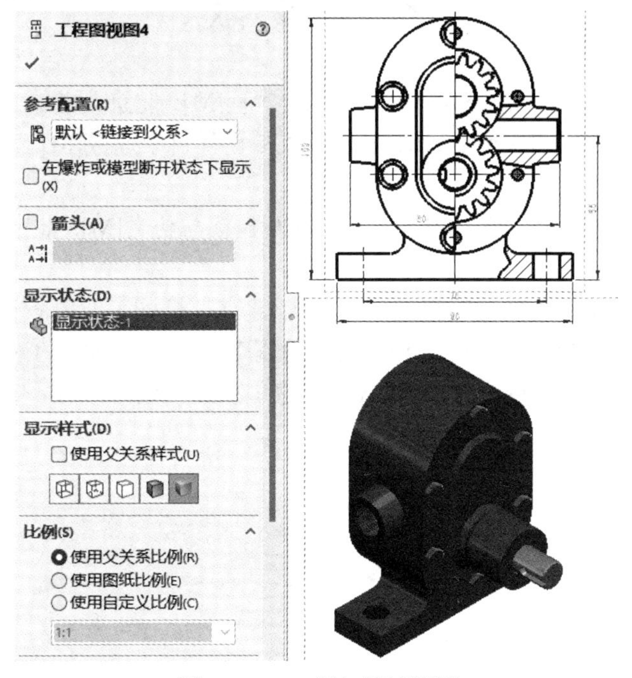

图 10.4.130　添加等轴测图

至此，完成齿轮油泵装配体工程图的绘制。

参 考 文 献

[1] 杨正，赵武云，张炜，等. SolidWorks 实用教程[M]. 北京：北京大学出版社，2012.

[2] 马久河，朱齐平. SolidWorks 2022 中文版机械设计自学速成[M]. 北京：人民邮电出版社，2022.

[3] 郭士清，庄宇，运飞宏，等. SolidWorks 2020 建模与仿真[M]. 北京：机械工业出版社，2023.

[4] 李奉香. SolidWorks 建模与工程图应用[M]. 北京：机械工业出版社，2023.

[5] 方显明，祝国磊，徐翔. SolidWorks 基础教程[M]. 北京：机械工业出版社，2022.

[6] 詹迪维. SolidWorks 机械设计教程[M]. 北京：机械工业出版社，2022.